动物药药理学概论

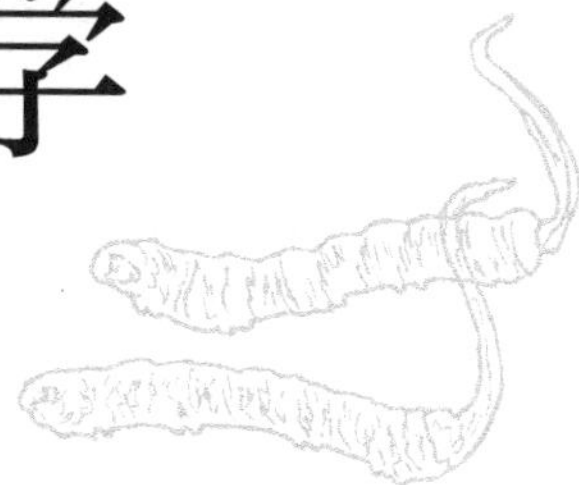

万树青 等 编著

化学工业出版社

·北京·

内容简介

本书概述了陆生和海洋药用动物的主要种类、动物药活性成分的主要类型、活性成分的提取分离以及药用活性成分测定原理和方法。在重点介绍动物药材炮制技术与动物药药理学与毒理学的基础上，详细阐述了22种常用陆生药用动物以及14种海洋动物药的功效、药用价值和药理及毒理机制，为进一步开发应用动物药治疗人类疾病、保障人类健康、科学合理使用动物药提供科学的理论依据。

本书可供从事药用动物研究的专业人士参考，也可作为高等院校生药学、制药工程等专业师生的教学参考书。

图书在版编目（CIP）数据

动物药药理学概论 / 万树青等编著. -- 北京 : 化学工业出版社, 2026. 1. -- ISBN 978-7-122-49556-3

Ⅰ. S859.7

中国国家版本馆CIP数据核字第2025TY2308号

责任编辑：孙高洁　刘　军　　文字编辑：赵爱萍
责任校对：田睿涵　　装帧设计：关　飞

出版发行：化学工业出版社
(北京市东城区青年湖南街13号　邮政编码100011)
印　　装：北京天宇星印刷厂
710mm×1000mm　1/16　印张17　字数331千字
2026年2月北京第1版第1次印刷

购书咨询：010-64518888　　售后服务：010-64518899
网　　址：http://www.cip.com.cn
凡购买本书，如有缺损质量问题，本社销售中心负责调换。

定　　价：128.00元

前言

传统的中医药学随着国家现代化发展，正以前所未有的姿态朝着现代化迈进。广大医务工作者和医学科学家传承中华医学的精髓，秉承开拓创新的科学精神和不断进取的勇气，推进祖国中医中药朝着现代中医药发展，为人民的健康保驾护航。

中医药学是中华文化的瑰宝，其“天人合一”的哲学思想、辨证论治的疾病认知和治疗原则，以及以阴阳五行学说为基础的医学理论体系，构成了独具中华传统医学特色的医疗系统。根据望、闻、问、切四诊所收集的信息，医者综合分析，辨清疾病的病因、性质、部位以及邪正关系，进而确立证候并制定治疗方案。千百年来，人们利用天然的动物、植物和矿物来调节脏腑经络功能，纠正阴阳升降，调理恢复人体正常的生理状态。中医中药为中华民族的繁衍生息作出不可磨灭的贡献。

近百年来，随着西方文化和科学技术的引入，中医药受到冲击，部分人士对中医药科学性产生质疑。在中西医问题上，我们一方面应保持着强烈的民族自尊和文化自信，另一方面应提倡中西医结合，使传统医学和现代医学有机融合，形成具有中国特色的医药体系。

动物药是我国传统医药的重要组成部分，其资源分布广泛，不仅包括陆地动物，更蕴含丰富的海洋动物资源。海洋生物占地球生物总量的80%，因其独特的生长环境，体内所含物质的化学性质特殊，是中药材的重要来源。传统中药海龙、海马、牡蛎、昆布等，都来源于海洋生物。动物药化学物质种类丰富，主要包括蛋白质类、肽类、糖类、脂质、酶类等主要功效物质。此外，药用动物含有的毒素类物质，如蛇毒素、蝎毒素、蜂毒素等，表现出显著的镇痛、舒张血管等生物活性。这些物质除直接用于治疗疾病外，还是重要的药物先导化合物来源。中医理论认为，动物脏器气味醇厚，为“血肉有情之品”，在调养补益等方面效果明显，如鹿茸具壮肾阳、补精髓、强筋骨等功效，水牛角、羚羊角对高热惊厥作用显著；熊胆汁则能清热、平肝、利胆、明目等。

为了更好地利用动物药为人类健康服务，需要将传统中医药理论与现代科研成果有机结合起来，以促进中药学创新发展。中药药理和毒理学作为药学的基础学科，不仅为科学用药、提高疗效、降低毒性提供科学的理论依据，更是发展新药用动物资源、扩大药源、实现老药新用的不可或缺的手段。

我国科学家从药用动物中分离出的水蛭素、蝎毒素、斑蝥素、蟾毒灵、鳖甲多糖、牛磺熊去氧胆酸、麝香酮等活性化合物，在抗凝血、抗癌、抗肿瘤、抗氧化等方面均表现出显著的药理活性。这些药物在人类对抗癌症、心血管疾病，以及调节生理功能、抗炎、提高免疫力和镇痛等方面必将发挥重要作用。可以预见，通过中国中医药界的持续努力，中医药学必将走向世界，成为世界医学体系的重要组成部分。

作者在职期间，基于所掌握的生物学和医学知识，编写了《药用动物学基础》讲义，并开展了十余年的“药用动物学基础”课程教学工作。为传承中医药文化、普及中医药理论、推动中医药创新发展，作者在原讲义基础上，广泛收集整理了动物药领域的最新研究成果和前沿进展，撰写了《动物药药理学概论》。

本书系统介绍了我国药用动物的主要类群、动物药的主要活性成分，以及药物筛选的生物测定原理和方法；详细阐述了22种常用陆生药用动物和14种海洋药用动物的生物学特性、药用功效、炮制方法及其活性成分的药理作用机制，重点突出了常用动物药的药理作用和毒理学基础知识。

本书既可作为青年医学爱好者认识和学习中医药的科普读物，也可作为高等院校药学、制药工程等专业学生学习中药学、药理学和毒理学的参考资料，同时可为生药学教师提供教学参考。

由于国内外对药用动物药理和毒理的研究相对较少，可参考文献有限，加之作者专业知识所限，书中难免存在疏漏之处，恳请广大读者批评指正。

万树青

2025年7月

目录

第一章

绪论

第一节　中医中药及动物药药理学概述

一、动物药药理学重要概念

1. 动物药

动物药（animal drugs）是指以药用动物的整体、局部或其代谢产物入药，具有疾病治疗作用的药物统称。这类药物既可来源于野生动物，也可来自家养动物。中医药中常用的动物药包括海螵蛸（无针乌贼或金乌贼的干燥内壳）、蝉蜕（黑蚱的若虫羽化时脱落的皮壳）等，这些药材在临床应用中具有独特的治疗价值。

2. 药理学

药理学（pharmacology）是研究药物与机体（包括病原体）相互作用规律及其作用机制的科学，所研究内容包括药效动力学和药代动力学。前者研究药物对机体的生物效应、作用机制及量效关系，阐明药物如何产生治疗作用或不良反应；后者研究药物在体内的吸收、分布、代谢和排泄过程，以及药物浓度随时间变化的动态规律，为临床用药方案提供依据。

中药药理学可分为传统中药药理学和现代中药药理学，它们的区别体现如下。①理论基础：传统中药药理学主要基于阴阳五行、脏腑经络等中医理论，强调整体观念和辨证论治，注重机体平衡和自身调节功能；而现代中药药理学则结合了解剖学、生理学、生物化学等现代医学理论，重视科学验证和临床研究，强调通过实验数据和循证医学来验证药效。②研究方法：传统中药药理学主要依据经典医籍和临床经验总结，如《神农本草经》《本草纲目》等；现代中药药理学则采用多手段融合的研究方法，包括分子生物学、细胞实验、动物模型等基础研究，以及随机对照临床试验等临床研究方法，并运用色谱分析、光谱技术等现代分析手段进行药物成分和作用机制研究。此外，两者在诊断思路、治疗策略和传承教育等方面也存在显著差异。

3. 安全药理学

安全药理学（safety pharmacology）是新药临床前安全性评价的重要组成部分，主要通过动物体内和体外实验方法，评价和预测新药在人体临床试验中可能出现的不良反应。其核心研究内容包括受试药物对实验动物中枢神经系统、心血管系统和呼吸系统等中重要器官功能的影响，以及相关不良反应的作用机制，从而评估药物对人体的潜在安全性风险。

4. 毒理学

毒理学（toxicology）是研究外源化学物质、物理及生物因素对生物体有害作用的学科。它主要探究外源物质对生物系统毒性作用的发生机制，同时对这些毒性效应进行定性和定量评估。该学科通过系统研究外源物质的毒性特征，预测其对人体健康和生态环境的潜在危害，为制定安全接触限值和采取有效防护措施提供科学依据。

5. 药物毒理学

药物毒理学（drug toxicology）是研究药物在特定条件下对生物体产生的损害作用，并对药物毒性进行定性、定量评价以及对靶器官毒性机制进行探究的学科。该学科通过系统评估药物的急性毒性、长期毒性、生殖毒性、遗传毒性等，为药物安全性提供核心实验依据。药物毒理学研究数据不仅是评价药物临床安全性的关键指标，更是新药注册审批过程中不可或缺的重要审查内容。

6. 中药毒理学

中药毒理学（toxicology of traditional Chinese medicine）是中药药理学的重要分支学科，主要研究中药对生物体产生的有害效应、作用机制、安全性评价及风险控制。其核心研究方向包括：①描述毒理学，重点研究有毒中药的剂量-效应关系、接触途径、暴露时间与毒性程度，系统评估有毒中药的急性毒性、亚急性毒性、慢性毒性、特殊毒性（包括遗传毒性、生殖毒性和致癌性）等，为中药安全性评价体系构建提供基础数据；②机制毒理学，深入探究有毒中药活性成分经不同途径吸收后，在体内的吸收、分布、代谢和排泄过程，阐明其与生物靶分子的相互作用机制，揭示中药毒性效应在细胞和分子水平的作用原理；③管理毒理学，基于描述毒理学和机制毒理学的研究成果，结合临床用药经验，制定有毒中药及其制剂的安全使用规范，评估其临床应用的获益-风险比，为中药的合理用药和风险管理提供决策依据。

7. 剂量

药物剂量（dose）是指医学上单次或一定时间内所使用的药物量，通常特指成人内服的一日用量。剂量是产生预期药物治疗作用所需的最低有效药量，若低于此量则可能无法达到治疗效果。在临床应用中，剂量一般指成人一次用药的平均治疗量。

8. 受体

受体（receptor）是一类具有特定结构的蛋白质（主要为糖蛋白或脂蛋白），分布于细胞膜表面、细胞质或细胞核内，能够高选择性地识别并结合内源性配体或外源性药物分子，通过信号转导机制触发特定生物学效应的功能大分子。根据分子结构、信号转导机制及亚细胞定位等特征，受体主要分为四类：离子通道型受体、G 蛋白偶联受体、酪氨酸激酶受体和核受体。

9. 有效成分

有效成分即活性成分（active ingredient），是化学、生物学和药物学中的专业术语，特指混合物中对生物体代谢或化学反应起关键作用的化学成分。在中药领域，“有效成分”是指具有明确治疗作用或生理活性的单体化合物，这些成分需满足以下特征：能用明确的分子式和结构式表示；具有特定的理化常数（如熔点、沸点、旋光度、溶解度等）；在中药材或中成药中发挥主要药效作用。典型代表包括乌头碱（aconitine）、麻黄碱（ephedrine）等具有确定化学结构的生物活性物质。

10. 中医

中医（Chinese medicine）是中华民族从远古至今逐步发展形成的医疗体系，其运用动植物及矿物等天然物质进行疾病预防、治疗及病痛缓解。随着文明演进与科技进步，中医已发展为包含传统中医与现代中医的完整体系。

传统中医（traditional Chinese medicine）以长期医疗实践积累的经验及《黄帝内经》等中医经典著作为理论基础，结合阴阳五行学说，通过望、闻、问、切四诊合参的方法进行辨证论治。现代中医（modern Chinese medicine）是在继承传统中医学理论精髓的基础上，通过系统整合现代科学技术和方法而发展形成的新型医学体系。

二、中医药的作用与发展面临的问题

中医药是我国传统文化的瑰宝，几千年来，中华民族的繁荣昌盛、兴旺发达，中医药功不可没。

随着现代科技发展和人类对健康需求的不断提升，加之药源性疾病增多和难治性疾病出现，全球范围内回归自然的趋势日益显著。这一趋势使得人们对中医药的关注度持续增加，旺盛的市场需求不仅推动了中医药的广泛应用和中药新药的研发，也为中医药发展提供了重要机遇，同时也带来了新的挑战。

1. 中、西医药的区别

中医理论以阴阳五行学说为基础，在天人相应整体观的指导下，构建了独特的诊疗体系。西医是以解剖学、生理学、生物化学、病理学等现代生命科学为基础理论体系的医学。

中医与西医作为两大医学体系，各具特色且优势互补。二者的本质差异主要体现在方法论层面：西医基于解剖生理学和病理学，侧重局部病灶的精准干预；而中医则立足整体观念，强调机体功能的动态平衡。在临床实践中，应当根据疾病特征理性选择诊疗方案。

理想的医疗模式应当是中西医优势互补：对于器质性病变、急危重症，优先考虑西医治疗；对于功能失调、慢性疾病，则可发挥中医调理优势。两种医学体系的有机结合，能为患者提供更完善的健康保障。

2. 中医药的作用

① 调整人体的阴阳平衡。中药中的许多成分可以通过调整人体阴阳的平衡来达到治疗疾病的目的。例如，中药中的温性药材可以温补阳气、散除寒邪，而寒性药材可以清热泻火、滋养阴液，从而起到平衡阴阳的作用。

② 调节脏腑功能。中药中的一些成分可以直接作用于人体的脏腑器官，促进器官的正常功能。例如，中药中的黄芪可以增强脾胃的功能，而丹参可以促进心脏的血液循环。

③ 促进气血流通。中药中的一些成分可以促进气血流通，改善人体的微循环。例如，中药中的川芎可以活血化瘀，而牡丹皮可以清热凉血。

但中药使用时需要遵循医生的指导，不要擅自更改剂量或用药方式。同时，中药也可能存在一些不良反应，如过敏、中毒等，使用时应注意观察身体反应。

3. 中医药发展面临的问题

（1）中药标准与质量规范化问题　当前我国正积极推进中药质量标准化建设，这是中药国际化的重要前提。目前存在的主要问题包括：中药材在种植和加工环节的质量控制不足，特别是受环境因素和人为因素影响，部分中药存在重金属含量超标、农药残留等问题，这些质量隐患已成为制约中药国际化的关键因素。国家通过建立中药材 GAP 种植规范、完善炮制工艺标准、健全质量检测体系等措施，正在系统性地提升中药品质。

（2）中药基础研究投入不足的问题亟待解决　当前国内有所谓的中药新药上市，实际上多数并非真正创新药物，仅是剂型改良等低水平重复研发。以特色民族医药如西双版纳傣医药为例，虽具有独特疗效和开发价值，却因研发经费短缺难以实现深度开发。与此同时，日本、韩国、美国等国家正加大中药研发投入，这些国家或凭借跨国公司的资金技术优势，或依托完善的环境保护与资源管理体系，加速抢占国际中药市场。在此趋势下，中国中药的传统优势正快速流失，国际市场面临被“洋中药”主导的风险。

三、动物药的特点与优势

动物药作为中国传统医药体系的重要组成部分，在数千年的医疗实践中积累了丰富的临床应用经验。各民族在利用动物药防治疾病的过程中，形成了独特的理论体系和用药特色。与植物药相比，动物药通常具有更强的生理活性，其化学成分更接近人体，因此在治疗疑难重症方面往往能取得显著疗效。动物药的主要特点包括：

① 具有显著的疗效。动物药的临床优势主要体现在显著的药理活性上，尤其在活血化瘀、滋阴补血、软坚散结、收敛固涩及清热利湿等方面具有独特疗效。以鹿茸为例，该药材位居补阳药之首，具有壮元阳、补气血、益精髓、强筋骨等功效。现代研究证实，鹿茸含有雌二醇、雌酮、胆固醇、卵磷脂等多种活性成分，其中主干顶部浸出物，不仅生物活性最强，且富含脂类、氨基酸及还原糖等营养物质。这些发现为动物药的临床应用提供了科学依据。

② 具有独特的临床价值。动物药因其特殊的生物活性成分，在特定疾病治疗领域展现出不可替代的疗效优势。尤其在疑难病症的诊疗中，动物药往往能取得突破性治疗效果。以肿瘤治疗为例，目前已有超过 50 种动物药被纳入抗癌药物筛选研究体系。其中，以斑蝥为原料提取的斑蝥素及其衍生物最具代表性——斑蝥素乳膏已成功应用于尖锐湿疣的临床治疗；而其衍生物去甲斑蝥素作为新型抗癌药物，在肝癌、肺癌等恶性肿瘤治疗中显示出显著的抗肿瘤活性和较小的副作用。

③ 具有显著的临床价值。动物药因其独特的生物活性成分和与人体相似的组织结构，在临床上展现出广泛的治疗适应性。这类药物不仅适用于常见病的防治，更在疑难病症和康复调理方面具有独特优势。作为“血肉有情之品”，动物药能够针对性地滋补人体精血、调节生理功能，其含有的多种生物活性物质（如蛋白质、多肽等）可产生多靶点、多途径的综合调节作用。现代研究表明，动物药在抗肿瘤、免疫调节、心血管保护、神经保护等多个治疗领域都展现出显著疗效，充分体现了传统医药“以脏补脏、以形补形”的治疗智慧。

第二节　药用动物学研究内容和方法

一、药用动物学研究内容

药用动物学是应用动物学的知识和手段，研究药用动物的外部形态、内部构造、分类特征、种类鉴定，以及本草考证、驯化饲养、临床应用等方面有关规律的一门新兴学科。它的建立和发展，对于开发利用药用动物资源，保障人民身体健康，继承发展中国医药学，具有十分重要的意义。它是一门边缘科学，既是动物学与药学相结合的产物，也是生物制药专业方向的一门专业基础课。

药用动物学的任务可概括为：①整理药用动物的品种，保证医疗用药的准确、安全和有效；②新药资源开发与替代品研究，基于生物亲缘关系和化学成分相似性原理（如同科属动物往往含有类似活性成分），开展药用动物替代品研究，如《中华人民共和国药典》（简称《中国药典》）已收载水牛角代替犀角等成功案例，同时运用生物技术手段，开发新型药用动物资源，缓解野生资源压力；③为药用动物的饲养、驯化提供科学的依据和基础资料。药用动物最后大多要取自人工饲养，这是人类利用资源的途径，因此要具备有关药用动物的知识，包括种类、生态、地理分布及其应用价值等资料。

如前所述，药用动物学是一门边缘科学，因此它与许多自然科学和医药科学都有着十分密切的关系。它是在继承和发展中医药学的基础上发展起来的，其基础学科包括动物学、化学、药学和其他自然科学。与它相互渗透并促进其发展的学科有临床医学和本草学（中药学）。同时，它为中药专业的相关学科，如中药鉴定学、中药资源学、药用动物的驯化与饲养学等，提供了必要的基础。因此，药用动物学在整个中医药学中占有十分重要的地位。

二、药用动物学研究方法

药用动物学来源于人类的社会实践，是人类在与疾病作斗争的长期实践中积累的宝贵经验的总结。任何科学理论的产生和原理、法则的建立，都必须对相关事物进行多次反复的观察、试验和比较分析，以确保其具有良好的稳定性和重现性。只有通过这样的过程，才能获得规律性和系统性的知识，并在后续实践中不断修订和补充，以适应发展变化的新情况。因此，药用动物学的基本研究方法可概括为描述法、比较法和试验法。现简介如下：

1. 描述法

描述法是药用动物学研究的基础方法，主要通过系统的观察记录来获取研究对象的一手资料。研究者需要客观、准确地记录药用动物的外部形态特征（包括体形、体色、特殊器官等）、内部解剖结构（如消化系统、分泌器官等）、生活习性（食性、繁殖、活动规律等）、地理分布范围，以及其药用价值和其他经济用途。在记录过程中，通常需要辅以精确的形态图、解剖图或分布图等图表资料，并配以必要的文字说明。这种方法不仅是认识药用动物的首要步骤，更是后续深入研究不可或缺的基础性工作，其获得的原始资料对物种鉴定、资源评估和开发利用都具有重要价值。

2. 比较法

通过系统比较不同药用动物的形态、结构、功能等特征，可以揭示其异同点并总结规律性认识。例如，动物分类阶元的特征归纳、物种的鉴定与确立，均需通过系统的比较研究才能实现。同时，只有通过科学比较才能准确阐明各类药用动物之间的亲缘关系、演化规律及药用价值差异，从而得出可靠的科学结论。比较法作为药用动物学研究的重要方法之一，在物种鉴别、分类系统建立和资源评价等方面具有不可替代的作用。

3. 试验法

是在可控条件下，对药用动物的生物学特性、活性成分、药理作用及临床应用等进行系统观察与分析的研究方法。由于试验条件可根据研究目的进行精确调控，该方法能够更深入地揭示药用动物的内在规律，从而促进药用动物资源的开发利用及临床应用的优化。试验法常与描述法、比较法结合运用，通过多角度的试验研究，可全面深化对药用动物的科学认知。

在药用动物学研究中，上述方法是最基本和常用的研究手段。随着科技发展，还可借助现代仪器设备和技术进行微观层面的深入研究，如电子显微镜技术、扫描电镜观察、生化分析等先进方法。需要强调的是，无论采用何种研究方法，都必须遵循以下原则：确保试验数据的真实性、准确性；保持严谨的研究态度；进行周密的理论分析；并做好翔实的实验记录。

第三节　药用动物的主要类群

一、陆地药用动物

中国陆地药用动物在按中国陆地动物地理区系划分的七个区均有分布。据统计，无脊椎药用动物和脊椎药用动物均以华中区种类最为丰富，其中无脊椎药用动物 189 种，脊椎药用动物 266 种；无脊椎药用动物数量次之为华北区，有 157 种；脊椎药用动物数量次之的为西南区和华南区，分别为 224 种和 222 种；无脊椎药用动物种类最少的为蒙新区，仅 67 种；脊椎药用动物种类最少的为东北区，有 161 种。

二、内陆水域药用动物

中国内陆水域药用动物按分布范围可分为广布种和狭布种两类：广布种广泛分布于全国各内陆水域，主要为江河平原类型的淡水鱼类，这些物种早在第四纪之前就已广泛分布于我国东部地区；狭布种则局限于特定江河或省区水域，如鲑科的大马哈鱼等，其分布受限与地质历史变迁（如松辽分水岭隆起）导致的地理隔离密切相关。这种分布格局反映了物种演化与地理环境变迁的相互作用。

三、海洋药用动物

从生物区系特征来看，南海和东海区域的药用动物主要属于印度-太平洋区的热带和亚热带物种；而黄海与渤海区域的药用动物则以北太平洋温带和冷水物种为主。这些海洋药用动物的分布格局主要受海洋理化特性的制约，包括水温、盐度和水深等关键环境因素，这些基础海洋特征共同塑造了我国海洋药用动物的基本分布模式。

第四节　中国药用动物资源和开发前景

一、中国药用动物资源概况

中国地域广袤，地形地貌复杂多样，气候类型丰富，孕育了许多世界珍稀或中国特有的动物物种。结合中医药主要采用天然动、植、矿物入药的传统，使得我国药用动物种类繁多且资源丰富。根据入药部位可分为五大类：一是全身入药类，如全蝎、蜈蚣、海马等；二是组织器官入药类，包括鸡内金等；三是分泌物、衍生物类，如麝香、羚羊角等；四是排泄物类，以五灵脂为代表；五是生理病理产物类，如牛黄等。按物种分类，我国现有药用动物 900 余种，涵盖动物界 8 个门类（按现代分类法可达 11 门），从原始的海绵动物到高等脊椎动物均有分布。这些药用动物广泛分布于全国各地，从东部到西部，由北方至南方，自高山到平原，从陆地到海洋，尤其我国绵长的海岸线孕育了种类和数量都极为丰富的海洋药用动物资源。

然而，近年来随着生态环境失衡，我国药用动物资源正面临严峻挑战：野生种群数量锐减，部分珍稀药用动物濒临灭绝，过度捕猎已导致某些物种连科研样本都难以获取。为保障药用动物资源的可持续利用，必须采取系统性的保护措施：首先应严格立法禁止滥捕滥猎，在关键栖息地建立专项自然保护区；其次针对临床需求量大且野生资源匮乏的品种，需大力发展人工养殖技术；同时要深化药用成分研究，通过解析有效成分的化学结构，为人工合成和替代品研发提供科学依据。这些措施将形成资源保护、人工繁育和科技替代三位一体的可持续发展体系。

我国于1988年11月8日正式颁布实施《中华人民共和国野生动物保护法》，确立了“加强资源保护、积极驯养繁殖、合理开发利用”的野生动物保护方针。为落实该法律，林业部和农业部于1989年1月14日联合发布了《国家重点保护野生动物名录》，随后国家林业局于2000年8月1日以第7号令形式颁布了《国家保护的有益的或者有重要经济、科学研究价值的陆生野生动物名录》（简称“三有名录”）。这些名录详细规定了受保护野生动物的分类信息（包括纲、目、科）、中文学名、拉丁学名及其保护等级，为野生药用动物的保护管理和可持续利用提供了法律依据。医药工作者应当严格遵守这些法律法规，并在行业内积极开展相关宣传教育工作，确保野生动物资源的科学保护和合理利用。

二、动物药的分类

动物药可根据药用部位、分类系统、化学成分及药理作用等进行分类。按药用部位划分，主要分为以下8类。

1. 全体类

以药用动物整体入药，包括：水蛭、地龙、全蝎、蜈蚣、斑蝥、金钱白花蛇、海马、蛤蚧等。

2. 器官类

以药用动物特定器官入药，包括：蛤蟆油（*Rana chensinensis* 输卵管）、蛇胆（多种蛇科动物胆囊）、水獭肝（*Lutra lutra* 肝脏）、鹿茸（*Cervus nippon* 未骨化角）等。需特别说明的是，根据《国家重点保护野生动物名录》和《中华人民共和国野生动物保护法》，部分传统药用动物器官（如虎骨、犀角等）已禁止入药，临床应使用法定替代品。

3. 组织类

以药用动物的特定组织入药，主要包括：西施舌（蛤蜊科动物舌状肌肉）、乌贼肉（乌贼科动物肌肉组织）、刺猬皮（刺猬干燥外皮）、蛇蜕（游蛇科动物蜕下的皮膜）、鸡内金（雉科动物砂囊内壁）、鹅内金（鸭科动物砂囊内壁）、凤凰衣（家鸡卵壳内卵膜）、鹿肉（鹿科动物肌肉）、鹿筋（鹿科动物四肢肌腱）、羊髓（牛科动物骨髓或脊髓）等。

4. 角骨类

以药用动物的角、骨、甲等硬组织入药，包括：海浮石（苔虫动物骨骼沉积物）、龟甲（龟科动物背腹甲）、玳瑁（海龟科动物背甲、盾片）、鳖甲（鳖科动物背甲）、水牛角（牛科动物角）、羚羊角（牛科动物角）、鹿角（鹿科动物骨化角或角基）、鹿角霜（鹿角提取胶质后残块）等。

5. 贝壳类

以药用动物的贝壳、甲壳或蜕壳等硬质结构入药，主要包括：

（1）软体动物贝壳　石决明（杂色鲍、皱纹盘鲍、羊鲍、澳洲鲍、耳鲍或白鲍的贝壳）、牡蛎（长牡蛎、大连湾牡蛎或近江牡蛎的贝壳）、瓦楞子（毛蚶、泥蚶或魁蚶的贝壳）、珍珠母（三角帆蚌、褶纹冠蚌或马氏珍珠贝的贝壳）等。

（2）节肢动物甲壳　蟹壳（中华绒螯蟹的甲壳）、鲎壳（中国鲎的甲壳）等。

（3）其他蜕壳类　蝉蜕、桑螵蛸（大刀螂、小刀螂或巨斧螳螂的干燥卵鞘）等。

（4）内壳类　海螵蛸（无针乌贼或金乌贼的内壳）。

6. 生理、病理产物类

以药用动物的生理或病理产物入药，主要包括：珍珠（珍珠贝科动物马氏珍珠贝、蚌科动物三角帆蚌或褶纹冠蚌等双壳类动物受刺激形成的生理病理产物）、蜂蜜（中华蜜蜂或意大利蜂所酿的蜜）、蜂乳（中华蜜蜂或意大利蜂之工蜂的咽腺分泌物）、蜂毒（蜜蜂螯针内排出的毒汁）、鱼脑石（石首鱼科鱼类内耳结石）、僵蚕（家蚕4～5龄的幼虫感染或人工接种白僵菌而致死的干燥体）、虫白蜡（白蜡蚧的雄虫群栖于木樨科植物白蜡树、女贞或女贞属他种植物枝干上分泌的蜡）、紫草茸（胶蚧科昆虫分泌的胶质）、牛黄（牛科动物胆囊结石）、猪胆汁（猪科动物胆汁）、熊胆汁（熊科动物胆汁）、五灵脂（鼯鼠科动物干燥粪便）、人中白（人尿自然沉积物）等。

7. 加工制成品类

以药用动物的组织、器官或分泌物为原料，经特殊工艺加工制成的药品，主要包括：

（1）胶剂类　阿胶（驴的干燥皮或鲜皮经煎煮、浓缩制成）、鹿角胶（鹿角经水煎煮、浓缩制成的固体胶）、龟甲胶（乌龟的背甲及腹甲经煎煮浓缩制成）、鳖甲胶（鳖的背甲经煎煮浓缩制成）、黄明胶（黄牛的皮经煎煮浓缩制成）等。

（2）提取物类　鱼肝油（*Squalus acanthias* 等鲨鱼肝脏提取的脂肪油）、蟾酥（中华大蟾蜍或黑眶蟾蜍的耳后腺及皮肤腺分泌物加工而成）。

（3）其他加工品　血余炭（人发经炭化制成）、霞天膏（黄牛 *Bos taurus domesticus* 肌肉提取物）。

8. 其他类

主要包括：冬虫夏草（麦角菌科真菌寄生蝙蝠蛾科幼虫形成的复合体）、蜂房（胡蜂科昆虫的干燥巢穴）等。

三、动物药开发前景

1. 昆虫类

我国昆虫资源中具有药用价值的涉及蜚蠊目、螳螂目、同翅目等。典型药用昆虫如冬虫夏草、僵蚕、九香虫、斑蝥等因疗效确切而在临床上广泛应用。药用昆虫在自身免疫性疾病、恶性肿瘤及乙肝等疑难病症的临床治疗中展现出良好的应用前景。相关研究为开发新型生物药物提供了重要线索。

（1）临床应用　昆虫类中药在临床上具有重要应用价值。中医理论认为，昆虫药多具祛风通络、息风止痉、补肾益精等功效，常用于肝阳上亢、惊风抽搐、肾虚阳痿等症的治疗。现代药理学研究证实，药用昆虫含有多种生物活性成分，具有免疫调节、抗菌消炎、抗过敏、抗病毒、抗惊厥、镇静镇痛及抗肿瘤等广泛的药理作用。根据《中国药典》（2025 年版）收载，临床常用品种包括：蜂蜜（用于消化性溃疡的辅助治疗）、僵蚕（用于惊风抽搐等神经系统疾病的治疗）。

近年来，随着对昆虫类中药研究的深化，其新功效与新用途不断被发现：①蚂蚁提取物在乙型肝炎治疗中显现疗效；②家蚕抗菌肽不仅具有抗癌活性，可显著抑制小鼠 S180 瘤体生长，还能减少艾氏腹水瘤（EAC）的腹水生成；③虫草提取物对小鼠免疫性肝损伤表现出明确的保护作用；④独角仙（蛴螬）所含独角仙素（dictotastin）对 W-256 实体瘤和 P-388 淋巴白血病显示出显著抗肿瘤活性。

特别值得关注的是，昆虫活性成分（如斑蝥素、生物活性肽等）具有显著的生物活性，在自身免疫性疾病、恶性肿瘤及乙肝等疑难病症的临床治疗中展现出良好的应用前景。相关研究为开发新型生物药物提供了重要线索。

（2）食品与保健品开发前景　昆虫资源在食品和保健品领域具有悠久的应用历史和广阔的开发前景。早在先秦时期，《周礼·天官》等古籍就有关于蝉、蜂、蝗虫等昆虫作为宫廷膳食的记载。现代营养学研究证实，昆虫蛋白具有显著优势：蚕蛹蛋白质含量达 52.12%，蝉蛋白质含量达 72%，蜜蜂蛋白含量高达 81%，其氨基酸组成均衡且易于消化吸收。目前经国家批准的昆虫源保健食品包括：以柞蚕为原料开发的仙蛾酒系列产品，经科学验证具有免疫调节功能；符合食品安全标准的蝗虫加工食品已出口海外；经药食同源目录收录的蚂蚁制品如玄驹酒等，具有明确的抗氧化和抗疲劳功效。所有产品开发必须严格遵守《中华人民共和国食品安全法》和《保健食品注册与备案管理办法》，禁止使用保护类昆虫物种。当前，以黄粉虫为代表的新型昆虫蛋白资源开发已取得重要进展，其产业化应用前景广阔。

（3）新药与保健品开发趋势　药用昆虫在恶性肿瘤、前列腺增生、病毒性肝炎及风湿免疫性疾病等疑难病症治疗领域取得显著进展，其中冬虫夏草、蚂蚁、蚕蛾等品种已成功开发出系列治疗药物和功能保健品。但当前我国昆虫类中药研发仍存在明显不足：其一，活性成分研究深度不够，目前仅对斑蝥、冬虫夏草等少数品种有较系统研究；其二，资源利用率低下，全国已鉴定的10万余种昆虫中，具药用价值的不足200种，而临床常用昆虫药材不超过20种，开发潜力远未释放。

药用昆虫因其资源丰富且活性显著，在新药研发领域展现出巨大潜力。目前已成功开发的昆虫类新药包括：金水宝胶囊、百令胶囊等虫草发酵制剂（国家一类新药）；蛹虫草菌胶囊（治疗慢性支气管炎肺肾阳虚证的一类新药）；蚂蚁乙肝灵（肝炎及类风湿关节炎治疗药）；仙立降（蜂蜡素胶囊，治疗高脂血症痰浊遏阻证的国家二类新药）；以及蜂皇胎片等蜂产品制剂。研究表明，蟑螂、蜣螂等昆虫所含的抗菌肽、免疫活性蛋白等成分具有显著药理活性，极具开发前景。中医药在昆虫类药物应用方面积累了独特经验，使药用昆虫在新型药物研发和疑难病症治疗领域具有重要价值，亟待深入探索。

传统医药典籍中记载的药用昆虫，部分品种至今仍广泛应用，但也有许多品种已较少使用。例如《神农本草经》记载蛴螬（金龟子幼虫）可用于治疗眼疾，虽然现代临床已较少应用，但四川大学华西医学中心的最新研究表明，蛴螬提取物对白内障、角膜炎等眼病具有显著疗效，相关滴眼液制剂正在研发中。与此同时，大量昆虫的药用价值尚未被充分发掘。鉴于昆虫物种的多样性（现存约100万种），从亲缘关系相近的物种中探寻新药源具有重要价值，如北虫草的开发以及斑蝥素资源昆虫的发现就是成功案例。未来应加强对昆虫资源的系统性研究，尤其要关注那些与已知药用昆虫亲缘关系相近的物种，这将是发现新型药用昆虫的重要途径。

药用昆虫作为功能性食品原料，因其高蛋白（40%～75%干重）、低脂肪（10%～30%干重）的营养特性，以及富含抗菌肽、生物碱等活性成分，已成为国际食品科技领域的研究热点。我国虽拥有14目66科237种可食用昆虫资源（占全球已知种类的50%），但产业化开发仍集中在冬虫夏草（年产值约300亿元）、蜂产品（年产值200亿元）等有限品种。值得关注的是，昆虫脂肪（如蚕蛹油含α-亚麻酸达35%）因其理想的脂肪酸组成（多不饱和脂肪酸占比40%～60%）和低胆固醇特性（<50mg/100g），在功能性油脂开发领域展现出替代传统动物脂肪的巨大潜力。这类高附加值产品的开发，将显著提升我国昆虫资源的

利用深度和经济效益。

（4）其他用途　药用昆虫在医药、化妆品及其他工业领域具有广泛用途。白蜡是传统的中药丸壳材料和优质绝缘剂；昆虫几丁质作为生物相容性材料，广泛应用于药物缓释系统和化妆品增稠剂；蜂蜡是重要的药用辅料，用作丸剂包衣和软膏基质。在制药工业中，蚕蛹油脂可加工成降胆固醇药物和特种润滑油；通过基因工程技术将乙肝病毒基因导入家蚕蛹体，可实现疫苗的大规模生物制备。五倍子含 60%～70%鞣质，是重要的医药和制革原料。紫胶具有优异的绝缘性能，广泛应用于军工防护材料；其活性成分紫胶色素是高档化妆品着色剂。这些应用充分体现了药用昆虫资源的多功能性开发价值。

药用昆虫在养殖业中具有重要的饲用价值，可作为多种经济动物的优质蛋白来源。黄粉虫因其营养均衡、适口性好，已成为蜈蚣、全蝎等药用动物养殖的首选饲料。现代营养学分析表明，蝇蛆、蟋蟀等药用昆虫的粗蛋白含量达 50%～70%，氨基酸组成优于传统鱼粉，且富含必需脂肪酸、矿物质等营养成分。目前，经《饲料原料目录》批准的昆虫源饲料包括：黄粉虫干制品、家蝇幼虫粉等，已广泛应用于禽类、水产等养殖领域。值得注意的是，昆虫饲料的生产必须符合《饲料卫生标准》（GB 13078）要求，确保无病原微生物污染和重金属超标等问题。随着昆虫规模化养殖技术的发展，蝗虫、黑水虻等新型昆虫蛋白饲料正在逐步实现产业化应用。

2. 海洋动物药物的研究与开发

我国历代医药学家在传承创新的过程中，为中医药宝库积累了丰富财产，其中海洋药物始终是其重要组成部分。以海洋药物为主要成分的海洋中成药，既体现了传统山海药结合的制剂工艺，又为现代海洋医药工业奠定基础。据《中国药典》（2020 年版）一部记载，含海洋药物的中成药达 40 余种，涵盖内、外、妇、儿等临床各科，在疾病防治中发挥独特作用。海洋中成药不仅在中国医药史上具有重要地位，更为新世纪海洋医药发展提供了宝贵资源。当前，随着海洋生物技术的进步，海洋药物研发正从传统经验用药向现代化、标准化方向快速发展。

我国现代海洋药物研究始于 20 世纪 60 年代，1979 年卫生部召开“全国首次海洋药物座谈会”后，海洋药物研究正式纳入国家科研计划体系。根据中国海洋大学王长云团队 2012 年的资源调查，我国已发现海洋药用生物 1479 种，从中鉴定出脂类、苷类、萜类、多糖、生物碱等活性成分 300 余种。海洋环境富含 80 余种元素，其中 17 种为陆生稀缺元素。目前，海洋药物开发已形成多个重点方向：珍珠及其水解产物在美容和医药领域应用广泛；微藻类如螺旋藻（*Arthrospira platensis*）和盐藻（*Dunaliella salina*）富含多种营养素；甲壳素衍生物具有良好的生物相容性；以海洋微生物来源的头孢菌素 C 为基础研发的头孢菌素类抗生素，已形成多代产品体系，广泛应用于临床；褐藻酸钠在医用敷料方面表现突出。此外，海洋生物活性物质如EPA、DHA、角鲨烯等已实现产业化应用，形成包括药品、保健品、功能食品在内的完整产业链。当前，我国海洋医药产业已建立以青岛、厦门等沿海城市为核心的研发生产基地，构建了集科研、生产、销售于一体的产业体系，展现出显著的经济效益和社会价值。

第二章

药用动物的主要种类及药用价值

第一节　无脊椎药用动物及药用价值

一、原生动物

原生动物作为原生生物界中最接近动物的一类单细胞生物，具有独特的生物学特性。这类生物均为单细胞结构，行异养营养，多数具备自主运动能力。值得注意的是，某些物种如眼虫（*Euglena viridis*）呈现动植物双重特征，既能通过叶绿体进行光合作用，又具备动物式的摄食行为。在分类学上，将不包括原生动物的多细胞动物统称为后生动物，其中具有明确组织分化的类群则归类为真后生动物。

原生动物在自然界分布极为广泛，栖息环境涵盖淡水、海水及潮湿土壤，约半数种类为寄生生活。目前已记载的原生动物约有50000种（含20000化石种）。根据《中国动物志》现行分类系统，原生动物主要分为以下四大纲。鞭毛纲（Mastigophora）：具鞭毛的运动胞器。肉足纲（Sarcodina）：通过伪足运动和摄食。孢子纲（Sporozoa）：专性寄生，具复杂生活史。纤毛纲（Ciliata）：周身被覆纤毛。

1. 草履虫

我国药用原生动物资源目前仅记载草履虫科2个药用物种：大草履虫（*Par-*

amecium caudatum）和多小核草履虫（*Paramecium multimicronucleatum*）。这两种单细胞生物在传统医药中主要以外用为主，现代研究表明其体内含有的特定蛋白和多糖类物质具有潜在的生物活性。

2. 药用价值

草履虫科物种中，大草履虫因富含蛋白质（含量达60%～70%干重）及必需氨基酸，目前主要作为高蛋白功能性食品原料；多小核草履虫则因其分泌的免疫调节蛋白具有刺激巨噬细胞活性的作用，正被探索用于免疫增强类保健品开发。但现有研究仍局限于实验室阶段，其药用转化面临规模化培养（目前产量＜10g/L）、活性成分标准化等关键技术瓶颈。根据《中国药典》（2025年版）标准，两类草履虫均未达到药用原料收录要求，相关产品开发尚需完成毒理学评价及临床前研究。

二、海绵动物

海绵动物是地球上最原始的多细胞动物类群之一。其确凿的化石记录可追溯至新元古代晚期（6亿多年前），并在寒武纪早期（约5.4亿年前）已经呈现出显著的多样性。目前，全球现存海绵动物约5000种，分属约80科、790属。古生物学研究表明，海绵动物是一个演化上极为保守的类群，许多现存属（特别是寻常海绵纲和玻璃海绵纲中）的形态特征在白垩纪（1.45亿～0.66亿年前）甚至更早的化石中已有发现，凸显了其漫长的演化历史和独特的进化稳定性。该类群在全球水域广泛分布，从淡水环境到海洋生态系统，从潮间带至深海热泉区均有栖息。海绵动物形态多样性显著，包括块状、管状、分支状等7种基本形态，体长范围从数毫米至2m不等，多数物种通过基底附着形成表层覆盖。体色表现从单色到鲜艳多彩，主要呈黄色至红色系，这种显色特征源于体内积累的类胡萝卜素等色素物质。根据国家海洋物种数据库（2023版）记载，我国海域已记录海绵动物达586种，主要分布于南海和东海海域。

具有药用价值的主要种类有：

1. 脆针海绵

海绵动物中具有药用价值的种类主要归属于简骨海绵目，其中应用历史最为悠久的是脆针海绵。该物种早在宋代《图经本草》中就有明确记载，是我国传统中药的重要组成部分。现代研究表明，脆针海绵体内含有多种活性成分，主要包括海绵硬蛋白、海绵异硬蛋白等特异性蛋白质，以及磷酸盐、碳酸盐等无机成分。这些物质赋予了该物种独特的药用价值。值得注意的是，所有海绵类药材的采集和使用都必须严格遵守《中华人民共和国野生动物保护法》和《中国药典》（2025年版）的相关规定，确保资源的可持续利用和用药安全。

2. 湖针海绵

湖针海绵含有多种生物活性成分，其中胆固醇和叶黄素-5,6-环氧化物（含量达 61.9%）具有显著的光保护作用，能有效清除自由基，减轻氧化应激对视网膜的损伤。其特有的胡萝卜素-蛋白质复合体由虾青素与 16 种氨基酸（以天冬酰胺为主）构成，表现出强抗氧化活性。

海绵动物具有多方面的药用功效。①抗菌作用：其体内富含大黄酸、海绵素等天然抗菌成分，对细菌、真菌和病毒均表现出显著抑制作用，具有开发新型抗菌药物的潜力。②抗肿瘤作用：海绵素等活性物质可通过诱导白血病细胞凋亡等机制发挥抗癌作用。③修复创伤：研究还发现，某些海绵成分能促进血管生成和组织再生，显著加速创伤修复过程。④抗炎作用：海绵提取物具有明确的抗炎活性，能有效缓解炎症反应及相关疼痛症状，为新型抗炎药研发提供候选物质。⑤益阳涩精作用：中医学应用方面，海绵类药物常用于治疗阳痿、遗精、带下等泌尿生殖系统疾病，其益阳涩精的功效在《本草纲目》等典籍中均有记载。外用对阴囊湿疹亦有一定疗效。现代药理学研究证实其活性成分可通过调节下丘脑-垂体-性腺轴功能改善生殖系统功能障碍。

三、刺胞动物门

刺胞动物门（旧称腔肠动物门）是原始的后生动物类群，具有典型的辐射对称或两辐射对称体型结构。该类群具有以下主要特征：身体由外胚层、内胚层及其中间的中胶层构成；消化循环腔为盲管状，仅具单一开口；体壁分布有特化的刺细胞。其骨骼系统主要为外骨骼，化学成分包括几丁质、角质和钙质，部分珊瑚类还具有中胶层内生的骨针或骨轴。刺胞动物具有独特的生活史交替现象：水螅型个体通过无性出芽生殖产生水母型个体，而水母型个体则通过有性生殖重新产生水螅型个体。现存约 11000 种刺胞动物中，绝大多数为海洋生物，仅少数栖息于淡水环境。根据《中国动物志》分类系统，该门分为水螅纲（Hydrozoa）、钵水母纲（Scyphozoa）和珊瑚纲（Anthozoa）三个纲，其中具有药用价值的主要集中在珊瑚纲，如柳珊瑚等。

1. 药用腔肠动物

药用腔肠动物主要有黄海葵、桃色珊瑚、海仙人掌等。

2. 药用价值

① 黄海葵含强心肽（anthopleurin）A、B、C 三类活性成分。其中黄海葵强心肽 A 分子量约 5500，由 49 个氨基酸残基构成（含 3 个胱氨酸）；强心肽 C 由 47 个氨基酸残基组成。另含 2-氨基乙基磷酸酯（0.02μmol/mg 蛋白）和 *N*-甲基-2-氨基乙基磷酸酯（0.15μmol/mg 蛋白）。中医学认为其具有收敛固涩、驱虫功

效，主治痔疮、脱肛、带下等，现代研究证实其强心肽可特异性增强心肌收缩力。

② 海仙人掌具清热散结、化痰止咳功效，临床用于腮腺炎、支气管炎治疗。研究表明：以 10g/kg 剂量连续给药 10d，可显著提升小鼠耐缺氧能力（延长窒息存活时间 42%），增强学习、记忆能力（水迷宫逃避潜伏期缩短 35%），并提高超氧化物歧化酶（SOD）活性，抑制体内单胺氧化酶（MAO-B）活性，降低丙二醛（MDA）含量。同时能减少心肌脂褐素沉积，促进雄性小鼠睾酮分泌，并增强巨噬细胞吞噬功能（吞噬率提高 52%）。

四、软体动物门

软体动物门是动物界中种类数量仅次于节肢动物的第二大类群，现存约 10 万种。该类动物虽然形态差异显著，但都具有以下共同特征：身体柔软不分节，基本可分为头足部（头部可能退化，足部为肌肉质）和内脏囊-外套膜（由内脏团、外套膜及其围成的外套腔构成）两大部分。我国海域分布有软体动物 3000 余种，其中具有药用价值的种类主要集中在以下类群：瓣鳃纲（如牡蛎科、蚌科等）包含 103 种药用物种，约占药用软体动物总数的 50%；腹足纲（如田螺科、骨螺科等）也具有重要的药用价值。值得注意的是，药用贝类中以双壳类（如文蛤、贻贝等）为主，共计 112 种，其贝壳、软体组织等部位常含有多种生物活性物质。

1. 常见的药用软体动物

我国药用软体动物资源丰富，主要包含以下种类。

（1）单壳贝类药用动物

鲍科：杂色鲍（*Haliotis diversicolor*，石决明）、耳鲍（*Haliotis asinina*）、皱纹盘鲍（*Haliotis discus hannai*）。

宝贝科：阿文绶贝（*Mauritia arabica*，紫贝齿）、环纹货贝（*Monetaria annulus*，白贝齿）。

其他：贻贝（*Mytilus edulis*）、中国圆田螺（*Cipangopaludina chinensis*）、同型巴蜗牛（*Bradybaena similaris*）

（2）头足纲（贝内壳类）

乌贼科：曼氏无针乌贼（*Sepiella maindroni*，海螵蛸）、金乌贼（*Sepia esculenta*）。

章鱼科：真蛸（*Octopus vulgaris*）、短蛸（*Octopus ocellatus*）。

（3）其他药用软体动物

海兔科：蓝斑背肛海兔（*Notarchus leachii cirrosus*，海粉）。

竹蛏科：缢蛏（*Sinonovacula constricta*）。

石鳖科：红条毛肤石鳖（*Acanthochiton rubrolineatus*）。

蛤蜊科：西施舌（*Mactra antiquata*）。

蛞蝓科：黄蛞蝓（*Limax flavus*）。

骨螺科：皱红螺（*Rapana bezoar*）。

2. 药用价值

贝类软体动物中含有两种具有显著降胆固醇活性的特殊固醇类化合物——代尔太 7-胆固醇和 24-亚甲基胆固醇。其作用机制独特，能同时抑制肝脏胆固醇合成并促进胆固醇排泄，从而有效降低血清胆固醇水平。临床研究表明，这两种天然活性成分的降胆固醇效果优于常用的植物固醇（如 β-谷固醇）。此外，食用贝类后产生的清爽感与其富含的牛磺酸、甜菜碱等活性物质调节神经系统功能有关，对缓解焦虑、改善情绪具有积极作用。

石决明（为鲍科动物杂色鲍、皱纹盘鲍、羊鲍、澳洲鲍、耳鲍或白鲍的贝壳）具有平肝潜阳、清肝明目之功效，主治头痛眩晕、目赤翳障、视物昏花、青盲雀目等症，对热盛伤阴所致筋脉拘急、手足蠕动、头目眩晕亦有疗效。

海螵蛸（为乌贼科动物无针乌贼或金乌贼的干燥内壳）的功效为收敛止血、涩精止带、制酸止痛、生肌敛疮，临床用于胃溃疡、胃酸过多、吐血衄血、崩漏便血、遗精滑精、赤白带下等症，外用治外伤出血及疮疡不敛。

蓝斑背肛海兔的卵群带具有滋阴润燥、化痰止咳功效，临床用于肺燥咳嗽、瘰疬痰核等症。

红条毛肤石鳖具有化痰散结、活血通络的功效，适用于慢性支气管炎及气滞血瘀所致的胸胁疼痛。

西施舌具有滋阴清热、平肝明目之效，用于阴虚烦渴、目赤肿痛等，其可辅助改善肝阳上亢症状。

黄蛞蝓具有清热解毒、收敛止血的功效，主治热毒疮疡、痔疮肿痛等。

五、星虫动物门

星虫动物门为海洋无脊椎动物的一个重要类群，其体呈蠕虫状，细长不分节，一般体长约 100mm，最长可达 300～400mm，多为纺锤形，具真体腔，两侧对称。该门动物完全海生，广泛分布于太平洋、大西洋和印度洋，中国海域约 60 种。其栖息环境多样，包括潮间带泥沙、深海沟软泥，亦可栖居于空螺壳、海绵水管、珊瑚及管栖多毛类的管内，甚至在海产植物缠结的根中。星虫动物在海洋生态系统中具有重要地位，其特殊的体腔液组成和生物活性物质具有重要研究价值。

1. 药用星虫动物

已知星虫动物门中已明确可供药用的主要种类包括土钉虫（*Phascolosoma*

esculenta）和裸体方格星虫（*Sipunculus nudus*）等。

2. 药用价值

星虫性寒，味甘、咸，具有滋阴降火、补肺益肾之功效，临床主要用于阴虚火旺所致的骨蒸潮热、盗汗，以及肺肾阴虚引起的久咳虚喘。现代研究表明，其含有的活性多糖和皂苷类成分具有免疫调节作用，对慢性虚弱状态有一定改善效果。

六、环节动物门

环节动物门（Annelida）是动物界中种类丰富的一个门类，其主要特征包括：体外被覆由表皮细胞分泌的角质膜，体壁肌肉系统由外环肌层和内纵肌层构成；多数种类具几丁质刚毛，按体节规律排列；身体由一系列形态相似的体节组成，具有明显的分节现象。在胚胎发育上，其体壁由外胚层、中胚层和内胚层三层胚层发育而来，拥有发达的真体腔系统（由体壁中腔层和肠壁中腔层共同围成）。该门动物具有闭管式循环系统，血液中通常含有血红蛋白等呼吸色素。其体腔按节被隔膜分隔，在系统发育上属于裂体腔动物。环节动物在自然界分布极为广泛，从海洋到淡水生态系统，乃至陆地湿润土壤中均有其踪迹，展现出极强的环境适应能力。

1. 药用环节动物

环节动物门的药用种类主要集中在寡毛纲和蛭纲。其中，钜蚓科的参环毛蚓（*Pheretima aspergillum*，广地龙）、通俗环毛蚓（*Pheretima vulgaris*）、白颈环毛蚓（*Pheretima californica*）以及正蚓科的背暗异唇蚓（*Allolobophora caliginosa* trapezoides），医蛭科的日本医蛭（*Hirudo nipponia*，水蛭）和尖细金线蛭（*Whitmania acranulata*）是常用药材。此外，日本沙蚕（*Ceratonereis japonica*）和沙蠋科（Arenicolidae，海蚯蚓）等海洋种类也具有药用价值。这些环节动物在传统医药中应用广泛，如地龙类具有清热定惊、通络等功效，水蛭所含的水蛭素是重要的抗凝血成分，而海生种类则富含多种生物活性物质。

2. 药用功效

参环毛蚓具有清热定惊、平喘利尿、通络止痛之功效，临床主要用于高热惊厥、肺热喘咳、中风偏瘫及湿热痹痛等。其降压作用需配伍相关药物使用，单用效果尚未明确。

背暗异唇蚓具有明确的清热利尿、活血通络之功效，适用于热淋涩痛、水肿及瘀血阻滞诸证。

沙蠋主要药用成分为牛磺酸，具有清热解毒、促进组织修复作用，临床用于疮疡肿毒等外科病症。

七、节肢动物门

节肢动物门（Arthropoda）作为动物界最大的类群，其分布范围涵盖海洋、淡水、陆地及空中环境，部分种类营寄生生活。该门动物具有以下典型特征：身体两侧对称，异律分节，分为头、胸、腹或头胸、躯干等组合形态，每体节具一对分节附肢；体表覆盖可活动的几丁质外骨骼，生长过程需周期性蜕皮；呼吸系统依生境差异表现为鳃、书鳃或气管等形式；神经系统呈链状并具发达的感觉器官。根据最新分类系统，该门分为三叶虫亚门、螯肢亚门、甲壳亚门、六足亚门和多足亚门 5 个亚门，其中昆虫纲（Insecta）包含约 100 万种，占门内物种的 80%。

在药用价值方面，节肢动物门是无脊椎动物中最重要的药用资源类群，仅昆虫纲就有药用种类 220 种（隶属 67 科），约占节肢动物药用物种的 71%。具有重要药用价值的科包括：芫菁科（含斑蝥素等活性成分）、虻科（以虻虫为代表药材）、蝗科（含丰富的蛋白质和甲壳素）及鳃金龟科（幼虫可入药）等。

常用昆虫药材包括：桑螵蛸（*Tenodera sinensis* 卵鞘）、斑蝥（*Mylabris phalerata*）、九香虫（*Aspongopus chinensis*）、蝉蜕（*Cryptotympana pustulata*）、虻虫（*Tabanus bivittatus*）、土鳖虫（*Eupolyphaga sinensis*）等法定收载品种。另有部分传统药用昆虫如东亚飞蝗（*Locusta migratoria*）、蟋蟀（*Gryllulus bimaculatus*）等。

桑螵蛸（大刀螂、小刀螂或巨斧螳螂的干燥卵鞘）主要含蛋白质、脂肪及柠檬酸钙结晶等成分。现代研究表明其具有 4 种作用：①显著延长实验动物耐缺氧时间（$P<0.01$）；②降低高脂模型大鼠肝脏 MDA 含量；③提高免疫器官指数；④改善阳虚症状。这些作用与其传统的“补肾固精”功效具有相关性，临床用于遗精滑精、遗尿尿频等症。

九香虫含挥发油（约 3%）、蛋白质等成分，具有：①显著抑制胃肠平滑肌痉挛；②对金黄色葡萄球菌等致病菌有抗菌作用；③提高性腺功能。临床用于寒性胃痛和肾阳虚证（需配伍使用），其抗菌作用在外用制剂中应用较多。

蝉蜕作为传统中药材，其性味甘寒，主归肺、肝二经，具有疏散风热、透疹止痒、息风止痉、明目退翳等功效。临床应用于以下方面：①外感风热证候；②麻疹透发不畅；③惊风抽搐；④目赤翳障；⑤疟疾治疗。特别在儿科领域，蝉蜕凭借其散热镇惊的双重作用，对小儿肝经风热所致的烦躁不安、惊厥抽搐等症状具有独特疗效。现代药理研究证实，蝉蜕含甲壳素、蛋白质及多种微量元素，其镇痉作用与调节 γ-氨基丁酸（GABA）受体活性相关。

蝉花是蝉若虫被虫草菌感染形成的虫菌复合体，其形成过程包括：虫草菌（*Cordyceps* spp.）侵染黑蚱（*Cryptotympana atrata*）若虫→菌丝充满体腔→

次年春季形成子实体。现代研究证实其含虫草酸、多糖等活性成分，具有免疫调节、抗氧化等作用，临床用于免疫力低下的辅助治疗。

蜂房含蜂胶素、挥发油等成分。具有体外抑制金黄色葡萄球菌、抗炎（肿胀抑制率 61.5%）作用。临床外用治疗皮肤感染，需配合消毒使用。

土鳖虫雌虫含血栓溶解酶，具有改善微循环、促进骨折愈合的作用。中医认为此药具有破血逐瘀、续筋接骨的功效。用于跌打损伤、筋伤骨折、血瘀经闭、产后瘀阻腹痛、癥瘕痞块。

蟋蟀具有显著的利尿、破血功效，临床用于治疗水肿、小便不利、尿路结石及肝硬化腹水等症。现代药理研究表明，其体内含有特殊退热成分（暂称蟋蟀退热素），具有扩张血管和降血压作用。有效成分分析显示，雄性全虫含维生素 B_{12} 58ng/g，雌性含 76ng/g，并含有精氨酸、α-酮-δ-胍基戊酸及 γ-胍基丁酸等多种胍基化合物。

虎斑步甲性味辛温，具小毒，具有活血化瘀、消积止痛之功效，主治腹痛、便血等。

1. 甲壳纲

甲壳动物大多数生活在海洋里，少数栖息在淡水中和陆地上。虾、蟹等甲壳动物有 5 对足，其中 4 对用来爬行和游泳，还有一对螯足用来御敌和捕食。

（1）药用甲壳动物　甲壳纲现存动物中具有明确药用价值的主要集中在以下类群：十足目包含多个重要药用物种，包括中国对虾（*Fenneropenaeus chinensis*）、中国龙虾（*Panulirus stimpsoni*）、东北蝲蛄（*Cambaroides dauricus*）、三疣梭子蟹（*Portunus trituberculatus*）、中华绒螯蟹（*Eriocheir sinensis*）等。等足目中，鼠妇（*Armadillidium vulgare*）作为传统药材在民间及部分地方中医药传统中有所应用。

（2）药用价值　现代研究表明，对虾富含虾青素和精氨酸，具有改善性功能和调节自主神经功能的作用，临床用于肾阳虚证需配伍使用。

中华绒螯蟹含甲壳素、锌等成分，具有抗炎、促进创面愈合的作用。用于湿热证（肉用），外用治疗烫伤（壳煅，研末）。

锯齿溪蟹实验显示其提取物可抑制血栓形成、促进骨痂形成（提前 7 天），也用于跌打损伤，孕妇禁用。

鼠妇功效为活血化瘀，用于癥瘕积聚。

2. 蛛形纲

（1）药用蛛形纲动物　蛛形纲作为节肢动物门螯肢亚门中最大的纲，全球已知有 5 万余种，现存物种可分为 2 亚纲 11 目。该纲包含多种具有药用价值的物种，其中最具代表性的有：东亚钳蝎（*Mesobuthus martensii*，全蝎），为传统中药材；民间习用药用种包括北国壁钱（*Uroctea lesserti*）、大腹园蛛（*Araneus ventricosus*）和迷路草蛛（*Agelena labyrinthica*）等。

此外，介绍节肢动物门中其他纲的药用种类。唇足纲：少棘蜈蚣、蚰蜒（*Scutigera coleoptrata*）。倍足纲：宽跗陇马陆（*Kronopolites svenhedini*）、燕山蛩（*Spirobolus bungii*）等。

（2）药用价值　全蝎所含蝎毒通过阻断电压门控钠通道产生药理作用。临床用于惊厥、偏头痛、类风湿关节炎。孕妇禁用。

宽跗陇马陆分泌的防御液含苯醌类物质，具有促进胃液分泌、镇痛作用。传统用于食积胃痛。

八、苔藓动物门

苔藓动物门，又称苔虫，是一类水生底栖无脊椎动物，除内肛动物门的少数种类为单体外，绝大多数为由多个个虫及其外骨骼构成的群体生物。该门动物绝大多数属于外肛类，归属于原口动物演化谱系。苔藓动物在显生宙各时期（除寒武纪外）的海相地层中均有广泛分布，其中唇口目是现代海洋污损生物群落的主要组成部分。作为触手冠动物的重要成员，苔藓动物不仅是重要的古环境指示生物，在海洋生态系统中也扮演着关键角色，部分种类还具有潜在药用价值。

1. 药用苔藓动物

苔藓动物门中具有药用价值的主要有脊突苔虫（*Costazia aculeata*）和柯氏仿分胞苔虫（*Celleporina costazii*）。

这两种苔虫的分泌物形成的骨骼在中药中被称为“石花”或“海浮石”，其干燥骨骼作为药材使用时统称为“海浮石”。

2. 药用价值

海浮石具有清肺化痰、软坚散结的功效，临床用于治疗肺热咳嗽、痰稠难咳、瘿瘤瘰疬等。现代研究表明，海浮石主要含碳酸钙、镁盐及多种微量元素，其多孔结构具有显著的吸附作用。

九、棘皮动物门

棘皮动物门作为后口动物中进化地位高等的无脊椎动物类群，具有独特的生物学特征，广泛分布于从潮间带至万米深海的各类海洋环境。其成体呈现典型的五辐射对称结构，通过特有的水管系统实现运动功能，体表覆盖由钙质骨板构成的内骨骼并常突出形成棘刺。棘皮动物在发育过程中表现出典型的后口动物特征（原肠胚孔发育为肛门），与脊索动物具有亲缘关系。现存种类分为海星纲、海胆纲、蛇尾纲、海参纲和海百合纲五个主要类群。棘皮动物具有显著的再生能力（如海星的肢体再生）和独特的生物矿化机制，不仅是海洋生态系统的重要组成成分，其中经济种类更已成为重要的水产养殖对象，其特殊的生物结构还为现代仿生学研究提供了重要模型。

1. 药用棘皮动物

海洋药用棘皮动物资源主要包括海胆类（4 科 8 种）、海星类（4 科 5 种）和海参类三大类。其中主要药用种包括：紫海胆（*Anthocidaris crassispina*）、石笔海胆（*Heterocentrotus mammillatus*）、马粪海胆（*Hemicentrotus pulcherrimus*）等海胆类；罗氏海盘车（*Asterias rollestoni*）、多棘海盘车（*Asterias amurensis*）、海燕（*Patiria pectinifera*）等海星类；以及刺参（*Apostichopus japonicus*）、梅花参（*Thelenota ananas*）等海参类。

2. 药用价值

海参作为珍贵的滋补食材和药材，具有以下特性和功效：其富含优质蛋白质及海参皂苷，研究表明海参皂苷具有显著抗肿瘤活性、免疫调节和抗辐射作用。所含黏多糖具有广谱抗癌、抗凝血（延长 PT 时间 2.1 倍）、促进创伤修复的作用。中医学认为其具有滋阴补肾、生肌止血功效，适用于虚劳羸弱、外伤出血等。

紫海胆除富含钙质外，其棘刺含多种苯醌类色素，具有抑制 SGC-7901 胃癌细胞增殖、降低炎症因子 IL-6 水平的作用。中医用于瘰疬痰核、痈肿疮毒等，其软坚散结功效与调节 MMP-9 蛋白表达相关。

十、原索动物

原索动物是脊索动物门原始的一群。种类少，全部海生。分为尾索动物、头索动物二亚门。

1. 药用原索动物

原索动物中的药用种只有尾索动物亚门的玻璃海鞘和头索动物亚门的厦门文昌鱼（*Branchiostoma belcheri*）及青岛文昌鱼（*Branchiostoma belcheri tsingtauense*）。

2. 药用价值

海鞘作为重要的海洋药用生物，含有多种具有药理活性的成分：①海鞘素系列化合物具有显著的抗炎作用，能抑制前列腺素 E_2（PGE_2）和白细胞介素-6（IL-6）等炎症因子的产生，临床研究表明对风湿性关节炎患者可降低关节肿胀指数约 40%；②其体内特有的硫酸化多糖具有双向免疫调节功能，既能增强巨噬细胞吞噬活性，又能抑制过度免疫反应；③富含的膳食纤维可促进肠道蠕动，对功能性便秘有效率可达 75%。

第二节 脊椎药用动物及药用价值

脊椎动物亚门（Vertebrata）是脊索动物门中结构最复杂、进化地位最高的亚门，其核心特征为具有由椎骨组成的脊柱。作为从低等脊索动物进化而来的高等类群，现存物种表现出极高的多样性，包括圆口纲（如七鳃鳗）、鱼纲、两栖纲、爬行纲、鸟纲和哺乳纲六大类群。所有脊椎动物均具有两侧对称的体型结构，身体明确分为头、躯干和尾三部分，并发育有高度分化的感觉器官、运动系统和中枢神经系统（脑和脊髓）。我国脊椎动物资源丰富，根据最新调查统计，药用脊椎动物共计 215 科 968 种（约占已知脊椎动物物种数的 28%），是传统动物药中最重要的组成部分，其药用部位涵盖全身各组织器官。

一、鱼类

我国鱼类资源丰富，涵盖圆口纲（如七鳃鳗）、软骨鱼纲（如各种鲨、鳐）和硬骨鱼纲三大类群。据统计，我国四大海域分布鱼类 1500 余种，占全球鱼类物种数的 10%。其中具有药用价值的鱼类共计 104 科 232 属 408 种，按生境划分，海洋药用鱼类占主导地位，达 83 科 145 属 262 种；淡水药用鱼类相对较少。

1. 药用鱼类动物

我国药用鱼类资源以硬骨鱼类为主（占 87%），主要分布在鲤科、鮨科、鲀科等 20 余科。重要药用种类包括：大黄鱼（*Pseudosciaena crocea*，以鱼脑石入药）、海龙科的克氏海马（*Hippocampus kelloggi*）等 7 种海马、4 种海龙，以及鳇鱼（*Huso dauricus*）等传统药材。民间习用种类主要有黄鳝（*Monopterus albus*）、鲤鱼（*Cyprinus carpio*）等 8 种常见鱼类。

软骨鱼类中，药用种类以鲨类为主，现有 13 科 28 种具有药用价值，包括阔口真鲨（*Carcharhinus plumbeus*）、鲸鲨（*Rhincodon typus*）等 5 种主要药用鲨。此外，孔鳐（*Raja porosa*）等 2 种鳐类也具有药用价值。

2. 药用价值

大黄鱼（鱼脑石）具有利尿通淋、清热解毒之功效，主治石淋、小便淋沥不畅、鼻炎、化脓性中耳炎等。

鱼鳔：大黄鱼、小黄鱼、黄姑鱼（*Nibea albiflora*）或鲟科动物中华鲟（*Acipenser sinensis*）、鳇鱼等的鱼鳔，具有补肝肾、养血止血、散瘀消肿之功效。

克氏海马干燥全体入药，名海马，去内脏的全体性温，味甘、微咸，入肾经，是一味温肾壮阳、调气和血、祛瘀生新的佳品，具有温肾助阳、兴奋强壮的作用。

刁海龙具有补肾壮阳、散结消肿、舒筋活络、止血、催产之功效。

海龙是传统的补益中药，具有温肾壮阳、散结消肿的作用。

鳝鱼（*Monopterus albus*）含有特种物质“鳝鱼素”，有清热解毒、凉血止痛、祛风消肿、润肠止血等功效，能降低和调节血糖，对痔、糖尿病有较好的治疗作用，加之所含脂肪极少，是糖尿病患者的理想食品。

鲤鱼具有健脾和胃、利水下气、通乳、安胎之功效。

泥鳅具有补益脾肾、利水、解毒之功效。

暗纹东方鲀内脏及血液可提取河鲀毒素，属于非蛋白小分子高活性高专一性神经性海洋毒素，有剧毒，毒力是氰化钠的 1250 倍。其生理功能及机制在神经细胞膜药物机制研究中占有特殊地位，可作为生理学研究的工具药。临床上可替代吗啡、哌替啶、阿托品和南美筒箭毒碱等，用于治疗神经痛。

大马哈鱼体内每千克鱼肉含有 5mg 的天然虾青素，养殖的大马哈鱼若不添加虾青素则呈白色，这种虾青素是该鱼具有强大耐力的重要原因。虾青素是一种强效抗氧化剂。

鲫鱼（*Carassius auratus*）具有利水消肿、通血脉、促进乳汁分泌、健脾和胃等功效。

江鳕（*Lota lota*）肉可入药，用于治疗瘀伤、咯血、便秘等。

鲨鱼主要含有蛋白质、脂肪、水分、维生素及钙、磷、铁等成分，具有较高的营养价值。鲨鱼肝脏中油脂含量较高，富含维生素 A，是制备鱼肝油的重要原料。鲨鱼肝中含有角鲨烯，该物质具有类似红细胞摄取氧的功能，可形成活化的氧化角鲨烯，随血液循环至末端组织释放氧气，提高机体氧利用率，是一种具有高生物活性的物质。

二、两栖动物

两栖纲是一类原始的、变温的、具五趾型四肢的四足动物。其个体发育周期有一个变态过程，即以鳃（新生器官）呼吸生活于水中的幼体，在短期内完成变态，成为以肺呼吸能营陆地生活的成体。

现生的有 3 目约 40 科 400 属，超过 4000 种，除南极洲和海洋性岛屿外，遍布全球。我国以秦岭—淮河以南地区，特别是华西和西南山区的物种最多。两栖动物中，供药用的约 38 种，其中半数以上属无尾目，蛙科和蟾蜍科较为重要。

1. 药用两栖动物

主要药用两栖动物包括中国林蛙（蛤士蟆）（*Rana chensinensis*）、黑龙江林蛙（*Rana amurensis*）、大蟾蜍（蟾酥来源）（*Bufo gargarizans*）、花背蟾蜍、

中国雨蛙（*Hyla chinensis*）及斑腿树蛙（*Polypedates megacephalus*）等。其他具有药用价值的种类还有花姬蛙（*Microhyla pulchra*）、大鲵（*Andrias davidianus*）、东方蝾螈（*Cynops orientalis*）等。

2. 药用价值

从中国林蛙雌体内提取的林蛙油具有润肺养阴、补肾益精、补脑益智、提高人体免疫能力等独特功效。

中华大蟾蜍或黑眶蟾蜍的耳后腺和皮肤腺分泌的蟾酥是中药瑰宝，有解毒、消肿、止痛等功效。蟾衣（皮），即干燥蛤蟆皮，性凉，味辛，微毒。内服清热解毒、利水消胀，外用解毒散肿。干蟾可解毒医疮，消积化癥，是治小儿疳积之良药。

中国雨蛙全体在石板或瓦上焙黄，研末用，治跌打损伤、骨折、外伤出血。

斑腿树蛙的全体可用于外伤出血、跌打损伤、骨折等。

花姬蛙具有活血祛瘀、祛风除湿之功效。

大鲵去掉内脏后的全体入药，具滋补、强壮之功效。但需在严格的法律和人工繁育框架下利用。

东方蝾螈全体具有消积化滞、清热解毒之功效。

三、爬行动物

爬行动物是由石炭纪末期的古代两栖类进化而来，心脏具有两心房和一心室（心室中存在不完全隔膜），体温不恒定，是真正适应陆栖生活的变温脊椎动物，并由此演化出恒温的鸟类和哺乳类。爬行类不仅在成体结构上进一步适应陆地生活，其繁殖也脱离了水的束缚，与鸟类、哺乳类共同构成羊膜动物（amniote）。本小节出现的动物很多为国家保护动物，任何药用开发都必须以人工繁育为前提，严格遵守法律法规。

1. 药用爬行动物

蛇类是爬行动物中最大的类群。可供药用的蛇类有 5 科 64 种，主要是游蛇科、海蛇科和蝰科。常用药用种有五步蛇（蕲蛇）（*Deinagkistrodon acutus*）、蝮蛇（*Gloydius brevicaudus*）、银环蛇（金钱白花蛇）（*Bungarus multicinctus*）和乌梢蛇（*Zaocys dhumnades*）等。此外，赤链蛇（*Lycodon rufozonatus*）、百花锦蛇（*Elaphe moellendorffi*）、竹叶青蛇（*Trimeresurus stejnegeri*）、灰鼠蛇（*Ptyas korros*）等亦可入药。药用海蛇主要有海蝰（*Praescutata viperina*）、青灰海蛇（*Hydrophis caerulescens*）和长吻海蛇（*Hydrophis platurus*）。

龟鳖类中可供药用的有 6 科 17 种，其中主要有乌龟（龟甲）（*Mauremys reevesii*）、中华鳖（鳖甲）（*Pelodiscus sinensis*）、玳瑁（*Eretmochelys imbricata*）和绿海龟（*Chelonia mydas*）等。

蜥蜴类中可供药用的有5科34种，其中主要有壁虎科（Gekkonidae）和鬣蜥科（Agamidae）。主要药用种有无蹼壁虎（守宫）（*Gekko swinhonis*）、丽斑麻蜥（*Eremias argus*）、中国石龙子（*Plestiodon chinensis*）、草绿龙蜥（四脚蛇）（*Japalura flaviceps*）和脆蛇蜥（*Ophisaurus harti*）等。

2. 药用价值

蕲蛇具祛风、通络、止痉之功效。用于治疗风湿顽痹、麻木拘挛、中风口眼歪斜、半身不遂、抽搐痉挛、破伤风、麻风和疥癣等。

蝮蛇具有祛风除湿、止痛镇静、强身健体的功效。

银环蛇具有祛风湿、定惊搐的功效。

乌梢蛇具有祛风、通络、止痉等功效。

赤链蛇主治慢性瘘管及溃疡，其提取物具有抗炎、镇痛、镇静催眠作用。

竹叶青蛇具有清热解毒、祛湿消肿、促进血液循环等功效。

灰鼠蛇肉具有祛风除湿、舒筋活络的功效。

乌龟的背甲及腹甲具有养血补心、固经止崩之功效。

中华鳖的鳖甲味咸、性微寒，具有滋阴潜阳、软坚散结、退热除蒸之功效。

玳瑁味甘、咸，性寒，入心经、肝经，有清热、解毒、镇静等功效。

绿海龟具有滋阴补血、补肾壮阳之功效。

无蹼壁虎具有祛风、活络、散结之功效。

丽斑麻蜥具有化痰散结、利尿的功效。

草绿龙蜥具有解毒消瘿、软坚散结之功效。

脆蛇蜥可治疗感冒、发热、咳嗽等病症，其药用成分具有抗炎、抗菌及免疫调节作用。

四、鸟纲

鸟纲（Aves）是脊椎动物亚门的一纲，体表被羽，恒温，卵生，胚胎外具羊膜。前肢特化为翼（部分种类退化），多营飞翔生活。心脏具2心房2心室，循环系统仅保留右体动脉弓（左体动脉弓退化）。骨骼多气腔，内充气体。呼吸系统除肺脏外，还具有辅助呼吸的气囊结构。我国鸟类可分为游禽、涉禽、攀禽、陆禽、猛禽、鸣禽六大生态类群。全球现存鸟类超过10787种，我国鸟类资源丰富，其中药用种类占比约17%，主要药用科包括雉科、鸭科、鹰科、鸦科和鹟科。

1. 药用鸟类动物

鸟类中可供药用的种类包括家禽和野生鸟类两大类。家禽类主要有家鸡（*Gallus gallus domesticus*）、乌骨鸡（*Gallus gallus domesticus*）以及家鸭

(*Anas platyrhynchos domesticus*)等。野生药用鸟类则更为丰富，包括环颈雉(*Phasianus colchicus*)、普通秧鸡(*Rallus indicus*)、岩鸽(*Columba rupestris*)、红嘴山鸦(*Pyrrhocorax pyrrhocorax*)、普通秋沙鸭(*Mergus merganser*)、麻雀(*Passer montanus*)、鹌鹑(*Coturnix japonica*)、褐河乌(*Cinclus pallasii*)、大杜鹃(*Cuculus canorus*)、苍鹰(*Accipiter gentilis*)、山斑鸠(*Streptopelia orientalis*)、赤麻鸭(*Tadorna ferruginea*)、鸿雁(*Anser cygnoides*)、鹧鸪(*Francolinus pintadeanus*)、褐翅鸦鹃(*Centropus sinensis*)、短嘴金丝燕(*Aerodramus brevirostris*)以及大嘴乌鸦(*Corvus macrorhynchos*)等。这些鸟类或其特定部位在传统中医药中具有重要药用价值，如燕窝、鸡内金等均为经典中药材。

2. 药用价值

鸡内金具有健胃消食、涩精止遗、通淋化石之功效。

乌骨鸡去羽毛及内脏后的部分具有补肝肾、益气血、退虚热之功效。

鸭内金（家鸭干燥砂囊内壁）具有消食化积之功效。

环颈雉具有补中益气、止泻补虚、和血温中、明目生津之功效。

普通秧鸡具有补中益气、止咳化痰、清肺平喘之功效。

岩鸽具有滋肾益气、祛风解毒、调经止痛之功效。

红嘴山鸦具有滋养补虚之功效，主治虚劳发热、咳嗽等症。

麻雀肉味甘、咸，性温，具有补肾壮阳、固精缩尿之功效。

鹌鹑具有补肾益精、壮阳消肿、补五脏之功效。

褐河乌具有清热解毒之功效，主治瘰疬痰核、痈疽疮肿。

大杜鹃具有祛风除湿、通经活络之功效，主治崩漏带下，外用治跌打损伤、疮疡疖肿。

山斑鸠肉具有益气明目、强筋骨、治虚损呃逆之功效。

赤麻鸭具有补中益气之功效，主治脾胃虚弱、子宫脱垂、脱肛等症。

鹧鸪和褐翅鸦鹃具有滋养补虚、开胃化痰之功效。

燕窝（雨燕科动物金丝燕等同属燕类唾液及绒羽混合黏结所筑巢穴）具有补肺养阴、止咳化痰、补虚养胃、美容养颜之功效。

五、哺乳纲动物

哺乳动物是动物界中进化程度最高、生理功能最完善的类群，具有胎生（除单孔类外）和哺乳幼崽的典型特征。与其他脊椎动物相比，其最显著的特征包括：高度发达的大脑和复杂的行为能力、恒定的体温、体表被毛、具有肌肉质膈以及三块听小骨构成的听觉系统等。全球哺乳动物广泛分布于陆地、海洋和淡水生态系统中。我国现有哺乳动物中具有重要药用价值的包括鹿科、牛科和鼯鼠科等类群，国家重点保护物种达178种。哺乳动物这些高度特化的特征使其成为适应能力最强的脊椎动物类群之一。

1. 药用哺乳纲动物

我国哺乳纲动物中药用种类约占1/3。药用种类主要集中在鹿科、牛科、蝙蝠科、松鼠科、鼬科、鼠兔科和鼯鼠科等中。

这些哺乳动物中有许多珍稀名贵的药用种类，主要包括黑熊（*Ursus thibetanus*）、梅花鹿（*Cervus nippon*）、马鹿（*Cervus canadensis*）、原麝（*Moschus moschiferus*）、林麝（*Moschus berezovskii*）、黄牛（*Bos taurus domesticus*）和水獭（*Lutra lutra*）等。此外，刺猬（*Erinaceus amurensis*）、东方蝙蝠（夜明砂）（*Vespertilio superans*）、草兔（望月砂）（*Lepus capensis*）、复齿鼯鼠（五灵脂）（*Trogopterus xanthipes*）、狗獾（*Meles meles*）、驴（阿胶）（*Equus asinus*）和豹（*Panthera pardus*）等也具有重要药用价值。

在传统中药材中，羚羊角原主要采用赛加羚羊（高鼻羚羊）（*Saiga tatarica*）的角，因资源濒危已被禁止使用。现已证实鹅喉羚（*Gazella subgutturosa*）和黄羊（*Procapra gutturosa*）的角具有与羚羊角相似的化学成分与药效，可作为研究性替代来源。在麝香资源紧张的情况下（所有麝属物种均为国家一级保护动物），研究发现大灵猫（*Viverra zibetha*）、小灵猫（*Viverricula indica*）和麝鼠（*Ondatra zibethicus*）的分泌物具有类似麝香的药效成分。目前，人工合成麝香已成为安全、可控的主要供应来源，并被《中国药典》收载。

其他具有药用价值的兽类还包括云豹（*Neofelis nebulosa*）、香鼬（*Mustela altaica*）、高山鼠兔（草灵脂）（*Ochotona alpina*）、北山羊（青羊）（*Capra ibex*）、紫貂（*Martes zibellina*）、猕猴（*Macaca mulatta*）、藏羚羊（*Pantholops hodgsonii*）、亚洲象（*Elephas maximus*）和野猪（*Sus scrofa*）等。在海洋哺乳类中，主要药用种类包括海狗（海狮科）即北海狗（*Callorhinus ursinus*）、斑海豹以及抹香鲸（*Physeter macrocephalus*）等。

重要说明：上述多数野生动物（如熊、麝、鹿、豹、水獭、羚羊、象、猕猴、貂、香鼬、鲸及所有海洋哺乳动物）均为国家重点保护野生动物或受国际贸易公约（CITES）管制物种。其任何药用利用必须严格遵循国家与国际法律法规，仅限于合法人工繁育（如适用）并获得专用标识的个体，严禁非法猎捕与贸易。现代中医药倡导优先使用人工合成品、规范代用品或源自可持续管理的人工繁育产品。

2. 药用价值

黑熊肉味甘性温，具有补虚损、强筋骨、益气补血、增强抗寒能力之功效。熊胆具有清热解毒、明目退翳、杀虫止血之功效，能调节胆汁分泌，缓解平滑肌痉挛，降低血糖水平，其所含胆汁酸盐可促进脂肪消化吸收。

梅花鹿的鹿齿具有活血消肿之功效；鹿肝具补血养肝明目之效；鹿血具有抗疲劳、促进组织修复、增强免疫等作用，含超氧化物歧化酶（SOD）和谷胱甘肽过氧化物酶（GSH-Px）等抗氧化酶类。鹿茸为雄鹿未骨化密生茸毛的幼角，含磷脂、糖脂、蛋白质及多种矿物质，具有补肾壮阳、益精生血、强筋健骨之功效。

马鹿与梅花鹿相似，其鹿茸、鹿角、鹿血、鹿脑、鹿尾、鹿肾、鹿筋、鹿脂、鹿肉、鹿头肉、鹿骨、鹿齿、鹿髓等均可入药，具有重要药用价值。

麝香为鹿科动物林麝、马麝或原麝成熟雄体香囊中的干燥分泌物。辛，温。归心、脾经。具开窍醒神、活血通经、消肿止痛之功效，其所含麝香酮可调节中枢神经系统功能。

牛黄（牛的干燥胆结石）气清香，味苦而后甘，性凉，具有清热解毒、息风定惊之功效。

刺猬肉、皮及内脏具滋补强壮、健脾开胃、解毒消肿之功效。

夜明砂（蝙蝠类粪便）源自蝙蝠（*Vespertilio superans*）、大耳蝠（*Plecotus auritus*）等翼手目动物，具清肝明目、散瘀消积之效。

望月砂（兔类粪便）采自蒙古兔、草兔等兔科动物，具明目退翳、解毒杀虫之功。

五灵脂为复齿鼯鼠（*Trogopterus xanthipes*）等鼯鼠科动物粪便，具活血化瘀、通脉止痛之效。

阿胶为马科动物驴的干燥皮或鲜皮经煎煮、浓缩制成的固体胶。味甘，性平，归肺、肝、肾经，具补血止血、滋阴润燥之效。

香鼬（*Mustela altaica*）分泌物含丁烯基硫醇等活性成分，具解毒消肿之效。

水獭具有滋阴润肺、止血之功效，主治虚劳咳嗽、肠风下血等症。

草灵脂（高山鼠兔的粪便）性温，味苦、咸，具通利血脉、散瘀止痛之功效。

青羊（斑羚）血具活血散瘀、续筋接骨之效。

猕猴肉具祛风除湿、健脾补肾之功效。

藏羚角具清热解毒、消肿止痛之效，其皮具止血敛疮、去腐生肌之功。

野猪具补益五脏、润泽肌肤、祛风解毒之效。

海狗具温肾壮阳、强筋健骨、延缓衰老之功效。

第三章

药用动物活性成分类型与提取方法

第一节　动物药活性成分类型

一、蛋白质（酶）、多肽及氨基酸类

1. 调节心血管功能的酶

蛋白质（酶）作为动物药中的主要成分，在疾病的治疗中有其独特的功效。如蚯蚓中蚓激酶（lumbrokinase，LK）是一种纤溶酶的复合物，能降解纤维蛋白原，有溶解血栓的作用。可降低纤维蛋白原含量，缩短优球蛋白溶解时间，降低全血黏度等。用于缺血性脑血管病患者的纤维蛋白原增高，以及血小板聚集增高症。有些蛋白组分，如赤子爱胜蚓（*Eisenia fetida*）提取物，为一组等电点（pI）在3.0～4.0的酸性蛋白质，对人癌细胞株（HCT116、SH-SY5Y、K562、MGC-803和HeLa）有抗肿瘤活性；中华眼镜蛇（*Naja atra*）中提取的蛇毒蛋白酶（natrahagin）对脑梗具有轻度溶栓和抑制血栓形成的作用。蛇毒血凝酶（reptilase）的主要作用是止血，主要用于手术之后创面的出血、渗血以及手术之前预防出血等。哺乳动物尿液中的尿激酶（urokinase）、激肽释放酶（kallikrein）以及胰脏中提取的弹性蛋白酶（elastase）等，临床用于治疗心血管疾病。其中尿激酶是从健康人尿中分离的，或从人肾组织培养液中获得的一种酶蛋白，由分子量分别为33000和54000的低分子量双链尿激酶和高分子量双链尿激酶两部分

组成。主要用作溶栓药，直接作用于内源性纤维蛋白溶解系统，能催化裂解纤溶酶原成纤溶酶，后者不仅能降解纤维蛋白凝块，亦能降解血液循环中的纤维蛋白原、凝血因子Ⅴ和凝血因子Ⅷ等，发挥溶栓作用。对新形成的血栓起效快、效果好，还能提高血管二磷酸腺苷酶活性，抑制二磷酸腺苷（ADP）诱导的血小板聚集，预防血栓形成。在静脉滴注后，患者体内纤溶酶活性明显提高，停药几小时后，纤溶酶活性恢复原水平。

人尿液和胰腺中分离的激肽释放酶，可引起血压短暂下降。激肽释放酶-激肽系统（kallikrein-kinin system，KKS）作为复杂的内源性多酶系统，参与调控心血管、肾脏、神经系统等生理功能，与心脏病、肾病、炎症反应、癌症等疾病的发生密切相关。

弹性蛋白酶是从动物胰脏中用水提取而得，具有类似 β-脂蛋白酶的活性，能激活磷脂酶 A_2，降低血清胆固醇，改善血清脂质，降低血浆胆固醇及低密度脂蛋白（LDL）、甘油三酯，升高高密度脂蛋白（HDL），阻止脂质向动脉壁沉积，增强动脉弹性（elasticity），是具有抗动脉粥样硬化作用的酶类。

2. 抗病、抗肿瘤功效的蛋白酶和糖蛋白

存在于哺乳类动物和鸟类的脏器及豚鼠血清中的天冬酰胺酶（L-asparaginase，EC 3.5.1.1）和精氨酸酶（L-arginase，EC 3.5.3.1）是临床用于治疗肿瘤的重要蛋白酶。天冬酰胺酶对肿瘤细胞具有选择性抑制作用。由于某些肿瘤细胞不能自身合成生长必需的天冬酰胺，必须依赖宿主供给。天冬酰胺酶能催化L-天冬酰胺水解为L-天冬氨酸和氨，使肿瘤细胞缺乏L-天冬酰胺，从而抑制其生长。该酶在治疗急性淋巴细胞白血病（ALL）等恶性肿瘤中具有重要应用价值。

精氨酸酶是尿素循环中的关键酶，主要存在于哺乳类、板鳃鱼类、两栖类及海龟类动物的肝脏、肾脏和精巢中。该酶由四个亚基组成，每个亚基均与 Mn^{2+} 等金属离子紧密结合，分子质量约 120 kDa。其功能是催化L-精氨酸水解为L-鸟氨酸和尿素，该反应主要在肝脏细胞的胞质中进行。通过尿素循环，动物体可将有毒的氨转化为尿素排出，从而维持血氨平衡。在临床应用中，需严格监测患者酸碱平衡，以防代谢紊乱。盐酸精氨酸注射液可用于：肝性脑病患者，通过促进尿素循环降低血氨；肿瘤患者由蛋白质高分解代谢状态引发的高氨血症，以改善相关的神经精神症状。

动物源性糖蛋白及其酶类在医药领域具有广泛的应用价值。多种动物来源的糖蛋白表现出显著的生物活性，如圆蛤（*Meretrix meretrix*）中提取的蛤素糖蛋白具有双重抗肿瘤和抗病毒作用，其机制可能通过激活机体免疫系统对抗肿瘤，实验数据显示其对白血病模型动物生存期延长效果显著，对肝癌实体瘤的抑制率可达50%。中华大蟾蜍糖蛋白则表现出明显的心血管活性，具有强心利尿作用。

在消化酶类方面，五谷虫（大头金蝇的干燥幼虫）含有特异性蛋白酶系统，包括胰蛋白酶和肠肽酶。其中胰蛋白酶能特异性水解赖氨酸或精氨酸羧基端肽键，仅作用于变性蛋白质；肠肽酶则通过选择性水解胰蛋白酶原特定肽键（第6位赖氨酸与第7位异亮氨酸之间），释放6肽片段而激活胰蛋白酶原，该激活过程不受胰蛋白酶抑制剂调控。这一独特的酶系统赋予五谷虫消化分解蛋白质、抗炎及促进组织修复等多重功效。

蛇毒酶制剂在抗血栓治疗中具有重要地位。从蝮蛇毒液中分离精制的精氨酸酶为主的无菌制剂（蝮蛇抗栓酶注射液），其临床疗效在脑血栓和血栓闭塞性动脉炎治疗中得到验证。这些动物源性生物活性物质通过各自特异的分子机制，在肿瘤、心血管疾病、消化系统疾病及血栓性疾病治疗中发挥着不可替代的作用。

3. 多肽类

多肽（polypeptide）是一类具有显著生物活性的物质，其作用涉及多种生理和病理过程。研究表明，高血压、胃肠疾病、糖尿病、精神疾病、恶性肿瘤、免疫功能障碍、性功能障碍以及骨代谢异常等多种疾病的发病机制和治疗都与多肽密切相关。在神经系统中，脑肽类多肽（neuropeptides）被认为参与调节复杂的大脑功能活动，包括情绪调控、欲望形成、记忆巩固、思维过程及睡眠-觉醒周期等高级神经活动。目前已从动物源分离获得多种具有药用价值的多肽类药物，其中主要包括：

（1）蛇毒多肽（snake venom peptides） 是从蛇类毒液中提取的多肽类物质的总称。以眼镜蛇毒液为例，其主要包含7个家族的多肽和蛋白质组分。这些成分具有多种生物活性，包括神经毒性、血液毒性、细胞毒性等。在临床应用方面，蛇毒多肽表现出显著的镇痛效果、止血作用、抗血栓形成等治疗价值，可用于晚期转移性癌痛、神经病理性疼痛、风湿性关节痛、偏头痛等顽固性疼痛综合征等。

（2）蜂毒肽（melittin） 是由工蜂毒腺分泌的多肽成分，由26个氨基酸残基组成，分子量为2846.46。蜂毒肽在蜜蜂体内首先合成蜂毒溶血肽原（蜂毒肽前体蛋白），经水解后形成活性蜂毒肽。该多肽具有类激素作用但无激素不良反应，同时具有抑菌、抗辐射、抗病毒等生物活性。蜂毒肽能特异性破坏人类免疫缺陷病毒（HIV）的包膜结构而发挥抗病毒作用，且对正常细胞无损伤。此外，蜂毒肽还具有显著溶血活性和表面活性作用，可阻断神经肌肉接头处的信号转导。

（3）水蛭素（hirudin） 是水蛭中已提取出的多种活性成分中活性最显著且研究最深入的一种成分，它是由65～66个氨基酸组成的小分子多肽，主要存在于水蛭唾液腺中。水蛭素对凝血酶具有极强的抑制作用，是目前已知最强的凝血酶天然特异性抑制剂，具有显著的抗凝血和抗血栓作用。

（4）抗菌肽（antimicrobial peptide） 最初是指在昆虫体内经诱导产生的一类具有抗菌活性的碱性多肽物质，其分子量范围为 2000～7000，由 20～60 个氨基酸残基组成。这类活性多肽大多具有强碱性、热稳定性以及广谱抗菌特性。在研究北美天蚕（*Antheraea yamamai*）的免疫机制时发现，其滞育蛹经外界刺激诱导后，血淋巴中会产生具有抑菌作用的多肽物质，这类抗菌多肽被命名为天蚕素（cecropins）。随后，从其他昆虫以及两栖类动物、哺乳动物中也陆续分离出结构相似的抗菌多肽，目前已测定出 70 多种抗菌多肽。天然抗菌肽具有选择性免疫激活和调节功能，对败血症具有良好的预防和保护作用。

从中华大蟾蜍（*Bufo gargarizans*）皮肤分泌物中分离得到具有抗菌和抗肿瘤活性的物质——中华大蟾蜍抗菌肽。研究人员以人结肠癌细胞（如 HCT116 或 SW480 细胞系）为体外模型，通过细胞形态学观察和 MTT 比色法（一种检测细胞活力和增殖能力的标准方法），系统评价了该抗菌肽的抗肿瘤活性。实验结果显示，经分离纯化获得的中华大蟾蜍抗菌肽能显著抑制人结肠癌细胞的增殖，并诱导肿瘤细胞发生典型的凋亡形态学改变。MTT 定量分析数据证实，该抗菌肽对结肠癌细胞生长具有浓度依赖性的抑制作用。

从蚯蚓中分得一种具有抗菌活性的短肽（分子量为 518）。从海绵动物、软体动物及两栖动物皮肤中分离的抗菌肽，也具有抗细菌和病毒活性。

（5）细胞生长因子（cell growth factor） 是从药用动物中提取的一类具有重要生物活性的蛋白质分子。目前已在多种动物组织中成功分离出具有临床应用价值的生长因子。研究表明，新鲜鹿茸中含有丰富的天然细胞因子，而牛脑垂体中则存在具有多种生物学功能的多肽生长因子。这些动物源性生长因子在组织修复、细胞增殖和分化等生理过程中发挥着关键作用，已广泛应用于临床治疗和再生医学领域。

细胞生长因子是一类具有调节细胞生长和分裂功能的多肽。主要有：

① 成纤维细胞生长因子（fibroblast growth factor，FGF）是一类在哺乳动物体内广泛存在的肝素结合蛋白，目前已鉴定出 23 个家族成员。这些由 150～200 个氨基酸构成的多肽分子能够促进多种细胞的增殖与分化，尤其对神经系统发育具有重要作用。其通过调控成纤维细胞代谢和胶原蛋白合成参与组织修复过程。

② 神经生长因子（nerve growth factor，NGF）是一种具有神经营养作用的蛋白质分子，能够促进中枢及外周神经元的生长、分化与成熟，维持神经系统正常功能并加速损伤修复。NGF 在机体各组织中广泛分布，其靶组织浓度与交感神经和感觉神经的分布密度及 mRNA 表达水平呈正相关。

③ 表皮生长因子（epidermal growth factor，EGF）是一种广泛存在于动物体内的小分子活性多肽，典型代表如人寡肽-1（human oligopeptide-1），其分子

结构由53个氨基酸组成，分子量约6000，等电点4.6。该因子在极低浓度（纳摩尔至皮摩尔级）下即能显著促进细胞增殖并延缓衰老，尤其在鼠颌下腺等组织中含量丰富。临床上，EGF已成功应用于烧烫伤、溃疡、创伤及角膜损伤等组织修复治疗，其作用机制主要通过对表皮细胞的增殖激活来加速创面愈合。此外，基于其促进表皮细胞新陈代谢的特性，EGF也被广泛应用于美容领域，通过刺激胶原蛋白合成、抑制黑色素生成等途径，实现抗皱、美白和延缓皮肤衰老的功效。

4. 活性氨基酸

动物药材含有丰富的人体必需氨基酸，在疾病治疗中发挥着重要作用。地龙的解热功效与其氨基酸含量及所含解热活性成分密切相关。

牛磺酸是一种含硫β-氨基酸，以游离形式广泛分布于生物体内各组织器官中，其中以松果体、视网膜、垂体和肾上腺中的浓度最高，在心肌中更占游离氨基酸总量的50%。作为机体重要的生理调节物质，牛磺酸具有维持神经细胞膜稳定性和通透性、促进神经递质释放、增强神经信号转导等神经调节功能；同时能调节心肌收缩、维持心律稳定、降低血压，对心血管系统具有显著保护作用；此外，还参与蛋白质合成、胆汁酸结合、脂质代谢等多种生理过程，并表现出清除自由基、调节渗透压、维持钙离子稳态等广泛的生物学活性。

二、生物碱类

动物药所含生物碱有多种类型，主要有：

1. 肉毒碱

肉毒碱（carnitine）为氨基酸衍生物，又称左旋肉碱（L-carnitine）或维生素BT，分子式为$C_7H_{15}NO_3$。其主要生物活性是促进脂肪代谢转化为能量，具有脂肪氧化分解、减肥、抗疲劳等生理功能。L-肉毒碱广泛存在于自然界，在肌肉组织中含量较高，人体内的游离L-肉毒碱通过尿液排出。人体所需的肉毒碱通过膳食摄入和/或内源合成两种途径获得。

在药理作用方面，肉毒碱参与细胞能量代谢中的脂肪酸转运过程。长链脂肪酸的活化在线粒体外（细胞质）进行，而活化的脂酰CoA的β-氧化则在线粒体内完成。由于脂酰CoA不能直接透过线粒体内膜，必须依靠内膜上的肉毒碱作为载体进行转运，这一转运系统称为肉毒碱穿梭系统（carnitine shuttle system），其功能是将细胞质中的脂酰CoA通过形成脂酰肉毒碱转运至线粒体内，从而参与能量代谢过程。

2. 河鲀毒素

河鲀毒素（tetrodotoxin，TTX）是一种存在于河鲀鱼及其他生物体内的生物碱类神经毒素，由次生代谢产生。该毒素具有极强的神经毒性，可通过选择性阻断钠离子通道来抑制神经轴突传导。在临床应用中，河鲀毒素表现出显著的镇痛、局部麻醉和镇静等药理作用，但其治疗窗口极窄，需严格控制使用剂量。

3. 华蟾素

华蟾素（cinobufotalin）由蟾蜍科动物中华大蟾蜍或黑眶蟾蜍（*Bufo melanostictus*）等的干燥全皮中提取、精制而成的中药制剂，是我国自主研发的二类新药，属国家级中药保护品种。华蟾素主要含两类生物活性成分：吲哚类生物碱（如蟾毒色胺、蟾毒色胺内盐、去羟基蟾毒色胺等）和甾类强心苷（如蟾蜍灵、华蟾蜍素、蟾蜍他灵等）。其中蟾蜍灵作为多羟基甾体化合物，已被证实具有诱导肿瘤细胞分化和凋亡的作用。

华蟾素具有清热解毒、消肿止痛、活血化瘀、软坚散结之功效，能抑制肿瘤细胞 DNA 和 RNA 合成，同时增强机体免疫功能。临床研究表明，华蟾素胶囊与化疗药 5-氟尿嘧啶（5-FU）相似，可直接作用于肿瘤组织导致癌细胞核破碎坏死，并能显著提高患者体液免疫和细胞免疫水平。

4. 箭毒蛙毒素

箭毒蛙毒液中的主要毒性成分为箭毒蛙毒素（batrachotoxin），分子式 $C_{31}H_{42}N_2O_6$，是一种强效神经毒性生物碱。该毒素通过干扰动物体内的离子交换过程，阻断神经中枢与组织器官之间的信号转导，最终导致心脏停搏。箭毒蛙毒液中的哌啶类生物碱可特异性麻痹骨骼肌。多数箭毒蛙毒液含有哌替啶类物质，研究发现该物质能与人体中的特定受体结合，其镇痛效力可达尼古丁的 10 倍、吗啡的 200 倍。

在已知的 135 种箭毒蛙中，仅 55 种具有毒性，其中幽灵箭毒蛙（*Epipedobates tricolor*）毒性最强，为卵生繁殖方式。

5. 次黄嘌呤

次黄嘌呤（hypoxanthine，Hx）是嘌呤核苷代谢的重要产物，具有调节生理功能的作用，实验证实其能促进脂肪分解并降低体内脂肪含量。地龙含有次黄嘌呤、蚯蚓解热碱、蚯蚓素及多种氨基酸和琥珀酸等活性成分。药理研究表明：地龙提取物具有缓慢持久的降压作用，其浸剂对豚鼠实验性哮喘显示平喘效果，动物实验证实其兼具解热、镇静及抗惊厥作用，其中次黄嘌呤为关键降压成分，并具有抗组胺及舒张支气管作用。

三、多糖类

动物来源的多糖类药物是开发最早、临床应用最广泛的多糖类药物，主要包括肝素、低分子肝素、透明质酸、硫酸软骨素等黏多糖类化合物。这类药物能够参与、影响和调控人体多种代谢和生理功能。其中，广泛分布于动物组织中的肝素具有显著的抗凝血作用；甲壳动物和昆虫体壁所含的甲壳素表现出抗菌和抗辐射活性；棘皮动物黏多糖则兼具抗癌和抗凝血酶双重功效；深海软骨鱼骨骼中提取的杂多糖对肿瘤生长具有明显抑制作用；而软体动物如三角帆蚌（*Hyriopsis cumingii*）等所含的珍珠葡聚糖也被证实具有优良的抗肿瘤活性。

1. 肝素和低分子肝素

肝素（heparin）是一种由葡萄糖胺、L-艾杜糖醛苷、*N*-乙酰葡萄糖胺和D-葡萄糖醛酸交替组成的黏多糖硫酸酯，平均分子量约15kDa，具有强酸性特性。作为天然抗凝物质，其名称源于最初在肝脏中发现，但实际上广泛分布于肺、血管壁、肠黏膜等器官或组织中，主要由肥大细胞和嗜碱性粒细胞合成。现代制药工业主要从牛肺或猪小肠黏膜提取制备。肝素作为由两种多糖交替连接形成的多聚体，其分子结构特征决定了其在体内外均具有显著抗凝活性。临床主要应用于血栓栓塞性疾病防治、心肌梗死治疗、心血管手术及介入治疗（如心脏导管检查）、体外循环和血液透析等场景。值得注意的是，除已知的抗凝作用外，肝素还表现出抗炎、抗病毒等多种生物活性。

低分子量肝素（LMWH）是由普通肝素经解聚制备获得的一类分子量较低的肝素衍生物，其药效学和药动学特性与普通肝素存在显著差异。低分子量肝素具有以下特征：分子量较小且组分相对均一，皮下注射后吸收迅速而规则，半衰期较普通肝素延长，约为4h；由于分子量较小，与抗凝血酶Ⅲ（AT-Ⅲ）形成复合物后对Ⅹa因子具有高度选择性抑制作用（1分子Ⅹa因子可催化约1000分子凝血酶生成），而对Ⅱa因子及其他凝血因子作用较弱，保留足够的凝血酶活性以维持初级止血功能，因此表现出强抗血栓作用和弱抗凝特性。与普通肝素相比，低分子量肝素的抗Ⅹa/抗Ⅱa活性比值提升至2～4.0，且具有以下优势：血小板减少症发生率降低；出血风险减少；但肾功能不全患者仍需监测活化部分凝血活酶时间；骨质疏松发生率较普通肝素更低。

2. 甲壳素

甲壳素是一种天然高分子多糖，主要功效包括增强免疫功能、保护肝脏、促进组织修复以及调节生理功能等。其临床应用主要针对糖尿病、肝肾疾病及肥胖症等代谢性疾病。药理作用主要有3种。①调节代谢功能：改善消化吸收、降低胆固醇吸收、调节血压和血脂水平，同时能促进溃疡愈合并提高胰岛素敏感性，对糖尿病防治具有积极作用。②抗菌作用：作为天然抑菌剂，可有效抑制多种病原微生物生长。③体重管理：通过抑制消化道对脂肪和糖分的吸收，帮助控制体重，特别适用于营养吸收过剩导致的肥胖症患者。此外，甲壳素还具有抗氧化等生物活性。

3. 棘皮动物黏多糖

黏多糖（mucopolysaccharide），即糖胺聚糖（glycosaminoglycan，GAG），是一类由氨基糖和酸性糖组成的杂多糖，主要分布于动物结缔组织基质中。海星作为典型的棘皮动物，其体壁组织富含具有生物活性的黏多糖复合物。研究表明，这类黏多糖不仅表现出抑制肿瘤生长的活性，在联合用药时还能增强抗癫痫药物疗效，并对甲状腺功能异常具有调节作用。其作用机制涉及免疫调节、生长因子结合及细胞信号转导等多重途径。

四、甾体类

甾体化合物是自然界广泛存在的一类具有环戊烷并多氢菲母核结构的天然产物，在药用动物中分布尤为丰富，主要包括植物固醇、胆汁酸、昆虫变态激素、强心苷和蟾毒配基等多种结构类型，其化学结构和生物活性呈现显著多样性。在性激素及相关物质方面，代表性成分包括鹿茸中的雌酮以及海狗肾中的雄甾酮等。动物胆汁中已鉴定出近百种胆汁酸，其中胆酸、去氧胆酸、猪去氧胆酸和鹅去氧胆酸等较为常见。这些胆汁酸各具特色药理活性：去氧胆酸具有显著解痉作用；熊去氧胆酸和鹅去氧胆酸则具有溶解胆结石功效，并已应用于临床治疗。昆虫变态激素以促蜕皮激素为代表，甲壳类则以蜕皮甾酮为主要代表，这类物质表现出促进蛋白质合成、降低胆固醇、调节血脂和抑制血糖升高等多重生理活性。蟾毒来源的甾体化合物则以强心作用著称。在海洋生物中，海参纲和海星纲动物几乎均含有皂苷类成分，例如梅花参（*Thelenota ananas*）所含的梅花参素 A 和梅花参素 B，刺参中的刺参苷 A、刺参苷 B、刺参苷 C 以及多棘海盘车中的海星皂苷等，这些皂苷类成分普遍具有抑制癌细胞生长、抗真菌、抗辐射以及增强白细胞吞噬功能等生物活性。

1. 鹿茸中的雌酮

鹿科动物梅花鹿和马鹿的雄鹿未骨化密生茸毛的幼角（即鹿茸）含有丰富的生物活性成分。其主要化学成分包括雌二醇和雌酮（含量约 1.25%），这些雌激素类物质是鹿茸发挥雌激素样作用的关键活性成分；多种脂类物质如胆固醇、胆固醇油酸酯（在马鹿茸中含量较高）、卵磷脂、脑磷脂和神经鞘磷脂等；此外还含有维生素 A 和神经酰胺等成分。这些复杂的化学成分共同构成了鹿茸独特的药理活性基础，其中雌二醇及其代谢产物雌酮被认为是其最重要的生物活性物质。

2. 昆虫蜕皮激素

蜕皮甾酮（ecdysterone，β-ecdysone）是一类昆虫生长代谢调节激素。1954 年 Butenandt 研究团队从 500kg 家蚕蛹中成功分离出 250mg 具有昆虫变态活性的蜕皮酮（ecdysone），标志着该类物质的首次发现。后续研究表明，多种植物如牛膝、川牛膝、桑叶、白毛夏枯草、泽泻、罗汉松、紫杉以及乌毛蕨等蕨类植物均含有结构类似的蜕皮甾酮类化合物。

蜕皮激素（α-ecdysone）作为昆虫和药用植物中的主要类固醇激素，其作用机制涉及：通过调控基因表达影响遗传信息转录过程；激活盐皮质激素受体（MR）；诱导细胞凋亡。20-羟基蜕皮激素（20-hydroxyecdysone，20E）作为蜕皮激素的活性代谢产物，在协调生物体生殖、代谢、免疫应答和维持内环境稳态（包括睡眠调节）等方面发挥关键作用。

3. 强心甾体化合物

强心甾体化合物（cardiotonic steroids，CTSs）是一类具有显著强心作用的天然活性成分，临床上长期用于心力衰竭治疗。这类化合物还表现出广泛的药理活性，包括抗神经炎症、抗肿瘤、免疫调节及抗病毒等作用。中华大蟾蜍干燥表皮提取物华蟾素中的主要活性成分蟾毒灵（bufalin，$C_{24}H_{34}O_4$，分子量 386.52）是典型的强心甾体化合物，其通过特异性抑制 Na^+/K^+-ATP 酶活性发挥药理作用。研究表明，蟾毒灵不仅具有显著的抗肿瘤效果，还表现出较强的局部麻醉作用，其多重药理活性与其独特的甾体结构特征密切相关。

五、萜类化合物

萜类化合物是一类重要的天然产物，其生物合成以甲戊二羟酸（mevalonic acid，MVA）为前体，具有以异戊二烯单元为基本骨架的结构特征。这类化合物在动物界分布广泛，结构多样，其含氧衍生物包括醇、醛、酮、羧酸及酯等多种形式。在药用动物中，萜类化合物展现出独特的生物活性和药用价值：芫菁科昆虫分泌的斑蝥素作为单萜类防御性物质，具有显著的抗癌、抗病毒和抗真菌活性；从柳珊瑚中分离得到的假蕨素属于二萜糖苷类化合物，表现出强效的抗炎镇痛作用；鲨鱼肝脏富含的三萜类化合物角鲨烯则兼具抗菌和抗肿瘤活性。这些结构各异的萜类化合物因其独特的药理作用而成为新药研发的重要原材料。

1. 斑蝥素

斑蝥素（cantharidin）是一种从鞘翅目芫菁科斑蝥属昆虫中提取的单萜烯类化合物，其化学名称为六氢-3a,7a-二甲基-4,7-环氧异苯并呋喃-1,3-二酮，分子式为 $C_{10}H_{12}O_4$。该物质主要存在于大斑蝥、黄黑小斑蝥及西班牙芫菁等昆虫的干燥虫体中。

斑蝥素具有多种药理作用：局部作用于皮肤可产生止痒效果；改善神经营养状况；刺激毛囊促进毛发生长。在抗肿瘤应用方面，其衍生物 *N*-羟基斑蝥胺已证实对肝癌具有一定的治疗效果。该化合物通过抑制蛋白磷酸酶 2A（PP2A）的活性，干扰肿瘤细胞信号转导通路，从而发挥抗肿瘤作用。临床使用需严格控制剂量，以避免其强烈的刺激性和毒性反应。

2. 假蕨素

假蕨素（pseudopterosin）是从加勒比海柳珊瑚（*Pseudopterogorgia elisabethae*）中分离得到的一类具有显著抗炎活性的天然化合物。该珊瑚主要分布于巴哈马海域，其体内含有的假蕨素 A～D（pseudopterosin A～D）等一系列成分，在化学结构上属于三环二萜苷类化合物，分子中含有 4 个手性中心。这些化合物通过独特的抗炎机制发挥作用，能有效抑制炎症介质的产生，同时具有促进皮肤细胞再生、延缓衰老的功效，目前已应用于高端护肤品的开发。

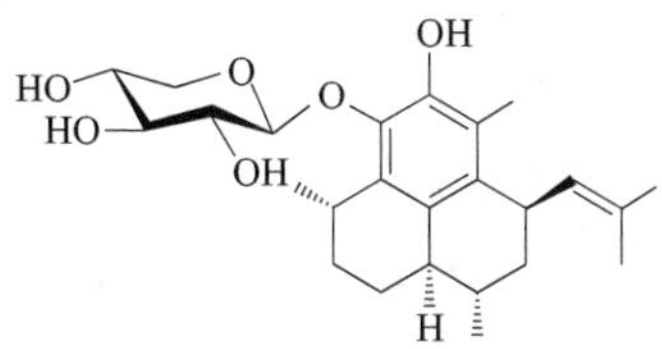

假蕨素A

3. 角鲨烯

角鲨烯（squalene）是一种由 6 个异戊二烯单元组成的链状三萜烯烃类化合物（分子式 $C_{30}H_{50}$，分子量 410.7），其结构中含 6 个全反式构型的双键。该物质在自然界分布广泛，在鲨鱼肝脏中含量尤为丰富。角鲨烯具有多种显著的生理活性：通过提升超氧化物歧化酶（SOD）活性发挥抗氧化作用；可增强机体免疫功能；具有抗疲劳和延缓衰老的功效；研究证实其还具有抗肿瘤活性。这些独特的生物活性使角鲨烯在功能性食品和医药领域具有重要应用价值。

4. 角鲨胺

角鲨胺（squalamine）是从黑缘刺鲨（*Centrophorus atromarginatus*）的肝脏组织中分离得到的具有甾体母核结构的胆固醇类成分。

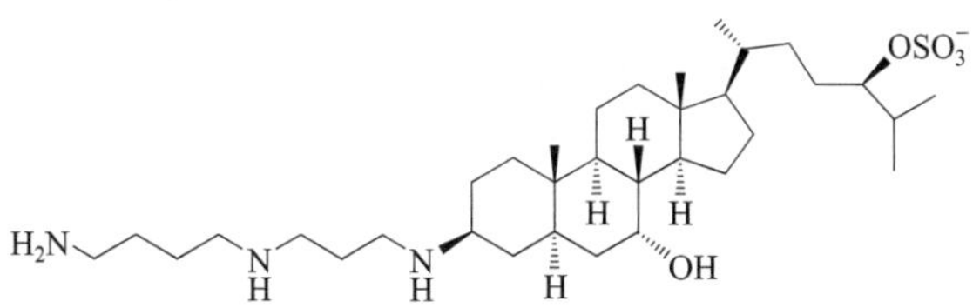

角鲨胺

研究表明，角鲨胺作为一种带正电荷的氨基固醇类化合物，能够通过静电相互作用特异性地与细胞膜内表面带负电荷的磷脂结合。其独特的作用机制主要有 2 个。①空间竞争作用：占据病毒复制所需的细胞内膜正电荷蛋白结合位点。②改变膜稳定性：通过改变膜电位抑制病毒与宿主细胞的融合过程。体外和体内实验证实，该化合物对多种包膜病毒（包括登革热病毒、肝炎病毒、黄热病毒、马脑炎病毒和巨细胞病毒等）均表现出显著抑制活性，其广谱抗病毒特性与上述膜作用机制密切相关。这些发现为开发新型抗病毒药物提供了重要线索，特别是在应对缺乏有效治疗手段的病毒性疾病方面具有潜在应用价值。

六、酚、酮、酸、醌类

麝香酮（muscone，$C_{16}H_{30}O$，分子量 238.42）是从林麝或原麝雄性香囊分泌物中提取的环十五烷酮类化合物，化学名 3-甲基十五烷酮，是麝香主要芳香成分。药理研究显示其作用机制如下。①心血管作用：能扩张冠状动脉，增加冠脉血流量，舌下含服或吸入给药 5min 内即可缓解心绞痛，疗效与硝酸甘油相当。②神经系统作用：具有强心、兴奋呼吸及中枢神经活性。③抗炎作用：对多种炎症模型显示抑制效果。地龙所含花生四烯酸（$C_{20}H_{32}O_2$）是重要的二十碳脂肪酸，参与调节脂蛋白代谢、血管张力、血小板活化等生理过程。胆汁酸作为胆汁主要成分，具有利胆、溶石、镇咳祛痰及抗菌、抗肿瘤等多重功效。蜂王浆中的 10-HDA 表现出抗菌、抗肿瘤、辐射防护及免疫增强作用。海螵蛸主要含黑色素聚合物，该色素由酪氨酸经多步酶促反应生成，具有止血、制酸和收敛作用。

第二节　动物药有效成分的提取、分离和纯化的基本原理和方法

动物药与其他中药材一样，化学成分十分复杂，除含有多种有效成分外，还含有无效和有毒成分。为了提高药效、减少副作用、便于质量控制、精确阐述药物作用机制，并以活性化合物为先导化合物，经化学修饰开发新药，开展动物药有效成分的提取、分离纯化研究是中药研究领域中的一项重要内容，也是传统中药向现代中药发展的一条重要途径。

动物药有效成分的提取，是将药用动物中的活性化合物从药用动物中的特定部位分离出来，以便进行鉴定、分析和临床应用。

一、动物药活性成分的提取原则和方法

1. 材料准备与预处理

根据所需分离的活性化合物类型，选择活性化合物存在的动物种类、部位。如为新鲜材料，需及时进行匀浆处理，匀浆后需及时进入提取程序。若为干燥材

料，需及时晾干或烘干，并粉碎处理。

预处理的目的是去除影响提取和分析的杂质或不需要的化合物。常见的预处理包括去除杂质、酸碱处理或酶解处理等。

预处理后的材料需冷冻保存，保持被提取物质的完整性，防止变性与降解，防止污染。

2. 提取分离原理和方法

随着提取分离技术的提高，选择好的提取方法是提高提取效率的关键环节。根据提取和分离化合物存在的部位、化合物结构和活性性质的不同，可选择提取的原理和方法如下。①分配率原理：利用混合物中几个组分分配率的差异，把它们分配到可用机械方法分离的两个或几个物相中。其方法有盐析、有机溶剂抽提、色谱分离和结晶。②物理力场的作用原理：将混合物置于单一物相中，通过物理力场的作用，使各组分分配于不同区域而达到分离的目的。提取方法有电泳、超离心、超滤。③根据生物分子的大小、形态、带电性质和溶解度等因素加以分离。依分子大小和形态的提取方法有差速离心、超滤、分子筛、透析。依溶解度提取的方法有盐析、溶剂抽提、分配色谱法、结晶。④电荷差异：提取方法有电泳、等电点沉淀、离子交换色谱法。⑤生物功能专一性：提取方法有亲和色谱法。

二、药用活性蛋白质的提取

大多数动物药活性成分为蛋白质。在提取此类活性成分过程中，需要始终保持蛋白质的生物活性，防止在提取、分离和纯化过程中蛋白质发生变性。因此，提取、分离全过程需在低温下进行。提取的原理和方法：

（1）盐析法　蛋白质在低盐浓度下的溶解度随着盐液浓度升高而增加，当盐浓度不断上升时，蛋白质的溶解度又以不同程度下降并先后析出，称为蛋白质的盐析。蛋白质分子内及分子间电荷的极性基团有着静电引力，当水中加入少量盐类时，盐类离子与水分子对蛋白质分子上的极性基团的影响，使蛋白质在水中溶解度增大。当盐浓度增加到一定程度时，水的活度降低，蛋白质表面的电荷大量被中和，水化膜被破坏，于是蛋白质分子聚集而沉淀析出。

可用于蛋白质盐析的中性盐有硫酸铵、硫酸镁、硫酸钠、氯化钠、磷酸钠。其中硫酸铵的温度系数小而溶解度大（25℃时，饱和溶解度为 4.1mol/L，即 767g/L；0℃时，饱和溶解度为 3.9mol/L，即 676g/L）。在这一溶解度范围内，很多蛋白质都可以盐析出来；另外，硫酸铵分段盐析效果比其他盐好，不易引起蛋白质变性，因而广泛用于蛋白质的提取中。蛋白质在用盐析沉淀分离后，需要将蛋白质中的盐除去，常用的办法是透析，即把蛋白质溶液装入透析袋内（常用的是玻璃纸），用缓冲液进行透析，并不断地更换缓冲液。因透析所需时间较长，所以最好在低温中进行。用 G-25 或 G-50 葡聚糖凝胶柱除盐，所用的时间就比较短。

(2) 有机溶剂沉淀法　有机溶剂能降低溶液的介电常数，从而增加蛋白质分子上不同电荷的引力，导致溶解度降低。有机溶剂与水作用，能破坏蛋白质的水化膜，故蛋白质在一定浓度的有机溶剂中便析出、沉淀。

与水可混溶的有机溶剂有甲醇、乙醇或丙酮，可使多数蛋白质溶解度降低并析出，此法分辨率比盐析高。但在常温下蛋白质较易变性，因此一般在低温下进行。通常将有机溶剂冷却，并在不断搅拌下加入有机溶剂以防止局部浓度过高，引起蛋白质变性。用此法析出的沉淀一般比盐析法易过滤或离心沉淀。分离后的蛋白质沉淀应立即用水或缓冲液溶解，以达到降低有机溶剂浓度的目的。

(3) 等电点沉淀法　是一种基于蛋白质在等电点时溶解度最低而各种蛋白质具有不同等电点的特性而建立的分离方法。

不同蛋白质具有不同的等电点。在提取中，通过调节 pH 值将除去目的蛋白之外的杂蛋白。如细胞色素 c 的等电点为 10.7，在细胞色素 c 的提取纯化过程中，调 pH 6.0 可除去酸性蛋白，调 pH 7.5～8.0 可除去碱性蛋白。

在提取过程中，应尽量避免直接用强酸或强碱调节 pH 值，以免局部过酸或过碱而引起目的蛋白的变性。另外，调节 pH 值时所用的酸或碱应与原溶液中的盐或即将加入的盐相适应，如溶液中含硫酸铵时，可用硫酸或氨水调 pH 值，如原溶液中含有氯化钠时，可用盐酸或氢氧化钠调 pH 值。

(4) 离子交换法　基于蛋白质之间的电荷差异，蛋白质在特定的 pH 条件下会带有电荷，不同蛋白质所带的电荷种类和数量不同，因此它们与带电凝胶颗粒间的电荷相互作用也不同。当蛋白质混合物流经带电凝胶时，电荷吸引作用小的蛋白质会先流过，而电荷吸引作用大的则会后流过，从而将不同的蛋白质分开。

蛋白质作为典型的两性电解质，其电荷特性与溶液 pH 值密切相关：在等电点（pI）时呈电中性，与离子交换剂无吸附作用；当环境 pH 低于 pI 时，蛋白质带正电荷，可与阳离子交换剂结合；当 pH 高于 pI 时则带负电荷，与阴离子交换剂产生相互作用。这种结合作用遵循电荷密度依赖性规律——电荷密度越高，与交换剂的结合力越强，在色谱柱中的迁移速率越慢。正是基于不同蛋白质分子所带电荷的性质和数量差异，使得离子交换色谱成为分离生物大分子混合物的有效手段。值得注意的是，生物大分子与交换剂的结合是可逆的，通过建立 pH 梯度或盐浓度梯度洗脱系统，可实现吸附组分的逐步解离。对于多组分样品，当洗脱条件达到某组分的等电点时，该组分因失去表面电荷而被特异性洗脱，这种特性为复杂生物样品的精细分离提供了理论基础和技术保障。

(5) 亲和色谱法　是一种基于生物特异性相互作用的分离纯化技术，其原理是利用生物大分子与对应配体之间的专一性亲和结合作用（如酶-抑制剂、抗原-

抗体、激素-受体等生物分子对的特异性识别)。该方法的核心操作流程如下。①固定化阶段：将具有生物活性的配体共价偶联到色谱基质（如琼脂糖凝胶）上。②上样吸附：在适宜 pH 和离子强度条件下，使样品中目标分子与固定化配体特异性结合。③杂质洗涤：用平衡缓冲液洗去非特异性吸附杂质。④目标洗脱：通过改变 pH 值、离子强度或加入竞争性配体等条件解离复合物，获得高纯度目标产物。该技术具有分离效率高、选择性好、能保持生物活性等显著优势，已成为蛋白质组学和生物制药领域的关键分离手段。

常用的载体包括琼脂糖凝胶、交联葡聚糖凝胶、聚丙烯酰胺凝胶和多孔玻璃珠等。配体是亲和色谱中最重要的部分，配体的选择应满足以下三个条件：能和欲分离的目的生物大分子发生专一性吸附，亲和力越大越好；吸附后在适当的条件下能够分离，且分离所使用的条件对生物大分子的活性不产生影响；配体上必须有适当的基团能够用化学方法偶联到载体上，且这种偶联不损害配体与蛋白质的专一性结合。此外，小分子配体与目的生物大分子吸附专一性较差，常在缓冲液中加入共配体和寻找最佳的试验条件来增强目的生物大分子和配体的亲和力。

三、药用动物活性化合物的提取

动物药活性化合物主要是动物体内次生代谢产生的具有药用价值的化学物质，如生物碱类、多糖类、萜类以及酚、酮、酸、醌类化合物。这些小分子化合物的提取方法有别于大分子蛋白质的提取。药用化合物提取方法有以下两种。

1. 溶剂提取法

（1）提取的基本原理　溶剂提取法是根据动物体内各种成分在溶剂中的溶解性不同，选用对活性成分溶解度大，对不需要溶出成分溶解度小的溶剂，进而将有效成分从药材组织内溶解出来的方法。

当溶剂加到原料中时，溶剂由于扩散、渗透作用逐渐通过细胞壁透入细胞内，溶解了可溶性物质，而造成细胞内外的浓度差，于是细胞内的浓溶液不断向外扩散，溶剂又不断进入药材组织细胞中，如此多次往返，直至细胞内外溶液浓度达到动态平衡时将此饱和溶液滤出，继续多次加入新溶剂，就可以把所需要的成分大部分溶出或近于完全溶出。

药用成分在溶剂中的溶解度与溶剂性质直接相关。溶剂可分为水、亲水性有机溶剂及亲脂性有机溶剂。被溶解物质也有亲水性及亲脂性的不同。有机化合物分子结构中，有的亲水性基团多，其极性大而疏于油；有的亲水性基团少，其极性小而疏于水。这种亲水性、亲脂性的程度大小和化合物的分子结构直接相关。一般来说，两种基本母核相同的成分，其分子中官能团的极性越大，或极性基团数量越多，则整个分子的极性越大，亲水性越强，而亲脂性越弱。其分子非极性部分越大或碳键越长，则极性越小，亲脂性越强，而亲水性越弱。各类溶剂的性质，同样也与其分子结构有关。例如甲醇、乙醇是亲水性比较强的溶剂，它们的分子比较小，有羟基存在，与水的结构很近似，所以能够和水任意混合。丁醇和戊醇分子中虽都有羟基，结构和水有相似之处，但分子大，与水的性质也就疏远了。所以它们能彼此部分互溶，在它们互溶达到饱和状态之后，丁醇或戊醇都能与水分层。氯仿、苯和石油醚是烃类或氯烃衍生物，分子中没有氧原子，属于亲脂性强的溶剂。这样就可以通过对药用成分结构的分析，去估测它们的此类性质和选用的溶剂。例如蛋白质和氨基酸都是酸碱两性化合物，有一定的极性，所以能溶于水，不溶或难溶于有机溶剂。苷类都比其苷元的亲水性强，特别是皂苷，由于它们的分子中往往结合有多数糖分子，羟基数目多，能表现出较强的亲水性，而皂苷元则属于亲脂性强的化合物。多数游离的生物碱是亲脂性化合物，与酸结合成盐后，能够离子化，加强了极性，就变为亲水的性质，这些生物碱可称为半极性化合物。所以，生物碱的盐类易溶于水，不溶或难溶于有机溶剂。而多数游离的生物碱不溶或难溶于水，易溶于亲脂性溶剂，一般在氯仿中溶解度最大。鞣质是多羟基化合物，为亲水性物质。油脂、挥发油、蜡、脂溶性色素都是强亲脂性物质。

一般来说，药用成分的亲水性和亲脂性与溶剂的此项性质相当，就会在其中有较大的溶解度，即所谓“相似相溶”的规律。这是选择适当溶剂自药用动物中提取所需成分的依据之一。

常见的提取溶剂可分为三类。①水：水是一种强极性溶剂。药用活性成分中亲水性的成分，如无机盐、糖类、多糖类、鞣质、氨基酸、蛋白质、有机酸盐、生物碱盐及苷类等都能被水溶出。为了增加某些成分的溶解度，也常采用酸水及碱水作为提取溶剂。酸水提取可使生物碱与酸生成盐类而溶出，碱水提取可使有机酸、黄酮、蒽醌、内酯、香豆素以及酚类成分溶出。②亲水性的有机溶剂：该类溶剂也就是一般所说的与水能混溶的有机溶剂，如乙醇（酒精）、甲醇、丙酮等，以乙醇最为常用。乙醇的溶解性能比较好，对药用细胞的穿透能力较强。亲水性的成分除蛋白质外，大多能在乙醇中溶解。难溶于水的亲脂性成分，在乙醇中的溶解度也较大。甲醇的性质和乙醇相似，沸点较低（64.7℃），但有毒性，使用时应注意。③亲脂性的有机溶剂：该类溶剂也就是一般所说的与水不能混溶的有机溶剂，如石油醚、苯、氯仿、乙醚、乙酸乙酯、二氯乙烷等。这些溶剂选择性提取非极性成分（如挥发油、油脂等），基本不溶解亲水性杂质。但这类溶剂挥发性大，多易燃（氯仿除外），一般有毒。因此，大量提取药用原料时，直接应用这类溶剂有一定的局限性。

（2）提取方法　用溶剂提取药用成分，常用浸渍法、渗漉法、煎煮法、回流提取法及连续回流提取法等。同时，原料的粉碎度、提取时间、提取温度、设备条件等因素也都能影响提取效率。

① 浸渍法是将药材粉末或碎块装入适当的容器中，加入适宜的溶剂（如乙醇、烯醇或水），浸渍药材以溶出其中成分的方法。本法比较简单易行，但浸出率较差，另外，如以水为溶剂，其提取液易发霉变质，须注意加入适当的防腐剂。

② 渗漉法是将中药材粉末装填于渗漉装置中，通过持续添加新鲜溶剂使其自上而下渗透药材层，最终从装置底部收集浸出液的动态提取工艺。该方法的核心优势在于建立了持续的浓度梯度：当含溶解成分的溶剂向下流动时，上层不断补充的新溶剂形成置换作用，这种动态平衡显著提高了扩散效率，使提取效果优于静态的浸渍法。操作过程中需精确控制流速，并保持液面始终浸没药材，直至有效成分充分溶出。提取终点的判定标准通常为：渗漉液颜色显著变浅或累计收集量达到原料重量的 10 倍。工业化生产中常采用套用工艺，即将稀渗漉液作为新一批原料的提取溶剂循环使用，以提高溶质浓度和溶剂利用率。该方法的提取效率取决于药材粒度、溶剂极性、温度及流速等参数的优化控制。

③ 煎煮法作为传统中药提取工艺，其设备选择与操作规范具有特定要求：提取容器宜选用化学性质稳定的陶器、砂罐、铜制或搪瓷器具，避免使用铁质器皿以防止药液成分发生氧化变色反应。采用直火加热时需保持适度搅拌，确保受热均匀并防止局部过热导致的药材炭化。现代工业化生产中，普遍采用配备蒸汽加热系统的大型设备，包括不锈钢反应釜、铜制提取锅、木质浸提桶或特制水泥池等装置。为提高生产效率，可通过管道将多个煎煮单元串联组建连续化提取系统，实现药材的梯度浸提与溶质富集。该方法的提取效率受容器材质、加热方式、温度控制及固液比等多因素影响，需根据药材特性优化工艺参数。

④ 回流提取法采用乙醇等挥发性有机溶剂作为提取介质，通过加热回流装置实现循环提取。具体操作时将药材装入圆底烧瓶（装量为容器容量的 1/3～1/2），加入溶剂浸没药材表面 1～2cm，连接回流冷凝器后于水浴中加热至微沸状态，首次回流时间控制在 1h 左右。待冷却过滤后，药渣重复进行 2～3 次补充回流提取（每次约 30min），直至有效成分充分溶出。该方法通过蒸馏-冷凝循环系统实现溶剂持续回收利用，既能防止有机溶剂挥发损失，又能维持稳定的提取温度（乙醇体系约 78℃），特别适用于热稳定性较好的脂溶性成分的提纯。操作时需注意控制加热强度，避免暴沸导致成分破坏。

⑤ 连续回流提取法是一种采用挥发性有机溶剂进行高效提取的技术，通过循环回流装置实现溶剂的持续利用。该方法在实验室常使用索氏提取器进行操作，通过虹吸原理实现溶剂的自动循环，具有溶剂用量少（通常为常规方法的 1/3）、提取效率高（可达 95%以上提取率）的特点。提取过程需持续数小时至数十小时，具体时间视药材性质和颗粒度（通常 60～80 目）而定。由于提取过程中物料长期处于溶剂沸点温度（如乙醇 78℃），故不适用于热不稳定性成分的提取。工业生产中采用的大型连续提取装置通过多级逆流萃取实现更高效率，但

同样需注意避免热敏性成分的分解。

2. 水蒸气蒸馏法

水蒸气蒸馏法是提取具有挥发性且能耐受 100℃ 高温药用成分的专门技术。该方法的适用对象需满足三个关键特性：沸点通常高于 100℃，与水互溶性差（不溶或微溶），且在沸水温度下具备显著蒸气压。其工作原理基于道尔顿分压定律——当挥发性成分与水混合体系的蒸气压总和达到环境大气压时，混合物即共沸蒸出。这种方法特别适用于挥发油、部分小分子生物碱及酚类化合物的提取纯化。对于水溶性稍强的挥发性成分，通常需要采用分馏纯化策略：将初馏液重新蒸馏后收集首馏分中的油相，或者通过向水馏液中加入电解质进行盐析，再用低沸点有机溶剂进行二次萃取。该技术的分离效率取决于目标成分的挥发性、水溶性以及系统的温度控制精度。

四、动物药活性成分的分离和纯化

上述提取法所得到的药用提取液或提取物仍然是混合物，需进一步除去杂质，分离并进行精制。具体的方法因各药用成分的性质不同而异，通常的方法如下。

1. 溶剂分离法

一般是选用 3～4 种不同极性的溶剂，将上述总提取物由低极性到高极性分步进行提取分离。水浸膏或乙醇浸膏常常为胶附物，难以均匀分散在低极性溶剂中，故不能提取完全，可拌入适量惰性填充剂，如硅藻土或纤维粉等，然后低温或自然干燥，粉碎后再选用溶剂依次提取，使总提取物中各组成成分依其在不同极性溶剂中溶解度的差异而得到分离。

药用动物的水提液中常含有黏液质、蛋白质等，可以加入一定量的乙醇，使这些不溶于乙醇的成分自溶液中沉淀析出，而达到与其他成分分离的目的。目前，提取多糖及多肽类化合物，多采用水溶解、浓缩、加乙醇或丙酮析出的办法。

此外，也可利用其某些成分能在酸或碱中溶解，在加碱或加酸变更溶液的 pH 后，形成不溶物而析出以达到分离目的。

2. 两相溶剂萃取法

两相溶剂萃取法是通过物质在两种互不相溶溶剂中分配系数的差异实现分离的提取技术，其分离效率与各成分在两相间的分配系数差异呈正相关。对于水提液中的亲脂性成分，通常选用苯、氯仿或乙醚等强亲脂性有机溶剂进行萃取；若目标成分为亲水性物质，则需改用弱亲脂性溶剂如乙酸乙酯或正丁醇等。通过调节溶剂极性可优化萃取效果，例如在氯仿或乙醚中添加适量甲醇/乙醇可增强有机相的亲水性。该方法在天然产物分离中具有特异性应用：黄酮类成分的提取多采用乙酸乙酯-水体系，而强亲水性皂苷的分离则常选用正丁醇/异戊醇-水系统。萃取过程的关键参数包括溶剂极性匹配度、pH 值调节以及温度控制等，这些因素共同决定最终分离效果。

3. 逆流连续萃取法

逆流连续萃取法是一种基于两相溶剂密度差异的连续萃取技术，其装置由单根或多根填充瓷环或不锈钢丝圈的萃取管构成，通过增大两相接触面积提高萃取效率。具体操作时，对于氯仿（密度>水）萃取水相有效成分（如川楝素）的体系，将氯仿置于萃取管中，水提液通过高位压力流入后经填料分散形成细小液滴，实现充分接触萃取；当使用苯或乙酸乙酯（密度<水）等轻溶剂时，则需反向装液。萃取终点可通过薄层色谱（TLC）、纸色谱或特征显色反应判定。该方法通过多级逆流接触可使萃取率达 90%以上，特别适用于分配系数差异显著的成分分离，但需注意控制流速以避免乳化。

4. 逆流分配法

逆流分配法又称逆流分溶法、逆流分布法或反流分布法。逆流分配法与两相溶剂逆流萃取法原理一致，但加样量一定，并不断在一定容量的两相溶剂中，经多次移位萃取分配而实现混合物的分离。本法所采用的逆流分布仪是由若干乃至数百支管子组成。若无此仪器，小量萃取时可用分液漏斗代替。

5. 沉淀法

沉淀法是在中药提取液中加入某些试剂产生沉淀，以获得有效成分或除去杂质的方法。

（1）铅盐沉淀法　铅盐沉淀法是中药化学成分分离的经典方法，基于醋酸铅和碱式醋酸铅在水或醇溶液中能与多种成分形成难溶性铅盐或络合物的特性。中性醋酸铅主要沉淀酸性成分（如有机酸、氨基酸、蛋白质、黏液质、鞣质、树脂、酸性皂苷及部分黄酮类化合物），而碱式醋酸铅的沉淀范围更广。标准操作流程为：先使药材水/醇提液与醋酸铅饱和溶液反应，静置过滤后，合并沉淀洗涤液与母液；继而向合并液中滴加碱式醋酸铅饱和溶液至沉淀完全，最终体系可分为醋酸铅沉淀物、碱式醋酸铅沉淀物及母液三个组分。该方法的关键在于控制铅盐浓度和 pH 值，通过形成特异性沉淀实现目标成分与杂质的有效分离，但需注意铅盐的生物毒性问题。

铅盐沉淀后续处理的关键步骤包括脱铅和成分回收：将铅盐沉淀物悬浮于新鲜溶剂中，通入硫化氢气体使其转化为不溶性硫化铅沉淀。母液也需经硫化氢脱铅处理后才能浓缩精制。硫化氢脱铅虽彻底，但需注意：反应后需通入空气或二氧化碳去除残余硫化氢，防止干扰后续反应；新生成的胶体状硫化铅可能吸附有效成分，需用适当溶剂进行回收。替代脱铅方法包括：无机酸/酸盐法（硫酸、磷酸及其钠盐），但硫酸铅/磷酸铅存在溶解度问题；离子交换树脂法效率高但选择性差，且树脂再生困难；金属氢氧化物/碳酸盐替代法。以黄芩苷纯化为例：在煎液中加入明矾溶液，可形成黄芩苷-铝络合物沉淀，经水洗后即得药用级产品。这些方法各具特点，需根据目标成分性质选择，并注意调节处理后的溶液pH值。

（2）试剂沉淀法　试剂沉淀法是通过加入特定沉淀剂使目标成分形成不溶性复合物而实现分离的技术。对于生物碱类成分，可在其盐溶液中加入雷氏铵盐等生物碱沉淀剂形成不溶性复盐析出，此法特别适用于水溶性生物碱的分离。黄酮苷类（如橙皮苷、芦丁）及皂苷类（如甘草皂苷）成分可利用其酸碱性差异进行沉淀分离——在碱性溶液中溶解后加酸酸化即可沉淀析出。蛋白质类成分可通过调节pH至等电点（pI）使其溶解度最小而沉淀。此外，特定试剂如明胶可选择性沉淀鞣质，胆固醇能与洋地黄皂苷形成复合沉淀。该方法的关键在于根据目标成分与杂质的理化性质差异，精确控制沉淀条件（pH、温度、离子强度等）以提高选择性。

6. 透析法

透析法是利用半透膜的选择性通透特性实现大小分子分离的物理方法，其分离原理基于分子尺寸排阻效应。该方法在皂苷、蛋白质、多肽及多糖等生物分子的纯化中具有重要应用，可有效去除无机盐、单糖等小分子杂质。实际操作中需根据目标分子的尺寸特性选择适宜孔径的透析膜。标准透析操作流程为：将样品溶液装入膜袋（通常用尼龙网加固），悬置于流动水相中，通过持续更新外液维持浓度梯度，必要时辅以加热和搅拌以加速透析过程。为提高效率可采用电透析技术，在电场驱动下使带电小分子（如生物碱阳离子、有机酸阴离子）定向迁移，而中性大分子保留在膜内。透析终点需通过膜内液的定性检测判定。市售透析膜管（如Visking透析管）已实现规格化，可按分子量范围选择适用产品。传统制膜工艺包括动物膜经脱脂处理、滤纸硫酸酸化法制备羊皮纸膜（孔径受硫酸浓度和处理时间调控）、火棉胶-溶剂成膜法（通过调节溶剂组成和水含量控制孔径）以及明胶-甲醛交联法等专业技术。

7. 结晶、重结晶和分步结晶法

鉴定药用化学成分，研究其化学结构，必须首先将药用成分制备成单体纯品。在常温下，物质本身性质是液体的化合物，可分别用分馏法或色谱法进行分离精制。药用化学成分在常温下多半是固体的物质，都具有晶体的通性，可以根据溶解度的不同用结晶法来达到分离精制的目的。研究药用化学成分时，一旦获得结晶，就能将其有效地进一步精制为单体纯品。纯化合物的结晶有一定的熔点和结晶学特征，有利于鉴定。如果鉴定的物质不是单体纯品，不但不能得出正确的结论，还会造成时间资源上的浪费。因此，求得结晶并制备成单体纯品，就成为鉴定中草药成分、研究其分子结构重要的一步。

（1）杂质的去除　药用材料经过提取分离所得到的成分，大多仍然含有杂质或者混合成分。有时少量或微量的杂质，也能延缓或阻碍结晶的形成。所以在制备结晶时，必须防止杂质的干扰，应将其尽可能除去。有时可选用溶剂溶出杂质，或只溶出所需要的成分。有时可用少量活性炭等进行脱色处理，以除去有色杂质。有时可通过氧化铝、硅胶或硅藻土色谱柱处理后，再进行结晶制备。但应用吸附剂除去杂质时，要注意所需要的成分也可能被吸附而损失。此外，色谱法更是分离制备单体纯品所常用的有效方法。如果一再处理仍未能使近于纯品的成分结晶化，则可先制备其晶态的衍生物，再回收原物，可得到结晶。例如游离生物碱可制备各种生物碱盐类，羟基化合物可转变成乙酸酯，羰基化合物可制备成苯胺衍生物结晶。

（2）溶剂的选择　制备结晶，要注意选择适宜的溶剂。最好是在低温时对所需要成分的溶解度较小，而高温时溶解度较大。溶剂的沸点亦不宜太高。一般常用甲醇、丙酮、氯仿、乙醇、乙酸乙酯等。

（3）结晶溶液的制备　制备结晶溶液，需要得到过饱和溶液。一般是将适量的溶剂加温，使化合物溶解，再放置于温度低处。如果在室温下可以析出结晶，就不必放置于温度低处，以免伴随结晶析出更多的杂质。“新生态”的物质即新游离的物质或无定形的粉末物质，溶解度远大于晶体物质，易于形成过饱和溶液。一般经过精制的化合物，在蒸去溶剂成为无定形粉末时，只要加入少量溶剂，往往立即可以溶解，稍稍放置即能析出结晶。

制备结晶溶液，除选用单一溶剂外，也常采用混合溶剂。一般是先将化合物溶于易溶的溶剂中，再在室温下滴加适量的难溶的溶剂，直至溶液微呈浑浊，并将此溶液微微加温，使溶液完全澄清后放置。

制备结晶除应注意以上各点外，在放置过程中，最好先塞紧瓶塞，避免液面先出现结晶，导致结晶纯度较低。如果放置一段时间后没有结晶析出，可以加入极微量的种晶，即同种化合物结晶的微小颗粒。加种晶是诱导晶核形成常用而有效的手段。一般来说，结晶化过程是有高度选择性的，当加入同种分子或离子，结晶多会立即变大。没有种晶时，可用玻璃棒蘸过饱和溶液一滴，在空气中任溶剂挥散，再用其摩擦容器内壁溶液边缘处，以诱导结晶的形成。如仍无结晶析出，可打开瓶塞任溶液逐步挥散，慢慢析晶。或另选适当溶剂处理，或再精制一次，尽可能除尽杂质后进行结晶操作。

（4）重结晶及分步结晶　在制备结晶时，最好在形成一批结晶后，立即倾出上层溶液，然后再放置以得到第二批结晶。晶态物质可以用溶剂溶解后再次结晶精制。这种方法称为重结晶法。经重结晶后所得各部分母液，再经处理又可分别得到第二批、第三批结晶。这种方法则称为分步结晶法或分级结晶法。晶态物质在一再结晶的过程中，其结晶的析出总是越来越快，纯度也越来越高。分步结晶法各部分所得结晶，其纯度往往有较大的差异，但常可获得一种以上的结晶成分，在未检查前不要贸然混在一起。

(5) 结晶纯度的判定　化合物的结晶都有一定的结晶形状、色泽、熔点和熔距，可以作为鉴定的初步依据。这是非结晶物质所没有的物理性质。化合物结晶的形状和熔点往往因所用溶剂不同而有差异。原托品碱在氯仿中形成棱网状结晶，熔点 207℃；在丙酮中则形成半球状结晶，熔点 203℃；在氯仿和丙酮混合溶剂中则形成以上两种晶形的结晶。又如氧化苦参碱，在无水丙酮中得到的结晶熔点 208℃，在稀丙酮（含水）析出的结晶熔点为 77～80℃。所以文献中常在化合物的晶形、熔点之后注明所用溶剂。一般单体熔点化合物结晶的熔距较窄，有时要求在 0.5℃左右，如果熔距较长则表示化合物不纯。但有些例外情况，特别是有些化合物的分解点不易看得清楚。也有的化合物熔点一致，熔距较窄，但不是单体。一些立体异构体和结构非常类似的混合物，常有这样的现象。还有些化合物具有双熔点的特性，即在某一温度已经全部熔融，当温度继续上升时又固化，再升温至一定温度又熔化或分解。如防己诺林碱在 176℃时熔化，至 200℃时又固化，再在 242℃时分解。中草药成分以同一溶剂进行三次重结晶，其晶形及熔点一致，同时在薄层色谱或纸色谱法经数种不同展开剂系统鉴定，呈现一个斑点者，一般可以认为是一个单体化合物。但应注意，有的化合物在一般色谱条件下，虽然只呈现一个斑点，但并不一定是单体成分。某些化合物（如氨基酸）可能与色谱系统中的微量金属离子（Cu^{2+}）、酸碱物质发生络合/分解反应，导致假性多斑点现象。因此，结晶纯度的准确判定需结合熔点测定、衍生化色谱分析以及现代仪器分析（HPLC、GC、UV 等）进行综合验证。

第三节　常见动物药的提取分离方法（案例）

一、水蛭素

1. 常规方法

由于天然水蛭素存在于吸血水蛭唾液腺所分泌的唾液中，传统提取天然水蛭素的方法通常是采用日本医蛭（*Hirudo nipponica*）头部或整体进行提取。

水蛭素的常规提取工艺包含两种典型方法：第一种方法优选吸血水蛭头部组织为原料（因其躯体中含有大量无活性的伪水蛭素类似物），通过水-丙酮混合溶剂萃取或乙醇分级沉淀获得粗提液，再经色谱分离或等电聚焦等技术纯化获得天然水蛭素。第二种方法采用新鲜全水蛭为原料，经生理盐水匀浆后，在 pH 偏酸性条件下反复冻融破碎细胞，离心（3000～4000r/min，1～30min）去除残渣，调节上清液 pH 至 6.0～7.5 后热变性处理，再次离心收集上清液，通过冷冻-融解循环和超滤（1～2 次）最终获得高纯度的水蛭素溶液。两种方法的关键差异在于原料选择和处理流程，前者侧重避免伪成分干扰，后者强调通过物理化学联合破壁技术提高得率。

2. 仿生诱导法

仿生诱导法是用仿生诱导的方法对活体水蛭进行诱导，从而得到水蛭素的一种方法。它避免了传统方法对水蛭的一次性掠杀，既保护了水蛭的野生资源，又带动了水蛭养殖业的发展，为水蛭素的产业化提供了理论基础。

具体方法是：将日本医蛭在充氧环境中饥饿处理 7 天后，使用猪血与螺类配制的诱导体系（25℃，pH 7.2）刺激其唾液分泌 30min。该方法突破了传统工艺限制，具有三大技术优势：实现水蛭活体循环利用；省略有机溶剂萃取步骤（如水-丙酮混合液）；简化纯化流程。通过特异性诱导获得的唾液经分离纯化即可获得高活性天然水蛭素，其工艺效率较传统方法提升显著，为规模化生产提供了可行性方案（参见专利 CN102603890A）。该技术的核心创新点在于建立了可持续的生物诱导系统，既保障动物福利，又大幅降低生产成本。

二、河鲀毒素

1. 提取分离

河鲀毒素的提取纯化工艺主要步骤为，将新鲜河鲀卵巢组织匀浆后，采用低温（0～5℃）水浸提法处理，每批次浸泡 4 天后过滤，重复 3 次并合并滤液。通过煮沸（100℃，10min）使滤液中的热不稳定蛋白变性沉淀，过滤去除。滤液经弱酸性阳离子交换树脂（如 Amberlite IRC-50）吸附富集毒素，树脂饱和后依次用水和 10％醋酸洗脱。洗脱液经活性炭脱色处理（pH 4～6，80℃）获得无色澄清液。进一步纯化采用硬脂酸钝化的活性炭柱，上柱前需用 8％氨水调节 pH 至 9.0，吸附后用含 0.5％醋酸的 20％乙醇溶液洗脱至无毒性检出。洗脱液经 70℃以下减压浓缩后，通过 pH 梯度调节（醋酸酸化→氨水碱化至 pH 9）和低温结晶（24h）获得白色河鲀毒素粗品。该工艺通过多级分离（离子交换-活性炭吸附-结晶）实现毒素的有效富集，关键控制点包括：温度敏感操作、pH 精确调控（4～9）和溶剂比例控制（20％乙醇）。

2. 纯化

提纯为精品结晶，则将上道工序反复进行溶解、沉淀，几次操作后，将析出的沉淀与等量的苦味酸混合，加入少量水加热溶解、过滤、低温析出结晶。此工序也需反复 3～4 次，才能得到较纯的结晶状河鲀毒素苦味酸盐。将此样品加热溶解，并滴入10%氨水调节pH至9，冷却、结晶、洗涤，再加10%醋酸溶解，用氨水调节pH直至结晶析出，最后将晶体干燥，得到纯品。

一种河鲀毒素提取纯化方法可参考专利CN108586475A。

三、斑蝥素

斑蝥素提取方法如下。

方法一：

① 取斑蝥5g置于一带塞玻璃瓶中。

② 加氯仿50mL及浓盐酸0.5mL，浸取24h，并对其摇振。

③ 过滤，得澄清黄棕色溶液，置于60℃以下的水浴吹气蒸发，得深色残渣。

④ 将上述残渣加石油醚5mL，用离心沉淀法洗3次以除去脂肪、油类杂质。

⑤ 所得残渣加2mL无水乙醇溶解，再加12mL石油醚，并加热使之溶解。

⑥ 置于冰箱中过夜便会有棱柱状晶体析出。

方法二：

① 斑蝥去头去足处理。

② 去头去足的斑蝥在40～85℃下米炒，当斑蝥体内水分含量达2%～15%时停止米炒，并迅速冷却至－30～20℃。

③ 将冷却后的斑蝥放入粉碎机内粉碎，温度控制在－10～35℃，粉碎粒过24～80目筛。

④ 将粉碎的斑蝥粉放入超声波提取器中进行提取，提取时控制温度在10～80℃，得到斑蝥混合液。

⑤ 混合液进行电磁静置分层，温度设定在－50～65℃，取上清液自由沉淀分层时间为12～72h，温度范围－5～10℃，然后再取上清液即为斑蝥素原液成品。

从斑蝥中提取斑蝥素的方法可参考专利CN102336765A。

四、华蟾素

华蟾素是从蟾蜍科动物中华大蟾蜍或黑眶蟾蜍的皮肤分泌物中提取精制而成的活性成分复合物，主要有效成分为吲哚类生物碱、蟾蜍色胺、蟾蜍季胺、蟾蜍噻啉和脱氢蟾蜍色胺等，其中国家药品标准中将吲哚类生物碱（以5-羟色胺计）含量作为检验华蟾素的质量指标。报道的华蟾素提取方法很多，现介绍一种常用的提取方法，提取步骤如下。

① 取干蟾皮，洗净后晾干，剪碎，得到净蟾皮。

② 将净蟾皮加入热回流提取罐中，加入75%的乙醇溶液，提取溶剂∶蟾皮为1∶5～1∶10，80℃热回流提取3次，合并提取液，得华蟾素醇抽提液。

③ 将华蟾素醇抽提液减压浓缩回收乙醇，浓缩温度 45～55℃，真空度 0.07～0.09MPa，浓缩至浓缩设备受液器无溶剂冷凝，得华蟾素醇提浸膏。

④ 向华蟾素醇提浸膏中加入 5 倍量（质量比）的蒸馏水，过滤，得华蟾素浸膏水溶液。

⑤ 华蟾素浸膏水溶液放入膜分离装置中，开泵预平衡，超滤液和截留液返回循环药液，待药液循环平衡 30min，至药液全部滤过，收集超滤液，超滤膜截留分子量为 800，操作压力 0.8MPa，分子截留温度 30℃。

因为华蟾素中有效成分的（数均）分子量均在 800 以下，而醇提的杂质主要为蛋白质、脂肪、多糖等大分子物质，因此选择超滤膜的截留分子量为 800。

⑥ 将步骤⑤所收集的超滤液减压浓缩，真空度 0.08MPa，80℃浓缩收膏，得华蟾素提取物。

华蟾素提取物生产工艺可参考专利 CN200510005277.4。

五、蝎毒素

提取步骤如下。

① 选择 26000 只个体大、色泽好、体力强、行动快的良种蝎子。

② 将这 26000 只蝎子单独隔离饲养一周，只喂一次。

③ 在约 35℃的环境温度下，将这些选好的蝎子用约 35℃的温水喷淋清洗，除去蝎子体上的尘土等，后用 5%食盐水喷淋消毒杀菌，然后将洁净的蝎子放在垫有干燥海绵的盆中，蝎子体上盖有干棉布，蝎体自然干燥。

④ 在约 35℃的环境温度中，用 139Hz 的电脉冲刺激蝎子尾部 1s 使其排毒，用置于 0℃水浴环境中的容器收集蝎毒液。

⑤ 在恒温水浴条件下，每小时收集一次毒液样本，并在容器中沉淀约 10min，然后用清洁注射器抽取上层毒液并使用 200 目减压过滤器对其进行过滤，减压至 0.5kgf/cm^2，滤去杂质，收集得到 3g 滤液。

⑥ 将上述滤液在 2～4℃冷冻 2h，然后在 0℃真空干燥 3h，得到 1g 蝎毒冻干粉，将其装入棕色瓶中，用蜡密封。该蝎毒冻干粉－30℃下密封保存，6 年内不变质。在密封避光的条件下，常温保藏，2 年不变质。其中提毒后的蝎子应及时饲喂。6～8 月份，每只蝎子可隔 10 天提毒一次，而不伤害蝎子。

药用蝎毒素的提取方法可参考专利 CN1238907A。

六、蚓激酶

提取制备方法如下。

① 除去蚯蚓体上泥土，把蚯蚓铺成薄层，光照 10～18h，让蚯蚓排出污物，用自来水清洗干净，用纸巾吸干表面水分，贮存于冰箱内冷冻备用。

② 取蚯蚓放入匀浆器中，按体积比 1∶3～1∶5 的比例，加入柠檬酸钠缓冲液（pH5.0～5.3），获匀浆液。

③ 用沉降离心机将匀浆液离心（12000r/min），去除粗渣，保留含酶上清液。

④ 在上清液中先加入硫酸铵至 30%饱和度，充分搅拌溶解后静置 1h，使杂蛋白沉淀析出。离心去除沉淀后，继续向上清液中补加硫酸铵至 60%～80%饱和度，此时目标酶类物质将选择性沉淀。

⑤ 采用 50000 超滤膜去除大分子杂质，浓缩有效成分至原体积的 1/20～1/15。

⑥ 使用离子交换色谱或凝胶色谱进一步分离，通过调节洗脱液 pH（7.0～8.0）和电导率（≥9000μS/cm）收集高纯度组分。

⑦ 通过透析或超滤脱盐，直至浓缩液呈中性（pH 7.0）为止。采用真空冷冻干燥或喷雾干燥（出口温度 80～86℃）制得酶粉。

通过纤溶试验（如鸡血块溶解法）或 HPLC、质谱检定酶活性和纯度。

一种蚓激酶高效提取全资源化方法可参考专利 CN115772511B。

七、蜂毒肽

（1）粗蜂毒除去杂质　将蜜蜂螯针排出的毒液用蒸馏水溶解，经冷冻干燥所得的样品为粗蜂毒，提取蜂毒肽须先除去粗蜂毒的杂质。方法是将粗蜂毒加入 pH 为 4.0～5.5 的醋酸-醋酸钠缓冲液中，使其浓度为 0.5～1.5mg/mL，以 2500～3500r/min 离心 3～7min，除去不溶性杂质。

（2）蜂毒肽分离　将所得的上清液过葡聚糖凝胶 G-25 柱，用蒸馏水洗脱，流速控制在 25～30mL/h，测定各组分的分子量，在葡聚糖凝胶柱下收集分子量为 2840 的色谱组分，经冷冻干燥获得固体样品。

（3）蜂毒肽纯化　将所得冷冻干燥固体样品用 1∶(2～4) 体积比的无水乙醇进行溶解，经 2500～3500r/min 离心 4～6min，沉淀物即为蜂毒肽。

蜂毒肽的提纯方法可参考专利 CN101455287A。

八、麝香酮

① 从人工繁育林麝取鲜雄麝香囊，去掉被毛等杂质后，放入干燥器进行冷冻真空减压干燥，将干燥后的麝香揉碎，然后在常温下用 100～1000MPa 的流体静压力作用于料液，进行高压压制处理，保持一段时间后，使原料细胞内外压力达到平衡（有效成分达到溶解平衡）后迅速卸压，使细胞内外渗透压差突然增大，细胞内的有效成分穿过细胞膜，转移到细胞外的提取液中，过滤掉不溶物，得到待处理的高压压制滤液。

② 在获取的高压压制滤液中加入其3倍质量的水，搅拌静置分离，得到油层后，加入其3倍质量的水，再加入饱和氨水，调节pH至10～10.5，搅拌1h，静置分离，得到油层进行下一步的处理。

③ 将得到的油层与3倍质量的水混合，充分搅拌1h，静置分离，重复加入水进行萃取2次，合并油层后，进行减压蒸干回收，得到固体物。

④ 将得到的固体物进行减压干燥，将水分降至0.5%以下，得到麝香酮样品。

麝香酮的提取方法可参考专利CN106349038A。

九、角鲨烯

从鲨鱼肝油中提取高纯度角鲨烯的工业化制备工艺包括以下关键工序。

① 对粗制鲨鱼肝油进行四步精制处理（脱胶、脱酸、脱色、脱臭）获得精制原料。

② 按体积比1∶5比例加入0.5～2.5mol/L氢氧化钾-乙醇溶液，在(70±10)℃条件下皂化(60±20)min，分离得到不皂化物。

③ 采用刮膜式分子蒸馏装置在0.1Pa真空条件下进行分级蒸馏，控制进料速率1.5mL/min、蒸发温度(180±2)℃、刮膜转速(200±10)r/min，收集轻相组分。

④ 通过硅胶柱色谱纯化（柱径高比1∶15），以二氯甲烷-甲醇（体积比9∶1）混合溶剂系统进行梯度洗脱（流速2mL/min），获得纯度≥98%的角鲨烯产品。

该工艺的核心技术创新点在于：①优化的皂化条件（KOH浓度1.5mol/L最佳）；②分子蒸馏温度精准控制（±1℃）；③色谱系统溶剂配比优化。具体工艺参数可参考专利《一种粗制鲨鱼肝油中提取角鲨烯的方法》(CN111662152A)，该专利详细记载了从100kg原料油中制备850g高纯度角鲨烯（GC纯度99.2%）的完整工业化方案。

十、海参皂苷

(1) 醇法提取　甲醇或乙醇提取，回流式冷浸提取2～3天，减压浓缩为浸膏，加水溶解后，用乙醚或石油醚脱脂，三氯甲烷去除蛋白质，用水饱和正丁醇萃取提取物，压缩干燥后，得到海参总皂苷。

(2) 分离纯化方法　①醇提-醚（酮）沉淀法：利用皂苷难溶于乙醚、丙酮等溶剂的性质，将粗皂苷溶于少量的甲醇或乙醇中，然后滴加乙醚、丙酮或乙醚-丙酮的混合溶剂（加入的量以能使皂苷从醇溶液中析出为限），边加边摇匀，皂苷即析出，继续加入乙醚，可以得到纯度较高的皂苷。也可以反复处理数次，并逐渐降低溶剂极性，不同的皂苷就可以分批沉出，达到分离纯化的目的。②大孔吸附树脂法：可除去部分多糖和无机盐等水溶性杂质，用于总皂苷的纯化。

海参皂苷的提取方法可参考专利 CN114315950A。

十一、抗菌肽

家蝇蛹天然抗菌肽提取分离步骤如下。

（1）提取　称取 500g 3 日龄家蝇蛹，经蒸馏水清洗并干燥后，按照 1∶5（质量比）加入 4℃预冷的 0.2mol/L 乙酸溶液 2.5L，进行匀浆破碎处理。将匀浆液于 4℃条件下浸提 2h 后过滤，滤液经 100℃水浴热处理 30min，随后在 4℃条件下以 10000g 离心力离心 30min，分离获得上清液（家蝇蛹水溶性粗提液）和沉淀物。沉淀物经 100℃烘干后粉碎，制得家蝇蛹醇溶性粗提物粉末。

（2）粗提物提纯　将家蝇蛹粗提物用 400 目（0.0385mm 孔径）的国家标准检验过滤器收集滤液，滤液上样于阿米孔超滤装置，在 35°固定转角的离心机内，分别收集截留部分和滤过部分的样品。截留部分直接进行冷冻干燥，冰干粉即为低纯度抗菌肽，滤过部分样品按 500∶1 的比例加入一定重量的辅料（糊精），在 120℃条件下，按 1.5mL/min 进行喷干，收集喷干粉，此即为制备的高纯度家蝇抗菌肽。

家蝇蛹天然抗菌肽制品及其制备方法和应用可参考专利 CN101392020B。

第四章

动物药的采制
与活性成分的生物测定

第一节　动物药的采制

在药用动物的研究过程中，需要采集样本，并将采来的样本进行标本制作。如一般的无脊椎动物标本，可以浸泡在5%的福尔马林溶液或70%的酒精溶液中。若为柔软的标本，可先杀死、定形，然后再浸入上述液体中。若为坚硬的标本，如棘皮动物、部分昆虫等，可以直接投入上述溶液中保存。高等脊椎动物，如鱼类、两栖类和小型爬行类，也可以直接浸泡在5%福尔马林或70%酒精中。而大型的爬行类，以及鸟类和哺乳类，则需做剥制标本。无论液浸或剥制标本，均需填写采集记录，记明采集时的情况，特别是处理后易变形或变色的标本，一般要印制特别的记录本以供填写上述采集的记录。另外还要在标本上附挂标签，也需在标签上填写采集日期、采集人及编号，以便和记录本相互查对，最后将其保存起来。

除了制作标本外，野外采集和人工饲养的药用动物还需要经过加工、炮制等一系列工序才能成为具有药用价值的动物药。因此，适时采收、科学合理加工，是保障动物药材质量合格的关键。

一、动物药采集原则

1. 适时采收

动物药的采收时间因种类和药用部位的不同而不同。大多数可全年采收，如龟甲、鳖甲、五灵脂、海龙、海马。昆虫类药材，必须掌握昆虫孵化发育活动季节。以卵鞘入药的，如桑螵蛸，应在3月中旬前收集，过时虫卵孵化为成虫影响药效。以成虫入药的，均应在活动期捕捉，如土鳖虫等。两栖动物类、爬行动物类宜在春秋两季捕捉采收，如蟾酥、各种蛇类药材；亦有霜降期捕捉采收的，如哈蟆油（林蛙油）。脊椎动物类全年均可采收，如龟甲、牛黄等；但鹿茸需在清明后45～60天锯取，过时则骨化为角。

一般潜藏在地下的小动物，宜在夏秋季捕捉，如蚯蚓、蟋蟀等；大动物虽然四季皆可捕捉，但一般宜在秋冬季获取，不过鹿茸必须在雄鹿幼角未骨化时采取。

此外，在采集药物时还需要注意天气变化，如阴雨时采集，往往因不能及时干燥，药材腐烂变质。在采集药物时，应该重视保护药源，既要考虑当前的需要，又要考虑可持续发展。

2. 科学合理加工

中药材加工的目的是清除非药用部分、杂质及泥沙等，去伪存真，保证药材纯净，使药材尽快灭活、干燥，保证药材质量，并对需要鲜用的药材进行防止霉烂、变质的处理。药用动物类中药加工是一项既复杂又具有一定技术性的工作，特别是一些珍稀动物，稍有疏忽，不仅会造成质量下降，而且会带来一定的经济损失。因此，科学合理地加工是保障动物药质量的重要环节。加工可依据用药部位采用不同的加工方法。

（1）整体加工　整体加工的动物一般是指不经后期处理而直接药用的动物。主要包括以下几类：蛙（如蟾蜍）、蜈蚣、蝎子、水蛭以及多种昆虫（如虻虫、土鳖虫、红娘子、斑蝥、蛴螬等）。其核心加工方法为：先用重盐开水烫死或类似方式灭活，然后烘干或晾干，必要时可进行拔毛等清理。

（2）药用部位加工

① 骨骼类药材（如鹿足筋等）以生骨品质最佳，煮沸处理者次之，加工时需彻底清除残肉及残留组织。

② 甲壳类药材（包括九孔鲍、皱纹盘鲍、羊鲍、长牡蛎、大连湾牡蛎、近江牡蛎、文蛤、紫贝齿、鳖甲、龟甲等）应选取完整甲壳或鳞片，以“生板”（血板）质量为优，煮沸者次之，同样需去除残留肉质。

③ 脏器类药材（如水獭肝、驴肾、狗肾等）需选取特定内脏器官，彻底清理残留组织后，采用火烘干燥法处理。

④ 肉体类药材（如蛇类、蛤蚧、地龙等）的加工需去除内脏但保留头尾及肢体，经竹片支撑定型或盘绕成型后干燥。

（3）其他加工方式　药用动物原料采用多种特殊加工方法进行处理，主要工艺有：酒炙加工是将药用动物原料置于酒液中浸泡后蒸煮灭菌，兼具去毒和增效作用；酒渣凝固工艺通过将原料与酒渣共煮后形成固形物；冷冻加工在低温条件下处理原料，既能有效保存活性成分又可脱水延长保质期；固定加工需先固定原料形态后再进行冷冻处理；研磨加工是将原料粉碎后冷冻保存；蒸煮加工采用隔水加热方式控制温度和时间进行处理。

二、常用动物药的采集与加工（案例）

1. 土鳖虫

将活土鳖虫身上的泥土洗净后，放入盐水中（每千克土鳖虫加 10g 盐）煮 40min。待其腹部瘪时捞出，摊在席上，用木板轻轻压出腹部积水，焙干或晒干。

2. 水蛭

① 将水蛭集中放入盆中，将开水迅速倒入，液面高度超过水蛭 2～3 指深为宜，20min 左右捞出烫死的水蛭，洗净后放在干净的地方晾晒。

② 把水蛭埋入石灰中，埋 20min 左右，水蛭即死亡，然后晒干或烘干，筛去石灰粉即为成品。水蛭加工后的成品以呈自然扁平纺锤形、背部稍隆起、腹面平坦、质脆易折断、断面呈胶状并有光泽者为佳。

3. 全蝎

① 咸全蝎。加工时，先将活蝎置于冷水中轻柔搅拌清洗，反复换水至吐净体内污物。按 500g 活蝎配 150g 食盐、2500mL 水的比例配制盐水，将蝎子浸渍 4～6h 后捞出。盐水煮沸除沫后重新投入蝎子，加盖煮沸 20min，至蝎体僵直、尾端竖起且背板出现抽沟为度。最后置于通风处阴干，避免阳光直射。

② 淡全蝎。淡全蝎加工则采用清水洗净后直接沸水煮制 20min，每 500g 活蝎仅添加 20～30g 食盐，煮毕后同样需阴干处理。

两种工艺的关键区别在于用盐量和预处理方式，咸全蝎通过盐渍渗透增强保存性，而淡全蝎更注重保持原味。成品质量以肢体完整、色泽棕黄、质地干燥均匀者为佳，加工过程中需严格控制煮沸时间和盐分浓度。

4. 蜈蚣

蜈蚣的加工方法主要包括两种工艺：第一种采用竹扦固定法，即用竹扦从口腔贯穿至腹腔，尾部固定于竹扦末端，通过微火烘焙或日晒干燥，操作时需特别注意保持尾部完整；第二种为热水处理法，将活体蜈蚣用热水烫死后，剪开尾部挤出肠道内容物及卵粒，再用特制竹片（长度与蜈蚣体相当，两端尖锐）分别固定头部下颚和尾部上端，利用竹片弹性使虫体伸直后晒干。两种方法均需严格避免折断头尾部位，干燥后的成品应贮存于干燥环境中以防霉变虫蛀。

5. 蛤蚧

用小锤击蛤蚧（大壁虎）头部，使其晕死。用利剪挖掉眼睛，再由腹至胸剖开，掏出内脏，用布擦干（不能用水洗），随即用开水烫过晒干的竹片撑开，用两条扁竹条将四肢平行撑起。用长于蛤蚧全身的扁竹条自腹纵向插入横竹条与竹片之间，直达头部。用砂纸包好尾部，以免折断，用微火烘干。烘烤时数只排列一行，头部向下，用砂纸条扎紧，即为成品干蛤蚧。

6. 蝉蜕

蝉蜕为蝉科昆虫黑蚱若虫羽化时脱落的皮壳，此品为野生，资源有限，属零星采集品种，在采集时注意保持蝉蜕完整，采集后洗净泥土，晒干即可。

7. 斑蝥

斑蝥为芫菁科昆虫南方大斑蝥或黄黑小斑蝥的干燥虫体，属野生零星采集品种，采集时应保持虫体完整，闷死或烫死，晒干即可。

8. 僵蚕

僵蚕为蚕蛾科昆虫家蚕4～5龄幼虫感染（或人工接种）白僵菌而致死的干燥体。将锅炒热，倒入麦麸炒至冒烟，加入僵蚕，慢炒至微黄色时出锅过筛，冷却包装即为成品。一般合格品呈圆柱形，多弯曲皱缩，长2～5cm，体表微黄色，质硬而脆，易折断，断面平坦，有光泽，可见4个褐色亮圈；微有腐臭气味，味微咸。

9. 牛虻虫

牛虻虫为虻科昆虫复带虻或其他同属昆虫的雌性干燥虫体。可在家畜聚集的地方采集，当虻虫落在家畜身上吸血时，用大蝇拍轻轻拍打，注意不要打碎虫体，拍打后用线绳穿成一串，晒干或阴干即可。

10. 黑蚂蚁

黑蚂蚁又称拟黑多刺蚁。收集黑蚂蚁，筛选、风选、净选后，宜在50～60℃下焙干。

第二节　动物药材的炮制

炮制，是在制成各种剂型之前对药材的整理加工以及根据医疗需要而进行处理的一些方法。

一、炮制的目的

1. 减少或消除药物的毒性、烈性和副作用

有的药物虽有较好的疗效，但因毒性或副作用较大，临床应用存在安全隐

患，需通过炮制以降低其毒性或副作用。如生半夏、生天南星有毒，经生姜、明矾炮制后可解毒；川乌通过浸、漂、蒸、煮或加辅料炮制可降低毒性；相思子、蓖麻子、商陆等经加热炮制可减轻毒性；柏子仁（侧柏的干燥成熟种仁）具有宁心安神、润肠通便之效，若用于宁心安神，需避免其滑肠致泻的作用，经去油制霜后即可消除致泻副作用。

2. 改变或缓和药物的性能

中药的性味偏性决定了其临床应用特点，过寒伤阳、过热耗阴、过酸损齿伤筋、过苦伤胃耗津、过甘生湿助满、过辛散气伤阴、过咸助湿生痰等不良反应需要通过炮制来调和。炮制工艺能显著改变药性：生麻黄辛温解表力强，蜜炙后转为甘温，增强止咳平喘之效；蒲黄（来源为水烛香蒲、东方香蒲或同属植物的干燥花粉）生品活血散瘀，炒炭后性涩专于止血；生甘草清热解毒，蜜炙后补脾益气；鲜地黄清热凉血，熟地黄（经九蒸九晒）温补精血；生何首乌解毒通便，制何首乌补益肝肾。

3. 增强药物疗效

中药在临床应用时，除了通过配伍组方增强疗效外，炮制工艺也是提升药效的重要手段。种子类药材如决明子、芥子（白芥或芥的干燥成熟种子）、苏子（紫苏的干燥成熟果实）、青葙子（青葙的种子）等，因其种皮结构致密，经炒制后种皮爆裂，可显著提高有效成分的溶出率。蜜炙法处理款冬花和紫菀时，蜂蜜的协同作用能增强润肺止咳功效；羊脂炙淫羊藿可促进其壮阳作用；而胆汁制天南星则能强化镇痉效果。这些炮制方法均通过物理或化学改性（如改变细胞通透性、成分转化或辅料协同等机制）实现药效增强。

4. 便于调剂和贮藏

矿物类、贝壳类及动物骨甲类药物，如自然铜、磁石、赭石、牡蛎、石决明等，因其质地坚硬，不易粉碎，既影响制剂和调剂，又难以在短时间内煎出有效成分。为此，需采用煅制、煅淬、砂烫等炮制方法，使其质地酥脆，既便于粉碎，又利于有效成分的煎出。同理，植物类药物经切制后可提高煎煮效率，矿物类药物经煅制后易于研粉。此外，部分生药采集后需及时烘焙，使其充分干燥，以确保贮藏质量。

5. 改变药物作用的部位和趋向

升降浮沉是指药物在人体内发挥作用的趋向性，是中医临床用药的重要指导理论之一。药物的升降浮沉特性与其性味密切相关。通过炮制加工，药物性味的改变可显著影响其作用趋向，尤其对具有双向调节作用的药物影响更为明显。例如：黄柏原本以清下焦湿热为主，经酒炙后作用趋向向上，兼具清上焦热邪之效；黄芩经酒炙后，其上行清利头目热邪的作用得到增强。

6. 使药物洁净、便于服用

如清除泥沙杂质和非药用的部分，漂去有些海产品与动物类药物的咸味及腥味等。

二、动物药常见炮制方法

动物药的炮制方法很多，根据实际应用需要，可分为一般制法、水制法、火制法等。

1. 一般制法

在中药炮制过程中，首先需对药用部位进行精选，去除杂质和异物。根据药材特性，可选用筛、簸、刷、刮、碾、压、磨、捣、切等不同方法进行处理。以生僵蚕为例，需经过筛去灰屑、簸除丝毛、清水洗净、晾晒干燥等工序。对于龟甲、牡蛎等质地坚硬的动物类药材，采用碾磨法可制成细粉，既便于人体吸收，又利于内服或外用。而龙骨、阳起石等硬质药材，则适宜用捣碎法处理，以增强其与其他药物的配伍性。

这些规范的炮制工艺不仅能优化药材的使用便利性，更能显著提升药物的临床疗效和用药安全性。

2. 水制法

使药物清洁柔软，便于加工切片，或借以降低药物的毒性和烈性，以及除去不良的气味等。一般包括洗、漂、浸、润、水飞等方法。

（1）洗　将药材放在清水中，洗去表面的泥沙杂质，使药物洁净。

（2）漂　将药物置于清水中，并经常换水，以漂去药材的咸味和腥味（如海藻、昆布、龟甲、鳖甲等），或降低毒性，便于制剂和服用。

（3）浸　把药物放在清水内浸泡，使质地坚硬药材，如动物类药物的皮甲、骨骼（龟甲、牛骨等）浸至发软腐烂，除去其皮膜筋膜杂质，便于贮藏和进一步加工炮制。此外，用酒、药汁、米泔水浸制，以减轻药物毒性或烈性，亦属浸的范围。

（4）水飞　是一种将药物与水共同研磨的方法，主要用于矿石和贝壳类不易溶于水的药物，如滑石、朱砂、珍珠等。经水飞后的药粉特别细腻，便于内服，易吸收，外用可以减少刺激。

3. 火制法

火制法是把药物直接或间接置于火上加热的一类炮制方法。有的还要加入辅料拌制，目的是使坚硬的药材变得松脆，便于制剂和服用，改变药物性能可提高疗效，降低或消除药物的毒性或烈性等。根据加热的温度、时间和方法的不同，该法可分为炒、烫、炙、煨、煅、蒸、烘与焙、淬。

（1）炒　药物经过修制或加工切制后，放入热锅内拌炒。常用炒法可分为清炒和辅料炒两类。

① 清炒。不加辅料，将药物单独加热炒至一定程度。根据火候和目的不同，又分为炒黄、炒焦、炒炭。

a. 炒黄（微炒）。用文火将药物炒至表面微黄、鼓起或爆裂，散发香气。此法可增强健胃消食作用（如炒麦芽），或促进有效成分煎出、缓和药性（如炒牛蒡子、炒紫苏子）。

b. 炒焦。用中火将药物炒至表面焦黄或焦褐色，内部淡黄，具焦香气。可增强健脾消食功效或缓和药性，如焦山楂、焦栀子（炒制栀子干燥成熟果实）。

c. 炒炭。用武火将药物炒至表面焦黑、内部焦黄，保留部分原有气味（即“存性”），不可完全炭化。此法能增强收敛止血功效，如侧柏炭、地榆炭等。

② 辅料炒。将药物与特定辅料共同拌炒，主要包括麸炒、土炒等方法。

a. 麸炒。利用麦麸受热产生的烟气熏制药物，炒至药材表面呈黄色后筛去麸皮。具有降低刺激性、增强健脾和胃功效、矫味除臭等作用，适用于麸炒枳壳（酸橙及其栽培变种的干燥未成熟果实）、白术、僵蚕等药材。

b. 土炒。取灶心土细粉，炒热后加入药物，炒至焦黄色并散发焦香气时，筛去土粉。可增强健脾止泻功效，典型如土炒白术。

（2）烫　属高温炒法的一种。将药物与预热的固体辅料（如沙、蛤粉等）共炒，通过高温烫制改变药性或降低毒性。如蛤粉烫阿胶可增强润肺化痰功效；砂烫马钱子能显著降低其毒性。

（3）炙　是将药物与液体辅料共炒使辅料渗入药材内部的方法，主要包括以下五种。

① 蜜炙。取炼蜜置热锅中，待沸腾后投入药物，文火拌炒至药材呈老黄色、不粘手为度。蜜炙可增强补益润燥之效，如炙黄芪、炙紫菀等。操作时若出现粘锅现象，可洒少量清水缓解。

② 酒炙。按药物与黄酒 8∶1 的比例（如 500g 药材用 62.5g 黄酒）拌匀吸尽后，文火炒干。酒作为有机溶剂既能促进有效成分溶出，又可增强活血通脉、引药上行之效，并能缓和药物寒性。

③ 醋炙。药物与米醋共制，每 500g 药材用醋 94～150mL。将醋均匀喷洒于药物表面，待充分吸收后文火炒干。动物甲壳类需先净制粉碎，炒至灼热后喷醋炒干。醋炙具有引药入肝、活血止痛、软坚散结及减毒增效之功。醋作为优良溶剂可提高有效成分溶出度，兼具矫味除臭之效，如醋延胡索、醋芫花等。

④ 盐炙。药物与盐水共炙，每 500g 药材用食盐 6.25～18.75g（加水 62.5mL 溶解）。盐水拌匀吸尽后文火炒干。盐炙能引药下行入肾，增强补肾固精、利水渗湿、降火疗疝之效，如盐杜仲、盐小茴香、盐车前子、盐黄柏等。

⑤ 姜炙。取鲜姜洗净捣碎，按药料 500g 配生姜 62.5g 的比例榨汁，将姜汁

均匀喷洒于药材表面，浸润吸收后文火炒干。此法能显著增强药物的温中止呕功效，并缓和药物刺激性，典型应用包括姜汁炙厚朴、黄连等。其核心机理在于生姜中的姜辣素等活性成分与药物产生协同效应。

（4）煨　传统方法采用湿纸或面皮包裹药材，埋入热灰或文火烘烤至外包物焦黑，冷却后去除外层。现代改良法多用麸皮拌炒至深黄色后筛去麸皮。该工艺通过吸附作用降低药物油脂含量，从而减轻毒性或偏性，适用于煨生姜、肉豆蔻、甘遂等药材。煨制过程中，药材与包材间的物质交换是减毒增效的关键。

（5）煅　通过高温处理使药物质地松脆的炮制方法，主要适用于矿物类及贝壳类药物。根据药物性质不同，可分为直接煅烧和焖煅两种方法。

煅制能使药物质地变松脆，便于粉碎和煎出有效成分。具体方法如下。

① 直接煅烧法：适用于质地坚硬的矿石和贝壳类药物，如磁石、牡蛎等。操作时将药物置于铁丝筛网上，用武火煅烧至规定程度：矿石类药物需煅至通红；贝壳类药物煅至微红，冷却后呈灰白色。

② 焖煅法（间接煅烧法）：适用于质地疏松易灰化的药物，如陈棕、人发等。操作方法为将药物放入铁锅内，覆盖小铁锅并用盐泥密封接口，小锅上压重物防止漏气。用火加热至小锅滴水即沸，或用白纸贴于小锅底烤焦为度，待冷却后取出。

（6）蒸　指利用水蒸气隔水加热药物的炮制方法。蒸制可显著改变药性，如生大黄经蒸制成熟大黄后，其功效由泻下转为清化湿热、活血化瘀；同时具有矫味作用，如蒸制女贞子（木樨科植物女贞的干燥成熟果实）、五味子可减轻酸涩之味。

（7）烘与焙　均属文火干燥法，通过微火加热使药物干燥。二者火候控制要求严格，需保持温度均匀，避免药物焦化。

（8）淬　将煅至红透的药物迅速浸入冷水、醋或药汁中的炮制工艺。如灵磁石、赭石用醋淬，炉甘石用药汁淬。淬制具有双重作用：一是使药材酥脆易碎；二是通过辅料的作用改变药性，如醋淬可增强矿石类药物平肝潜阳之效。

三、几种动物药的炮制方法（案例）

1. 蛤蚧炮制方法

（1）酒制　①取蛤蚧块，用黄酒浸润后，烘干。②原药去掉竹片，刷净，切去脚爪和头（齐眼睛处切除），置铁丝筛上，用文火烤热，离火，喷适量白酒，又置火上酥制，离火，再喷适量白酒，反复数次，制至松脆为度，放凉，研细粉即得。每对蛤蚧用白酒 30g。③先将黄酒置锅内，沸后，再放入已去头足成段的蛤蚧，微煮至黄酒吸尽，取出晾凉，晒干入库即得。每对蛤蚧用黄酒 24g。

（2）焙制　取蛤蚧，除去鳞片、头、足和杂质，焙至黄色酥脆为度。

（3）炒制　取净蛤蚧投入热沙内，不断翻动，至泡酥，显黄色，取出，筛去沙，研粉。

（4）油制　①取净蛤蚧，用无烟炉火烘烤，边烤边涂少量香油（芝麻油），烤至干脆即得。②取净蛤蚧去头、足，涂上1层乳油，在无烟火上炙烤，并勤加翻动至酥。③刷净鳞片，剥去头足，除掉竹板，剪碎，置锅内加入适量酥油，文火炙至色黄酥脆，取出，晾凉。

（5）新炮制方法　先将锅洗净烧热，后撒上蛤粉预热，再放入除去头、足切成段的蛤蚧，以文火拌炒7～10min，见发泡鼓起，即可取出筛去蛤粉，凉透研成粉末。该法的优点是蛤粉可化痰止咳，与蛤蚧同炒可加强治咳喘之功效，再者可防止蛤蚧炙时焦化。

2. 蟾酥炮制方法

① 蟾酥粉。取原药材，捣碎，研成细粉。

② 酒蟾酥。取原药材，捣碎，用白酒浸渍，不断搅动至呈稠膏状，干燥，粉碎，蟾酥每10kg用白酒20L。

③ 乳蟾酥。取原药材，捣碎，用鲜牛奶浸渍，不断搅动至稠膏状，干燥，研粉，蟾酥每10kg用牛奶20kg。

生蟾酥有毒，作用剧烈，多制成丸、散剂或外用。生品硬，难碎，并对操作者有刺激性。经酒制后，便于粉碎，毒性降低，并能减少对操作者的刺激。用于治疗发背、疔疮、痈毒、咽喉肿痛等症。

3. 乌梢蛇炮制方法

乌梢蛇除去内脏的干燥体。夏、秋二季捕捉，捕得后，剖腹除去内脏，卷成圆盘形，干燥。

酒制：①取乌梢蛇，除去杂质、头、鳞片及灰屑，用黄酒浸润，闷透后取出，除去皮、骨，切段，晒干。每100kg乌梢蛇用黄酒20kg。②取净乌梢蛇段，喷洒黄酒，拌匀，闷透后置锅内，用文火加热，炒至微黄色时，取出放凉。

饮片性状：呈段状，长约30mm，表面乌黑色或黑褐色，无光泽，切面黄白色或灰棕色，质地坚硬，气腥，味淡。

4. 全蝎炮制方法

① 酒制。取全蝎，除去杂质，用酒洗净，晒干。

② 盐制。取全蝎，用盐水浸泡后，清水洗净泥沙及盐分，晒干或烘干。

③ 薄荷制。先清除杂质，接着再用薄荷水把全蝎的盐霜洗干净，然后捞出进行过滤，烘干或晒干即可，每5kg全蝎需要用到1kg薄荷叶。

④ 葱制。全蝎用水清洗干净，在放有生葱和水的锅中煎过以后再炮制。每1kg全蝎需用60g的生葱。

⑤ 甘草和生姜炮制。甘草和生姜放在锅里面煎成沸水，再把全蝎放到里面

洗干净即可。每 1kg 全蝎需要甘草和生姜分别 60g。

5. 僵蚕炮制方法

① 麸炒。取僵蚕，除去杂质及残丝，洗净，晒干。取麸皮撒在热锅内，用武火加热，冒烟时，加入净僵蚕，拌炒至表面黄色，取出，筛去麸皮，放凉。每 100kg 僵蚕用麸皮 10kg。

② 炒制。将净僵蚕置锅内，用文火加热炒至表面呈黄色，然后取出放凉。

③ 姜制。取老生姜加适量水磨烂，榨取姜汁，将姜汁倒入净僵蚕内拌匀，润透，然后置锅内用文火炒干或蒸 1h，晒干。

④ 酒制。先将僵蚕炒黄，再喷酒炒干。

⑤ 甘草制。取白僵蚕用甘草汤洗后晒干，再用微火炒至黄色。

⑥ 甘草面粉制。取甘草煎水去渣、放冷，泡入僵蚕约 1h，洗净晒干，再与面粉炒至黄色，筛去面粉。

⑦ 甘草麦麸制。取甘草加水煮沸 2h，将僵蚕放入甘草水内浸 1h，洗净晒干，再取麦麸炒热，加入僵蚕，炒至淡黄色，筛出麦麸。

饮片性状：略呈圆柱形，多弯曲皱缩。长 2～5cm，直径 0.5～0.7cm。表面灰黄色，被有白色粉霜状的气生菌丝和分生孢子。头部较圆，足 8 对，体节明显，尾部略呈二分歧状。质硬而脆，易折断，断面平坦，外层白色，中间有亮棕色或亮黑色的丝腺环 4 个。气微腥，味微咸。

6. 斑蝥炮制方法

夏、秋二季在早晨露水未干时捕捉，放入容器内闷死或烫死，干燥。

斑蝥炮制方法：米炒斑蝥。取原药材，除去头、足、翅及杂质。取净斑蝥与米置于锅内，用文火加热，拌炒至米呈黄棕色时，取出，筛去米，摊晾。斑蝥每 100kg 用米 20kg。近代炮制方法除米炒外，还有甘草与糯米同炒等方法。

饮片性状：南方大斑蝥呈长圆形，长 1.5～2.5cm，宽 0.5～1cm。头及口器向下垂，有较大的复眼及触角各 1 对，触角多已脱落。背部具革质鞘翅 1 对，黑色，有 3 条黄色或棕黄色的横纹；鞘翅下面有棕褐色薄膜状透明的内翅 2 片。胸腹部乌黑色，胸部有足 3 对。有特殊的臭气。黄黑小斑蝥体型较小，长 1～1.5cm。

7. 地龙炮制方法

① 酒制法。取净地龙段，与黄酒拌匀，每 100kg 地龙用 12.5kg 黄酒，文火炒至表面呈棕色后晾凉。

② 甘草制法。地龙洗净后晒至八成干，切段，用甘草浓汤浸泡 2h，每 1kg 地龙用 120g 甘草，晒干。甘草可中和腥味，增强解毒功效。

饮片性状：地龙为薄片状小段，边缘略卷，宽 10～20mm，具环节，背部棕褐色至紫灰色，腹部浅黄棕色，生殖环带较光亮，体前端稍尖，尾端钝圆，刚毛圈粗糙而硬，色较浅，体轻，略呈革质，不易折断，气腥，味微咸。

8. 蜈蚣炮制方法

蜈蚣炮制时，首先取原药材，除去头足（含毒腺）及可能残留的支撑竹片，根据临床需要剪成小段或捣碎。常用炮制法包括：

① 焙法。取净蜈蚣段，文火焙至黑褐色、质地酥脆，放凉。

② 酒制法。去头足及腹内杂质，以黄酒浸泡后，文火炙至香气逸出。

③ 煨法。以湿薄荷叶包裹后，埋入热灰或炒热的滑石粉中缓煨至酥脆。

此外，亦有炒黄（文火炒至色变深、气香）等方法。诸法均可降低毒性，缓和药性，便于储存与制剂。

饮片性状：本品呈扁平长条形，长 9～15cm，宽 0.5～1cm。由头部和躯干部组成，全体共 22 个环节。头部暗红色或红褐色，略有光泽，有头板覆盖，头板近圆形，前端稍突出，两侧贴有颚肢一对，前端两侧有触角一对。躯干部第一背板与头板同色，其余 20 个背板为棕绿色或墨绿色，具光泽，自第四背板至第二十背板上常有两条纵沟线；腹部淡黄色或棕黄色，皱缩；自第二节起，每节两侧有步足一对；步足黄色或红褐色，偶有黄白色，呈弯钩形，最末一对步足尾状，故又称尾足，易脱落。质脆，断面有裂隙。气微腥，有特殊刺鼻的臭气，味辛、微咸。

9. 水蛭炮制方法

水蛭先用沸水烫死，晒干或低温干燥。炮制方法如下。

① 滑石粉制。将滑石粉置于锅内，武火炒热后，加入水蛭段，不断翻动，烫至微鼓起时，取出，筛去滑石粉，放凉。

② 油制。取洗净的水蛭，置锅内用猪油炸至焦黄色，取出，干燥即得。

③ 焙制。取水蛭，用焙法焙至淡黄色，干脆为度，临用时研粉。

④ 米制。将水蛭和米倒入烧热的锅中，用文火加热，炒至米呈黄色时，取出，晾凉，筛去米。每 1kg 水蛭用米 0.5kg。

⑤ 烫制。取洁净细沙，置锅中，加热后投入水蛭段，不停拌炒，至膨胀鼓起时，取出，筛除沙，放凉。

⑥ 醋制。a. 醋淬：将河沙炒热后，入药拌炒至鼓起取出，再加适量的醋吸透，晒干。b. 醋煮：取水蛭加醋，以锅煮之。每 1kg 水蛭，用醋 0.35kg。

⑦ 酒制。取原材料，用清水洗净杂质，浸泡约 1h 后捞出，晒干。用黄酒拌匀，放入锅内，用文火煮透至酒吸尽，取出稍晾，切段，晒干，入库即得。每 100kg 水蛭用黄酒 20kg。

⑧ 石灰制。取水蛭与石灰置锅内，用微火炒至淡黄色鼓起为宜。

⑨ 蜜制。取蜜用开水稀释后，加入水蛭，拌匀，闷透，置锅内，用文火炒至不粘手即可，取出放凉。每 1kg 水蛭用蜜 120g。

⑩ 泔制。取水蛭用米泔水浸泡一宿，炒至焦黄色。

饮片性状：水蛭为不规则小段，长 10～15mm，扁平，有环纹，背部呈褐色，腹部黄棕色，质韧，有腥气。

10. 黑蚂蚁炮制方法

① 酒浸法。将黑蚂蚁与酒一同置入酒罐中，加盖密封，存放于阴凉干燥处。经过 3 个月的浸泡，即可开封取饮。此法具有祛风、通络、止痛之效，适用于治疗风湿痹痛、腰膝酸软、关节肿痛等。

② 醋蒸法。选用干燥的黑蚂蚁成虫，用米醋泡发后，加入净黑蚂蚁，浸泡约 2 周，期间每日搅动数次，直至黑蚂蚁干燥呈膏状，取出晒干。此法能使黑蚂蚁质地更为细腻，便于人体吸收。

③ 米醋浸泡法。先将黑蚂蚁放入米醋中浸泡 1h，使其软化，随后用清水洗净，去除黑蚂蚁的刺，切成碎块，置于盘中，加白酒继续浸泡。此法能使黑蚂蚁风味更加浓郁。

④ 盐渍蒸法。将黑蚂蚁置于容器内，加入盐水，放置于阴凉处使其膨胀，再浸泡于盐水中，待其发胀后，去除黑蚂蚁的刺，切成碎块，晾干。

⑤ 炒蚂蚁法。先将黑蚂蚁放入锅中，加水并加入适量油，以文火炒至表面微黄，取出后筛去油分，放凉备用。

⑥ 酒炒法。先将黑蚂蚁放入锅中，加入酒，用大火烧开，再转小火煨煮 25min，捞出黑蚂蚁，放凉待用。

第三节　动物药生物活性测定原则与方法

一、动物药生物活性测定的指导原则

生物活性测定是以药物的生物效应为基础，以生物统计为工具，应用特定的试验设计，控制药物有效性的一种方法，从而达到控制药物质量的目的。其测定方法包括生物效价测定和生物活性限值测定。

动物药的药材来源广泛、多变，制备工艺复杂，故中药制剂的质量控制相对困难。此外，中药往往含有多种活性成分并具有多种药理作用，因此，仅仅控制少数成分不能完全控制其质量和反映临床疗效。为了使中药的质量标准能更好地保证每批药品的临床使用安全有效，有必要在现有对指标成分“含量测定”的基础上增加生物活性测定，以综合评价其质量的可靠性和可控性。

本指导原则的目的是规范中药生物活性测定研究，为该类试验设计、方法学的建立等过程和测定方法的适用范围提供指导性的原则要求。

1. 基本原则

符合药理学研究基本原则：所建立的生物活性测定方法应遵循药理学研究的随机、对照、重复等基本原则，具备简便、精确的特性，并设定明确的判断标准。

① 彰显中医药特色。鼓励运用生物活性测定法探究中药质量控制，确保测定指标与该中药的“功能与主治”相契合。

② 合理选择品种。拟进行生物活性测定研究的中药材或中成药应具备明确的功能主治，优先考虑适应证明确、单一的中药注射剂品种，重点研究急重症用药及保护品种。

③ 方法科学可靠。优先采用生物效价测定法，若无法建立生物效价测定品种，可考虑使用生物活性限值测定法。

2. 基本内容

（1）试验条件

试验系选择：用于生物活性测定的试验系包括整体动物、体外器官、血清、微生物、组织细胞、亚细胞器、受体、离子通道和酶等。试验系的选择与试验原理及测定指标密切相关，应选用背景资料明确、影响因素少、检测指标灵敏且成本低廉的试验系。需深入研究各种因素对试验系的影响，并采取必要措施控制这些影响因素。若使用试验动物，应优先选择来源广泛、成本低的大鼠和小鼠等，并明确其种属、品系、性别和年龄。试验动物的使用应符合“优化、减少、替代”的“3R”原则。

供试品选择：应选用工艺稳定、质量合格的供试品。若为饮片，需确保来源清晰，并至少使用 3 批供试品。

标准品或对照品选择：采用生物效价测定法时，应选用基本同质的标准品以测定供试品的相对效价，首选中药标准品，亦可考虑将化学药品作为标准品。采用生物活性限值测定法时，可采用中药成分或化学药品作为方法可靠性验证的对照品。选用标准品或对照品均需有理论依据和/或试验依据。国家标准中采用的标准品或对照品的使用应符合国家相关规定。

（2）试验设计

设计原理：所选试验方法的原理应清晰明确，所选择的检测指标应客观且专属性强，能够充分体现供试品的功能与主治或药理作用。

设计类型：若采用生物效价测定法，应严格按照《中国药典》（2025 年版）四部中相关要求进行试验设计研究；若采用生物活性限值测定法，试验设计可考虑设置试品组和空白对照组。若测定方法需建立动物模型，应考虑设置模型对照组。对于重现性良好的试验，可不设或仅在复试时设置标准对照组。

剂量设计：采用生物效价测定法时，供试品和标准品均应采用多剂量组试验，并按照生物检定的要求进行合理的剂量设计，以确保不同剂量之间的生物效应具有显著性差异。采用生物活性限值测定法时，建议仅设一个限值剂量，该剂量应能保证产生显著的生物效应。

给药途径：通常应与临床给药途径保持一致，若采用不同的给药途径，需明确说明理由。

给药次数：应根据药效学研究结果合理设计给药次数，可选择多次给药或单次给药。

指标选择：指标应客观、明确，并与“功能主治”基本一致。

3. 结果与统计

试验结果的评价应满足生物统计的要求，应根据样品测定结果的变异性来确定效价范围及可信限率（FL,%）的限值。采用生物活性限值测定法时，必须详细说明误差控制，明确试验成立的判定依据。此外，需依据详尽的试验记录，对结果进行定量和/或定性统计分析，阐明所选用统计方法的具体理由，并注重对个体试验结果的评估。

4. 判断标准

在进行生物效价测定时，应依据品种的效价范围和可信限率（FL,%）限值来判断结果。生物活性限值测定，则需在规定的限值剂量下进行结果判定。若初试结果具有统计学意义，可判定为符合规定；若初试结果无统计学意义，则可增加样本量进行一次复试，并在复试中增设空白对照组。

二、方法学验证

1. 影响因子的测定方法

应全面考察测定方法的各种影响因素，通过系统考察，确定最佳试验条件，以确保试验方法的专属性和准确性。根据对影响因素的考察结果，规定方法的误差控制限值或对统计有效性进行详细说明。

2. 精密度考察

重复性：按照确定的测定方法，使用 3 批供试品，每批进行 3 次测定，或对同批供试品进行 6 次测定试验，并对结果进行综合评价。生物活性测定试验结果的判断应基本一致。

中间精密度：考察实验室内部条件变化（如不同人员、不同仪器、不同工作日和试验时间）对测定结果的影响，至少应对同实验室内不同人员进行考察。

三、动物药活性成分评价与筛选方法

动物药活性成分筛选的目的是寻找中药中发挥治疗作用的化学成分群，并明确中药药效的物质基础。随着现代生物技术和化学技术的不断发展，动物药活性成分的生物活性评价及筛选研究日趋完善。此处主要介绍中药材生物活性成分的评价和筛选方法。

1. 整体药效评价筛选法

整体药效评价法是鉴定药物、食物与毒物，寻找中药资源最有效的方法。基于此，以动物（包括正常和疾病动物模型）进行药效评价的需求自然产生。动物层次的药效评价能够从整体水平检测药品的疗效和副作用，其结果最接近人体试验。

目前，利用疾病动物模型进行药效评价已成为新药研发过程中不可或缺的环节。多种疾病如高血压、高脂血症、糖尿病等的动物模型日趋成熟。例如，金清等利用腹腔注射四氧嘧啶建立的糖尿病小鼠模型，系统评价了木香的乙醇提取物乙酸乙酯部分、正丁醇部分和水提取物的降血糖效果。研究发现，乙醇提取物乙酸乙酯部分的降血糖活性较强。对此部分采用柱色谱法继续分离和纯化，并进行降血糖活性检测，最终筛选出两种新的天然降血糖活性成分——木香烃内酯和去氢木香内酯。

谭斌等则利用大孔树脂吸附瓜蒌皮水煎液，随后分别用95%、70%、40%的乙醇及双蒸水洗脱，去除乙醇后得到瓜蒌皮的四个提取物。通过舌下注射低密度脂蛋白（LDL）的方法制备大鼠血管内皮损伤模型，利用该模型评价上述四种提取物的血管保护活性，发现水和70%乙醇提取物对大鼠血管内皮保护作用显著。

高文义等通过观察正常大鼠在给药前后血压的变化，研究了茺蔚子（益母草的干燥成熟果实）醇提取液的乙醚、乙酸乙酯、正丁醇和水萃取物的降血压活性。结果显示，茺蔚子水溶性成分对正常大鼠的降血压作用明显，水层中主要含生物碱类成分，推测生物碱可能是茺蔚子降血压作用的主要活性成分。

尽管利用动物模型进行新复方中药活性成分评价的研究资料丰富，但通过该方法进行中药活性成分筛选的资料却相对较少。主要原因在于所需受试样品量大，而多种中药单体极难大量制备，无法满足试验要求。此外，该方法试验周期长、工作量大，难以实现大规模、高通量筛选。因此，用于活性成分筛选的各种细胞模型应运而生。

2. 细胞水平的活性评价法

细胞是生物体最基本的结构与功能单位。对于一个完整且有活性的细胞而言，生存环境中各种因素的变化均会引起其内部代谢的变化，从而为中药材活性成分筛选提供一个最小但相对完整的生物体系。此外，利用培养的细胞进行活性成分筛选具有成本低、周期短的优势。因此，细胞药物筛选模型得到了广泛的应用和迅速的发展。

（1）抗肿瘤药物筛选细胞模型 目前，各种癌细胞株不仅易于获取和培养，而且操作简便。因此，检测某中药成分是否能在体外诱导肿瘤细胞坏死、凋亡或抑制其增殖，已成为抗肿瘤中药活性成分筛选的首要步骤。通过这种方法与动物体内抑瘤试验相结合，已从中药中发现了众多抗肿瘤的候选药材。

有人以人肝癌细胞细胞株和大鼠胶质瘤 C6 细胞株为试验材料，采用 MTT 法检测魔芋的水提取物、醇提取物、乙酸乙酯萃取物及石油醚萃取物对肿瘤细胞增殖的抑制作用，发现乙酸乙酯萃取物和石油醚萃取物能显著抑制肿瘤细胞的增殖。采用沉淀反应和颜色反应对这两种萃取物进行化学成分分析，结果显示其主要成分为有机酸、生物碱、黄酮类、挥发油、香豆素等。

刘春宇等培养了人早幼粒细胞白血病细胞、人肝癌细胞、人低分化胃肠肿瘤细胞、人肺癌细胞和人宫颈癌细胞等多种细胞株，利用 MTT 法评估沙苑子（扁茎黄芪的干燥成熟种子）不同提取物成分在体外抑制癌细胞增殖的效果，同时采用 S180 小鼠肿瘤模型进行体内抑瘤效果检验，从而明确沙苑子总黄酮为其抗肿瘤的主要活性成分。

（2）细胞保护的药物评价筛选模型 张子理等采用党参系列提取物处理小肠隐窝细胞株（IEC-6），通过检测不同成分对细胞生存、增殖及分泌功能的影响，建立了胃肠黏膜损伤修复药物筛选的细胞模型，并从中筛选出党参中具有调节细胞增殖作用、防治胃溃疡的活性成分。

原江锋等通过体外构建 ECV304 细胞/C6 细胞共培养系统，建立血脑屏障（BBB）药物筛选模型，结合液相色谱-质谱联用技术（LC-MS）分析丹参提取液，发现其中至少有 16 种成分可透过 BBB，包括隐丹参酮（cryptotanshinone）、丹参酮（tanshinone）、丹参素（tanshinol）和原儿茶酸（protocatechuic acid）4 种主要活性成分。

（3）特定靶受体筛选的细胞模型 随着细胞信号转导理论的深入，学者们发现某些关键受体是多种药物的作用靶点，因此从中药中筛选特定功能细胞关键受体的激活剂或抑制剂成为研究热点。该方法依赖于稳定表达特定受体的细胞，而多种细胞可稳定表达组织特异性受体，为受体激活剂或抑制剂的筛选提供了便利。

田维毅等基于巨噬细胞表达的甘露糖受体（MR）可与甘露糖末端配体结合的特性，建立了巨噬细胞甘露糖受体结合物筛选模型。具体流程为，体外培养小鼠腹腔巨噬细胞→与不同浓度的 D-甘露糖、D-半乳糖共孵育→去除未结合糖→与异硫氰酸荧光素标记的甘露糖化牛血清白蛋白（M-FITC-BSA）共孵育→流式细胞仪及荧光显微镜检测巨噬细胞与 M-FITC-BSA 的结合率，验证模型有效性。

通过优化实验条件，成功建立了 MR 筛选模型，并用于筛选四物汤等 6 种复方多糖的 MR 结合成分。结果显示，四君子汤、六味地黄汤和玉屏风散多糖组分在一定浓度下可显著抑制巨噬细胞与 M-FITC-BSA 的结合，提示这 3 种复方多糖可能通过与 MR 结合发挥药理活性。

3. 生物大分子水平的活性评价方法

细胞信号转导理论的发展，催生了生物大分子层次的中药成分活性评价及筛选方法。该方法属于靶受体或酶的体外筛选模式。其思路是如果已证实某关键的信号通路与某生理、药理环节密切相关，那么以该信号通路上的关键受体、酶为探针，从众多中药成分中筛选靶受体的激活剂、抑制剂或靶酶的催化剂、抑制剂、底物，从而发现候选药物。核心技术是把关键的受体或酶从组织细胞分离纯化出来，选择合适的对照品，在合适的反应体系中与各种中药提取物、部位、组分等共同孵育，利用灵敏的检测器，通过光吸收等原理检测是否发生免疫结合或酶促反应。在分子水平对中药成分进行生物学活性评价，不依赖动物模型与细胞、受试样品需要量少、试验周期短、费用低、操作过程可实现自动化，因而极大提高筛选的通量与规模。目前，中药学、天然药物学界的许多学者将成熟的活性检测技术与各种色谱、质谱技术等联合应用，发现了多种新的天然活性成分，或多种中药成分新的生物学活性。

（1）普通体外筛选模式　该筛选模式将中药成分活性检测与分离分析、结构鉴定分步进行，其基本思路是，利用纯化的特定酶或受体，先测定中药粗提物或部位的活性，筛选出活性显著部位后，再通过色谱、质谱技术进行成分分离与鉴定。

α-葡萄糖苷酶抑制剂可抑制小肠 α-葡萄糖苷酶活性，延缓葡萄糖吸收，从而降低餐后血糖。许芹永等采用体外抑制模型，从肉桂石油醚提取物中筛选出 α-葡萄糖苷酶抑制剂桂皮醛（cinnamaldehyde）和肉桂酸（cinnamic acid）。

酪氨酸酶是皮肤黑色素合成的关键酶，其抑制剂可能具有美白功效。研究发现丹参提取物具有显著的酪氨酸酶抑制活性，其主要活性成分为丹参素（tanshinol）和原儿茶醛。朴香兰等从连翘中筛选到酪氨酸酶抑制剂白桦脂酸（betulinic acid，BA）。

（2）生物色谱技术　生物色谱技术是一种新型亲和色谱技术，其原理是将活性细胞膜或生物大分子作为靶标固定于色谱填料上形成固定相，以缓冲溶液为流动相，中药提取物作为溶质加入流动相。当提取物通过色谱柱时，各成分因与靶标结合能力和作用程度不同而在固定相上呈现差异化的保留行为。

该技术通过分析化合物在色谱保留时间上的差异，结合高效液相色谱（HPLC）和高分辨质谱检测技术，实现生物活性成分的同步筛选与分离。根据固定相类型可分为细胞膜色谱技术和生物大分子亲和色谱技术。

① 细胞膜色谱技术。细胞膜上存在多种受体，单个细胞的受体密度通常可达 10^3～10^4 数量级，是筛选多靶标中药活性成分的理想材料。血管内皮细胞生长因子受体 2（VEGFR2）在血管内皮细胞（VEC）中高表达，其激活对 VEC 功能至关重要。李文平等以硅胶为载体固定人脐静脉血管内皮细胞（ECV304）膜，建立 VEC 膜色谱模型，从中筛选出红毛七中的活性成分塔斯品碱（taspine）。该成分能选择性作用于 VEGFR2，并显著抑制血管内皮生长因子（VEGF）诱导的血管腔形成。蒙麦侠等采用相同模型，以抗 VEGF 抗体为对照，发现竹根七醋酸乙酯萃取部位中的 ZGQ-C 成分群与 ECV304 细胞膜高度亲和，MTT 法证实其可显著抑制 ECV304 细胞增殖。

表皮生长因子受体（EGFR）在多种恶性肿瘤中过度表达，其激活可促进肿瘤增殖、转移并抑制凋亡，因此 EGFR 拮抗剂的筛选成为研究热点。王嗣岑等利用高表达 EGFR 的 HEK293 细胞制备膜色谱固定相，结合 HPLC/MS 从独活中筛选出与 EGFR 高度亲和的蛇床子素（osthole）。MTT 法和 ELISA 证实蛇床子素可显著抑制 EGFR/HEK293 细胞增殖，并与 EGFR 结合。张宇洁等采用类似方法发现长春七中的蛇床子素与红细胞膜高度亲和，是其毒性成分。Wang 等通过人皮肤鳞癌细胞（A431）膜色谱结合 HPLC/MS 筛选，发现苦参中的氧化苦参碱（oxymatrine）和苦参碱（matrine）具有 EGFR 拮抗活性。

佛手作为常用抗高血压中药，其有效成分尚不明确。王艳微等采用血管平滑肌细胞膜色谱（VSM/CMC）模型结合 HPLC/MS 分析，并通过体外动脉舒张实验验证，确定佛手柑内酯（bergapten）为其主要舒张血管活性成分。类似地，赵惠茹等以家兔胸主动脉血管细胞膜为固定相，从当归挥发油中分离出 2 种具有主动脉血管舒张作用的有效成分。Yang 等建立大鼠主动脉血管平滑肌细胞膜色谱模型，结合 LC/MS 技术从五味子、南五味子中筛选出血管扩张活性成分去氧五味子素和五味子酯甲。

在心血管药物筛选中，曹岩等采用大鼠心肌细胞膜色谱柱结合高效液相-飞行时间质谱（TOF/MS）技术，从附子中鉴定出 8 个与心肌细胞膜高亲和性的成分，主要包括单酯型生物碱苯甲酰乌头原碱（benzoylaconine）、苯甲酰新乌头原碱（benzoylmesaconine）和苯甲酰次乌头原碱（benzoylhypaconine）。在抗肿瘤药物筛选方面，Hou 等以人乳腺癌细胞（MDA-MB-231）膜固定相为基础，结合二维液相色谱质谱（2D LC-MS）技术，发现厚朴中的和厚朴酚（honokiol）和厚朴酚（magnolol）为其主要抗乳腺癌活性成分。

固定相采用动物细胞膜，细胞膜色谱技术能够较好地模拟活性成分与细胞膜及膜蛋白的相互作用，但由于体外细胞膜容易失活，使得色谱柱的寿命较短。

② 生物大分子亲和色谱技术。该技术通过将具有活性的酶、受体、DNA、抗体、血浆运输蛋白等关键生物大分子分离纯化后，直接与色谱填料偶联制备色谱柱。与细胞膜色谱技术相比，其色谱柱成分单一，可有效排除非目的分子的

干扰。

郑晓晖等从家兔肺组织中纯化获得 β_2-肾上腺素受体（β_2-AR），以大孔硅胶为载体构建 β_2-AR 亲和色谱系统，成功从苦杏仁中筛选出与 β_2-AR 特异性结合的活性成分苦杏仁苷（amygdalin）。王芳焕等采用羰基咪唑法将人血清白蛋白（HSA）与大孔硅胶偶联制备生物色谱填料，并应用该色谱柱从铁棒锤中鉴定出 4 种与 HSA 结合的活性成分：脱乙酰去氧乌头碱（deacetylated deoxyaconitine）、苯甲酰脱氧乌头碱（benzoyl deoxyaconitine）、乌头原碱（aconine）和苯甲酰新乌头原碱（benzoylaconine）。

生物色谱技术实现了中药活性成分筛选与分离的一体化，显著提高了从复杂体系中识别目标成分的特异性、敏感性和选择性。然而，该技术在推广应用中仍面临诸多困难：首先，由于不同中药活性成分在生物体内的作用靶点各异，色谱柱制备时需选用不同的生物活性物质和固定相材料，导致生物色谱固定相的制备较为困难；其次，色谱分离条件与固定相生物活性保持条件难以同时优化；再次，固定相含有蛋白质等生物大分子，使得大分子亲和色谱的分离能力较常规高效液相色谱（HPLC）有所降低；最后，生物色谱柱特异性保留的中药活性成分通常含量较少，难以收集足量样品用于分子结构鉴定。

（3）HPLC 柱后生物活性联机检测技术　是将高效分离的 HPLC 技术与成熟的生物活性体外生化检测技术相结合，实现了化学分离与活性检测的同步进行。该技术有效克服了传统药物筛选方法操作烦琐、成本高昂的缺点，已被广泛应用于中药及天然产物中抗氧化剂、乙酰胆碱酯酶（AChE）抑制剂、磷酸二酯酶（PDE）抑制剂、血管紧张素转化酶（ACE）抑制剂、细胞色素 P450 抑制剂等的筛选工作。

① 天然抗氧化剂筛选。利用抗氧化剂的还原性，从高效液相色谱（HPLC）中流出的成分在反应单元中与特定氧化剂反应，通过检测反应前后吸收光谱的变化，进行抗氧化活性成分的筛选。根据所用氧化剂的不同，该方法可分为 1,1-二苯基-2-三硝基苯肼（DPPH）法、2,2′-联氮-二(3-乙基-苯并噻唑-6-磺酸）二铵盐（ABTS）法和磷钼络合物法。

DPPH 在溶液中呈紫色，在 517nm 处有最大吸收峰。与抗氧化剂作用后，DPPH 被清除，浓度降低，溶液颜色变浅，517nm 下的吸光度值降低，吸收峰消失，在色谱图中形成倒峰。类似地，ABTS 在 743nm 处有最大吸收峰。抗氧化剂可使其转变为结构稳定的 ABTS，在色谱图中 743nm 处形成倒峰。具有抗氧化活性的化合物与 6 价磷钼试剂反应，生成 5 价的蓝色磷钼络合物，其倒峰位置位于 598nm 处。

利用 HPLC-ABTS 技术，耿雪飞等对细叶杜香茎部的抗氧化活性成分进行了筛选和分析，发现该药材甲醇提取物具有显著抗氧化活性。通过核磁共振，从该提取物的二氯甲烷萃取层中鉴定出一种秦皮素（fraxetin）成分。He 等也利用此技术从栀子中检测出具有清除自由基活性的化学成分，其中异绿原酸 A（isochlorogenic acid A）为最主要的抗氧化成分。

利用 HPLC-DPPH 法，王小淞等系统检测了黄芩根、茎、叶提取物的抗氧化活性，发现不同部位提取物的抗氧化活性成分存在显著差异，并比较了 10 个不同产地的黄芩根提取物中的抗氧化活性成分。结果显示，这些提取物均含有黄芩素（baicalein）、黄芩苷（baicalin）、二氢黄芩苷（dihydrobaicalin）、去甲汉黄芩素（norwogonin）、野黄芩苷（scutellarin）这 5 种抗氧化活性成分。

② 酶抑制剂筛选。生物体内某些酶的底物和产物在光吸收谱上存在显著差异。HPLC 柱后活性联机检测技术正是利用这一特性，筛选乙酰胆碱酯酶（AChE）、磷酸二酯酶（PDE）、血管紧张素转化酶（ACE）及细胞色素 P450 的抑制剂。AChE 可催化乙酰胆碱生成胆碱。胆碱与二硫对硝基苯甲酸（DTNB）反应生成 5-巯基-2-硝基苯甲酸（TNB），而 TNB 在 412nm 处有吸收峰。通过测定 412nm 吸光度的增加速率，可以计算 AChE 的活性。

磷酸二酯酶（PDE）能够水解细胞内的第二信使分子环磷酸腺苷（cAMP）或环磷酸鸟苷（cGMP），将其转化为 5′-腺苷一磷酸（5′-AMP）或 5′-鸟苷一磷酸（5′-GMP），从而降低细胞内 cAMP 或 cGMP 的浓度。*N*-甲基化邻氨基苯甲酸（mant，一种常用荧光探针）可与 5′-GMP 和 5′-AMP 结合，形成 mant-GMP 和 mant-AMP 复合物。通过检测这些复合物的荧光强度变化，可实时监测细胞内核苷酸代谢动态。与 mant 标记的环核苷酸（mant-cGMP/mant-cAMP）相比，mant-GMP 和 mant-AMP 的荧光量子产率显著降低。采用这种方法可检测磷酸二酯酶的活性。

Abz-FRK（Dnp）P-OH 是一种荧光肽，含有荧光供体-受体对 Abz 和 Dnp（2,4-二硝基苯酚）。它被用作 ACE 的底物，可用于检测 ACE 的活性。细胞色素 P450 催化乙氧基试卤灵生成荧光物质试卤灵，乙氧基试卤灵广泛用于监测细胞提取物和溶液中的 P450 活性。当上述酶的抑制剂存在时，反应产物的量显著减少。

当中药成分经过 HPLC 分离后，可以通过 HPLC 柱后活性联机检测技术进一步分析这些成分的生物活性。该技术结合了 HPLC 的高分离能力和生物活性检测的特异性，使在天然产物中筛选抗氧化剂、乙酰胆碱酯酶、磷酸二酯酶、血管紧张素转化酶和细胞色素 P450 抑制剂等成为可能。

尽管 HPLC 柱后活性联机检测技术操作简便、筛选速度快、专属性高，但不能阐明活性成分的作用通路，而且色谱分离得到的多种化学成分含量非常少，难以产生明显的峰响应。

四、常见动物药活性成分生物活性测定方法（案例）

1. 水蛭素抗凝血酶活性测定

① 向标记为 1～8 的试管中依次加入酶促反应缓冲液 10.5μL、9.5μL、

8.5μL、7.5μL、6.5μL、5.5μL、4.5μL 和 3.5μL，再依次加入水蛭素溶液 1μL、2μL、3μL、4μL、5μL、6μL、7μL 和 8μL，并分别加入 2μL 凝血酶液。混合后，将其置于 37℃水浴中反应 5min。

酶促反应缓冲液为质量分数 0.9%的氯化钠溶液，水蛭素溶液浓度为 0.2mg/mL。凝血酶液浓度为 4.8mg/mL，即 3 NIH（凝血酶活性单位）/μL 的溶液。

② 向 8 个试管中分别加入 1.5μL 交联剂 BS3 溶液，于室温下进行交联反应 30min。交联剂 BS3 溶液由 12.5mmol BS3 和 20mmol 磷酸钠溶解于 1.5μL 0.9%的氯化钠溶液得到。

③ 向 8 个试管中分别加入 1μL 终止缓冲溶液，反应 15min，以终止交联反应。终止缓冲液为 0.8mmol Tris（三羟甲基氨基甲烷）和 0.8mmol 甘氨酸溶于 1μL 0.9%的氯化钠溶液。

④ 向 8 个试管中分别加入 4μL SDS-PAGE 蛋白上样缓冲液，混合后每管取 10μL 进行 SDS-PAGE（十二烷基硫酸钠-聚丙烯酰胺凝胶电泳）分析。结果显示，标记为 6～8 的试管中样品经 SDS-PAGE 分析，水蛭素-凝血酶复合物的蛋白带密度未发生变化。因此，水蛭素抗凝血酶的活性范围在标记为 5 和 6 的试管之间，即抑制 3 NIH 凝血酶所需水蛭素的质量为 0.5～0.6μg。由此得出水蛭素抗凝血酶的活性为 5000～6000 ATU（抗凝血酶活性单位）/mg。

将 8 个试管中的样品进行 SDS-PAGE 分析后，以 0.1μg 和 1μg 牛血清白蛋白作对照，进行光密度扫描，检测得到各试管中水蛭素-凝血酶复合物的质量依次为 0.45μg、0.91μg、1.36μg、1.82μg、2.27μg、2.4μg、2.4μg 和 2.4μg。根据标记为 6～8 的试管中水蛭素-凝血酶复合物的质量，计算得出凝血酶溶液中有效凝血酶质量分数为 41.7%。由此，标记为 1～5 的试管中水蛭素抗凝血酶的活性分别为 5625 ATU/mg、5687.5 ATU/mg、5666.7 ATU/mg、5687.5 ATU/mg 和 5675 ATU/mg。求其平均值得到水蛭素抗凝血酶活性约为 5668 ATU/mg。

5% SDS-PAGE 蛋白上样缓冲液由蒸馏水、30% Acr-Bis（丙烯酰胺-亚甲基双丙烯酰胺）、1mol/L pH 8.0 的 Tris、10%过硫酸铵和 10% TEMED（四甲基乙二胺）按 1.4∶0.33∶0.25∶0.02∶0.02∶0.002（体积比）的比例混合，其中 Acr-Bis 中 Acr 与 Bis 的比为 29∶1（体积比）。

本试验可参考杨剑等（2015）的专利《水蛭素抗凝血酶活性的测定方法》。

2. 斑蝥素抗肿瘤细胞活性检测方法

① MTT（噻唑蓝）比色法检测肝癌细胞的活力。取对数生长期的肝癌细胞系，调整细胞密度后接种于 96 孔板，每孔接种 0.5×10^4 个细胞。24h 后，应用不同浓度的斑蝥素处理肝癌细胞系，并设相同条件未加药的对照组。在 24h 和

48h 后，每孔加入 5g/L 的 MTT 10μL，37℃孵育 4h。弃尽培养液后，每孔加入 150μL 二甲基亚砜，震荡至紫色结晶完全消失。使用全自动酶标仪于 490nm 波长测定各孔的吸光度（A_{490}），计算细胞毒性指数（CI），公式为：

$$CI=(对照组\ A_{490}\ 值-处理组\ A_{490}\ 值)/对照组\ A_{490}\ 值\times100\%$$

② 流式细胞术（PI 单染色）检测对细胞周期的影响。取对数生长期的肝癌细胞系，调整细胞密度后接种于直径 6cm 的培养皿。处理后用 0.25%的胰酶消化，离心半径 6.5cm，以 2000r/min 离心 5min，收集细胞，并用磷酸盐缓冲液（PBS）洗涤两次，再次离心 5min，收集细胞。以 500μL 体积分数 70%的乙醇固定，4℃下过夜。第二天将乙醇固定的细胞再离心 5min，弃上层乙醇溶液，用 PBS 洗涤细胞两次。每管加入 50mg/L 碘化丙啶 500μL，重新悬浮细胞，室温避光静置 30min 染色。

以上试验数据需进行统计分析，可使用 SPSS 17.0 软件进行处理。计量资料以均数“±”标准差表示，采用成组 t 检验分析不同处理组间的差异，$P<0.05$ 为差异有统计学意义。

③ 结果。a. 不同浓度斑蝥素处理肝癌细胞系，24h 和 48h 后，MTT 检测显示药物对细胞生长具有抑制作用。对照组抑制率为 0，而 2.5μmol/L 斑蝥素浓度下，随着药物浓度增加及作用时间延长，抑制率逐渐增加，呈现剂量与时间的依赖效应。b. 以 20μmol/L 和 40μmol/L 浓度处理肝癌细胞系，24h 后，与空白对照组相比，随着药物浓度增加，G_0/G_1 期细胞比例明显下降，而 G_2/M 期细胞比例显著增加，呈现显著的 G_2/M 期阻滞，具有剂量依赖效应。c. 流式细胞仪分析显示，斑蝥素处理组随着浓度增加，凋亡率逐渐升高，且具有剂量依赖效应。

本试验可参考邓莉平的发明专利《去甲斑蝥素衍生物及其活性测试方法与应用》（CN101863909A）。

3. 河鲀毒素（TTX）生物活性测定

① TTX 对小鼠半数致死量（LD_{50}）测定。将体重为 19～20g 的无特定病原体试验小鼠随机分为 4 组，每组 10 只。配制浓度为 0.15μg/mL、0.171μg/mL、0.195μg/mL、0.221μg/mL 的 TTX 梯度溶液，给每组小鼠腹腔注射不同浓度的 TTX，每只注射 1mL，记录每组小鼠的死亡数量。采用 Bliss 法计算得出 TTX 对试验小鼠的 LD_{50}。

② TTX 剂量与小鼠死亡时间关系曲线测定。将体重为 19～20g 的试验小鼠随机分为 9 组，每组 10 只。每组分别腹腔注射浓度为 0.25μg/mL、0.30μg/mL、0.35μg/mL、0.40μg/mL、0.45μg/mL、0.50μg/mL、0.55μg/mL、0.60μg/mL 和 0.65μg/mL 的 TTX 溶液，每只注射 1mL。记录每组小鼠的死亡时间。采用 Excel 软件，以 TTX 注射剂量为 X 轴，小鼠死亡时间为 Y 轴，根据有效数据绘制散点

图。根据散点图，使用 SPSS 软件，将 TTX 注射剂量作为自变量（X），小鼠死亡时间作为因变量（Y），得出注射剂量与小鼠死亡时间呈 e 指数关系，符合曲线 $Y=e^{(0.357/X+1.005)}$，$R^2=0.992$。

本试验可参考华元渝等报道的《小鼠生物法快速定量检测河鲀毒素》。

4. 蟾毒灵对结肠癌干细胞端粒酶活性影响的测定

① MTT 法检测蟾毒灵对结肠癌干细胞增殖的影响。采用流式细胞仪，选用结肠癌干细胞 SW480 为实验材料。细胞计数后，接种于 96 孔板，每孔接种细胞数为 1×10^4 个，每个给药浓度设置 6 个平行重复孔。用二甲基亚砜（DMSO）溶解蟾毒灵，配制成 1000nmol/L 的母液。

分别配制蟾毒灵浓度为 1nmol/L、10nmol/L、50nmol/L、100nmol/L 的 10%血清培养基，对应细胞孔分别给药，继续培养 48h。每孔加入终体积为 1∶10 的 MTT 溶液，在 37℃细胞培养箱内孵育 4h，随后加入 10μL MTT 显色液，摇床低速振荡 10min，在 570nm 处测定吸光度值，计算细胞存活率。

细胞存活率(%)=(试验组吸光度值－调零组吸光度值)/(对照组吸光度值－调零组吸光度值)。

② 端粒酶活性检测。采用端粒重复序列扩增-酶联免疫吸附测定法（TRAP-ELISA）进行检测。浓度为 1nmol/L、10nmol/L、50nmol/L、100nmol/L 的蟾毒灵和无水乙醇组（浓度<1%）分别干预 SW480 干细胞 72h，收集细胞并提取端粒酶。用 PBS 洗涤细胞 3 次，收集细胞，去除 PBS，加入冷裂解缓冲液，其中包含终浓度为 200 U/mL 的 RNA 酶抑制剂、0.1mmol/L 的苯甲脒和 1mmol/L 的二硫苏糖醇（DTT）。加入 200μL 上述含抑制剂的冰裂解缓冲液，悬浮细胞沉淀，涡旋振荡 10s，冰浴 30min，期间每隔数分钟涡旋振荡 1 次，共 5 次。在 4℃下以 12000r/min 离心 20min（离心半径为 8cm），吸取约 160μL 上清液（端粒酶提取物）转移至新的离心管中，每管分装 20μL，取一管用于蛋白含量测定。其余样品迅速冷却后置于液氮中，转至－80℃保存。根据蛋白定量结果，取出一管端粒酶提取物，用冰裂解缓冲液调整浓度至 250～1000ng/μL，进行 PCR 试验。取 5μL PCR 扩增产物，加入 20μL 变性试剂，25℃孵育 10min，再加入 225μL 杂交缓冲液，振荡混匀后取 100μL 混合物加入已包被 TS 引物微孔板的孔中，于 37℃、300r/min 振荡 2h，弃去杂交液，用清洗缓冲液洗涤 3 次，加入抗 DIG-POD（过氧化物酶交联的抗地高辛复合物）工作液 100μL，25℃孵育 30min。再用清洗缓冲液清洗 5 次。加入 TMB 底物溶液 100μL，避光显色 30min 后加入 100μL 终止液，终止反应。用酶标仪测定波长 450nm 处的吸光度值。

数据统计分析方法：采用 SPSS 统计软件分析实验数据。两组间比较采用 t 检验，多组间比较采用方差分析，$P<0.05$ 表示差异有统计学意义。

③ 结果。a. 低浓度（1nmol/L、10nmol/L）的蟾毒灵对 SW480 结肠癌干细

胞增殖无显著影响，而 50nmol/L、100nmol/L 蟾毒灵的抑制率分别为 19.2%±10.7%和 31.1%±9.4%。与对照组相比，中、高浓度（50nmol/L、100nmol/L）的蟾毒灵具有显著的抑制作用。b. 低浓度（1nmol/L、10nmol/L）的蟾毒灵对 SW480 结肠癌干细胞端粒酶活性无明显影响，而 50nmol/L、100nmol/L 蟾毒灵组端粒酶活性显著低于对照组。

本试验可参考祝利民等（2014）报道的《蟾毒灵白蛋白纳米粒对结肠癌干细胞端粒酶活性的影响》。

5. 肝素生物检定法测定

① 肝素标准液配制。精确称取肝素标准品，按标示效价加入灭菌水溶解，配制成每 1mL 含 100 单位的肝素溶液，分装于适宜容器内，于 4～8℃贮存，可在 3 个月内使用。试验当日，精密量取标准品溶液，按高、中、低剂量组，用 0.9%氯化钠溶液配制成三种浓度的稀释液，相邻两浓度的比（r）应相等。调节剂量使低剂量组各管的平均凝血时间较不加肝素对照组显著延长。高剂量组各管的平均凝血时间，用新鲜兔血进行试验，以不超过 60min 为宜，其稀释液一般可配制成每 1mL 含肝素 2～5 单位，r 为 1∶0.7 左右。用血浆进行试验，以不超过 30min 为宜，其稀释液一般可配制成每 1mL 含肝素 0.5～1.5 单位，r 为 1∶0.85 左右。

② 血浆制备。迅速收集兔或猪血，置于预先放有 8%柠檬酸三钠溶液的容器中，柠檬酸三钠溶液与血液容积之比为 1∶19，边收集边轻轻振摇，混匀，迅速离心，约 20min，离心力不超过 1500g 为宜（g 为重力常数）。立即分出血浆，分成若干份，分装于适宜容器内，低温冻结贮存。临用时，置于（37.0±0.5)℃水浴中融化，用两层纱布或快速滤纸过滤，使用过程中在 4～8℃放置。

③ 效价检定。制备新鲜兔血：取管径均匀（0.8cm×3.8cm 或 1.0cm×7.5cm）的清洁干燥小试管若干支，每管加入一种浓度的标准品或供试品稀释液 0.1mL，每种浓度不得少于 3 管，各浓度的试管支数相等。取刚抽出的兔血适量，分别注入小试管内，每管 0.9mL，立即混匀，避免产生气泡，并开始计算时间。将小试管置于（37.0±0.5)℃恒温水浴中，从动物采血时起至小试管放入恒温水浴的时间不得超过 3min，注意观察并记录各管的凝结时间。

④ 制备血浆。取上述规格的小试管若干支，分别加入血浆一定量，置于(37.0±0.5)℃恒温水浴中预热 5～10min 后，依次每管加入一种浓度的标准品或供试品稀释液及 1%氯化钙溶液（每种浓度不得少于 3 管，各浓度的试管支数相等）。血浆、肝素稀释液和氯化钙溶液的加入量分别为 0.5mL、0.4mL 和 0.1mL，或 0.8mL、0.4mL 和 0.1mL。加入氯化钙溶液后，立即混匀，避免产生气泡，并开始计算时间，注意观察并记录各管凝结时间。将各管凝结时间换算成对数，按生物检定统计法中的量反应平行线测定（法）计算效价及试验

误差。

本试验可参考吴超权等（2015）报道的《肝素生物测定法（血浆法）方法学改进研究》。

6. 眼镜蛇毒细胞毒素体外抗癌活性测定

① 试验材料。人胃癌细胞株（SGC-7901）、人肝癌细胞株（BEL-7402）、人红细胞白血病细胞株（K562）和人粒细胞白血病细胞株（U937）。眼镜蛇细胞毒素（CV-CTX）。

② 试验方法。取对数生长期的4种癌细胞株悬浮液，细胞数 2×10^4 个/孔，接种于96孔培养板内。培养基为RPMI 1640。在37℃条件下培养24h后，加入CV-CTX，浓度依次2倍稀释为40μL、20μL、10μL、5μL、2.5μL、1.25μL、0.625μL的梯度浓度。反应4h后，加入MTT 10μL/孔，继续孵育4～6h。弃去培养液，加入100μL（含10% SDS的0.01mol/L HCl溶液）裂解液，振荡10～20min，于570nm波长测定OD值，重复3次，设空白对照。采用细胞生长抑制率计算公式，计算细胞生长抑制率。

细胞生长抑制率(%)=(1－试验组OD值/对照组OD值)×100%

按对数-概率单位法，分别计算 IC_{50}，并绘制剂量半对数曲线。

③ 试验结果。CV-CTX对体外培养的人癌细胞SGC-7901、BEL-7402、K562和U937具有极强的杀伤作用，对细胞生长表现出显著的抑制作用。

本试验可参考杨丽娟等（1997）报道的《眼镜蛇毒细胞毒素在体外对人癌细胞的毒性作用（MTT法）》。

7. 蝎毒液体外抑菌活性测定

① 试验材料。试材：东亚钳蝎。指示菌：大肠杆菌、枯草杆菌和金黄色葡萄球菌。蝎毒液通过电刺激蝎子后收集，并经真空干燥制成毒干粉；同时，经菌剂诱导后收集的蝎毒液也经真空干燥制成毒干粉。将蝎毒干粉用无菌水配制成不同浓度的蝎毒液。参比化学杀菌药剂：左氧氟沙星、环氧沙星、氧氟沙星。

② 试验步骤。将3种参比药剂分别配制成1mg/mL、0.1mg/mL、0.01mg/mL和0.001mg/mL的浓度；蝎毒干粉配制成10mg/mL、1mg/mL、0.1mg/mL、0.01mg/mL和0.001mg/mL的浓度，以生理盐水作为空白对照；蝎体液粗提物配制成100mg/mL、10mg/mL、1mg/mL、0.1mg/mL、0.01mg/mL和0.001mg/mL的浓度，以未诱导的蝎体液粗提物作为空白对照。所有供试样品每个浓度重复3次，每次样量为每孔50μL，于37℃培养24h后，测定抑菌圈直径，并进行统计分析。抑菌圈直径（cm）＝抑菌圈总直径－孔直径（0.6cm）。

③ 数据统计。试验数据以平均值±标准差表示。利用 t 检验分析不同处理组间的差异，$P<0.05$ 视为有显著差异。

④ 试验结果。a.3种喹诺酮类抗生素对3种指示菌均表现出明显的抑制作

用，但其选择性抗菌效果较差。b. 蝎毒对革兰氏阳性指示菌金黄色葡萄球菌和枯草杆菌具有显著的抑菌活性，而对革兰氏阴性指示菌大肠杆菌在 1mg/mL 以下浓度时抑菌效果不明显，表明蝎毒具有一定的选择性抗菌效应。在 0.001mg/mL 剂量下，氧氟沙星和环氧沙星对金黄色葡萄球菌无抑制作用，而蝎毒在此剂量下对金黄色葡萄球菌效果显著。同时，氧氟沙星在此剂量下对枯草杆菌的抑菌活性不明显，而蝎毒对枯草杆菌的抑菌活性显著。c. 对大肠杆菌诱导前后蝎体液粗提物的体外抑菌活性进行测定，经 t 检验分析显示，诱导处理后的蝎体液粗提物对 3 种指示菌均具有显著的抑菌活性。在 0.001mg/mL 剂量下，3 种喹诺酮类抗生素的抑菌效果不显著，而诱导后的蝎体液粗提物对 3 种指示菌的抑菌效应显著。

本试验可参考刘霞等（2016）报道的《陕北产东亚钳蝎毒液和体液的体外抑菌活性》。

8. 蜈蚣毒素溶血生物活性测定

① 试验材料。制备活体少棘蜈蚣粗毒：剪去活体蜈蚣的颚肢跗爪尖端，用毛细管吸取分泌的无色毒液，经冷冻干燥制成粗毒干粉，15 条活体少棘蜈蚣可得到 6.7mg 粗毒。制备蜈蚣药材粗毒：剥取药材蜈蚣颚肢跗爪尖端内壁的白色毒液沉积物，获得药材蜈蚣粗毒。

② 试验步骤。从兔耳缘静脉抽取兔血，用肝素抗凝，生理盐水洗涤后离心 15min。使用 10mmol/L Tris 缓冲液（pH 7.2）将红细胞制成 5%（体积分数）的红细胞混悬液（即含 10mmol/L $MgCl_2$、10mmol/L $CaCl_2$、0.2%明胶的 Tris 缓冲液），并配制成不同浓度的毒素供试液。取一定梯度量的毒素供试液于离心管中，分别加入 0.5mL 红细胞混悬液，再添加毒素缓冲液，使各管总体积至 2mL（每浓度设三份平行样）。0.25mL 皂素标准液（25μg/mL）加 0.5mL 红细胞混悬液，再加毒素缓冲液至 2mL，作为完全溶血组。0.5mL 红细胞混悬液加毒素缓冲液至 2mL 作为空白组。将以上各管试样在 37℃ 水浴中振摇 30min（60～70 次/min），然后以 2000r/min 离心 5min，分别取上清液，于 545nm 波长测定吸收值。

以皂素为 100%溶血标准，计算各不同浓度毒素供试液的溶血百分数，并用内插法求得 50%溶血所需毒液的浓度（HU_{50}）。

③ 试验结果。皂素在 6.25μg/mL 浓度下达到 100%溶血。多棘蜈蚣毒的溶血活性比少棘蜈蚣高 15 倍，即多棘蜈蚣的毒性显著高于少棘蜈蚣；经干燥处理的少棘蜈蚣毒的溶血活性较活体蜈蚣毒显著降低。当年捕捉加工的少棘蜈蚣药材颚毒的溶血活性是放置一年的陈药材的两倍。

本试验可参考邓芬等（1997）报道的《中药蜈蚣毒溶血活性试验》。

9. 土鳖虫浸膏抗凝血活性测定

① 试验材料。土鳖虫经水提、浓缩、干燥制得土鳖虫水浸膏；试验动物选

用SD品系大白鼠，体重350～400g，雌雄各半，以及昆明种小白鼠，体重18～22g，雌雄各半。

② 试验步骤。

a. 土鳖虫浸膏对大白鼠血栓形成的影响：选取50只SD大鼠，随机分为5组（包括空白对照组、阳性对照组及土鳖虫浸膏低、中、高剂量组），连续灌胃给药10天。给药组分别灌服不同浓度的土鳖虫浸膏（低、中、高剂量分别为1.34g生药/kg、2.68g生药/kg、5.36g生药/kg），对照组给予等体积蒸馏水。末次给药后，以1.0g/kg剂量的乌拉坦腹腔注射麻醉大鼠。手术分离颈动脉后，建立动静脉旁路血栓模型：将预先称重的4号麻丝线（6cm长）置于含有肝素钠生理盐水的聚乙烯管（内径2mm/5mm，总长28cm）中，一端插入右颈总动脉，另一端插入左颈外静脉。开放血流15min后取出丝线称重：

血栓湿重＝总重量－丝线原始重量

该试验通过测量血栓湿重评价土鳖虫浸膏的抗血栓效果。

b. 土鳖虫浸膏对大白鼠凝血酶原时间的影响：取大白鼠40只分为四组（空白对照组及土鳖虫浸膏低、中、高剂量组），按上述设定剂量每天灌胃给药1次，连续10天，空白对照组给予同体积蒸馏水。于末次给药后，断头取血，用奎克氏法测定凝血酶原时间。

c. 土鳖虫浸膏对小白鼠体外凝血时间的影响：取小白鼠40只，分为四组（分组同前），每组10只。末次给药后，摘眼球取血，将血液分别滴入预先加有不同浓度浸膏液（或生理盐水对照）的试管中，置37℃恒温水浴中观察，记录其凝血时间。

③ 试验结果。

a. 土鳖虫浸膏对大白鼠试验血栓形成的影响：在设定低、中、高剂量处理下，血栓湿重分别为12.8mg、11.8mg和8.6mg（与对照组相比均显著降低，$P<0.05$或$P<0.01$）。表明土鳖虫浸膏能明显降低大白鼠试验血栓的重量，并呈现剂量依赖性。

b. 土鳖虫浸膏对大白鼠凝血酶原时间的影响：随着给药剂量提高，土鳖虫浸膏能明显延长大白鼠凝血酶原时间，中、高剂量组与对照组比较差异显著（$P<0.05$）。

c. 土鳖虫浸膏对小白鼠体外凝血时间的影响：土鳖虫浸膏各剂量组均能显著延长小白鼠体外凝血时间（$P<0.01$），且延长效应随剂量增加而增强。

结论：土鳖虫浸膏对哺乳动物具有明确的抗凝血和抗血栓活性。

试验方法可参考王征等（2007）报道的《土鳖虫溶栓酶抗凝血及抗血栓作用的实验研究》。

10. 鹿茸中促神经生长的活性评价试验方法

（1）促神经生长物质活性评价方法的建立　取生长良好的神经细胞株

（PC12 细胞），用含 10%马血清、5%胎牛血清的 RPMI 1640 培养液，将细胞浓度调到 3×10^3/mL，加入 0.01% PLL（多聚赖氨酸）包被的 24 孔培养板（800μL/孔），再加入 100μL 0.1mol/L 乙醇和 100μL 神经生长因子（NGF）标准品，使其终浓度分别为 1ng/mL、2ng/mL、4ng/mL、5ng/mL 和 10ng/mL。同时设空白对照，每孔均设 3 个复孔，37℃、5%CO_2 浓度下培养 10 天，其间每 3 天换 1 次培养液，每日观察细胞是否分化出神经样的突触。利用图像分析系统，分别对不同浓度下细胞情况进行测量，选取 3 个视野的细胞（细胞团）。分别测量每个视野中分化细胞的最长轴突的长度。

（2）鲜鹿茸中的促神经生长组分的分离

鲜鹿茸处理：取 50g 鲜鹿茸，用冷 PBS 洗净，加入冷 PBS 400mL，用胶体磨粉碎至浆状（10min×3 次），向匀浆液中加入 150μL/mL 的苯甲基磺酰氟（PMSF），冰浴条件下，用均质机均质（每次 1min，间隔 1min，重复 3 次），4℃离心 27000*g*、30min，收集上清液，吸去上层油脂，最终用 0.22μm 滤膜过滤得到其粗提物。

粗提物的分离纯化采用以下步骤：首先用 0.05mol/L、pH 4.0 的醋酸缓冲液在 4℃条件下进行透析处理，持续搅拌 72h 以达到充分平衡。透析完成后，将样品上样至 CM-FF 阳离子交换色谱柱。色谱条件为：平衡缓冲液采用 0.05mol/L、pH 4.0 的醋酸-醋酸钠缓冲体系，洗脱缓冲液为含 1mol/L NaCl 的同体系缓冲液，控制流速为 0.5mL/min，采用直线梯度洗脱方式进行分离。整个操作过程需在严格控制 pH 和温度的条件下进行，以确保分离效果和生物活性物质的稳定性。

制备干粉：将洗脱组分脱盐，经真空冷冻干燥得干粉，备用。

（3）鹿茸表皮细胞分泌物的制备　对鹿茸表皮细胞进行原代培养，取鲜鹿茸，用冰浴 PBS 洗净后，剪下鹿茸表皮并剪碎，37℃水浴胶原酶Ⅲ消化 1h，4℃离心（1200r/min）10min。弃上清液后用 0.25%胰酶 4℃消化过夜，4℃离心（1200r/min）10min。弃上清液后用 PBS 冲洗 2 次，筛网过滤离心弃上清液后，加入含 10% FBS 的 RPMI 1640 培养液 10mL 垂悬细胞并计数细胞，接种了培养瓶中，置于 37℃、5%CO_2 浓度下培养箱中孵育。每 3 天更换 1 次培养液，共 3 次，予以保留。

（4）鹿茸促神经生长组分的检测及活性评价　采用 Western blotting 法检测鹿茸促神经生长组分，具体方法为：通过 10% SDS-PAGE 电泳分离蛋白样品，使用 1∶200 稀释的 NGF（M-20）一抗和 1∶750 稀释的碱性磷酸酶标记羊抗兔 IgG 二抗进行免疫检测，最后采用碱性磷酸酶显色法显色。同时，运用已建立的活性评价方法，对鲜鹿茸提取物和鹿茸表皮细胞分泌物中的活性组分进行神经生长促进作用的系统评价。试验过程中需特别注意抗体使用前的离心处理、设置 NGF 标准品对照、优化显色时间等关键环节，并确保至少三个生物学重复以保证结果可靠性。该检测方案可特异性识别神经生长相关因子，结合活性评价能全面评估鹿茸组分的促神经生长潜能。

本试验方法可参考范世光等（2014）报道的《鹿茸中促神经生长组分的筛选、鉴定及活性评价》。

第五章

动物药药理学基础

中药药理学的发展是中医现代化进程的重要标志，药理学（pharmacology）与中医药学的交叉融合推动了中医药科学的发展。作为研究药物与生物体（包括病原体）相互作用规律的学科，药理学主要包含两个核心内容：一是药物代谢动力学（pharmacokinetics），研究药物在体内的吸收、分布、代谢和排泄过程；二是药物效应动力学（pharmacodynamics），研究药物对机体的作用及其机制。这一学科体系的建立为中医药现代化研究提供了科学方法论。

中药药理学是以中医基础理论为指导，运用现代药理学研究方法，系统探究中药对机体各系统功能的影响及其作用机制的学科。该学科着重阐释与中医理论密切相关的现代中药研究成果，通过系统的实验研究揭示中药药理作用的基本规律。其核心研究目标在于深入阐明中药防治疾病的药效物质基础和作用原理，为临床合理用药提供科学依据。

作为中药学体系的重要组成部分，中药药理学主要承担以下研究任务：首先，通过实验研究明确中药的作用性质、活性强度及量效关系，为诠释中医药理论提供现代科学依据；其次，促进中医药传统理论与现代科研成果的有机融合，推动中药学的创新发展；再次，结合有效成分分离提取技术，为中药配伍应用、剂型改良、增效减毒等研究提供药理学支撑；最后，运用实验药理学方法发掘具有药用价值的新草药资源，探索传统药物的新临床应用，从而拓展药物来源并提高临床疗效。这些研究不仅有助于继承和发展中医药理论体系，也为中药现代化和国际化奠定科学基础。

第一节 药物在体内的吸收、分布、代谢和排泄的基本原理和过程

药物由给药部位进入机体产生药效，然后再由机体排出，其间经历了吸收、分布、代谢和排泄四个相互作用的基本过程，称为药物的体内过程。此过程对药物起效时间、效应强度和持续时间等有很大影响。药物代谢和排泄都是药物在体内逐渐消失的过程，统称为消除（elimination），药物的分布和消除又统称为处置（disposition）。吸收、分布、排泄过程中如果药物仅是发生空间位置上的迁移，统称为转运（transportation），如果在此过程中药物的结构和性质上发生了变化则称为生物转化（biotransformation），其产物称为代谢物（metabolite）。

一、药物进入体内的途径

1. 口服给药

口服是最常用的给药途径，是一种胃肠道给药方式。小肠内 pH 接近中性，黏膜吸收面积广，缓慢蠕动可增加药物与黏膜接触的机会，是主要的吸收部位。药物吸收后通过门静脉进入肝脏。有些药物首次通过肝脏就发生转化，减少其进入体循环的量，此过程叫作首过消除（first pass elimination）。对于多数药物口服虽然方便有效，但其缺点是吸收较慢，欠完全，不适用于对肠胃刺激大的、首过效应大的药物，也不适用于婴儿及因昏迷等不能口服的患者。舌下及直肠给药虽可避免首过消除，吸收也较迅速，但吸收不规则，较少应用。

2. 注射给药

静脉注射可使药物迅速而准确地进入体循环，没有吸收过程。肌内注射及皮下注射也可使药物全部吸收，吸收的速度一般较口服快。吸收速度取决于局部循环速度，局部热敷或按摩可加速吸收，注射液中加入少量缩血管药则可延长药物的局部作用。动脉注射可将药物输送至该动脉分布部位发挥局部疗效以减少全身反应。例如将溶栓药直接用导管注入冠状动脉以治疗心肌梗死。注射给药还可将药物注射至身体任何部位发挥作用，如局部麻醉。注射给药需要医护人员进行，便利性差，如果计算剂量有误，药物过量注入将无法回收，可能导致严重不良反应。

3. 呼吸道给药

肺泡的巨大表面积（约 200m^2）和极薄的气血屏障（仅由单层肺泡上皮和毛

细血管内皮组成，总厚度 0.5～1μm）配合丰富的血流量（心输出血量的100%），使到达肺泡的药物能够迅速吸收。气体和挥发性药物（如全身麻醉药）可直接进入肺泡，而液体药物需通过雾化装置转化为适宜粒径的微粒——理想治疗粒径为 1～5μm 的气雾剂可直达肺泡（吸收半衰期<1min），其中 2～5μm 微粒可能随呼气排出，而 5～10μm 微粒主要沉积在小支气管（如异丙肾上腺素气雾剂用于支气管哮喘）。大于 10μm 的雾粒仅适用于鼻咽部局部治疗（如抗菌、抗炎等），这种粒径依赖性沉积特性使呼吸道给药既能实现全身快速吸收（生物利用度 40%～60%），又能进行靶向治疗（如布地奈德治疗哮喘）。现代雾化器通过增设储雾罐可使更多药物递送至下呼吸道。

4. 经皮给药

皮肤角质层的类脂质屏障（厚度 10～20μm）限制大多数药物的渗透（水溶性药物渗透系数<0.1cm/h），但脂溶性药物（$\lg P>2$）可缓慢透过。这一特性既导致有机磷农药等经皮中毒风险（吸收率 5%～10%），也被用于开发治疗性贴剂。现代经皮技术通过添加促渗剂和剂型优化，显著提升给药效率：①硝酸甘油贴片可维持 24h 有效血药浓度（2～5ng/mL），用于冠心病长期治疗（心绞痛发作频率降低 50%～70%）；②硝苯地平贴剂（联合氮酮）的生物利用度达口服制剂的 80%～90%；③芬太尼贴剂（72h 缓释）用于癌痛治疗的峰谷比仅为静脉给药的 1/3。这些创新使经皮给药从传统的局部用药（如激素软膏）扩展到全身治疗领域。

二、药物的吸收

吸收是指药物从给药部位进入血液循环的过程。除直接静脉给药外，药物吸收的快慢和多少与药物的给药途径、理化性质、吸收环境等有关。

1. 药物的跨膜转运

生物膜是细胞表面的质膜和细胞内的各种细胞器膜（如核膜、线粒体膜、内质网膜和溶酶体膜等）的总称。药物的吸收、分布、排泄及代谢过程与物质的跨膜转运密切相关。药物跨膜转运主要存在三种方式：被动转运、主动转运和膜动转运。这些方式各具特点，且与药物的药代动力学特性密切相关。

被动转运作为药物跨膜转运的最主要方式，是指药物顺浓度梯度从高浓度侧向低浓度侧进行的扩散性转运。药物跨膜扩散速率主要受药物分子量大小、电离状态、脂溶性以及生物膜通透性等因素影响。被动转运的速度与膜两侧药物浓度差（即浓度梯度）成正比，浓度梯度越大，扩散过程越容易进行。需要特别指出的是，以被动转运方式进行的药物转运不存在药物间的竞争性抑制现象，当膜两侧药物浓度达到平衡状态时，转运过程即告终止。

药物分子的电离状态对其跨膜转运具有重要影响。电离是指化合物分子在水溶液中解离形成带电离子的过程。由于生物膜脂质双层的疏水特性，离子化形式的药物分子难以透过这一屏障。药物的电离程度主要取决于两个关键因素：首先是药物自身的电离常数（pK_a），即电离态与非电离态达到平衡时的特征常数；其次是所处环境的 pH 值。这一关系遵循 Henderson-Hasselbalch 方程的基本规律：弱酸性药物在酸性环境中主要以非离子型存在（脂溶性高，易跨膜），而在碱性环境中则以离子型为主（水溶性高，难跨膜）；相反，弱碱性药物在酸性环境中离子化程度高，在碱性环境中则非离子型占优势。这种 pH 依赖性的电离特性直接影响药物在胃肠道吸收、组织分布和肾排泄等关键药代动力学过程。

这一关系可用下式表示：

弱酸性化合物：[离子型]/[非离子型] ＝10pH－pK_a

弱碱性化合物：[离子型]/[非离子型] ＝10pK_a－pH

pK_a 是化合物在溶液中 50%离子化的 pH 值，为化合物固有定值。例如：在 pH＝1 的介质中，苯甲酸完全不电离，最易透过生物膜；在 pH＝4 的介质中则 50%电离；在 pH＝7 的介质中完全电离，不能透过生物膜。

主动转运是药物借助生物膜上的特异性载体蛋白（转运蛋白），从低浓度或低电位侧向高浓度侧进行的逆浓度梯度转运过程。这种转运方式具有两个显著特征：一是转运能力存在饱和现象，即载体蛋白的转运量有上限；二是同一载体转运的不同药物之间可能产生竞争性抑制。值得注意的是，某些转运蛋白（如 P-糖蛋白）能够将细胞内物质外排至肠腔，形成外排泵效应。临床上抑制 P-糖蛋白功能可减少药物外排，但可能引发药物相互作用。少数结构类似于正常代谢物的药物（如 5-氟尿嘧啶、甲基多巴等）就是通过这种主动转运机制被吸收的，该机制与药物在体内的分布和肾脏排泄密切相关。

另一种特殊转运形式是易化扩散，这是一种依赖载体蛋白的顺浓度梯度转运方式，典型例子是葡萄糖的吸收过程。需要强调的是，固体药物必须经过崩解和溶解才能被吸收，因此片剂、胶囊剂在胃肠道的崩解和溶解是其吸收的前提条件。

对于大分子物质，其转运过程需要膜结构的运动参与，称为膜动转运。膜动转运又可细分为两种形式：胞饮（入胞）和胞吐（出胞）。胞饮是指液态蛋白质或大分子物质通过细胞膜内陷形成吞噬小泡进入细胞内的过程，如垂体后叶素粉剂经鼻黏膜吸收的机制；胞吐则是指细胞内大分子物质向细胞外转运的过程，常见于腺体分泌和神经递质释放等生理现象。

2. 药物的消化道吸收

药物口服后主要通过被动转运方式经胃肠道黏膜上皮细胞吸收。由于胃部吸收表面积有限且药物停留时间较短，大多数药物在胃内的吸收量较少。相比之下，小肠因其丰富的绒毛结构（显著增大吸收面积）、快速的肠蠕动以及充足的血流量，成为药物口服吸收的主要部位。除被动扩散外，部分药物还可通过主动转运等方式被吸收。经胃肠道吸收的药物需先经门静脉进入肝脏，再进入体循环。

舌下给药和直肠给药作为替代给药途径，其特点是：虽然口腔、直肠和结肠的吸收面积较小，但该区域血流丰富，药物可快速吸收入血并直接进入体循环，避免了肝脏首过效应。因此，这两种给药方式特别适用于以下情况：在胃肠道易被降解的药物；易被肝脏快速代谢的药物。临床典型应用包括：心绞痛急性发作时使用的硝酸甘油（舌下给药），以及控制支气管哮喘急性发作的异丙肾上腺素（舌下给药）。这些给药方式能够快速起效，满足急症治疗的需求。

影响药物在胃肠道吸收的因素较多，主要包括药物溶解和释放速率、胃肠道pH值、吸收面积、胃肠分泌与蠕动情况、局部血流量以及饮食因素等。这些因素共同决定了药物的吸收速率和吸收程度。从pH值影响来看，酸性环境（低pH）有利于弱酸性药物的吸收，而碱性环境（高pH）则有利于弱碱性药物的吸收。具体而言，胃液pH值为0.9～1.5，这使得弱酸性药物可在胃中被部分吸收；而肠腔pH范围为4.8～8.2，且随着肠段向下延伸pH值逐渐升高，这种环境对弱酸性和弱碱性药物的溶解吸收均较为有利。吸收面积和血流量方面，胃肠道表面积越大，血流量越丰富，药物的吸收速度就越快。胃肠蠕动速度通过改变药物在消化道内的停留时间及吸收环境的pH值来影响药物吸收。此外，食物成分可能通过与药物形成复合物等方式显著影响药物吸收，特别是食物中的脂溶性成分可能干扰药物的吸收过程。

注射给药主要包括肌内注射、皮下注射和静脉注射等方式，其吸收速度通常快于口服给药，且生物利用度较高。药物注射后首先向周围含水丰富的组织扩散，随后通过毛细血管进入血液循环。吸收速率受药物水溶性和注射部位血流量的显著影响：水溶性高的药物易于扩散，增加吸收面积；混悬剂则吸收缓慢而持久。值得注意的是，某些药物如氨苄西林、四环素、地西泮和苯妥英等，其注射吸收速度未必优于口服吸收。在血流量丰富的部位（如骨骼肌）注射时，药物吸收速度较快。静脉注射作为特殊的给药方式，药物直接进入体循环，无吸收过程，生物利用度达100%，具有剂量准确、起效迅速的特点，特别适用于大容量药物、难吸收药物或刺激性强的药物，常用于急重症和麻醉等情况。

经皮给药系统（TDDS）包括贴剂、软膏剂、硬膏剂等多种剂型。药物通过皮肤敷贴或涂抹后，主要经角质层和表皮渗透至真皮，继而扩散进入毛细血管。角质层细胞间的脂质双分子层结构决定了药物主要通过被动扩散方式转运，其驱动力源于皮肤表面与深层之间的药物浓度梯度。少量药物也可通过毛囊、皮脂腺等皮肤附属器吸收。经皮给药的优点在于避免首过效应和胃肠道降解，能维持稳定的吸收速率和平稳的血药浓度。然而，角质层的脂质结构构成主要吸收屏障，即便采用促透技术，多数药物的经皮吸收率仍然较低，其中脂溶性药物相对更易透过皮肤吸收。

鼻腔给药系统（NDDS）是利用鼻腔黏膜吸收药物发挥局部或全身治疗作用的给药方式。鼻腔黏膜具有独特的解剖生理特点：黏膜表面分布大量细微绒毛，显著增加吸收表面积；上皮细胞下层富含毛细血管网，有利于药物快速吸收进入体循环。这使得某些药物的鼻腔吸收速率可与注射给药相媲美。值得注意的是，鼻腔给药可避免肝脏首过效应，且研究发现鼻腔可能是药物进入中枢神经系统和外周循环的理想途径，但其具体转运机制尚未完全阐明。从吸收机制来看，鼻腔黏膜的类脂质结构决定了药物主要通过被动扩散方式吸收。影响吸收的关键因素如下。①药物脂溶性：脂溶性药物更易吸收。②分子量大小：分子量越大吸收越差，环状蛋白质和多肽较线状更易吸收。③电荷特性：由于鼻黏膜带负电荷，带正电荷药物更易透过。④解离状态：未解离型药物吸收最佳，部分解离型次之，完全解离型吸收较差。虽然鼻黏膜屏障功能较低且血管丰富，使得部分电离型药物也能被吸收，但鼻腔的黏液纤毛清除系统会显著缩短药物与吸收表面的接触时间，从而影响药物的吸收程度和生物利用度。这些特点使得鼻腔给药系统在蛋白质和多肽类药物递送方面展现出独特优势。

药物经吸入给药后主要在肺泡部位吸收，其吸收效率取决于肺部的特殊解剖结构：人体肺泡总数在 3 亿～4 亿个，总表面积达 $200m^2$（接近小肠吸收面积），肺泡壁由单层上皮细胞构成，与毛细血管紧密贴合形成的气血屏障厚度仅 0.5～1μm（远薄于小肠的 40μm 和皮肤的 150μm），丰富的毛细血管网总表面积达 $90m^2$ 且血流量大。这种结构特点使药物能快速通过被动扩散进入血液循环（吸收半衰期 0.5～2min），并避免肝脏首过效应。影响吸收的关键因素包括：①脂溶性（决定跨膜扩散速率，但肺泡对水溶性药物的屏障作用较其他给药部位弱）；②分子质量（＜1000Da 的小分子吸收良好）；③沉积分布（仅 10％～30％的吸入药物能到达肺泡，其余沉积在上呼吸道）。肺泡表面覆盖的磷脂类表面活性物质可促进药物溶解和扩散，这也是肺部给药生物利用度显著高于口服给药的重要原因。

三、药物在人体内的分布

药物从血液转运到各组织器官的过程称为分布。大多数药物在体内的分布是不均匀的，这主要取决于药物与血浆蛋白的结合率、各器官的血流量、药物与组织的亲和力、体液 pH 和药物的理化性质以及血脑屏障等因素。药物的体内分布不仅影响药物的贮存及消除速率，也影响药效和毒性。

药物进入血液后，会与血浆成分发生不同程度的结合，成为结合型药物。未结合的游离型药物，以不同途径通过毛细血管的内皮细胞层进入组织外液，再进一步通过细胞膜进入组织细胞内，有时可与细胞内成分结合，完成分布过程。上述各步骤均为可逆过程。

药物的分布有明显的规律性。药物首先向血流量大的组织器官分布，然后向血流量小的组织器官转移，这种现象称为再分布。药物在体内的分布具有选择性，多数呈不均匀分布。给药后经过一段时间，血液和组织器官中的药物浓度达到相对平衡，此时血浆中的药物浓度水平可以间接反映靶器官的药物浓度水平。

1. 药物在淋巴系统的转运

药物从血液向淋巴系统的转运需要穿过毛细血管壁和毛细淋巴管壁，其中毛细血管壁的孔径较小，成为主要的转运屏障。不同组织中血管和淋巴管的分布密度及结构差异会导致药物淋巴转运效率的不同。这种转运过程主要依靠被动扩散机制，因此淋巴液中的药物浓度通常不会超过血药浓度。影响转运的因素包括药物的血浆蛋白结合率、毛细血管血压、组织液静水压以及血浆和组织液的胶体渗透压等。

在组织间隙给药（如肌内注射、皮下注射或器官内、肿瘤内注射）时，药物可通过毛细血管和毛细淋巴管两条途径转运。药物的转运途径主要取决于其分子量大小和管壁通透性：分子量小于 5000 的药物分子可通过两种途径转运，但由于血流量显著大于淋巴流量，这类药物主要经血液转运；而分子量超过 5000 的药物分子则随着分子量增加，向淋巴系统转运的趋势明显增强。为增强药物的淋巴靶向性，可采用以下策略：使药物与高分子化合物形成复合物，或制备成油包水（W/O）型乳剂、脂质体、微球等剂型。这些载药系统能够显著提高药物在淋巴系统的分布浓度。

经口、直肠、口腔、鼻腔以及皮肤等部位给药后，药物均通过黏膜上皮细胞、角质层以及扁平上皮细胞等屏障，然后转运到血管、淋巴管内。因此，药物的淋巴管转运原则上与经组织间隙给药的情况基本相同。但是由于吸收时有屏障，与注射相比药物向淋巴管系统的转运受到了限制，非脂溶性药物或高分子药物几乎不能自由通过屏障。在各种途径的给药中研究得最多的是药物在消化道的吸收，尤其是药物在小肠的吸收。

2. 影响药物体内分布的因素

（1）淋巴转运途径　体循环由血液循环和淋巴循环共同组成，其中血液循环占主导地位（血流速度较淋巴液快 200～500 倍），但淋巴系统在药物分布中具有特殊价值。药物向淋巴系统的转运途径因给药方式而异：①血管内给药时，药物需从组织间液（浓度梯度驱动）扩散至毛细淋巴管；②淋巴管内直接给药可使药物全部进入淋巴系统；③组织间隙给药时药物同时向血管和淋巴管转运；④经消化道、鼻黏膜或皮肤给药后，药物透过上皮细胞屏障后分流至血液和淋巴系统。

淋巴转运对特定药物（如大分子药物）和特定疾病（如肿瘤转移、自身免疫疾病）的治疗至关重要，其优势在于：①避免肝脏首过效应；②靶向免疫器官

（淋巴结药物浓度可达血液的5～10倍）；③适用于分子量＞16000的大分子药物（经毛细血管内皮间隙渗透率＜1%，而淋巴管孔隙允许通过）。这种特性使淋巴系统成为单抗类药物（如曲妥珠单抗）和疫苗（如HPV疫苗）的重要递送途径。

（2）组织血流量　人体各组织脏器血流量分布以肝最多，肾、脑、心次之。这些器官血管丰富，血流量大，药物吸收后在这些器官内可迅速达到较高浓度，继而可能向血流量小的组织再分布。

（3）细胞与毛细血管膜通透性　药物要进入组织器官中，必须先通过血管壁（上皮细胞膜），最后还要透入组织细胞膜。药物透过细胞的机制与跨膜转运机制一致，其主要通过被动扩散方式透过由磷脂双分子层及镶嵌蛋白质构成的细胞膜。未解离型药物和脂溶性药物更易通过，即药物的 pK_a 和油/水分配系数可影响其对细胞膜的通透性。

（4）与组织细胞成分结合　除血浆蛋白结合对药物体内分布产生影响外，组织细胞中也有多种成分可与药物结合而影响药物分布，如蛋白质、脂肪、酶以及黏多糖等高分子物质。由于结合物不容易透过细胞膜，故与组织成分高度结合的药物在组织中的浓度要比血浆中游离药物浓度高。如碘主要集中在甲状腺；钙沉积于骨骼中；汞、砷、锑等重金属和类金属在肝、肾中分布较多，中毒时可损害这些器官。有时药物分布到的一些组织不是它们发挥疗效的部位，如硫喷妥钠重新分布到脂肪组织，铅沉积在骨组织。

（5）体液pH和药物的理化性质　在生理情况下细胞内液pH约为7.0，细胞外液pH约为7.4。弱酸性药物在碱性较强的细胞外液中解离增多，易自细胞内向细胞外转运；弱碱性药物则相反，在细胞内浓度略高。

当药物的血浆蛋白结合率较高时，意味着能自由向体内各组织器官转运的游离药物就会大大减少。另外，当合并用药或其他原因使这种蛋白结合过程受到抑制时，游离药物的浓度可能会迅速增加。因此，药物与蛋白质的结合会明显影响药物分布与消除的动力学过程，并降低药物在靶部位的作用强度，改变药物的代谢和排泄过程。

在新药开发过程中，进行动物与人血浆蛋白结合率的比较试验，对于预测和解释动物与人在药效和毒性反应方面的相关性具有重要作用。通常，对于蛋白结合率高于90%的药物，需要开展体外药物竞争结合试验，即选择临床上有可能合并使用的高蛋白结合率药物，考察其对所研究药物的蛋白结合率的影响，为后续临床开发和临床应用提供参考。

四、药物的代谢

药物在体内吸收、分布的同时，经药物代谢酶作用发生化学结构改变的过程称为生物转化（biotransformation）。多数药物通过生物转化后药理活性消失（灭活），少数无活性药物可转化为活性形式或弱活性药物转为强活性药物（活化）。部分水溶性药物可不经转化直接以原型经肾排泄，但大多数脂溶性药物需转化为解离型或高水溶性代谢物，以降低肾小管重吸收，促进经肾排泄。生物转化的最终目的是促使药物排出体外。

1. 药物代谢部位

药物代谢主要发生在含有丰富代谢酶且血流量较高的组织器官中。肝脏作为最主要的代谢器官，其丰富的血流量和肝细胞微粒体（由内质网形成的亚细胞结构）中含有的大量代谢酶，使其成为大多数药物代谢的主要场所。除肝脏外，药物代谢也可发生在消化道、肾脏、肺脏、皮肤、脑组织及鼻黏膜等部位，或由肠道菌群介导代谢。

消化道是最重要的肝外代谢部位之一。肠上皮细胞中存在的代谢酶可与某些药物发生广泛结合，显著降低其生物利用度。典型例证如水杨酰胺，其口服给药的血液浓度显著低于同等剂量静脉给药，原因在于超过60%的药物在消化道黏膜中发生了结合反应。

肠道菌群对在肠道滞留时间较长或经胆汁排泄的药物的代谢具有重要影响。这些微生物可催化多种代谢反应，包括还原、水解、乙酰化、脱烷基、脱羧、亚硝胺形成以及硫酸结合等。值得注意的是，部分药物的代谢产物经胆汁排入肠道后，在菌群作用下可被还原为原型药物并被重吸收，从而延长药物作用时间。典型的例子是柳氮磺吡啶（sulfasalazine），该药口服后仅少量在胃及上消化道吸收，大部分到达下消化道后，在肠道微生物作用下发生重氮键断裂，分解为5-氨基水杨酸（5-aminosalicylic acid，5-ASA）和磺胺吡啶（sulfapyridine，SP）。

肾脏分布有细胞色素P450单加氧酶（cytochrome P450 monooxygenase）和前列腺素内过氧化物合酶（PTGS）。不同动物肾脏中谷胱甘肽S-转移酶（glutathione S-transferases，GST）活性存在差异：大鼠肾脏GST活性为肝脏的60%，豚鼠为30%，家兔为26%。

肺组织中药物代谢酶浓度较低，但由于其血流量大，对药物代谢仍具有一定影响，但其代谢能力显著低于肝脏。

2. 首过效应

口服药物在胃肠道吸收后，经门静脉到达肝脏。有些药物在通过肠黏膜及肝脏时极易代谢灭活，在第一次通过肝脏时，即有一部分被破坏，使进入血液循环的有效量减少，药效降低，这种现象称为首过效应。硝酸甘油通过首过效应可灭活约90%，故口服疗效差，需要舌下给药。有明显首过效应的药物还有氯丙嗪（chlorpromazine）、阿司匹林（aspirin）等。改变给药途径时，药物的吸收、分布和排泄也将会改变，采用不同给药途径时，应注意给药剂量的差别。

3. 体内代谢过程

药物在体内的代谢过程可分为Ⅰ相和Ⅱ相。

（1）Ⅰ相反应　Ⅰ相反应包括氧化、还原和水解反应。该反应在酶催化下给药物分子引入极性基团（如羰基、羧基、巯基、氨基等）。多数药物经此反应后药理活性消失（灭活），少数药物可被活化（活性增强）或转化为毒性代谢物。

① 氧化反应类型。硫氧化、氮氧化、环氧化、胺氧化、醇氧化、醛氧化、嘌呤氧化、羟基化、脱烷基、脱硫、脱卤、脱胺等。

② 还原反应类型。硝基还原、羰基还原、偶氮还原、醛类还原等。

③ 水解反应类型。酯键水解、酰胺键水解、糖苷键水解等。

（2）Ⅱ相反应　Ⅱ相反应是原型药物或其代谢物的极性基团与内源性物质（如葡糖醛酸、硫酸、甘氨酸、谷胱甘肽等）通过共价键结合，生成高水溶性、强极性的代谢物以利排泄。结合反应类型：葡糖醛酸结合、甘氨酸结合、牛磺酸结合、谷氨酰胺结合、谷胱甘肽结合、甲基化、乙酰化等。

4. 药物代谢酶

（1）多功能氧化酶　药物代谢酶分为特异性酶与非特异性酶两类。特异性酶具有专一性，如胆碱酯酶、单胺氧化酶分别代谢乙酰胆碱和单胺类药物。非特异性酶主要指肝细胞微粒体中的多功能氧化酶（mixed function oxidase，MFO），简称肝药酶。该酶系统由三部分组成：①血红素蛋白类，包括细胞色素 P450、b5；②黄素蛋白类，包括还原型辅酶Ⅱ-细胞色素 P450 还原酶、还原型辅酶Ⅰ-细胞色素 b5 还原酶；③磷脂类，主要是磷脂酰胆碱。类似的微粒体代谢酶系也存在于小肠黏膜、肾、肾上腺皮质细胞等组织中。临床上 90%以上的药物相互作用均由细胞色素 P450（CYP450 酶）活性变化所致。

肝药酶具有以下特性：①底物特异性低，可催化多种药物代谢反应；②个体差异大，其活性受遗传、年龄、营养状态、生理病理状态等因素影响；③易受外界因素影响而出现活性增强或减弱。能增强肝药酶活性的药物称为酶诱导剂，能降低肝药酶活性的药物称为酶抑制剂。对于经肝药酶代谢的药物，其代谢速率和程度可明显受酶诱导或抑制影响，如酶诱导剂可能加速药物自身或其他药物的代谢。

细胞色素 P450 是药物Ⅰ相代谢过程中最关键的酶系。研究表明，在哺乳动物和人类体内至少存在 8 个细胞色素 P450 同工酶家族，包括 CYP1、CYP2A、CYP2B、CYP2C、CYP2D、CYP2E、CYP3 和 CYP4 等，其中 CYP3A 亚家族是人类肝脏中含量最丰富的细胞色素 P450 酶。不同药物的代谢可能由特定的同工酶催化完成。由于遗传和环境因素的影响，个体间 P450 同工酶的表达水平和催化活性存在显著差异。特别值得注意的是，CYP2D6、CYP1A2、CYP2C9 和 CYP2C19 等同工酶具有遗传多态性特征，这种多态性与人群中的快代谢型和慢代谢型表型相关，并表现出明显的种族差异。例如，CYP2C19 基因多态性导致人群中慢代谢者的出现频率存在种族差异：亚洲人群为 15%～25%，白种人约为 3%，非洲人群则为 4%～7%。表 5-1 为重要的 CYP450 亚型代谢药物的种类。

表 5-1　重要的 CYP450 亚型代谢药物的种类

CYP450 亚型	代表药物
CYP1A2	咖啡因（caffeine）、氯氮平（clozapine）、普萘洛尔（propranolol）、茶碱（theophylline）
CYP2A6	他莫昔芬（tamoxifen）、利托那韦（ritonavir）
CYP2C9	双氯芬酸（diclofenac）、萘普生（naproxen）、胺碘酮（amiodarone）、氯沙坦（losartan）、厄贝沙坦（irbesartan）、氟伐他汀（fluvastatin）、瑞舒伐他汀（rosuvastatin）、西洛他唑（cilostazol）
CYP2C19	奥美拉唑（omeprazole）、埃索美拉唑（esomeprazole）、兰索拉唑（lansoprazole）、泮托拉唑（pantoprazole）、伏立康唑（voriconazole）、氯吡格雷（clopidogrel）
CYP2D6	氯丙嗪（chlorpromazine）、氟哌啶醇（haloperidol）、氟伏沙明（fluvoxamine）、美托洛尔（metoprolol）、卡维地洛（carvedilol）、右美沙芬（dextromethorphan）、昂丹司琼（ondansetron）、氯雷他定（loratadine）
CYP2E1	对乙酰氨基酚（acetaminophen）、乙醇（ethanol）、三氟溴氯乙烷（halothane）
CYP3A4	红霉素（erythromycin）、伊曲康唑（itraconazole）、氟康唑（fluconazole）、芬太尼（fentanyl）、可待因（codeine）、卡马西平（carbamazepine）、辛伐他汀（simvastatin）、洛伐他汀（lovastatin）、阿托伐他汀（atorvastatin）、非诺贝特（fenofibrate）、吉非贝齐（gemfibrozil）、非洛地平（felodipine）、氨氯地平（amlodipine）、硝苯地平（nifedipine）、维拉帕米（verapamil）、地尔硫䓬（diltiazem）、泼尼松龙（prednisolone）、环孢素（cyclosporine）、他克莫司（tacrolimus）、格列本脲（glibenclamide）

（2）药物对 CYP450 酶的影响　药物主要是作为 CYP450 的底物、抑制剂或诱导剂（表 5-2）。

表 5-2　CYP450 酶代谢的常用底物及其诱导剂和抑制剂

细胞色素 P450 酶	底物	诱导剂	抑制剂
CYP1A2	咖啡因（caffeine）、茶碱（theophylline）、普萘洛尔（propranolol）、利多卡因（lidocaine）、普罗帕酮（propafenone）、维拉帕米（verapamil）、阿米替林（amitriptyline）、对乙酰氨基酚（acetaminophen）、他莫昔芬（tamoxifen）、丙咪嗪（imipramine）、氯丙嗪（chlorpromazine）	奥美拉唑（omeprazole）、利福平（rifampin）、苯妥英（phenytoin）、苯巴比妥（phenobarbital）、卡马西平（carbamazepine）	氟伏沙明（fluvoxamine）、依诺沙星（enoxacin）、环丙沙星（ciprofloxacin）、罗红霉素（roxithromycin）、西咪替丁（cimetidine）

续表

细胞色素P450酶	底物	诱导剂	抑制剂
CYP2C9	甲苯磺丁脲（tolbutamide）、格列本脲、那格列奈（nateglinide）	乙醇（ethanol）、利福平（rifampin）、苯巴比妥（phenobarbital）、卡马西平（carbamazepine）	异烟肼（isoniazid）、胺碘酮（amiodarone）、氯霉素（chloramphenicol）、保泰松（phenylbutazone）、氟康唑（fluconazole）
CYP2D6	美托洛尔（metoprolol）、右美沙芬（dextromethorphan）、普萘洛尔（propranolol）、利多卡因（lidocaine）、丙咪嗪（imipramine）、奋乃静（perphenazine）、可待因（codeine）、曲马多（tramadol）、美沙酮（methadone）、氯雷他定（loratadine）、他莫昔芬（tamoxifen）、紫杉醇（paclitaxel）	—	奎尼丁（quinidine）、胺碘酮（amiodarone）、普罗帕酮（propafenone）、氟西汀（fluoxetine）、去甲氟西汀（norfluoxetine）、帕罗西汀（paroxetine）、氟伏沙明（fluvoxamine）、舍曲林（sertraline）、西酞普兰（citalopram）、苯海拉明（diphenhydramine）、特比萘芬（terbinafine）、西咪替丁（cimetidine）、利托那韦（ritonavir）、右丙氧芬（propoxyphene）、塞来昔布（celecoxib）
CYP3A4	红霉素（erythromycin）、伊曲康唑（itraconazole）、酮康唑（ketoconazole）、氯氮平（clozapine）、齐多夫定（zidovudine）、环孢素（cyclosporine）、长春新碱（vincristine）、右美沙芬（dextromethorphan）、硝苯地平（nifedipine）、芬太尼（fentanyl）、咪达唑仑（midazolam）、地西泮（diazepam）、利多卡因（lidocaine）、奎尼丁（quinidine）、辛伐他汀（simvastatin）、氯雷他定（loratadine）、地塞米松（dexamethasone）、多潘立酮（domperidone）、对乙酰氨基酚（acetaminophen）	苯巴比妥（phenobarbital）、乙琥胺（ethosuximide）、利福平（rifampin）、利福喷汀（rifapentine）、卡马西平（carbamazepine）	克拉霉素（clarithromycin）、酮康唑（ketoconazole）、红霉素（erythromycin）、伊曲康唑（itraconazole）、氟西汀（fluoxetine）、地尔硫䓬（diltiazem）、环孢素（cyclosporine）、甲硝唑（metronidazole）、西咪替丁（cimetidine）

① 酶诱导剂。可使药酶活性增强，使其本身或其他药物代谢加快，导致药物疗效降低，达不到治疗效果，占代谢性相互作用的23%。常见的诱导剂有：

a. CYP1A2诱导剂。利福平（rifampin）、苯妥英（phenytoin）、苯巴比妥（phenobarbital）、卡马西平（carbamazepine）等对多种肝药酶都有诱导作用，这些诱导剂同样也可诱导CYP1A2，加快CYP1A2底物的代谢，降低其底物疗效，甚至使其不能达到有效的血药浓度。

b. CYP2C9诱导剂。卡马西平（carbamazepine）、利福平（rifampin）、巴比

妥类（barbiturates）、乙醇（ethanol）等。

c. CYP2C19 诱导剂。利福平（rifampin）是 CYP2C19 的诱导剂，伏立康唑（voriconazole）说明书中将利福平列为绝对禁止联用的药物，因利福平（600mg，每日 1 次）可使伏立康唑药时曲线下面积（AUC）和峰浓度（C_{max}）分别降低 96%和 93%，即使伏立康唑剂量加倍也不能恢复至单用时的 AUC 和 C_{max}。

d. CYP3A4 诱导剂。利福平是一种广泛的 P450 诱导剂，同属利福霉素类抗生素的利福喷丁（rifapentine）及利福布汀（rifabutin）对 P450 的诱导作用较弱，在特殊情况下可考虑替代利福平治疗。泰利霉素（telithromycin）与 CYP3A4 诱导剂利福平合用后，血药浓度显著降低，可能导致抗菌治疗失败。抗病毒药物奈韦拉平（nevirapine）也为 CYP3A4 诱导剂。

② 酶抑制剂。药物对 CYP450 的抑制作用分为 3 类：竞争性抑制、非竞争性抑制和自杀性抑制。在已有的研究中，CYP1、CYP2 和 CYP3 家族参与了 95%的外源物代谢活动。酶抑制剂可以使药酶活性减弱，使其本身或其他药物代谢减慢，占代谢性相互作用的 70%。因此，临床最关注酶抑制剂引起的相互作用。酶抑制剂主要有：

a. CYP1A2 抑制剂。主要有抗抑郁药氟伏沙明（fluvoxamine）、喹诺酮类（quinolones）抗生素［如环丙沙星（ciprofloxacin）、依诺沙星（enoxacin）］及非选择性的肝药酶抑制剂西咪替丁（cimetidine）等。由于茶碱（theophylline）、华法林（warfarin）、咖啡因（caffeine）等药物的治疗窗较窄，当与相关药酶抑制剂合用时，其代谢可能显著减慢，导致血药浓度升高，从而增加不良反应风险。

b. CYP2C9 抑制剂。主要有胺碘酮（amiodarone）、西咪替丁（cimetidine）、氟康唑（fluconazole）、氟伐他汀（fluvastatin）、异烟肼（isoniazid）等。CYP2C9 可代谢 *S*-华法林，当 CYP2C9 活性受抑制时，华法林（warfarin）的抗凝作用增强。

c. CYP2C19 抑制剂。伏立康唑（voriconazole）和奥美拉唑（omeprazole）等。伏立康唑不仅是 CYP2C19、CYP2C9 和 CYP3A4 的底物，也是这些酶的抑制剂，其中对 CYP2C19 的亲和力最强。

d. CYP2D6 是人类唯一有活性的 CYP2D 亚族酶，经它代谢的药物除常见于 CYP450 代谢的抗精神病药、抗抑郁药外，还包括一些镇痛药如可待因（codeine）、曲马多（tramadol），以及 β 受体阻滞药如美托洛尔（metoprolol）、卡维地洛（carvedilol）等。CYP2D6 酶的特点是其活性不会被化学物质诱导，但可被抑制。其抑制剂包括氟西汀（fluoxetine）、氟伏沙明（fluvoxamine）、奎尼丁（quinidine）、帕罗西汀（paroxetine）等，其中奎尼丁是 CYP2D6 最强的抑制剂。

大环内酯类抗生素是 CYP3A4 的底物，在肝脏代谢过程中，其代谢产物可与 CYP3A4 酶活性中心的血红素铁形成亚硝基烷烃复合物，导致酶不可逆失活。这种通过代谢转化使酶永久失活的抑制作用称为自杀性抑制。

（3）非微粒体酶系统　主要的Ⅱ相代谢酶：临床 40%～70%的药物通过Ⅱ相代谢反应清除，生成的代谢物通常无活性，且因极性增加更易排泄。

参与代谢的关键酶包括尿苷二磷酸葡萄糖醛酸转移酶、甲基转移酶、*N*-乙酰基转移酶、磺基转移酶和谷胱甘肽 S-转移酶。

① 黄素单加氧酶。黄素单加氧酶（flavin-containing monooxygenases，FMOs）与细胞色素 P450 酶（cytochrome P450，CYP450）共同构成药物代谢的主要单加氧酶系统。

人体内具有药物代谢功能的 FMOs 共有 5 种亚型（FMO1～FMO5），其中成人肝组织以 FMO3 和 FMO5 为主。FMO3 的表达量可达肝中 CYP3A 表达量的 60%，这两种亚型的表达水平决定了 FMOs 对药物代谢的贡献程度。已知 FMO3 是烟碱（nicotine）、西咪替丁（cimetidine）和伊托必利（itopride）等药物的主要代谢酶。

② 单胺氧化酶。单胺氧化酶（monoamine oxidase，MAO）是一种黄素酶，主要代谢生物体内源性和外源性的单胺类物质。

MAO 有两个亚型，MAO-A 和 MAO-B。MAO-A 主要代谢含羟基的胺类和儿茶酚胺类，如酪胺（tyramine）、5-羟色胺（5-HT）等。MAO-B 主要代谢不含羟基的胺类，如苯甲胺（benzylamine）、苯乙胺（phenylethylamine）。

MAO 主要存在于生物体神经组织中。目前，该类酶的抑制剂被广泛应用于抑郁症和帕金森病的治疗。临床上 MAO-A 抑制剂用于治疗抑郁症等疾病，MAO-B 抑制剂用于治疗帕金森病和阿尔茨海默病。

MAO-A 抑制药物包括托洛沙酮（toloxatone）、吗氯贝胺（moclobemide）等。MAO-B 抑制药物有司来吉兰（selegiline）、雷沙吉兰（rasagiline）、反苯环丙胺（tranylcypromine）、苯乙肼（phenelzine）等。

③ 双胺氧化酶。双胺氧化酶（diamine oxidase，DAO）是反映肠道机械屏障完整性和损伤程度的重要生物标志物，其血清活性水平与肠黏膜损伤程度呈负相关，临床上通过检测 DAO 活性可评估肠屏障功能障碍（如肠缺血、炎症性肠病等），为肠道疾病的诊疗提供依据。DAO 通过催化组胺、尸胺等由氨基酸脱羧生成的生物活性胺类氧化脱氨，在肠黏膜屏障中发挥关键的解毒保护作用。

④ 还原酶。还原酶是参与还原反应的一类酶，主要包括醛还原酶、酮还原酶、羰基还原酶、醌还原酶以及消化道细菌产生的还原酶，广泛分布于肝、肠、肾等组织中。

还原反应主要有两种机制：一种需要还原型黄素腺嘌呤二核苷酸的参与，另一种则由细胞色素 P450 还原酶介导。机体中多数酶系均可催化还原反应，且不同酶系的反应底物通常没有绝对特异性。

⑤ 水解酶。水解反应是药物代谢消除的重要途径，主要水解酶包括羧酸酯酶、磷酸酯酶、酰胺水解酶、环氧化物水解酶等。血浆中的水解反应在前药和软药开发中具有关键作用。前药通过水解代谢可增强稳定性或靶向性，而软药通过快速水解失活可降低全身毒性。

5. 影响药物代谢的因素

影响药物代谢的因素较多，但均可表现为代谢速率的变化。药物代谢加快可能导致血药浓度不足而降低疗效；代谢减慢则可能引起药物蓄积，增加毒性风险。了解这些影响因素对临床合理用药至关重要，可帮助医生根据患者病理生理特征和药物特性，优化治疗方案，提高疗效并减少不良反应。

不同年龄段的人对药物的代谢可能有明显差异。儿童的代谢功能尚未发育完全，而老年人的代谢功能则随年龄增长逐渐降低。胎儿及新生儿的药物代谢酶活性较低甚至缺乏，因此在用药时不仅药效增强，也更容易产生毒性反应。例如，新生儿肝脏的药物代谢酶系统发育不完全，导致氯霉素代谢显著减慢，半衰期明显延长，可能引发灰婴综合征（gray baby syndrome）。发生灰婴综合征的新生儿，其肝脏中的羟基化反应、*N*-脱甲基反应、*O*-脱烷基反应及硝基还原反应等相关酶功能发育不完善。

在老年人群中，部分代谢酶活性下降或内源性辅助因子（如 NADPH、谷胱甘肽）减少，导致药物代谢速率降低，典型表现为地西泮（diazepam）的半衰期显著延长。此外，老年人肝血流量（下降约 40%）和功能性肝细胞数量减少也是药物代谢减慢的关键因素。

部分药物代谢存在性别差异。动物研究表明，雄性大鼠的肝药酶（如 CYP2C11）活性普遍高于雌性，因而对苯巴比妥（phenobarbital）、烟酰胺（nicotinamide）等药物的代谢更快，导致药效和毒性降低。这种差异也见于葡糖醛酸化（如对乙酰氨基酚代谢）、乙酰化（如异烟肼代谢）和水解反应（如阿司匹林代谢）等Ⅱ相代谢途径。临床观察发现，人类部分药物（如咖啡因、维拉帕米）的代谢也存在性别相关性差异，可能与性激素对 CYP3A4、CYP1A2 等酶的调控有关。

不同动物种属对同一药物的代谢可能存在显著差异，这种差异不仅表现在代谢速率上，更关键的是可能导致代谢产物种类的不同。因此，在将动物实验数据外推至人体时，必须充分考虑药物在实验动物和人体中代谢特征的差异。若药物在实验动物与人体内的代谢特征相似，则基于动物数据预测人体药效和毒性反应的可靠性较高；反之，若两者代谢特征差异显著，特别是代谢产物种类存在显著区别时，动物数据预测人体反应的可靠性将大幅降低。从新药研发规律来看，应尽早开展动物与人体药物代谢动力学比较研究，通过结果分析确定合适的实验动物模型，进而开展有效、安全的非临床研究，以提高非临床研究对临床研究的预测价值。目前美国食品药品监督管理局（FDA）已明确要求并鼓励研发企业在早期阶段获取动物与人体代谢比对数据，从而提升非临床研究的目标性和可靠性。

已知人群中药物代谢存在显著的个体差异，主要源于遗传因素和非遗传因素两方面。遗传差异主要由种族或家族遗传特性决定，研究证实多种肝药酶（如CYP2D6、CYP2C19）的活性和表达水平具有基因多态性特征。非遗传差异则涉及年龄（如老年人CYP3A4活性降低）、性别（如CYP3A4活性女性高于男性）、肝功能状态、代谢昼夜节律（如CYP2E1夜间活性升高）、体温变化、营养状况以及环境暴露（如吸烟诱导CYP1A2、酒精抑制CYP2E1）等多重因素。由于非遗传影响因素复杂，其导致的代谢差异程度可能远超种族差异，典型如地昔帕明（desipramine）在同一人群中的稳态血药浓度差异可达30倍以上。

疾病状态可能显著影响代谢器官功能。作为主要代谢器官的肝脏，当其功能出现障碍时，往往导致药物代谢能力下降，引起血药浓度升高和半衰期延长。因此，对于肝功能不全患者，某些药物需要进行剂量调整。

饮食因素对药物代谢的影响主要源于食物中各类营养成分（如糖类、蛋白质、脂肪、微量元素和维生素）的组成差异。例如：饮食中亚油酸或胆碱类物质缺乏可能影响肝微粒体磷脂合成，进而阻碍肝药酶的适应性增强；而蛋白质摄入不足则可能延缓肝细胞分化过程，降低肝药酶活性。

五、药物的排泄

药物的排泄是指药物原型或其代谢产物通过排泄器官或分泌器官排出体外的过程。多数药物及其代谢物通过被动转运方式排泄，少数药物（如青霉素）则以主动转运方式排泄。机体主要的排泄器官是肾脏，其他排泄途径包括胆道、肠道、唾液腺、乳腺、汗腺及肺等。

1. 肾排泄

肾脏作为主要排泄器官，通过三种机制完成药物清除：肾小球滤过、肾小管主动分泌和肾小管被动重吸收。

（1）肾小球滤过　肾小球毛细血管基底膜具有高通透性，除血细胞、大分子物质及血浆蛋白结合药物外，游离型药物及其代谢物均可进入肾小管腔。脂溶性高、非解离型药物（如苯巴比妥、水杨酸）易被肾小管上皮细胞重吸收，而通过调节尿液pH（如碱化尿液可促进弱酸性药物解离）可显著改变重吸收率。例如，碳酸氢钠通过增加苯巴比妥和水杨酸的解离度，降低其重吸收率，使排泄速率提高50%以上。这种机制在临床解毒治疗中具有重要应用价值。

（2）肾小管主动分泌　肾小管分泌属于主动转运过程，药物可逆浓度梯度从毛细血管跨肾小管膜转运至肾小管腔。肾小管上皮细胞存在两类转运系统：有机酸转运系统和有机碱转运系统，分别负责弱酸性药物和弱碱性药物的分泌。当分泌机制相同的两类药物联合使用时，会竞争同一转运载体而产生竞争性抑制，导致药物排泄速率降低。例如，丙磺舒（probenecid）作为有机弱酸，可通过竞争性抑制机制延缓青霉素 G 及其他青霉素类药物的肾小管分泌，从而延长这些药物在体内的作用时间。

（3）肾小管被动重吸收　游离型药物经肾小球滤过后，可经历肾小管分泌与重吸收过程。多数药物的肾小管重吸收属于被动转运机制，但氟化物及尿酸等物质则通过主动转运方式被重吸收。由于肾小管膜对脂溶性药物具有较高通透性，故脂溶性低的药物或离子型药物的重吸收效率较低。弱酸性或弱碱性药物的重吸收程度主要取决于肾小管液 pH 值，该 pH 值可通过影响药物的解离状态来调节重吸收过程。

2. 胆管排泄

有些药物可经肝排入胆汁，由胆汁流入肠腔，随后随粪便排出。药物从胆汁中消除的形式包括原型药物、葡糖醛酸结合物以及谷胱甘肽结合物。胆汁排泄过程涉及被动转运和主动转运两种机制。血液中小分子药物向胆汁的被动转运是通过细胞膜孔隙进行扩散，随着药物分子量增加，胆汁中的药物浓度逐渐降低。

某些药物及其代谢产物在胆汁中的浓度可显著高于血药浓度，这一现象主要通过主动转运机制实现。目前研究证实肝细胞至少存在 5 类特异性主动转运系统：①有机酸转运系统；②有机碱转运系统；③中性化合物转运系统（如强心苷类、甾体类药物）；④胆酸及胆汁酸盐转运系统；⑤重金属转运系统。这些转运系统介导的药物胆汁排泄具有载体饱和性，当两种以上底物药物共用同一转运系统时，可发生竞争性抑制，导致药物的胆汁排泄速率降低，血浆半衰期延长。

部分药物经胆汁排泄进入肠道后，可被肠黏膜重新吸收，通过门静脉再次进入体循环，形成肠肝循环。典型过程为：药物在肝细胞内转化为葡糖醛酸结合物（如吗啡-3-葡糖醛酸苷）排入胆汁，肠道菌群 β-葡萄糖醛酸苷酶将其水解为游离型药物（如吗啡）后重吸收。该机制显著延长药物半衰期，临床需重点关注洋地黄毒苷（半衰期可延长至 7 天）、地高辛（digoxin）及地西泮（diazepam）等药物的蓄积风险。

3. 肠道排泄

药物口服后肠道中未吸收的部分、随胆汁排泄进入肠道的部分、由肠黏膜分泌进入肠道的部分，可经肠道随粪便排出体外。

4. 其他途径

某些药物可通过乳汁、唾液、泪液或汗液等途径排泄。由于乳汁呈弱酸性且富含脂质，因此脂溶性强的药物及弱碱性药物（如吗啡、氯霉素等）更易通过乳汁排泄，可能对哺乳婴儿产生影响。部分药物（如苯妥英、茶碱等）可通过唾液排泄，其唾液浓度与血药浓度呈良好相关性，这一特性已被应用于治疗药物监测。挥发性药物（如吸入性麻醉药）主要经肺排出。某些药物（如利福平）可通过汗液排泄并导致衣物着色。微量金属元素（如砷、汞等）可经毛发排泄，这一特性在法医学和职业医学中具有诊断价值。非解离型药物的排泄量取决于其通过腺上皮细胞的被动扩散能力，而解离型药物的排泄则受分泌液 pH 值显著影响。

第二节　药物的功效与作用机制

一、药物作用性质和方式

药物作用是指药物与机体生物大分子（如受体、酶等）相互作用所引发的初始生物化学变化。药理效应则是继发于药物作用之后，表现为机体生理功能或生化指标的改变，是药物作用的最终外在表现。虽然药物作用与药理效应常被混用，但在严谨表述时应体现其因果关系：先有药物作用，后产生药理效应。

药理效应本质上是药物对机体原有功能水平的调节：功能增强称为兴奋（阳），功能减弱称为抑制（阴）。

根据作用部位的不同，药物作用可分为两种基本方式：局部作用——药物在给药部位直接产生的效应（如皮肤用药），几乎不涉及吸收过程；吸收作用（全身作用）——药物经吸收进入血液循环后，分布至靶部位发挥的效应（如口服给药）。这两种作用方式的根本区别在于是否经过全身吸收和分布过程。

二、药物的治疗作用

药物的治疗作用是指患者用药后所产生的符合用药目的的作用，能够改善患者的生理、生化功能或病理过程，促使机体恢复正常。根据药物所达到的治疗效果，可分为对因治疗（消除病因）和对症治疗（缓解症状）。

1. 对因治疗（etiological treatment）

是指通过药物作用直接消除致病因子，从而达到根治疾病目的的疗法，中医理论中称之为治本。例如抗生素通过杀灭或抑制病原微生物（细菌、真菌等）的生长繁殖，从根本上消除感染性疾病的病因。这类治疗方法的特征是针对疾病发生的原始病因发挥作用，不仅能缓解临床症状，更能实现疾病的彻底治愈。典型的对因治疗还包括抗病毒药物治疗病毒感染、驱虫药治疗寄生虫感染等。

中药对因治疗作用主要体现在祛除病邪、扶助正气、调理脏腑功能及消除病理产物等方面。具体而言：祛邪功效包括祛风解表、散寒止痛、除湿通络、清热泻火、通腑泻下、涌吐痰涎、解毒消肿、杀虫驱虫等；扶正功效涵盖补气健脾、温阳散寒、滋阴降火、养血安神等；调理功效表现为疏肝解郁、柔肝止痛、宣肺止咳、和胃降逆、理气止痛、活血通经、安神定志、开窍醒神、潜阳息风等；消除病理产物功效包含消食导滞、利水消肿、祛痰化饮、化瘀散结、排石通淋、排脓生肌等。

2. 对症治疗（symptomatic treatment）

是指以改善症状为主要目的的药物治疗，也称为治标。尽管对症治疗不能根除病因，但在诊断未明确或病因暂时无法消除的情况下，它仍然是必不可少的治疗手段。在临床实践中，某些危重急症（如休克、惊厥、心力衰竭、高热、剧烈疼痛等）的对症治疗可能比对因治疗更为紧迫。在条件允许的情况下，应将对因治疗与对症治疗相结合，以达到最佳治疗效果。

中药对症治疗功效主要包括止痛（如头痛、腹痛）、止血（如衄血、便血）、止呕（如呕吐）、止咳平喘、涩肠止泻、固精止遗等。这些功效通过调节机体功能状态，缓解疾病过程中出现的各种症状。

三、药物的不良反应

凡是不符合用药目的并给患者带来不适或痛苦反应的统称为药物的不良反应。不良反应包括以下情况。①副作用：如抗胆碱药阿托品在解除消化道痉挛时，除缓解胃肠疼痛外，常可抑制腺体分泌，引起口干、视物模糊、心悸、尿潴留等反应。降压药硝苯地平在发挥降压作用时，常见副作用为踝部水肿。②毒性反应：指药物剂量过大或体内蓄积过多时发生的危害机体的反应，通常较为严重，可分为急性毒性反应和慢性毒性反应。③变态反应：指机体受药物刺激后发生的异常免疫反应，可导致生理功能障碍或组织损伤，又称过敏反应。例如青霉素或头孢类抗生素可能引起过敏性休克，需立即救治。④后遗效应：指停药后血药浓度已低于最低有效浓度时仍持续存在的药理效应。典型实例如长期使用糖皮质激素后，即使下丘脑-垂体-肾上腺轴功能已恢复正常，但机体对应激的反应能力可能需数月甚至更长时间才能完全恢复。⑤继发反应：指由药物治疗作用间接引发的不良后果。如广谱抗生素长期使用导致的肠道菌群失调及二重感染；噻嗪类利尿药引起的低钾血症可增强地高辛的心脏毒性等。这类反应并非药物直接作用所致，而是其药理效应引发的连锁反应。⑥停药反应：又称反跳现象，指长期用药后突然停药导致原发病复发或加重。典型表现为硝酸酯类药物骤停引发的心绞痛反跳，或降压药突然停用导致的血压反跳性升高。⑦特异质反应：指由遗传因素决定的异常药物反应，其发生与常规药理作用无关。例如：*N*-乙酰转移酶缺乏者使用异烟肼易发生周围神经炎；葡萄糖-6-磷酸脱氢酶缺乏者服用伯氨喹可诱发溶血性贫血。

四、药物的作用机制

药物的作用机制主要阐明药物分子与机体相互作用的本质。药物效应源于药物小分子与生物大分子（如受体、酶、离子通道等）的特异性相互作用，通过调节细胞原有功能而产生药理作用。从分子水平分析，药物作用机制主要包括：与受体结合调控细胞信号转导；调节酶活性（如抑制或激活）；影响离子通道的通透性；干扰核酸代谢过程；参与或拮抗细胞代谢途径；改变细胞微环境理化性质（如 pH、渗透压）；调控生理活性物质的合成、释放或转运；修饰免疫系统功能。其中，受体和酶是药物作用的两大主要靶点，多数药物通过这两种机制发挥药理效应。

1. 药物的受体

受体是一类介导细胞信号转导的功能蛋白质，能识别周围环境中的某些微量化学物质并与之特异性结合，通过中介的信息放大系统（如细胞内第二信使的放大、分化和整合），触发后续的药理效应或生理反应。一个真正的受体具有以下特征：①饱和性；②特异性（高亲和力）；③可逆性；④高灵敏度；⑤多样性。

2. 受体的类型

根据受体蛋白结构、信号转导过程、效应性质、受体位置等特点，可分为以下四类。

（1）离子通道型受体（ion channel linked receptor） 又称配体门控离子通道受体，是由多个亚基组成的膜受体，直接与离子通道偶联，主要分布于快速反应细胞的细胞膜上，介导快速的神经信号转导。

离子通道型受体是一类自身构成离子通道的受体，其与电压门控离子通道不同，其开放或关闭直接受化学配体调控。主要调控配体包括神经递质，如胆碱类（乙酰胆碱，ACh）、单胺类（去甲肾上腺素、多巴胺和 5-羟色胺）、氨基酸类（兴奋性递质如谷氨酸和天冬氨酸；抑制性递质如 γ-氨基丁酸、甘氨酸和牛磺酸）及神经肽类等。这类受体的信号转导通过改变细胞膜电位实现，即将化学信号转换为电信号从而影响细胞功能。神经递质与受体结合后引起通道蛋白构象变化，导致离子通道开启或关闭，改变膜离子通透性，瞬时将胞外化学信号转变为电信号，进而调节突触后细胞兴奋性。例如，乙酰胆碱受体存在三种构象，两分子乙酰胆碱结合可诱导其开放构象，但开放状态仅维持数十纳秒即恢复关闭状态。随后乙酰胆碱解离，受体回到静息状态，可再次接受配体。根据调控机制可分为配体门控型（如乙酰胆碱、谷氨酸、甘氨酸、γ-氨基丁酸受体等）和电压门控型，后者为单个大分子多肽，其同源重复序列构成离子通道。

（2）G 蛋白偶联受体 G 蛋白偶联受体（GPCRs）是一类通过 G 蛋白介导细胞内信号转导的膜受体超家族。这类受体能够识别多种细胞外信号分子，包括神经递质、肽类激素、趋化因子以及光、气味分子等感觉刺激。从结构特征来看，GPCRs 均为单链多肽，其 N 端位于细胞膜外侧，C 端位于胞质侧，肽链形成 7 个 α 螺旋跨膜结构域，故又称七次跨膜受体。这些跨膜结构在膜两侧形成特定的环状区域：胞外环负责配体识别与结合，胞内环则参与信号转导。受体激活后，其胞内结构域与三磷酸鸟苷（GTP）结合蛋白（G 蛋白）相互作用，G 蛋白作为首要信号分子将细胞外信号转换为细胞内效应，这正是此类受体命名的结构基础。

（3）酪氨酸激酶受体　这类受体是本身具有酪氨酸激酶活性的跨膜受体蛋白，能够通过自磷酸化或磷酸化下游靶蛋白来传递信号。

细胞内信使还包括多种磷脂衍生物，如：磷脂酰肌醇（phosphatidylinositol，PI）的代谢产物二酰甘油（diacylglycerol，DAG）和三磷酸肌醇（inositol 1,4,5-trisphosphate，IP3）、三磷酸磷脂酰肌醇（phosphatidylinositol 3,4,5-trisphosphate，PIP3）、磷脂酰胆碱（phosphatidylcholine，PC）的衍生物、鞘磷脂（sphingomyelin）的衍生物以及钙离子（Ca^{2+}）等。这些第二信使的重要靶分子之一是蛋白激酶 C（protein kinase C，PKC），它们在细胞信号转导中发挥关键作用。

蛋白激酶 C（PKC）家族包含多种同工酶，根据其结构特征可分为 PKCα、PKCβⅠ、PKCβⅡ和 PKCγ 等亚型。这些同工酶在分子结构、组织分布及功能特性上均存在显著差异：各亚型具有独特的组织表达谱；对辅助因子（如 Ca^{2+}、二酰基甘油等第二信使）的依赖性不同；表现出特异的底物选择性和磷酸化位点偏好性。这种分子多样性使得 PKC 家族能够参与调控多种细胞信号转导途径。

蛋白激酶 C（PKC）在细胞生长分化调控及多种细胞功能中起关键调节作用，是重要的信号转导分子。多种信号转导途径均可激活 PKC。实验证实，PKC 抑制剂可阻断细胞对生长分化刺激信号的反应，表明这些功能依赖 PKC 调控。以肥大细胞脱颗粒反应（释放组胺等血管活性物质）为例，该反应是机体变态反应的重要形式。体外试验显示：①PKC 抑制剂预处理可完全阻断刺激信号诱导的脱颗粒反应；②通过改变膜通透性使胞内 PKC 漏出后，细胞丧失脱颗粒反应能力；③重新补充 PKC 可恢复该反应能力。类似实验证实，PKC 还调控多种其他细胞功能。

（4）调节基因表达的膜受体　机制涉及多种脂溶性激素分子，包括肾上腺皮质激素（如皮质醇）、雌激素（如雌二醇）、孕激素（如孕酮）和甲状腺素（thyroxine）。这些激素可自由穿透细胞膜脂质双层，与胞内受体结合形成激素-受体复合物。所有甾体激素受体均属于核受体超家族，其结构特征为：含约 70 个氨基酸残基组成的 DNA 结合域（含锌指结构）；与热休克蛋白 90（heat shock protein 90，HSP90）形成复合物，HSP90 既促进受体与激素结合，又遮蔽其 DNA 结合域，使受体仅能疏松附着于 DNA；激素结合后引发 HSP90 解离，暴露

DNA 结合域，增强与靶基因启动子的亲和力（如糖皮质激素反应元件），进而调控转录。

3. 作用于受体的药物

药物与受体相互作用产生效应的关键条件包括：药物需具备受体结合能力（表现为亲和力）；需具有内在活性以激活受体信号转导。根据这两项特性可将药物分为三类。

① 完全激动药。如吗啡作用于 μ 阿片受体，具有高亲和力与最大内在活性（$\alpha=1$），能产生完全效应。

② 部分激动药。如丁丙诺啡对 μ 受体亲和力强但内在活性有限（$0<\alpha<1$），即使增加剂量也无法达到完全激动药的效果。

③ 拮抗药。如纳洛酮虽与受体亲和力高但无内在活性（$\alpha=0$），通过占据受体位点阻断激动药作用，其中竞争性拮抗药（如阿托品）可被高浓度激动药克服，而非竞争性拮抗药（如酚妥拉明）则不可逆改变受体结构。

4. 受体的调节

受体的调节是维持机体内环境稳定的重要机制，主要通过脱敏和增敏两种方式实现稳态平衡。

① 受体脱敏指长期暴露于激动药后，细胞对药物的敏感性和反应性降低的现象，根据产生机制不同又分为同源脱敏和异源脱敏。同源脱敏仅对特定受体亚型的激动药反应性下降（如 β_2 肾上腺素受体长期暴露于沙丁胺醇后选择性减敏），其他受体功能保持正常，机制涉及 G 蛋白偶联受体激酶（GRK）介导的受体磷酸化及 β-arrestin 内化。异源脱敏对多种受体激动药均产生交叉性反应降低（如长期使用异丙肾上腺素可同时减弱 β_1 和 β_2 受体反应），常见于第二信使系统（如 cAMP）的共享通路下调。

② 受体增敏是指靶组织在长期接受受体拮抗剂作用或持续暴露于低浓度激动剂条件下，通过上调受体表达量（数量增加）或增强受体功能，最终表现为对相应配体敏感性显著升高的适应性改变。这种代偿性变化在临床用药中具有重要意义，例如长期使用 β 受体阻滞剂后突然停药可能引发反跳性高血压，即为受体增敏现象的典型表现。

五、中医药治疗疾病基本原理与功效

1. 中医药治疗疾病基本原理

（1）调节人体阴阳平衡　中医药通过调节人体阴阳平衡来治疗疾病，包括通过药物治疗、针灸、推拿等方式来调节人体的气血精液等生理功能，达到治疗疾病的目的。

（2）增强免疫力　中医药可以增强人体的免疫力，通过药物的调理、针灸、推拿等方式来提高人体的免疫系统功能，预防和治疗多种疾病。

（3）缓解疼痛　中医药可以缓解头痛、胃痛、肌肉疼痛等。通过药物、针灸、推拿等方式来消除疼痛，缓解病痛。

（4）调节情绪　中医药可以调节人的情绪，包括缓解焦虑、抑郁等，提高心理健康水平，达到治疗疾病的目的。

2. 中药功效分类

（1）解表药　以发散表邪、解除表证为功效的药物称为解表药。代表药物有麻黄、防风、薄荷、桑叶、柴胡等。

（2）清热药　以清除内热为功效的药均为清热药。代表药物有知母、石膏、苦参、生地黄、金银花、地骨皮等。

（3）泻下药　能够引起腹泻和润滑大肠、促进排便的药物为泻下药。代表药物有大黄、芦荟、巴豆、火麻仁等。

（4）祛风湿药　以祛风湿、解除麻痹为主要作用的药物。代表药物有木瓜、五加皮、桑枝等。

（5）芳香化湿药　是具有润脾化湿作用，且气味芳香的药物。代表药物有苍术、藿香、砂仁、豆蔻等。

（6）利水渗湿药　以利水渗湿、通利水道为主要作用的药物。代表药物有薏苡仁、茯苓、金钱草、泽泻等。

（7）温里药　以温散里寒、治疗寒证为主要作用的药物。代表药物有附子、丁香、小茴香、胡椒等。

（8）理气药　以理气、畅气、消除气滞为主要作用的药物。代表药物有沉香、木香、荔枝核、刀豆等。

（9）消食药　以消除积食为主要功效的药物。代表药物：山楂（*Crataegus pinnatifida*）、陈皮、鸡内金、莱菔子（萝卜的干燥成熟种子）等。

（10）驱虫药　以驱除寄生虫为主要功效的药物。代表药物有槟榔、使君子、南瓜子、雷丸等。

（11）止血药　以制止体内外出血为主要功效的药物。代表药物：三七、白及、花蕊石、苎麻根等。

（12）活血化瘀药　以活血化瘀、通利血脉、促进血行为主要作用的药物。代表药物有川芎、益母草、丹参等。

（13）止咳平喘药　具有祛痰止咳平喘作用的药物。代表药物有杏仁、桑白皮（桑的干燥根皮）、枇杷叶等。

（14）安神药　以安宁神志为主要功效的药物。代表药物有朱砂、磁石、酸枣仁、柏子仁（侧柏的干燥成熟种仁）等。

（15）平肝息风药　以平肝息风、潜阳镇静为主要作用的药物。代表药物：羚羊角、地龙等。

（16）开窍辟秽药　以提神、开窍为主要功效的药物。代表药物有麝香、苏合香等。

（17）补虚药　能够补益人体营养、增强体质、提高抗病能力的药物。代表药物有人参、西洋参、党参、太子参、黄芪、大枣等。

（18）收涩药　主要有收敛固涩、敛汗固精等功效。代表药物有五味子、覆盆子、山茱萸等。

（19）呕吐药　以引起呕吐为主要功效的药物。代表药物有瓜蒂（葫芦科植物甜瓜的果蒂）、胆矾等。

（20）外用药　以外用为主的药物。代表药物有樟脑、硫黄、明矾等。

3. 动物药的特点

动物药在多个功效类别中扮演着独特且不可替代的角色：

（1）通络止痉药　动物全体入药，如蜈蚣、地龙等，通常具有平肝息风、通络止痉功效。

（2）清热解毒药　动物部分入药，如蛇胆、熊胆等。可以起到一定的清热解毒、息风止痉的功效。

（3）开窍辟秽药　动物分泌物入药，如麝香，具有开窍辟秽的功效。

（4）活血散瘀药　某些动物类药材具有活血化瘀功效，如地龙。

（5）息风止痉药　动物生理产物类药材在神经系统疾病治疗中具有独特价值。例如蛇蜕，可以治疗惊风、癫痫等。

（6）清热解毒药　动物病理产物入药。如牛黄等，具有一定清热解毒的功效。

六、几种动物药活性成分药理机制

1. 水蛭素药理机制

（1）水蛭素的结构与功能　水蛭素（hirudin）是水蛭唾液腺分泌的酸性多肽，是目前已知的最强的天然凝血酶抑制剂。

（2）水蛭素作用于凝血酶的机制　一系列酶促级联放大反应在内源性和外源性凝血过程中使凝血酶原活化，生成凝血酶。凝血酶是一种丝氨酸蛋白酶，在血栓形成过程中起非常关键的作用，包括凝血过程的级联反应、纤维蛋白沉积和血小板活化等。抗凝药可分为间接凝血酶抑制剂和直接凝血酶抑制剂。水蛭素的抗凝作用不但专一，而且其抗凝活性明显强于肝素。此外，水蛭素还能抑制血浆中游离的凝血酶（图 5-1）。

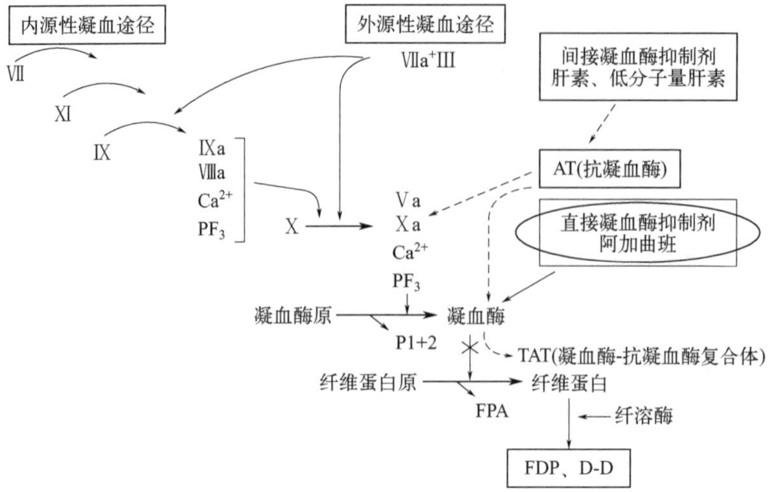

图 5-1 凝血酶活化促级联放大和水蛭素抗凝血作用位点

FPA—纤维蛋白肽 A；FDP—纤维蛋白降解产物；D-D—D-二聚体

2. 斑蝥素

斑蝥素（cantharidin，CA）是传统中药斑蝥抗肿瘤的有效成分，是一种半萜烯毒素物质，药理作用研究表明斑蝥素主要用于肝癌、乳腺癌、肺癌、食管癌、结肠癌、前列腺癌等癌症的治疗，常与其他抗肿瘤药物配合使用。芫菁科成虫受到惊扰时，一种奇臭的黄色较稠淋巴毒液在关节处分泌出来，这就是含有树脂、蚁酸及脂肪酸、斑蝥素等物质的血淋巴液，其中斑蝥素的含量只占到 1%～1.2%（质量分数）。斑蝥素具有强细胞毒性，可破坏细胞组织，人体皮肤接触后很快就会红肿、起水疱。

斑蝥素能引起肿瘤细胞周期阻滞，对多种肿瘤细胞都有抑制作用。斑蝥素能抑制肿瘤细胞的蛋白质合成，影响 RNA 和 DNA 的合成及细胞周期的进程，促进肿瘤细胞凋亡，抑制肿瘤细胞增殖。它是一种有效的蛋白磷酸酶抑制剂，能通过抑制蛋白磷酸酶 1（PP1）和蛋白磷酸酶 2A（PP2A）的活性，引起细胞周期阻滞，最终使细胞发生凋亡。

斑蝥素具有较强的抗肿瘤细胞侵袭和转移作用。应用蛋白印迹方法检测到斑蝥素对核因子 κB P65［核因子激活的 B 细胞的 κ-轻链，NF-K（P65）］、黏着斑激酶（focal adhesion kinase，FAK）蛋白的表达和 FAK 磷酸化水平的影响。结果表明，斑蝥素使 NF-K（P65）蛋白表达水平明显下降，上调 FAK 蛋白，下调 FAK 磷酸化水平，从而抑制肿瘤细胞的运动、侵袭和黏附能力。

斑蝥素经化学修饰的几种斑蝥素衍生物的药理作用如下。

① 去甲斑蝥素（norcantharidin，NCTD）毒性明显比斑蝥素低，而抗肿瘤

作用优于斑蝥素。去甲斑蝥素可诱导肿瘤细胞凋亡，使之阻滞于细胞周期的 G2 M 期，抑制细胞分裂和增殖。如能抑制癌细胞 BEL-7402、卵巢癌 AO 和乳腺癌 MCF-7 等多种癌细胞的生长。

② 斑蝥素钠（sodium cantharidate，SCA）是斑蝥素经氢氧化钠水解得到的半合成衍生物，相较于斑蝥素具有毒性降低（如胃肠刺激减少 60%）、细胞渗透性增强（分子量下降 30%）及抗肿瘤活性提高等特点。其作用机制包括：直接抑制肿瘤细胞核酸与蛋白质合成（如肝癌 HepG2 细胞的 DNA 合成抑制率达 75%）；下调 cAMP 磷酸二酯酶活性，阻断 Ras/MAPK 信号通路；通过激活 caspase-3 诱导细胞凋亡（乳腺癌 MDA-MB-231 细胞凋亡率提升至对照组的 4 倍）。临床数据显示，SCA 对肝癌（客观缓解率达 42%）、乳腺癌等实体瘤疗效显著，并能通过促进 IL-2 分泌（提升血清浓度约 2.8 倍）及抑制 IL-8 介导的血管生成（微血管密度降低 50%），协同增强免疫功能并抑制转移。

③ 去甲斑蝥素钠（sodium demethylcantharidate，SDCA）是斑蝥素钠的去甲基化衍生物，其作用机制部分类似于阿霉素，但具有分子量小、细胞毒性低、抗肿瘤活性强等特点。该化合物可通过以下途径发挥抗肿瘤作用：显著提高肝癌 H22 细胞线粒体呼吸抑制率；增强溶酶体酶活性；阻滞细胞周期于 M 期；抑制肿瘤细胞 DNA 合成。值得注意的是，SDCA 在抑制肿瘤细胞的同时，对正常骨髓细胞无明显抑制作用，且能促进白细胞增殖，这一选择性毒性特征使其具有较好的临床应用前景。

④ 甲基斑蝥胺（methylcantharidinimide，MCA）作为斑蝥素的亚胺类衍生物，其毒性显著低于母体化合物。该药物临床主要用于原发性肝癌治疗，其作用机制涉及：干扰肝癌细胞核酸与蛋白质生物合成；激活巨噬细胞吞噬功能。通过双重作用机制直接杀伤肿瘤细胞并增强机体免疫功能，MCA 展现出独特的抗肝癌效应。

3. 河鲀毒素

河鲀毒素（tetrodotoxin，TTX）在医学领域的应用主要基于其特异性阻断电压门控钠离子通道的作用机制，这种机制也是其产生强效镇痛效应的结构基础。该毒素独特的作用靶点特性激发了人们对其分子结构的深入研究，通过对四氢喹唑啉母核的结构修饰，有望开发出新型神经肌肉调节药物。临床应用中，河鲀毒素注射液可替代吗啡、哌替啶（杜冷丁）、阿托品及筒箭毒碱（tubocurarine）等药物，用于神经性疼痛治疗，其单次给药可持续镇痛 12～20h。虽然 TTX 治疗窗较窄，但在严格剂量控制下仍具有重要临床价值：顽固性神经痛镇痛；局部麻醉（尤其对常规麻醉药耐药病例）；抗痉挛；高血压危象处理；室性心律失常治疗。这些应用均源于其对神经细胞膜兴奋性的精确调控能力。

4. 蝎毒

蝎毒（scorpion venom）是由蝎子毒腺分泌的复杂毒性混合物。蝎毒具有两大毒素，即神经毒素和细胞毒素。蝎毒对神经系统、消化系统、心脑血管系统等多系统疾病，以及对人类危害极大的各种病毒均有抑制作用。

蝎毒的药理与医药上的应用如下。

（1）镇痛作用　全蝎及其制剂具有显著的镇痛作用，蝎身与蝎尾经100℃热水提取后，通过调节为等渗 pH 7.2 溶液，采用大鼠甩尾法和小鼠醋酸扭体法实验证实：

① 作用强度。蝎尾提取物的镇痛效价为蝎身的5倍（如对三叉神经皮层诱发电位 N 波的抑制率，蝎尾 0.15mg/kg 剂量效果相当于吗啡 10mg/kg），且为粗制蝎毒的3倍。

② 作用靶点。通过抑制中枢痛觉相关神经元活性（如丘脑腹后外侧核放电频率降低70%）发挥效应，对内脏痛（醋酸扭体抑制率>80%）、皮肤灼痛（热辐射潜伏期延长3倍）及三叉神经痛（N 波振幅下降50%）均有效。

③ 毒性比较。蝎尾的 LD_{50} 是蝎身的1/6，但治疗指数仍优于阿司匹林（aspirin）。

全蝎及其粗提物虽具镇痛活性，但直接临床应用存在显著毒副作用。为降低毒性，刘崇铭等（1989）和王成裕等（1996）通过分离纯化获得单一镇痛活性成分——蝎毒镇痛活性肽Ⅲ（tityustoxin-Ⅲ，TT-Ⅲ）。药效学研究表明：小鼠光热甩尾实验中，TT-Ⅲ（0.424mg/kg）使痛阈（甩尾反应时间）提升4倍；侧脑注射室注射 TT-Ⅲ对大脑皮质诱发电位 N 波的抑制强度与等效剂量吗啡相当，且该作用可被利血平预处理消除；由侧脑室注入 5-HT 后，TT-Ⅲ对 N 波的抑制率恢复至68.9%。机制研究显示，蝎毒通过特殊途径穿透血脑屏障作用于中枢镇痛系统：大鼠侧脑室给药后痛阈迅速持久升高；中脑导水管周围灰质（PAG）微量注射蝎毒的镇痛效价是吗啡的4倍，证实 PAG 是其关键作用靶区。这些发现为开发新型中枢性镇痛药物提供了理论依据。

韩雪飞（1996）采用两步色谱法从全蝎粗毒中分离纯化出镇痛活性肽 SV-Ⅳ，其作用特征如下。

① 作用机制。通过蛛网膜下腔注射可显著抑制屈肌反射（抑制率>90%），该效应不依赖阿片受体（纳洛酮不能阻断），而是通过：促进神经损伤区轴突再生（施万细胞增殖率提高40%）；抑制海马区痛相关神经元放电；协同增强乙酰胆碱释放（突触间隙 ACh 浓度提升2倍）实现。

② 镇痛谱。对大鼠急性热痛和慢性神经痛均有效，且无吗啡样成瘾性（连续给药14天未出现戒断反应）。

③ 临床优势。与吗啡（morphine）相比，SV-Ⅳ在等效镇痛剂量下不引起呼吸抑制。

（2）免疫调节作用　全蝎及其活性成分具有显著的免疫调节作用。研究表明，蝎毒乙醇提取物（TSV）能够增强巨噬细胞功能：通过单核-巨噬细胞碳粒廓清试验证实，TSV 可显著提高巨噬细胞的非特异性吞噬能力；不同剂量全蝎粉处理组均能明显增加小鼠腹腔巨噬细胞对红细胞的吞噬率和吞噬指数，显示剂量依赖性免疫增强效应。在分子机制方面，TSV 通过刺激巨噬细胞分泌干扰素-γ（IFN-γ），进而促进一氧化氮（NO）合成。NO 作为关键效应分子，通过以下途径发挥免疫调节作用：抑制靶细胞线粒体呼吸链复合物活性；干扰 DNA 复制过程；选择性抑制肿瘤细胞增殖代谢。这些发现阐明了全蝎在治疗类风湿关节炎、系统性红斑狼疮等自身免疫性疾病中的药效学基础，即通过双向调节巨噬细胞功能（增强非特异性吞噬能力与激活特异性免疫应答）实现免疫稳态的重建。

苗明三的研究表明，全蝎不同制剂对免疫功能具有双向调节作用。

① 免疫增强效应。超低温冷冻全蝎粉（0.5g/kg 灌胃）可显著提升小鼠免疫功能，具体表现为：巨噬细胞吞噬率提高 50%（碳廓清试验）；溶血素抗体水平增加 2 倍；淋巴细胞转化率提升 80%，提示其具有免疫兴奋作用。

② 免疫抑制现象。全蝎及蝎身煎剂（2g/kg 灌胃，连续 6 天）则显示抑制作用：网状内皮系统碳粒廓清速率降低 40%；血清半数溶血指数（HC_{50}）下降 35%，表明对非特异性免疫和体液免疫的抑制。

③ 临床应用关联。该双向效应与临床用法相符——肿瘤治疗多采用全蝎粉（利用免疫激活抗肿瘤），而痹证治疗常用煎剂（通过免疫抑制缓解炎症）。

（3）抗肿瘤作用　蝎毒在肿瘤治疗中展现出独特优势，其不仅使化疗不良反应较轻，还能同步增强机体免疫功能。临床观察显示，蝎毒治疗可显著延长晚期肝癌、肺癌、鼻咽癌及胃癌患者的生存期。

作用机制研究证实：在动物模型中，全蝎乙醇提取物皮下注射能特异性降低网状细胞肉瘤（SRS）和乳腺癌（MA-737）组织的 DNA 含量，抑制肿瘤增殖；体外实验表明，蝎毒可致人宫颈癌 Hela 细胞完全脱壁死亡；对肺腺癌（LA-795）模型小鼠，蝎毒既能抑制肿瘤生长，又可预防化疗相关胸腺萎缩，通过维持胸腺指数（thymus index）保障 T 细胞免疫功能。

（4）抗凝与抗血栓作用　彭延古（2006）等研究发现，全蝎提取液能明显减轻兔血栓重量，使血浆 6-酮-前列腺素 F1a（6-keto-PGF1a）含量明显升高，明显降低血栓烷 B_2（TXB_2）含量，全蝎组的活化部分凝血活酶时间（APTT）、凝血酶原时间（PT）、凝血酶时间（TT）较盐水对照组明显延长。表明：全蝎提取液有明显的抗动脉血栓形成作用，其抗凝机制可能与抑制血小板活化、增强血管内皮细胞功能、减少纤维蛋白含量和促进纤溶系统活性等因素有关。

采用薄层色谱法和纸色谱法从蝎毒中得到的抗凝活性成分为肽类，由天冬氨酸、赖氨酸、甘氨酸、酪氨酸等 14 种氨基酸组成。该活性肽水溶液常压下高温煮沸不易被破坏。孙淑仃（2021）等发现抗血栓活性成分为蝎毒多肽 BmK-M10 和 BmKITc。

吕欣然等（1995）通过体外血小板聚集实验证实，三种蝎毒肽（scorpion

venom peptides，SVP）中 SVP2 对凝血酶（终浓度 0.03 U/mL）诱导的家兔血小板聚集具有显著抑制作用，该成分为蝎毒中主要的纤溶和溶栓活性成分。宋益民等（2001）进一步研究发现，蝎毒活性多肽能够促进血管内皮细胞释放前列环素（PGI2）和一氧化氮（NO），这两种物质均为重要的内源性抗血栓因子。研究还表明，蝎毒活性多肽是一类具有多重生物活性的功能性肽类，包括：神经生长肽——促进神经轴突再生；镇痛活性肽——通过中枢 μ 阿片受体发挥作用；溶栓因子——抑制血小板聚集和纤维蛋白形成。这些特性使蝎毒多肽在神经修复、疼痛管理和血栓治疗领域具有重要应用价值。

（5）对心血管功能的影响　蝎毒对心血管系统具有双向调节作用。实验研究表明：静脉注射蝎毒（60mg/kg）可显著升高大鼠血压，增强心肌收缩力，其升压机制主要依赖肾上腺素 α 受体激活，而正性肌力作用（positive inotropic effect）则与 β 受体无关；低剂量蝎毒（0.5mg/kg）能提高麻醉兔左心室内压；离体心脏实验显示，蝎毒（10～100μg/mL）使豚鼠心肌收缩张力增强 50%～80%，但同时引发心率减慢和心律失常。这种作用可能通过激活 L 型钙通道（ICa-L），增加心肌细胞钙内流实现。

值得注意的是，蝎毒不同组分对心脏影响存在差异：全蝎提取液及头胸部组分对离体蛙心表现为负性肌力作用；尾部提取物则显示正性肌力效应。此外，蝎毒通过抑制血小板聚集和减少血管炎症因子的释放，可有效延缓动脉粥样硬化斑块形成。

（6）抗惊厥与抗癫痫作用

① 抗癫痫肽的发现与药效。于佩玉等（1987）通过比较东亚钳蝎蝎毒及其分离的抗癫痫肽（AEP）与地西泮（diazepam）的抗惊厥作用发现：AEP 对咖啡因（caffeine）诱发的小鼠惊厥模型表现出显著抑制作用，在惊厥发生率、严重程度、持续时间和死亡率四项指标上均优于地西泮；对美解眠（bemegride）诱发的惊厥虽也有明显抑制效果，但略逊于地西泮。相比之下，未分离的粗制蝎毒抗惊厥作用较弱，与空白对照组无统计学差异。

② 蝎毒抗癫痫的作用机制。

a. 神经递质调控。通过增加 γ-氨基丁酸（GABA）释放（提升约 40%）并增强其受体活性，同时抑制大脑皮质 *N*-甲基-D-天冬氨酸（NMDA）受体 NR2B 亚基的结合能力，从而平衡神经元兴奋性。

b. 受体保护作用。姜春玲等（2000）通过红藻氨酸（kainic acid，KA）癫痫大鼠经蝎毒处理 3 周后，与试验对照组相比，证实蝎毒处理可维持红藻氨酸（KA）癫痫大鼠脑内 κ 阿片受体与 NR2B 阳性细胞数（较模型组提高 50%），降低癫痫敏感性。

c. 基因表达调节。选择性上调海马区强啡肽原（PDYN）和胆囊收缩素原的

mRNA 表达（分别增加 2.1 倍和 1.8 倍），其中蝎毒素（BMK）特异性增加腹侧海马门区 PDYN 阳性神经元的数量（较对照组增加 75%），通过激活内啡肽能抑制系统发挥抗复发作用。

③ 其他神经活性成分的作用。蝎毒耐热蛋白（scorpion venom heat-resistant protein，SVHRP）具有显著的神经调节作用：可诱导培养海马神经元神经肽 Y（neuropeptide Y，NPY）的表达，表现为 NPY 免疫反应性增强及 NPY mRNA 水平上调；对红藻氨酸诱导的兴奋性神经毒性损伤具有保护效应，其机制与促进 NPY 合成（增加约 40%）相关；通过调节电压门控钠通道功能，抑制钝性分离海马神经元的钠电流（幅度降低约 60%），表现为改变通道动力学，加速失活过程（时间常数缩短 30%）。这种双重作用显著降低神经元兴奋性。

东亚钳蝎毒素多肽（BmKIM）发挥抗癫痫作用的机制包括：提高钠通道激活阈值；阻断突触前膜 Nav1.2 亚型，使谷氨酸释放量减少 50%以上；通过抑制突触过度兴奋控制癫痫样放电。这些发现为开发新型神经保护剂和抗癫痫药物提供了分子基础。

5. 蛇毒

蛇毒是由毒蛇毒腺分泌的复杂生物活性物质，其干重成分中 90%～95%为毒性蛋白质，包含酶类和非酶类毒素共 20 余种。

根据毒理学特性，蛇毒主要分为两大类：神经毒性毒液——以非洲树眼镜蛇为代表，含突触后神经毒素（如 α-银环蛇毒素）及突触前神经毒素（如 β-银环蛇毒素）；血液毒性毒液——主要由蝰科（如蝮蛇）和响尾蛇毒蛇分泌，含磷脂酶 A_2、蛇毒金属蛋白酶等溶血和出血性成分。这两类毒素分别通过阻断神经肌肉传导和破坏血管内皮细胞导致特征性中毒表现。

蛇毒药用价值和药理作用：

① 蛇毒在抗肿瘤领域展现出多方面的药理活性。其抗肿瘤作用主要依赖于以下机制。蛇毒来源的 L-氨基酸氧化酶（LAAO，旧称嘧啶蛋白酶）能通过氧化应激反应诱导癌细胞 DNA 断裂，抑制肿瘤细胞增殖。蛇毒多肽可直接破坏肿瘤细胞膜完整性，诱导凋亡。小分子肽（分子质量＜1kDa）通过免疫调节发挥抗癌作用：激活自然杀伤细胞和细胞毒性 T 淋巴细胞；抑制肿瘤转移；清除端粒酶。临床前研究显示，蛇毒成分对乳腺癌（MCF-7）、卵巢癌（SKOV-3）及胃癌（SGC-7901）等恶性肿瘤具有显著抑制作用。此外，这些小分子肽还能改善癌症相关恶病质，提升免疫功能，对化疗导致的肝肾功能损伤具有保护作用。这些特性使蛇毒成为肿瘤综合治疗的重要研究靶点。

② 蛇毒在心脑血管疾病治疗中具有重要作用。巴曲酶是从矛头蝮蛇毒中提取的蛋白酶，能溶解纤维蛋白原，降低血液黏度，用于治疗急性脑梗死等缺血性脑血管疾病。此外，蛇毒中的某些成分具有扩张血管和降压作用。另外，从巴西

矛头蝮蛇毒中提取的血凝酶（hemocoagulase）是一种特异性止血剂，通过促进血小板聚集和凝血因子释放，使纤维蛋白原转化为纤维蛋白，形成止血栓块。该制剂不含神经毒素，安全性较高。

该酶制剂（血凝酶）具有选择性止血特性：在血管完整部位不激活血小板聚集及凝血因子ⅩⅢ（纤维蛋白稳定因子），仅作用于破损血管处。其促生成的纤维蛋白Ⅰ单体复合物可被体内纤溶系统快速清除，因此不会导致全身性高凝状态或弥散性血管内凝血（DIC）。这一特性使其成为安全的局部止血药。

③ 蛇毒肽具有广泛的药用活性，其作用机制和临床应用主要体现在以下几个方面：在抗炎方面，蛇毒肽能显著抑制炎症介质（如 TNF-α、IL-6）的产生，临床用于治疗急性扁桃体炎、流行性感冒和气管炎等炎症性疾病。其免疫调节作用表现为激活 T 淋巴细胞增殖和增强自然杀伤细胞活性，从而提升机体对病原体的防御能力，特别适用于免疫功能低下患者的辅助治疗。蛇毒肽的抗氧化活性体现在清除氧自由基和提升超氧化物歧化酶（SOD）活性，这对延缓衰老和保护心脑血管具有积极意义。在抗病毒方面，蛇毒肽通过阻断病毒蛋白合成对流感病毒、乙肝病毒和带状疱疹病毒等表现出显著抑制作用。此外，蛇毒肽还具有清热解毒、止咳平喘等功效，可用于治疗肺热咳嗽、支气管哮喘等呼吸系统疾病，以及痈肿疔疮等外科感染性疾病。这些多重药理活性使蛇毒肽成为具有重要开发价值的天然药物。

④ 蛇毒可以用来治疗神经退行性疾病。蛇毒中的一些多肽可以促进神经细胞的新陈代谢，增强神经细胞的存活能力，保护神经细胞免受损伤。此外，蛇毒中的一些成分还可以促进神经细胞的再生，改善神经退行性疾病的症状。

6. 熊去氧胆酸

熊去氧胆酸是熊科动物（如黑熊或棕熊）胆汁中的主要活性成分。中医学认为熊胆具有清热解毒、平肝明目及止血等功效。

现代研究证实其化学成分包括：胆汁酸类，以熊去氧胆酸为主，伴鹅去氧胆酸（CDCA）、胆酸（CA）及去氧胆酸（DCA）；结合型胆汁酸，主要与牛磺酸或甘氨酸结合形成牛磺熊去氧胆酸（TUDCA）和甘氨熊去氧胆酸（GUDCA）；其他成分，如胆固醇、胆红素及 18 种游离氨基酸（总量约 5%）。

（1）熊去氧胆酸的药理作用　熊去氧胆酸（ursodeoxycholic acid，UDCA）的药理作用包括：促进乳酸、丙酮酸等物质的代谢与清除，增强维生素 B_1、维生素 B_2 的吸收，并具有健胃、促胆汁分泌及轻度镇痛效应。口服后主要在回肠通过被动扩散吸收，生物利用度达 90%，血浆蛋白结合率为 70%。肝脏首过摄取率为 5%～60%，远低于鹅去氧胆酸，故血药浓度较低且呈双峰特征（服药后 1h 和 3h 各出现峰值）。其溶石疗效与胆汁药物浓度相关（需持续给药 3～6 个月起效），而与血药浓度无关，半衰期为 3.5～5.8 天。UDCA 在肝内与甘氨酸或牛磺酸结合后随胆汁排入肠道，参与肝肠循环：部分结合型在肠道水解为游离型，另一部分被肠道菌群转化为石胆酸后硫酸化（毒性降低）。最终 95%经粪便排泄，5%经肾排出。

（2）熊去氧胆酸的药用功效　①促进胆汁酸分泌（由每小时 1.8mmol 增至 2.24mmol），选择性增加胆汁中熊去氧胆酸含量而不影响胆酸水平；②抑制肝脏胆固醇合成，降低胆汁胆固醇饱和度（胆固醇酯减少约 40%），促进胆固醇结石溶解，并通过形成液态胆固醇晶体加速其排泄；③松弛奥狄括约肌，增强胆汁排出；④减少肝脂肪沉积，提升过氧化氢酶活性（增加约 30%）及肝糖原储备；⑤降低肝组织和血清甘油三酯浓度（下降 15%～20%）；⑥抑制胰酶及消化液分泌（如胰脂肪酶活性降低 25%）。其作用与胆汁药物浓度相关，而与血药浓度无关。

（3）其他用药方面　①止痛和镇痛：熊胆外敷可缓解带状疱疹神经痛和外伤肿痛；内服可抑制十二指肠溃疡引起的剧烈疼痛，其镇痛机制与调节中枢 μ 阿片受体有关。②利胆作用：熊胆所含胆汁酸盐（主要为熊去氧胆酸）能促进胆汁分泌量增加 40%～50%，松弛胆总管奥狄括约肌，降低胆道压力，预防胆结石形成和胆囊炎发生。③溶石效应：熊去氧胆酸通过降低胆汁胆固醇饱和度（下降 30%～40%），促进胆固醇结石逐渐溶解，尤其对直径＜1cm 的结石效果显著。④降糖作用：熊胆中的去氧胆酸成分可降低空腹血糖 15%～20%，与胰岛素联用能增强降糖效果，改善糖尿病症状。⑤解毒消炎：熊胆对金黄色葡萄球菌、链球菌等革兰氏阳性菌抑制率＞90%，其抗炎机制与抑制 COX-2 表达有关，临床用于治疗疮疡肿毒、呼吸道感染等炎症性疾病。

7. 华蟾素

华蟾素（cinobufotalin）是从蟾蜍科动物中华大蟾蜍或黑眶蟾蜍的干蟾皮中提取的一种吲哚类生物碱，化学结构式如下：

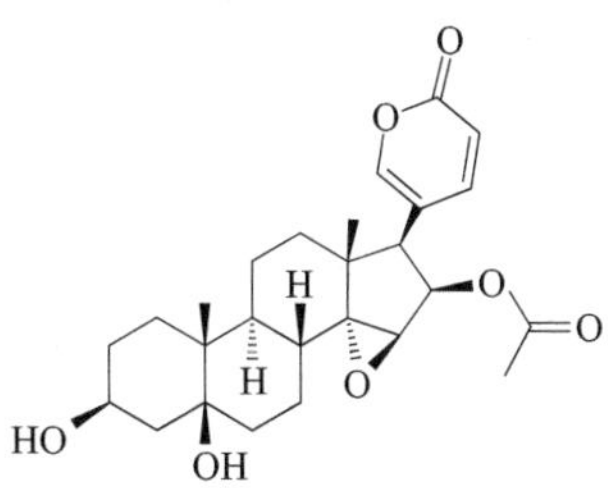

（1）药用功效　华蟾素具有清热解毒，消肿止痛，活血化瘀，软坚散结的功效。

（2）药理作用

① 抗肿瘤作用。华蟾素 3g 生药/kg 对小鼠移植性肿瘤 S180 肉瘤、H22 肝癌具有显著抑瘤作用，并能延长 L1210 白血病小鼠生存期；7.5g 生药/kg 剂量对大鼠 W256 癌肉瘤的抑制率达 63.7%。

体外实验显示，华蟾素生药 2mg/mL 可有效杀伤人肝癌 SMMC-7721、人胃癌 MKN45 及人结肠癌 LOVO 细胞系，其机制为抑制肿瘤细胞 DNA/RNA 合成，导致癌细胞核碎裂及坏死。

生化检测表明，华蟾素能提高 H22 肝癌小鼠血浆 cAMP 含量，并恢复 cAMP/cGMP 比值至正常水平。

② 免疫促进作用：华蟾素能有效防治环磷酰胺所致的白细胞减少，提升小鼠外周血淋巴细胞比例及血清免疫球蛋白（IgG、IgA、IgM）水平，试验证实其具有增强体液免疫与细胞免疫的双重功能。

③ 抗病毒作用：华蟾素对人肝癌细胞株 HepG2. 2. 15 内乙肝病毒 DNA 复制抑制率达 60%～70%，对鸭乙肝病毒模型同样显示出显著抗病毒活性。临床观察证实其对慢性乙型肝炎 HBsAg 阳性患者的转阴率较对照组提高 2～3 倍。

8. 王浆酸

王浆酸（royal jelly acid）又称癸烯酸或皇浆酸。化学名称：（*E*）-10-羟基-2-癸烯酸，分子式 $C_{10}H_{18}O_3$，化学结构式如下：

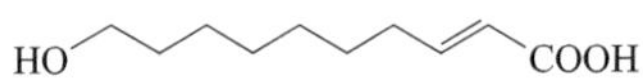

（1）王浆酸营养价值和药用功效　王浆酸是蜂王浆特有的主要活性成分，为天然不饱和有机酸，存在于蜂王浆与蜂胶中。蜂王浆是工蜂咽腺分泌的乳白色浆状物，含高蛋白、B 族维生素及乙酰胆碱等成分，属可直接食用的高活性营养食品。王浆酸具有抗癌（如抑制 S180 肉瘤生长）、抗菌（最低抑菌浓度 0.5mg/mL）、抗炎（COX-2 抑制率>60%）、降血脂及免疫调节等药理活性，在癌症预防领域展现出应用潜力。

（2）王浆酸药理作用

① 抑制和杀伤癌细胞。王浆酸作为高活性物质，通过促进环腺苷酸（cAMP）合成，调控异常蛋白结构（如使突变 p53 蛋白构象恢复率达 40%），从而抑制癌细胞增殖（S180 瘤重减少 60%），延长荷瘤动物生存期。

② 增强免疫作用。王浆酸可增强刀豆蛋白 A（ConA）诱导的 T 细胞增殖（刺激指数提高 2 倍），调节 Th1/Th2 细胞平衡（IL-2 分泌量增加 80%），对衰老或疾病导致的免疫缺陷（如 CD_4^+/CD_8^+ 比值异常）具有改善作用。

③ 降血脂作用。王浆酸通过口服或静脉给药可显著改善肝脏脂质代谢，降低血清总胆固醇和甘油三酯水平。其作用机制涉及：抑制脂肪酸合成酶（FAS）活性；增强低密度脂蛋白受体（LDLR）表达；促进胆汁酸排泄。临床研究表明其对肥胖相关代谢紊乱具有改善作用。

④ 抗菌抗炎作用。王浆酸对革兰氏阳性菌（如金黄色葡萄球菌、链球菌）和革兰氏阴性菌（如大肠杆菌、沙门菌）均具有广谱抗菌活性。在消化系统方面：抑制胃酸分泌；促进胃黏液合成；加速溃疡愈合；对抗 NSAIDs 药物（如吲

哚美辛）所致的胃黏膜损伤。

⑤ 抗氧化活性。通过促进胶原蛋白的合成来保护皮肤免受紫外线诱导的光老化，延缓皮肤老化，起到养颜美容的效果。

9. 麝香酮

麝香酮（muscone）是天然麝香的主要芳香成分。化学名称为 3-甲基环十五烷酮（3-methylcyclopentadecanone），微黄色油状液体。极微溶于水，能与乙醇混溶。麝香酮药用功效和药理作用：

麝香酮在舌下含服或气雾吸入 5min 内即可起效，其缓解心绞痛的效果与硝酸甘油相当。该物质具有浓郁甘甜香气，香气阈值极低（0.001～0.01mg/kg），能与多种香料配伍，是高级香精的重要定香剂。

药效学研究表明：麝香酮具有芳香开窍、通经活络、消肿止痛功效，小剂量（0.05～0.1mg/kg）可兴奋中枢神经，大剂量（＞0.5mg/kg）则转为抑制；对离体蛙心具有正性肌力作用，并显示弱雄激素活性及显著抗炎效果。临床适用于冠心病心绞痛、血管性头痛、坐骨神经痛及白癜风等疾病。

10. 草体蚁醛

草体蚁醛的分子式为 $C_{10}H_{16}O$，是一种可从黑蚂蚁等蚁种中提取的活性成分。黑蚂蚁除含草体蚁醛外，其生物成分还包括：28 种氨基酸（如必需氨基酸占比达 45%）、维生素、矿物质（钙含量达 800mg/100g）及多种酶类（超氧化物歧化酶活性≥150U/g），蛋白质含量高达 40%～67%。

（1）草体蚁醛的生物活性　它具有多种生物活性作用，包括增强免疫功能、抗氧化、抗炎、延缓衰老等。其作用机制可能涉及促进乙肝病毒抗原降解、抑制病毒复制、增强 T 细胞免疫应答，从而调节机体免疫耐受状态，并可能干扰乙肝病毒 DNA 与宿主肝细胞 DNA 的整合过程，有助于促进保护性抗体的产生。这些作用为改善乙肝治疗的临床效果提供了潜在可能。

① 抗炎作用。草体蚁醛可以抑制炎症反应的发生，减轻炎症对人体的损伤。它能够减少白细胞的浸润和炎性因子的释放，从而缓解炎症反应。同时，草体蚁醛还具有促进炎症组织修复和再生的作用，有助于加速伤口愈合。

② 延缓衰老作用。草体蚁醛可以促进人体内抗氧化酶的产生，减少自由基的损伤，同时促进胶原蛋白的合成，增加皮肤的弹性和紧实度，减少皱纹的产生，并能促进细胞的再生和修复，延缓细胞老化。

③ 抗肿瘤作用。草体蚁醛能够抑制肿瘤细胞的生长和扩散，通过促进肿瘤细胞凋亡和抑制肿瘤细胞增殖，降低肿瘤的发生和转移风险。

④ 促进消化吸收作用。草体蚁醛可以促进胃肠道的蠕动和分泌，增强胃肠道的吸收能力，促进食物的消化和吸收，从而提高人体的营养水平。

⑤ 降血压作用。草体蚁醛可以扩张血管，降低血压，通过促进一氧化氮的

产生，增加血管的弹性和扩张度，从而降低高血压的风险。

（2）草体蚁醛的药理作用　主要是调节人体内的氧化还原平衡和免疫系统的功能。首先，草体蚁醛可以抑制自由基的产生，减轻氧化应激对人体的损伤，同时增强人体自身的抗氧化能力，促进氧化还原平衡的恢复。其次，草体蚁醛可增强人体免疫力，提高机体的抵抗力，通过增强 T 细胞的识别和记忆功能，打破人体免疫耐受，阻断乙肝病毒 DNA 与肝细胞的 DNA 整合，抑制乙肝病毒的复制，恢复机体迅速产生保护性抗体的能力。此外，它还可以增加白细胞的数量和活性，促进免疫细胞的分化和增殖，从而抵抗病毒和细菌的入侵。

第三节　动物药药理学研究基本方法

一、中药药理学研究的基本方法

在进行中药药理学研究前，首先需明确研究目的、研究对象和研究方法。研究目的主要是阐明药物的作用机制、药代动力学和临床应用。根据目的选择合适的动物模型，考虑药物在该模型中的生物利用度、药物代谢和排泄等特性。根据药物的特性，选择合适的给药途径、药物的剂量。分析药物的毒性以及确定有效浓度和动物个体间反应特征等研究原则。

下面主要介绍药理学的基本研究方法。

1. 药理学一般研究方法

（1）试验药理学方法　这种方法以动物为研究对象，研究药物与动物之间的相互作用规律。研究手段包括整体试验、活体解剖和离体试验或试管试验。研究水平是以健康动物（包括清醒动物和麻醉动物）和动物正常器官、组织、细胞、亚细胞、受体分子和离子通道等为试验对象，进行药物效应动力学和药物代谢动力学的研究，研究目的是分析药物作用、作用机制及药物代谢动力学。

（2）试验治疗学方法　这种研究方法主要以病、证模型动物或组织器官为试验对象，研究方法：采用试验病理学方法对动物造成疾病病理模型，可在整体、培养细菌、寄生虫及肿瘤细胞等水平研究，目的是观察药物的治疗过程以及阐明药物的作用。

（3）临床药理学方法　研究对象为健康志愿者或患者，即在人体观察治疗效果，其目的是阐明药物的临床疗效、不良反应及体内代谢过程，对药物做出最后的安全性和临床评价，对于新药的发现和推动药物治疗拓展，确保合理用药都具有重要意义。

2. 中药药理学特殊的研究方法

中药药理学的研究对象是中药单味药及其复方，无论是单味药，还是复方，其所含的化学成分都很复杂。中药药理学研究不能脱离中医药理论的指导作用，不能忽略病与证的结合问题，因此，在方法学上需采用与常规药理学方法有区别的策略。

（1）活性成分和药理活性的筛选方法　分为广筛法和定向筛选法两种。①广筛法是设定明确的试验指标，从大量的药物、有效部位或单体中筛选出具有某种特殊作用的药物。从疟原虫鼠疟抑制率模型筛选出具有抗疟作用的药用青蒿，采用广筛法，从中筛选出有效成分青蒿素（artemisinin）。②定向筛选法是以中药及其复方的功效、主治为线索，设计药理试验，验证药理作用。比较成功的例子如从理气止痛中药延胡索（*Corydalis yanhusuo*）中筛选出具有镇痛作用的活性成分延胡索乙素（tetrahydropalmatine），从活血化瘀药中研制治疗冠心病的中药复方等。

（2）综合集成的动物药药性理论研究方法　为实现中医中药药性理论现代化、科学化、标准化、规范化，需多学科参与研究。对中药基原而言，就涉及植物分类学、动物分类学、植物分子系统学、植物化学。既考虑活性成分的质和量、药性、功效主治上的差异，又需要集成药用植物栽培、养殖技术、中药炮制学的理论和方法。研究药代动力学，涉及个体体质的差异性，经口用药又有一个吸收、分布、代谢、排泄的过程。研究现代中药药理学又与血清药化学、血清药理学、药代动力学、人类基因组学、疾病代谢组学有很大关系。综合集成的动物药药性研究方法有：

① 动物药血清药理学方法。将中药或中药复方经口给动物灌服一定时间后采集动物血液，分离血清，用此含有药物成分的血清进行体外实验，与用中药粗制剂直接进行的体外实验相比较，既保持了体外实验条件可控性强、药物效应易于检测、可深入揭示药物作用机制的优点，又能够防止中药粗制剂本身的理化性质对试验的干扰，真正反映中药在胃肠道消化吸收，再经生物转化，最后产生药理效应的过程，并代表了药物在体内产生作用的真正有效成分。

动物药血清药理学方法主要用于中药及其复方的药效评价和药理学研究（游思湘等，2012）。通过这种方法，可以克服中药成分复杂、理化性质不稳定等问题，更准确地反映药物在体内的药理效应。但还有一些学者（薛洁等，2003；游思湘等，2012）认为血清药理学不是中药药理体外实验的适宜方法，还存在许多需要进一步改进和完善的地方：①无确定的最佳给药方案。②无法做到既保持培养体系内药物浓度与血药浓度相等，又不影响组织、细胞生长。③药效最佳的采血时间难以确定。④含药血清灭不灭活，方法不统一。⑤血清成分复杂，不可控的影响因素太多，试验结果重复性差。⑥血清本身固有的活性成分影响试验结果，无去除血清影响的理想措施。⑦血清药理学方法增加了分析药物成分的难度，血清药理学不是中药药理体外实验的适宜方法。

尽管该方法存在诸多问题，但其结合了现代化学、微生物学、分子生物学、药理学和临床等多学科，在中药药理学体外实验研究中得到了一定的推广应用。

② 病证动物模型方法。某些药物多在病理情况下才产生作用，如五苓散对健康人、正常小鼠、家兔均无利尿作用，但对有水液代谢障碍者有利尿作用。白虎（中药方剂中的白虎汤，由石膏、知母、粳米、炙甘草组成）加人参汤能降低四氧嘧啶诱导的糖尿病动物血糖，但对正常动物血糖无影响。所以要建立与临床一致的病理模型进行药理试验。

需建立的病证模型有：①疾病模型，分为自发性疾病动物模型和诱发性疾病动物模型，得到某些类似于人类疾病的动物模型；②证候模型，采用生物学等方法使动物出现中医证候的表现；③病证结合模型，结合中医的发病学说和西医的致病原理建立动物模型。

二、动物药药理现代研究方法

动物药源于药用动物全体、器官、组织、生理或病理产物，经提取加工后成为中药材，是传统中药的重要组成部分。动物药在中医临床、方剂组成、中药制药行业中不可或缺。由于动物药成分复杂，多数动物药的功效物质基础尚不明确，动物药生物效应机制、质量标准与质量控制等水平仍较低。客观反映动物药传统功效的现代生物效应评价与效应机制研究亟待开展。近年来在中药学、药物化学、生命科学、化学生物学、材料学等研究领域形成的技术手段，已经或即将应用于动物药基础研究的方法体系，为动物药药理研究和临床应用提供科学指导。

1. 动物药活性成分的研究

动物药的物质组成以蛋白质类、肽类、氨基酸类、糖类等为主，此外还含有脂肪酸类、核苷类、常量及微量元素等。需采用适用于动物药物质基础研究的专门方法技术体系。

（1）动物药大分子类成分的分离、纯化与鉴定

① 多维色谱技术。将同种色谱不同选择性色谱柱或不同类型色谱分离技术组合，构成联用系统的技术。基于蛋白质类、肽类、多糖类等生物大分子物质的理化性质，通常采用多维色谱联用的方法，结合活性导向分离纯化动物药活性成分。如王起振等（1994）采用凝胶过滤及离子交换色谱法从东亚钳蝎毒中分离纯化出一种蝎毒镇痛活性肽（scorpion analgesic peptide，SAP）；王玉等（2024）利用反相高效液相色谱法分离纯化蝎毒，将得到的 4 种蝎毒多肽组分分别命名为 Bm KⅡ-10、Bm KⅡ-11、Bm KⅡ-16 和 Bm KⅡ-24。李莉等（2014）利用酶法

辅助分离的方法从文蛤软体中提取多糖，获得纯度较高的粗多糖，再用 DEAE-52 纤维素柱和 Superdex-200 凝胶色谱柱，分离纯化得到两个多糖组分 WXPS-1 和 WXPS-2。

基于活性导向分离的多维色谱联用技术是动物药功效物质分离、纯化的经典方法，也是动物药物质基础研究的主要方法之一，但存在设备成本较高、耗时费力、样品预处理烦琐、纯化制备量少等缺点。

② 亲和富集的策略。对动物药中低丰度、结构复杂的蛋白质肽类成分分析，可采用亲和富集策略，通过制备特异性材料，对目标成分进行选择性富集。主要包括以下几种方法。a. 亲和纯化质谱分析：这种方法利用分子间的特异性相互作用分离靶标蛋白。b. 凝集素亲和色谱法：在糖蛋白质组学研究中，凝集素亲和色谱法是一种常用的亲和富集方法。c. 高通量亲和富集平台：通过集成化设计实现多种目标成分的并行捕获与分析。

基于核壳型磁性纳米材料的制备技术，通过在最外层包裹金（Au）纳米层形成稳定的硫金键（Au-S），可特异性富集含巯基（—SH）或二硫键（—S—S—）的蛋白质及肽类成分，并利用纳米级液相色谱-串联质谱（nanoLC-MS/MS）对富集的目标物质进行分析鉴定。刘婷等（2020）通过制备核壳型 Fe_3O_4@PDA@Au 纳米材料对水牛角中含巯基（—SH）肽类成分进行富集，从水牛角提取液中鉴定出 4114 个肽段，其中含有半胱氨酸（Cys）肽段共 11 个；富集液中共鉴定了 2254 个肽段，其中含有 Cys 的肽段共 709 个。与传统蛇毒蛋白分析鉴定方法相比，该方法显著提升了含二硫键肽段的鉴定效率。汤佳瑶等（2023）采用巯基亲和树脂（Thipropyi Sepharose 6B），从牛角提取液中富集得到了含—SH 肽类成分（thiol-rich peptide fractions，SHPF），且富集的 SHPF 成分相较于水牛角提取液，抗炎、抗氧化活性显著提升。Liu（2020）等采用多克隆抗体亲和色谱法，将蝎毒肽 Makatoxin-3（MkTx-3）的多克隆抗体偶合至 Sepharose 4B 色谱柱上，根据 MkTx-3（蝎毒肽 Makatoxin-3）抗体的特异性，富集纯化 MkTx-3 毒素，并测定其氨基酸序列。

（2）应用多组学研究动物药活性成分

① 基因组学。在药理学研究领域，基因组学可以帮助人们识别潜在的药物靶点。通过分析基因组数据，可以预测哪些基因与特定疾病相关，从而确定药物作用的靶标。通过分析大量基因组数据，可以预测药物对特定基因型人群的效果，从而优化药物设计和筛选过程。通过分析个体的基因组信息，可以定制药物治疗方案，确保药物对个体最有效且副作用最小。例如，某些药物对某些基因型的人群可能无效或产生严重副作用，而基因组学可以帮助识别这些个体，从而避免不必要的风险。因此，陈建华等（2001）提出药物基因组学和药物蛋白质组学作为药物研究方法，将极大地提高药物发现及药物研究的速度和效率，并将在指导药理、毒理和临床研究等方面发挥根本性的作用。

吕猛等（2025）对纯化的 rBmαTX14 融合蛋白进行毒性试验表明其具有显著的抗虫活性。研究以蝎基因组总 DNA 为模板进行 PCR 扩增，成功克隆 *BmαTX14* 基因，序列分析显示：*BmαTX14* 在编码信号肽的基因序列中有 1 个长 408bp 的内含子，其基因组织结构具有 α 型 Na^+ 通道毒素的典型特征。基于功能活性和基因组织结构的双重验证，最终证实 BmαTX14 为 α 型 Na^+ 通道毒素。

② 转录组学。转录组是指在特定生理条件下，细胞、组织或生物体中所有 DNA 转录产物，包括蛋白质编码 mRNA 和非编码 RNA。在医药领域通过转录组学的研究，帮助识别疾病相关的基因表达变化，为疾病诊断和治疗提供新的靶点。研究药物对转录组的影响，可为优化药物设计和开发提供新的治疗思路。

近年来，转录组技术手段被应用于动物药物质基础研究，方法主要包括：活体药用动物、动物器官或分泌物采用适当方法提取 mRNA 后，以 mRNA 为模板逆转录合成 cDNA，通过 PCR 扩增制备 cDNA 文库并进行 RNA-seq 测序，组装、翻译获得蛋白质或肽类功效物质的序列信息，表达或固相合成制备功效物质，进一步验证生物活性。孟海玲（2015）采用转录组方法，从芋螺毒腺中发现不同家族的芋螺毒素；刘炯宇（2004）报道，采用转录组法通过高通量测序分析蛙皮分泌物中转录组系统鉴定了新型抗菌肽；刘睿等（2022）报道，从蝎毒腺中发现大量 Na^+/K^+ 通道毒素、酶、宿主防御肽等成分。

③ 蛋白质组学、多肽组学技术的应用。近 10 年来，蛋白质组学和多肽组学技术在动物药药理学中的应用方面有了突破性进展，主要体现在药物靶点发现、药物作用机制研究以及药物筛选和开发等方面。越来越多的科研工作者将蛋白质组学、多肽组学技术应用于动物药物质基础研究，目前蛋白质肽类成分分析主要采用的是自下而上（Bottom-up）质谱鉴定方法，通过特异性蛋白酶（以胰蛋白酶为主）酶切，以高分辨质谱分析获得 MS/MS 图谱，将二级质谱数据与蛋白质数据库比对匹配，鉴定蛋白质类、肽类成分。王磊（2017）结合双向凝胶电泳技术与液质联用技术对不同生长时期、不同部位的天山马鹿鹿茸蛋白质组分进行分析，旨在获得不同生长时期天山马鹿鹿茸蛋白质组分，明确鹿茸物质基础的同时，也为开展蛋白水平的鹿茸分类鉴定、鹿茸评价体系的建立提供科学依据，为鹿茸生药及系列保健产品的研发奠定理论基础。

吕萍等（2007）采用反相高效液相色谱（RP-HPLC）分离蛇毒抗肿瘤蛋白各组分，收集纯化组分Ⅳ。非还原型十二烷基磺酸钠-聚丙烯酰胺凝胶电泳（SDS-PAGE）和 RP-HPLC 鉴定组分Ⅳ的纯度；还原型 SDS-PAGE 结合基质辅助激光解吸飞行时间（MALDI-TOF）质谱仪测定组分Ⅳ的相对分子质量；测定组分Ⅳ N 端氨基酸序列并进行 Western blotting 鉴定；MTT 法检测组分Ⅳ对体外培养的 K562 细胞的生长抑制作用。结果表明组分Ⅳ分子量为 6714.22，其 N 端前 5 个氨基酸序列为 L-K-C-N-K。经 Western blotting 鉴定蛇毒抗肿瘤蛋白组分Ⅳ为细胞毒素，其对 K562 细胞的抑制作用呈明显的剂量依赖关系。

刘睿等（2020）采用定性/定量蛋白质组学方法对犀角、羚羊角、水牛角、牦牛角等角类动物药蛋白质类成分进行比较与归类，为珍稀濒危动物药替代资源寻找与评价提供方法与思路。

动物药提取物或体内降解后释放多肽类成分，以及在分离、分析过程中获得的多肽组分，通常构成复杂的多肽混合体系，依赖经典的多肽分离纯化技术手段，无法快速全面获知混合多肽部位中的物质组成，而基于高分辨 nanoLC MS/MS 的多肽组学技术，可实现动物药多肽类成分的快速定性分析。Liu 等（2016）采用多肽组学方法对水牛角解热活性部位的多肽组成进行了分析鉴定，以 nano LC-MS/MS 研究分析了水牛角解热活性部位（WBHF）中多肽的组成，共测定了 824 个多肽的序列，主要来源于水牛角角蛋白，其中许多肽类物质为水牛角在水煎煮过程中蛋白质的非特异性降解产物。水牛角多肽的热图分析结果表明，角蛋白 14（KRT 14）、角蛋白 34（KRT 34）及角蛋白 86（KRT 86）代表了水牛角角蛋白的主要水解类型。

动物药通常直接粉碎或煎煮后入药，多数以口服为主，口服后其主要的蛋白质、肽类成分在胃肠液、肠道微生物等的共同作用下，发生特异性或非特异性降解，一些多肽、小肽或寡肽类成分释放出来，基于多肽组学研究，这些肽类成分的组成与释放规律对动物药功效物质的阐明具有指导作用。

④ 修饰组学。蛋白质的翻译后修饰（post-translational modifications，PTMs）是指对翻译后的蛋白质细胞进行化学修饰和结构修饰。化学修饰主要包括磷酸化、乙酰化、糖基化、甲基化、泛素化等；结构修饰主要有二硫键形成、肽链切割和 N 端修饰等。蛋白质翻译后修饰通过变构效应或改变结合能力，调控蛋白质的活性、定位和稳定性。动物药在炮制中的煎煮熬制，在生物体内消化液作用等过程中，部分氨基酸位点发生了化学变化，刘睿等（2022）提出“动物药修饰组”新概念，旨在系统研究动物药蛋白质及肽类成分在炮制（如煎煮熬制）和体内代谢（如消化酶作用）过程中发生的化学修饰变化，包括修饰类型鉴定、位点定位及丰度定量分析。该研究聚焦角类（如水牛角）、胶类（如阿胶）等动物药，通过建立修饰特征与传统功效的关联模型（如抗炎活性与特定乙酰化肽段的相关性），为阐明其功效物质基础提供新思路。关键技术包括高灵敏度质谱修饰位点鉴定、分子动力学模拟修饰功能影响等。

刘睿等（2020）采用纳米液相-串联质谱法分析鉴定鹿皮与鹿皮胶中蛋白质类、肽类成分组成，并进一步比较鹿皮与鹿皮胶的修饰数量与修饰位点。结果表明，鹿皮胶的羟基化修饰与脱酰胺修饰数量均显著多于鹿皮，提示在高温熬制加工过程中，鹿皮胶原蛋白的部分氨基酸位点发生了修饰，这些修饰与胶原蛋白的特定氨基酸结构单元、亲疏水性等因素有关。表明胶类动物药的加工熬制过程是胶原蛋白溶解的过程，羟基化、脱酰胺修饰的共同特点都是形成—OH 基团，如 Asn（天冬酰胺）脱酰胺后形成 Asp（天冬氨酸），$—NH_2$ 转变为—OH，而 Pro

（脯氨酸）发生羟基化后变为 Hyp（羟脯氨酸），即在 Pro 的五元环 3—或 4—位上引入—OH，—OH 的形成一定程度上增加了胶原蛋白、肽类与水形成氢键的趋势，有利于胶原蛋白、胶原肽的溶出。

刘睿等（2021）研究还发现鹿皮胶中除了 Pro 羟基化修饰外，Lys（赖氨酸）也发生了羟基化修饰，经羟基化修饰后，Lys 转变为羟赖氨酸（Hyl）。在此基础上，一些特定位点的 Hyl 会进一步发生糖基化修饰：半乳糖（galactose，Gal）通过 β-糖苷键与 Hyl 的羟基氧原子连接，形成半乳糖基化修饰（Gal-Hyl），葡萄糖（glucose，Glc）通过 α-1,2 糖苷键与 Gal 连接完成二糖基化即葡萄糖基半乳糖羟赖氨酸（Glc-Gal-Hyl）。修饰组分析表明，鹿皮胶中 Gal-Hyl 单糖基化修饰的肽段占 6.30%，含 Glc-Gal-Hyl 二糖基化修饰的肽段占 6.32%。

⑤ 代谢组学。代谢组学是效仿基因组学和蛋白质组学的研究思想，对生物体内所有代谢物进行定性和定量分析，并寻找代谢物与生理变化的相关关系的研究方式，研究对象大都是分子量 1000 以内的次生代谢物质。代谢组学研究方法已广泛应用于营养学、药理学、毒理学、食品、疾病诊断等领域，在动物药的药理和活性成分分析方面成为中医中药研究的热点。

王升厚等（2018）采用非靶向代谢组学技术对功能性蛹虫草、野生蛹虫草、柞蚕蛹虫草及冬虫夏草进行系统性成分比较，并对功能性蛹虫草的活性成分进行定量分析。研究结果显示：功能性蛹虫草共鉴定出 2213 种代谢产物（占总检测成分的 72.67%），其中 497 种为其特有成分，在种类和含量上均显著优于冬虫夏草、柞蚕蛹虫草和野生蛹虫草。该研究证实功能性蛹虫草富含多种药理活性成分（如虫草素、腺苷等），为阐明其保健功效的物质基础提供了科学依据。

杨彬等（2019）提出基于多组学整合的动物药蛋白多肽类成分研究策略，通过构建转录组学-蛋白质组学-多肽组学关联分析体系，系统开展以下研究：首先基于转录组数据建立动物药蛋白参考数据库，继而采用高分辨质谱技术解析蛋白多肽组成，通过多维度数据匹配实现成分精准鉴定，最终结合活性评价验证关键功效成分。该方法为突破动物药复杂成分分析的技术瓶颈提供了创新性研究框架。

本研究通过系统表征动物药中蛋白质及肽类物质的组成特征，精确鉴定其翻译后修饰位点与修饰丰度，整合肽段序列规律与修饰特征，建立“蛋白质/肽组学-修饰组学”联用的动物药功效物质研究新范式。该策略通过关联蛋白质/肽的氨基酸序列特征（如特征性模体）、修饰位点分布规律（如羟基化/糖基化热点）及其动态变化与传统功效表现（如解热活性与特定修饰肽段含量的相关性），从分子层面揭示动物药功效物质的作用特性（如修饰依赖性、活性调控）。这一研究体系为突破动物药物质基础模糊、效应机制不明、质量标志物缺乏等关键问题提供了方法论支持。

2. 生物信息学在动物药药理学研究方法

生物信息学（bioinformatics）利用应用数学、信息学、统计学和计算机科学的方法研究生物学的问题。生物信息学以各种各样的生物学数据为研究材料，通过计算机处理后再进行结果解读，处理方法包括对生物学数据的搜索（收集和筛选）、处理（编辑、整理、管理和显示）及利用（计算、模拟）。

在医学和制药领域，生物信息学正逐渐成为一股强大的力量，为药物开发带来前所未有的机遇和突破。药物的开发是一个复杂而漫长的过程，需要耗费大量的时间、资源和人力。然而，生物信息学的出现正在改变这一局面，通过对海量生物数据的分析和挖掘，为药物研究提供更高效、更精准的策略和方法。

（1）数据挖掘与整理　当今时代信息爆炸，基于大数据构建及完善动物药数据库，对于信息挖掘、数据发现、信息整合等意义重大，如构建全基因库、cDNA 库、蛋白质、肽数据库、质谱 MS/MS 信息库等，并不断完善，从而保证动物药物质基础研究的高通量、系统性与准确性。高通量多组学研究形成了大量数据信息，特别是转录组学的巨大信息，需要借助生物信息学分析，充分挖掘数据价值。

于长春等（2003）指出，传统统计手段无法对海量数据进行有效分析，而数据挖掘技术的出现为解决这一问题提供了新的途径，能够从大量数据中提取出有价值的信息。目前，数据挖掘技术在医学领域的应用仍处于起步阶段，但随着该方法的日益普及，其必将在医学领域发挥更广泛的作用。

（2）计算机辅助药物设计(CADD)　作为生物信息学的核心技术，整合生物化学、酶学、分子生物学及遗传学等多学科成果，通过模拟药物靶点（如酶、受体、离子通道和核酸）的结构与功能特性，结合已知配体或天然产物的化学特征，运用计算化学方法预测药物-靶标相互作用。该技术通过评估分子间的结构互补性与理化性质匹配度，指导新型药物分子的理性设计，不仅显著提升先导化合物发现与优化的效率，还广泛应用于食品科学、生物技术、化学合成、医药研发、植物活性成分挖掘及疾病机制研究等领域。目前 CADD 已成为创新药物研发链条中不可或缺的关键环节。

虚拟筛选技术是计算机辅助药物设计和高通量筛选的重要方法，该方法基于已知药物靶点的生物结构来发现新的配体，从而大幅缩小人工筛选的研究范围。虚拟筛选的一般流程包括：选择配体（目标数据库或待筛选化合物）、确定靶点（受体、离子通道、酶等）、利用分子对接软件（如 Autodock、Discover Studio 等）进行虚拟筛选，通过分析配体与靶点的对接得分及结合效率，筛选出最佳配体复合物并评估其稳定性。随后，可对稳定性较好的复合物进行分子动力学模拟或体外实验验证，最终确定有效化合物。

（3）人工智能辅助药物设计(AIDD)　是指运用人工智能技术（包括机器学

习和深度学习算法）加速药物研发过程，通过高效分析大规模生物医学数据，精准预测蛋白质结构、分子特性及其与靶点的相互作用模式。相较于传统计算机辅助药物设计（CADD），AIDD在数据处理效率与预测准确性方面具有显著优势，能大幅缩短研发周期并降低成本。该技术在药理学中的核心应用包括：①靶点发现与验证，通过整合基因组、蛋白质组等多组学数据，利用AI算法（如AlphaFold蛋白质结构预测系统）从海量信息中挖掘潜在药物靶点，DeepMind团队已成功预测超过2亿种蛋白质三维结构；②化合物设计与优化，采用生成对抗网络（GAN）等深度学习模型进行分子生成，例如Insilico Medicine公司利用该技术设计特发性肺纤维化候选药物，仅用18个月完成传统方法需4～5年的临床前研究。

第六章

动物药毒性与毒理

常言道是药三分毒，意思是凡是药物，其本身都有一定的毒性，即药物的副作用。药物在发挥治疗作用的同时可能会给身体带来一定的副作用。中医理论自古便将“毒”的概念纳入药学范畴。《黄帝内经》首次提出“毒就是药，药就是毒”。这里的毒，指的是药物的偏性。《黄帝内经》将药物分为大毒、常毒、小毒和无毒四类，并确立“大毒治病，十去其六；常毒治病，十去其七；小毒治病，十去其八；无毒治病，十去其九”的治疗原则。

现代普遍存在对中药安全性的认知误区，认为天然植物来源的中药比化学药品温和无害。事实上，中药若使用不当，如滥用、误用或过量使用，同样会产生副作用。因此，使用中药必须遵循辨证施治原则：首先需对症用药，避免因不当进补（如健康人群滥用补益药物）导致不良反应；其次应严格掌握剂量，达到治疗效果后及时停药，防止过度治疗损伤正气。这些用药原则对保障中药安全使用具有重要意义。

毒物与非毒物之间不存在绝对的界限。任何物质在特定剂量下进入人体内并产生有害作用时，均被视为毒物。毒物这一概念的核心在于其具有严格的剂量依赖性特征。

第一节　剂量概念与重要性

药物在临床上表现的是治疗作用还是毒性作用往往由剂量决定的。药物毒理学研究可帮助我们发现受试药物的副作用及毒性剂量，有助于临床医生合理用药和评价新药的开发价值。

剂量的概念较为广泛，可指给予机体的数量或与机体接触的外来化合物的数量、外来化合物吸收进入机体数量、外来化合物在靶标部位或体液中的浓度或含量等。由于体内剂量不易测定，所以一般剂量的概念系指给予机体的外来化合物数量或机体接触的数量。剂量的单位是以每单位体重接触的外来化合物数量表示，例如 mg/kg 体重。

（1）药物剂量与效应关系　药理效应反应按性质分为量反应和质反应。量反应是指药理效应的强度随药物剂量或浓度的变化而呈连续性量变，可用具体数量和最大反应的百分率表示。所以制成的是量-效曲线。根据量-效曲线引申出来的剂量概念是：①最小有效剂量（阈剂量或阈浓度）即初始引起效应的最小药物剂量。②最大效应剂量是药理效应的极限剂量。③治疗常用量，是比阈剂量大、比极量小的剂量，一般情况下治疗量不应超过极量。药物的常用量是临床常用的有效剂量范围，一般为介于最小有效量和极量之间的量。④效价强度是相对于能引起相同效应的药物而言，指能引起等效反应的相对浓度或剂量，值越小强度越大（图 6-1）。

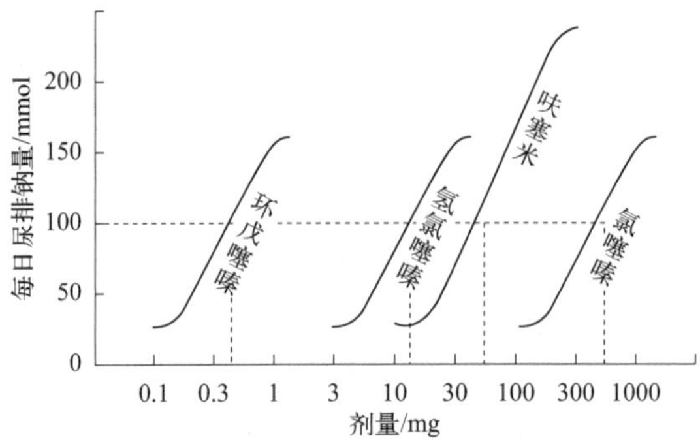

图 6-1　质反应的量-效曲线

图 6-1 中各种利尿药比较效价强度及最大效应，有些反应表现为反应性质的变化，称为质反应，其量效关系可通过质反应的量-效曲线进行描述。由此引申出来的概念：①半数有效量（median effective dose，ED_{50}）：引起 50％的试验动物出现阳性反应的药物剂量。②半数致死量（lethal dose 50，LD_{50}）：引起半数动物死亡的剂量。

一个标准的剂量-反应曲线由四个参数定义：基线反应（曲线最低响应值，底部）、最大反应（曲线最高响应值，顶部）、曲线斜率以及半数有效浓度（即产生一个位于基线和最大值中间的反应值，EC_{50}）（图 6-2）。

（2）药物的治疗作用与不良反应　药物作用具有两重性。①治疗作用：指用药目的或达到防治效果的作用称为治疗作用。②不良反应：指那些不符合药物治疗目的，并给患者带来痛苦或危害的反应。一般是可以预知的，且停药后可以自

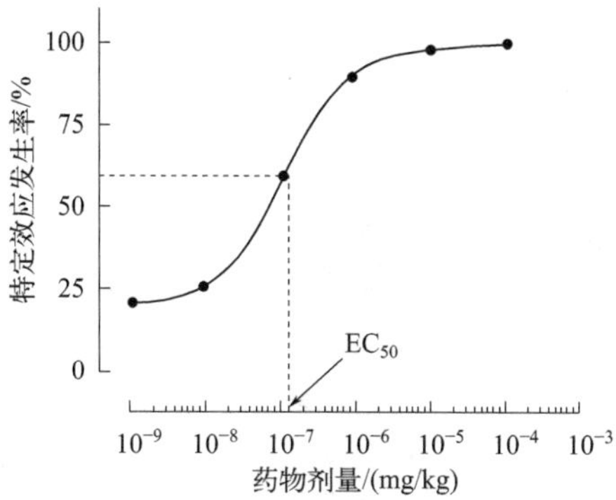

图 6-2 甲基苯丙胺剂量-反应曲线

行恢复。

药物要发挥作用，达到治疗疾病的目的，药物需与机体发生相互关系，涉及三个方面的内容：第一，药物与机体细胞间的初始作用，是动因，是分子反应机制，有其特异性。第二，药理效应是药物作用的结果，是机体反应的表现，对不同脏器有其选择性。最基本的药理学效应包括兴奋和抑制。第三，药理效应的选择性即药理效应的专一性，是药物引起机体产生效应的范围，是药物分类的依据，又是临床用药时指导用药和拟定治疗剂量的依据。药物的选择性与药物本身的化学结构有关。

药物的治疗作用按治疗目的分为以下几类。①对因治疗：针对病因治疗称为对因治疗，也称治本。用药目的在于消除原发致病因子，彻底治愈疾病。②对症治疗：用药物改善疾病症状，但不能消除病因，称对症治疗，也称治标。用药目的在于改善症状。

（3）毒性反应　用药剂量过大或用药时间过长，药物在体内蓄积过多引起的严重不良反应。分为：急性毒性（acute toxicity），短期内过量用药而立即发生的毒性；慢性毒性（chronic toxicity），长期用药在体内蓄积而逐渐发生的毒性。致癌、致畸胎、致突变“三致”反应也属于慢性毒性范畴。

治疗指数（therapeutic index，TI）是评价药物安全性的指标。通常将半数致死量与半数有效量的比值称为治疗指数。治疗指数大的药物相对较治疗指数小的药物安全。但以治疗指数来评价药物的安全性，并不完全可靠，以安全范围来评价更可靠。

药物安全性评价指标包括以下四类。①治疗指数是半数致死量和半数有效量的比值（$TI=LD_{50}/ED_{50}$），比值越大相对安全性越大，反之越小。该指标的药物效应及毒性反应性质不明确，这一安全指标并不可靠。②安全范围：是 $ED_{95}\sim TD_{5}$（5%中毒剂量，5% toxic dose）之间的距离，其值越大越安全。药物的安全性与药物剂量（或浓度）有关。③安全指数：通过 LD_5（5%致死剂量）与 ED_{95} 的比值（LD_5/ED_{95}）评估，比值越大安全性越好，④安全界限：以（LD_1～ED_{99}）/ED_{99} 的比值表示，其中 LD_1 为 1%致死剂量，ED_{99} 为 99%有效剂量，该参数能更精确反映临床剂量安全边际。图 6-3 通过剂量-反应曲线对比了药物 A 与药物 B 的治疗指数和安全范围特征，直观展示了不同评价指标的差异。（注：实际应用中需结合具体药物的量效曲线特征选择适宜的安全评价指标。）

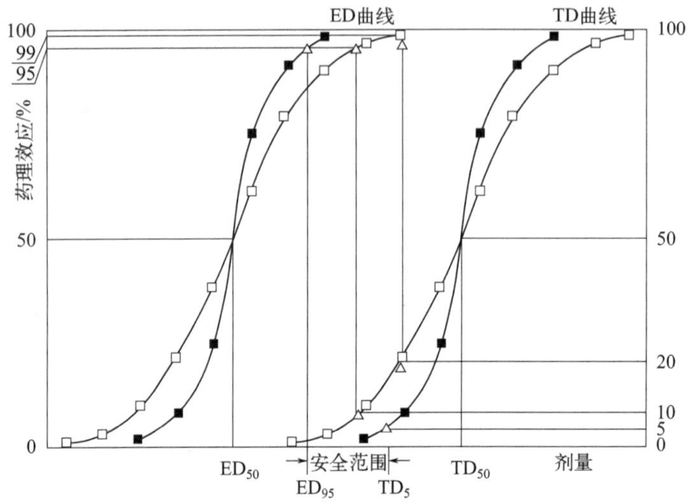

图 6-3　药物的治疗指数和安全范围

A 药（—■—）的治疗指数与 B 药物（—□—）相同，但 A 药的安全范围比 B 药大；

ED—有效剂量（effective dose）；TD—中毒剂量（toxic dose）

第二节　药物毒性与毒理作用

一、毒物的特征

1. 毒物概念与毒性分级

毒物（poison，toxicant）是指在一定条件下以较小剂量进入生物体后，能够对生物体产生损害作用或使生物体出现异常反应的外源化学物、天然的或合成的，无机的或有机的，单体或化合物，但也可能是动植物、细菌、真菌等产生的生物毒素。毒物可以是固体、液体和气体，与机体接触或进入机体后，能与机体相互作用，发生物理化学或生物化学反应，导致机体组织细胞代谢、功能和（或）形态结构损害，严重的甚至危及生命。

毒物的毒性作用不仅与它的性质有关，而且与其剂量、作用于机体的方式及被作用者的个体差异有关。毒物与非毒物没有绝对的界限，只是相对而言的。从广义上讲，世界上没有绝对有毒和绝对无毒的物质。任何外源化学物只要剂量足够，均可成为毒物。

毒物具有以下基本特征。①对机体有不同水平的有害性，但具备有害性特征的物质并不是毒物，如单纯性粉尘。②经过毒理学研究之后确定的。③必须能够进入机体，与机体发生有害的相互作用。具备上述三点才能称之为毒物。

而毒物造成机体损害的能力称为毒性。我们平常见到的“剧毒”“低毒”等实际上就是指毒物的毒性。按 WHO 急性毒性分级标准，毒物的毒性分为 5 级。

剧毒（5 级）：成人致死量，小于 0.05g/kg 体重；60kg 成人致死总量，0.1g。

高毒（4 级）：成人致死量，0.05～0.5g/kg 体重；60kg 成人致死总量，3g。

中等毒（3 级）：成人致死量，0.5～5g/kg 体重；60kg 成人致死总量，30g。

低毒（2 级）：成人致死量，5～15g/kg 体重；60kg 成人致死总量，250g。

微毒（1 级）：成人致死量，大于 150g/kg 体重；60kg 成人致死总量，大于 1000g。

2. 毒性作用与药物毒性反应类型

（1）毒性作用　①腐蚀毒。指对机体局部有强烈腐蚀作用的毒物，如强酸、强碱及酚类等。②实质毒：经吸收后引进脏器组织病理性损害的毒物，如砷、汞等重金属毒。③酶系毒：抑制特异性酶系统发挥毒性的物质，如有机磷农药、氰化物等。④血液毒：引起血液变化的毒物，如一氧化碳、亚硝酸盐及某些蛇毒等。⑤神经毒：作用于中枢神经系统并导致功能障碍的毒物，如醇类、麻醉药、镇静催眠药以及可卡因、苯丙胺等。

（2）药物毒性作用反应类型　药物性毒物是指原本用来防治疾病用的药物，由于用药过量或使用方式不当而成为毒物。如巴比妥类和非巴比妥类镇静催眠药、麻醉药、水杨酸类解热镇痛药、抗组胺药、洋地黄类、地高辛（digoxin）、某些抗生素及中草药等。药物毒性反应主要包括：

① 变态反应。即超敏反应（hypersensitivity），指机体对药物产生异常的、过强的免疫应答。即机体与抗原性物质在一定条件下相互作用，产生致敏淋巴细胞或特异性抗体。如再次进入与抗原结合，可导致机体生理功能紊乱和组织损害的免疫病理反应。又称变态反应。常见于过敏体质患者。是一类免疫反应，非肽类药物作为半抗原与机体蛋白结合后，经过敏感化过程而发生的反应。

② 毒性反应（toxic reaction）。是指用药剂量过大、用药时间过长或药物在体内蓄积过多时，对用药者靶组织（器官）产生的危害性反应，一般比较严重。

毒性反应是由化学物质与生物系统的化学成分进行可逆或不可逆的相互作

用，干扰机体正常代谢及自稳机制，引起细胞死亡、细胞氧化、突变、恶性变、变态反应或炎症反应，主要是一个分子反应过程。毒性反应是药物不良反应的主要类型之一。指没有任何防治意义的毒性作用，一般在用药过量时，或在用药者对药物耐受性较差时出现。

毒性反应的类型、严重程度主要取决于毒物的理化性质、接触状况、生物系统或个体的敏感性。

毒性反应分为两类。①急性毒性：短期内过量用药而立即发生的毒性。②慢性毒性：长期用药在体内蓄积而逐渐发生的毒性。三致反应（致癌、致畸、致突变）也属于慢性毒性范畴。

药物急性中毒主要是不正确使用药物，导致有毒的药物在短时间内经过皮肤、黏膜、呼吸道、消化道等一些部位进入身体，这时候器官就会受到损害。较为严重的时候还会导致器官出现衰竭现象，从而危及生命安全。图 6-4 表示药物急性中毒的症状。

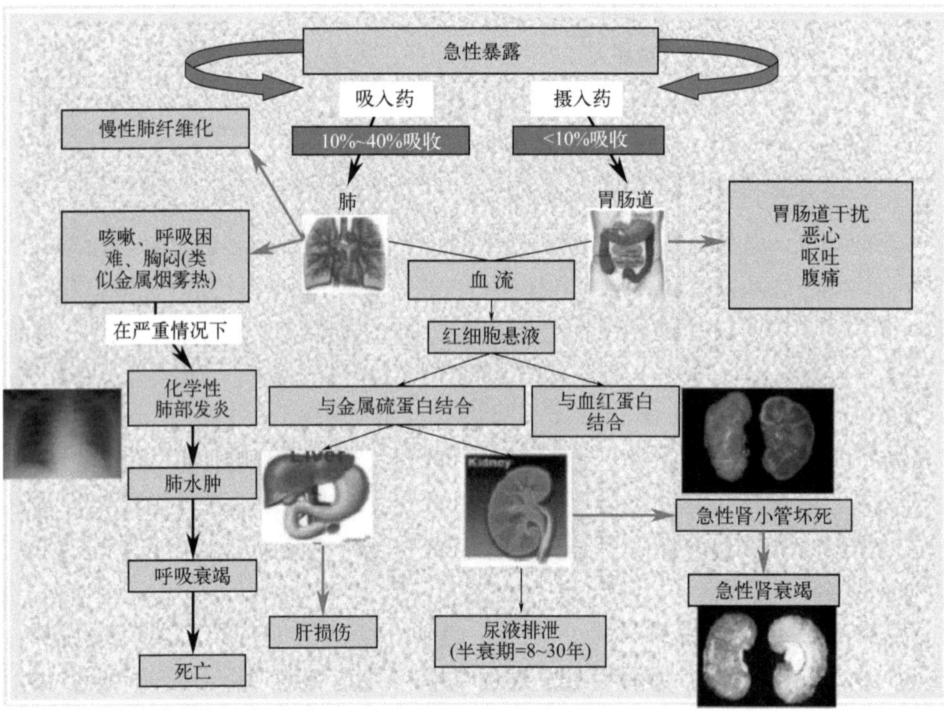

图 6-4　药物急性中毒的症状

（3）致癌性（carcinogenesis）　药物的致癌性可以是长期用药产生的慢性毒性，主要通过损伤遗传物质产生肿瘤，也可通过非遗传物质损伤途径产生，如氯霉素、己烯雌酚。长期使用氯霉素药物（包括片剂、针剂、眼药水），可导致白细胞减少，引起再生障碍性贫血并诱发急性白血病。其诱发白血病的潜伏期可长达 7 年。

如己烯雌酚（diethylstilbestrol），长时间服用此药的孕妇，其生下的女孩将来可能会发生生殖道腺瘤；绝经期或绝经后的妇女使用此药后，子宫内膜癌的发生率明显增加；男性如每日应用此药 0.5mg，连用数年可发生肾上腺癌。

（4）生殖毒性和发育毒性　生殖毒性主要针对育龄人群，用药后分别对生殖系统、与生育相关的神经系统或内分泌系统产生毒性效应。

如反应停（沙利度胺，thalidomide），是一种镇静药，为谷氨酸衍生物，临床上主要用于治疗各型麻风反应，能有效缓解淋巴结肿大、结节性红斑、发热、关节痛及神经痛等症状。同时沙利度胺对减轻妇女妊娠早期出现的恶心、呕吐等反应亦有效，但它可导致不少新生儿先天四肢残缺的先天畸形。

（5）致突变与遗传毒性（mutagenesis and genetic toxicity）　主要研究用药后对遗传物质的损伤作用。某些药物可损伤人类的遗传物质，这种损伤可能发生在染色体水平或基因水平上从而引发突变效应，从而产生对人类本身及后代的影响。

（6）特异质反应　由药物引起的一类遗传性异常反应，发生在有遗传性药物代谢和反应变异的个体。特异质反应属于药物不良反应的一类，是少数遗传缺陷者由于缺少特定的生化物质而造成的药物异常反应，不同于变态反应。

由于先天性遗传对某些药物异常敏感，与药物固有的药理作用基本一致。大多数是机体缺乏某种酶引起，使药物在体内代谢受阻所致。即使很小剂量也会发生，且其反应严重程度与剂量成正比，药理性拮抗药救治可能有效。

如乙酰化酶缺乏患者服用肼苯达嗪时易诱发红斑狼疮样反应；红细胞内缺乏葡萄糖-6-磷酸脱氢酶的患者，体内还原型谷胱甘肽不足，服用某些药物如伯氨喹、阿霉素和一些磺胺类药物，易引起溶血反应。又如恶性高热是对包括胆碱和各种吸入性麻醉药、镇静药等在内的一些药物的异常反应，其成因是横纹肌（也包括心肌）肌浆网上的钙离子释放通道，即已知的肉桂碱受体发生了遗传变异。

这种反应不是免疫遗传反应，因此没有预先致敏过程，特异质反应通常是有害的，甚至是致命的。

二、毒物代谢动力学和毒效动力学概念

1. 毒物代谢动力学

毒物代谢动力学（toxicokinetics）简称毒代动力学，是药物代谢动力学（pharmacokinetics）原理在毒理学中的应用。它是运用药代动力学的原理和研究方法，探讨药物毒性作用发生和发展规律的一门新兴学科。采用动物体内、外和人体外的研究方法，在毒理学研究中根据毒性作用剂量，获得药物的基本药代动力学参数，定性定量地研究试验动物体内药物吸收、分布、代谢和排泄随时间的

动态变化规律的科学。

采用数学方法研究生物体内外来化合物或其代谢产物量随时间变化的动态过程，着重研究它们在体内的吸收、分布、生物转化和排泄过程的定量规律。其试验步骤大致分为：①根据外来化合物在体内转运的特点，提出适当的隔室模型；②根据选择的隔室模型，列出微分方程求解；③由试验数据计算模型的各项参数及其误差估计；④利用毒代动力学数据对外来化合物进行毒理学安全性评价，或对中毒的处理及致毒作用机制进行研究。

2. 毒效动力学

毒效动力学（toxicodynamics）是毒理学的一个分支，研究毒物进入机体后与靶标部位的相互作用中，机体在系统、器官、组织、细胞、分子水平所发生的生理功能、生化反应、病理变化等的毒性反应全过程。通常用来鉴定原发性毒性作用，描述毒物与细胞相互作用过程，阐明产生整个毒性作用的顺序特征，可为揭示毒性作用机制、制定中毒治疗方案、设计安全性较高的化学物质及预测其危害性，提供可靠的科学依据。其中毒物的“量-效”与“构-效”关系也是其研究的重要内容。

3. 药物毒理学研究方法

以动物实验为主，也可用体内试验和体外实验。

① 体内实验也称为整体动物实验。严格控制实验条件，受试动物接受药物，然后观察药物引起的各种功能或形态的变化。实验多采用哺乳动物，例如大鼠、小鼠、豚鼠、家兔、仓鼠、狗和猴等。检测药物的一般毒性，多在整体动物中进行，例如单次给药毒性试验、重复给药毒性试验、局部毒性试验、致癌试验等。哺乳动物体内实验是药物毒理学的基本研究方法。

② 体外实验。利用游离器官、培养的细胞或细胞器进行药物毒理学研究，多用于药物对机体急性毒性作用的初步筛检以及作用机制和代谢转化过程的研究。

游离器官：利用器官灌流技术将特定的液体通过血管流经某一离体的脏器（肝脏、肾脏、肺、脑等），借此可使离体脏器在一定时间内保持存活状态，与药物接触，观察药物在该脏器出现的有害作用以及药物在该脏器中的代谢情况。

分离培养的细胞：利用从动物脏器新分离的细胞（原代细胞，primary cell）或经传代培养的细胞如细胞株（cell strain）及细胞系（cell line）进行药物的毒性研究。

细胞器：将细胞制作成匀浆，进一步离心分离成为不同的细胞或组分，例如线粒体、微核体、细胞核等，用于实验研究。

体内实验和体外实验各有其优点和局限性，应主要根据实验的目的和要求采用最适当的方法进行，并且互相验证。

三、药物中毒与毒理作用类型

1. 药物中毒的类型

（1）根据起病情况分为急性中毒和慢性中毒。

① 急性中毒。急性中毒是指机体一次大剂量暴露或 24h 内多次暴露于某种或某些药物，引起急性病理变化而出现的临床表现，其发病急、病情重、变化快，如不及时治疗常危及生命。

② 慢性中毒。慢性中毒是指长时间暴露，药物进入人体蓄积中毒而出现的临床表现，其起病慢、病程长，常缺乏特异性中毒诊断指标，容易误诊和漏诊。

（2）根据中毒类型分为轻度中毒和重度中毒。

① 轻度中毒。患者临床表现出头痛、头晕、恶心、呕吐，部分患者出现幻觉，失去时间感和空间感。

② 重度中毒。患者的临床症状较为严重，通常会表现出昏迷、呼吸抑制、惊厥、牙关紧闭、角弓反张、瞳孔缩小如针尖大小和呼吸困难等症状。

2. 药物毒理作用类型

（1）药物直接与靶标分子作用产生毒性

① 药物通过阻断或激活受体（如阿托品阻断 M 胆碱受体，吗啡激活阿片受体），干扰或模拟内源性配体的作用，发挥药理作用或毒性作用。

② 药物进入机体后可直接影响酶系统，通过抑制或诱导酶的生成或改变其活性，干扰酶参与的生化反应，从而导致机体生理功能紊乱，这是许多药物对机体产生毒性作用的原因。

③ 药物与机体内功能蛋白相互作用而改变其构象或结构时，可导致蛋白功能受到损伤。如长春碱（vinblastine）和紫杉醇与微管蛋白结合，影响细胞骨架蛋白的聚合或解聚。

④ 药物也可影响 DNA 的模板功能，如阿霉素（adriamycin）可嵌入 DNA 分子双螺旋结构间，推动邻近碱基对分开，造成 DNA 模板功能异常。

（2）药物引起细胞功能紊乱　药物与靶点分子作用后可引起基因表达失调、细胞活动失调以及细胞维持功能损伤。

（3）药物对组织细胞结构的损害作用　有些药物对机体的毒性并不首先引起细胞功能的改变（如糖原含量或某些酶浓度的改变），而是直接损伤组织细胞结构。如普卡霉素、非那西丁和呋塞米可通过化学损伤直接作用于肝细胞，导致肝组织变性或坏死。

（4）药物干扰代谢功能，产生毒性　四环素通过干扰肝细胞的代谢过程，抑制甘油三酯从肝脏转运，并抑制载脂蛋白合成，导致肝内脂肪堆积形成脂肪肝。

（5）药物通过影响免疫功能产生毒性作用　药物对机体免疫功能的影响可分

为两个方面：一方面是诱导兴奋，出现超常免疫反应，如变态反应、自身反应。这些过强的免疫反应，可对机体产生不同程度的损害，重者可危及生命。另一方面则是引起免疫功能抑制，使免疫监视功能低下，导致机体对感染和其他疾病抵抗能力下降。

（6）药物抑制氧的吸收、运输和利用导致的毒性　如磺胺类（sulfonamides）、伯氨喹（primaquine）等药物可使红细胞中的血红蛋白转变成高铁血红蛋白，引起高铁血红蛋白血症，由于红细胞内血红蛋白的再生障碍，导致血液输氧能力明显降低；一些刺激性气体（氮芥子气等）吸入后可造成肺水肿，使肺泡的气体交换功能受阻，血液含氧量明显降低；表面活性剂和肼类衍生物能加剧红细胞的破坏而引发溶血，使血红蛋白失去运输氧的能力。

第三节　降低中药毒性的途径和方法

中药药物毒性是用药安全必须注意的问题，不同中药毒性大小和毒性发作剂量有所不同，毒发症状也有区别。有的导致身体不适，有的致残、有的危及生命。所以，毒性中药都应标明“有毒”“大毒”“小毒”等内容来提醒人们正确使用。我国中医中药发展了几千年，历代中医、中药学者通过临床使用、科学研究积累了大量毒性药材处理和使用经验。

一、对症下药，精准用药

一说毒性药材给人的感觉就是对人体有害，其实不然，我们使用中药讲求对症用药，用对症、选对药、用对量才能达到药到病除；在应用毒药时要针对体质的强弱、疾病部位的深浅，恰当选择药物并确定剂量，中病即止，不可过服，以防止过量和蓄积中毒。如果不对症、选错药，不仅不能治病，而且会使病情加重或引起其他危害，如砒霜、胆矾、斑蝥、马钱子、附子、乌头等毒性较大的药物，用量过大或时间过长可导致中毒。但要是使用得当，就会起到意想不到的效果，如用雄黄治疗疔疮恶肿，斑蝥治癌肿癥瘕，砒霜治瘰疬痔漏等。

二、合理炮制，缓解毒性

通过对中药加工炮制，可降低药物毒性，方法有“水漂法”“加热法”“制霜法”“水飞法”等。水漂法可降低半夏、天南星有毒成分乌头碱的含量，使之口尝无麻辣感；用糯米炒斑蝥可去除斑蝥素，砂炒或油炸马钱子，可使其番木碱毒性被破坏或减少，此为加热法；巴豆压榨去油后，可以减缓峻泻力，还可减少对口腔及胃肠道的刺激，此为制霜法；此外，还有水飞法、加辅料炮制法等。

三、适当配伍，减毒增效

中药复方的配伍不是同类药物的简单累加，也不是不同药物的随机并列，而是根据病症的不同和治则的变化，按照中药配伍理论优化组合而成。中药通过配伍，可以提高和加强疗效，降低毒性并减少副作用，适应复杂多变的病情或改变药效。其根本原因是复方中各味中药有效成分的复合作用，使中药复方通过多靶点、多途径发挥复合疗效。如麻黄汤中含麻黄、桂枝、杏仁、甘草。现已知麻黄碱（ephedrine）为麻黄平喘的主要成分；桂皮醛（cinnamaldehyde）为肉桂挥发油中镇痛、解热的成分；杏仁苷（amygdalin）为杏仁中镇咳的成分；甘草中所含有的甘草酸（glycyrrhizic acid）及甘草次酸（glycyrrhetinic acid）具有解毒、抗菌、抗炎等作用。这均与麻黄汤证所指的头颈强痛、恶寒、发热、咳嗽是相符的。当然，大多中药复方并不是单味药有效成分的简单加和，而可能存在着一种中药的有效成分与其他中药的有效成分之间产生物理或化学的相互作用。一般来说，在中药复方的煎煮或制剂过程中，有效成分无论在质与量等方面均产生了很大变化。

中药复方中各药味的配伍有可能出现的物理变化之一是溶解度的改变，从而对药效产生相应影响。如很多含柴胡的方剂常配伍人参，经研究证明，柴胡的主要有效成分是柴胡皂苷 A、柴胡皂苷 D（saikosaponin D）等，它们的水溶性较差，用水煎煮时溶出率较低。但与人参配伍后，因人参中的有效成分人参皂苷类（ginsenosides）有助溶作用，可使柴胡皂苷的溶出率有较大的提高，从而提高了临床疗效。甘草与甘遂配伍是中药“十八反”之一，在煎煮过程中，甘草中的有效成分甘草皂苷（glycyrrhizin）能增加甘遂的毒性成分甾萜类成分的溶出率，使其毒性增加，故甘草不宜与甘遂配伍是有道理的。

中药复方中各药味的配伍产生化学变化的情况也比较多。含生物碱的中药与含大分子酸性成分的中药配伍时，往往会因它们之间产生难溶性物质而使生物碱在煎煮液中的含量降低。如黄连与吴茱萸配伍，煎煮液中来源于黄连的小檗碱（berberine）含量较单味黄连液降低 37%，是小檗碱和吴茱萸中的黄酮类化合物生成沉淀所致。四逆汤由附子、干姜、甘草三味中药组成，其煎液的毒性比单味附子煎液的毒性要小得多，表明干姜、甘草与附子配伍，可降低附子的毒性。这是由于附子的乌头碱（aconitine）与甘草皂苷生成了难溶于水的物质，使煎液中乌头碱的溶出率降低所致。半夏的毒性成分可刺激呼吸道黏膜，使呼吸肌麻痹，配伍姜后，可有效减轻或消除其毒性。

四、控制剂量，适度用药

适当剂量的毒物亦可成为药物，药物用量过大均易成为毒物。因此，药物与毒物之间没有本质的区别，只有量的差异。治疗疾病，使用药物，必须注意药物的各种量。即药物的“剂量、极量、治疗量、安全范围、常用量、维持量”。

极量：药物剂量超过一定限度后，药物的主要作用将由治疗作用变为毒害作用。这个安全使用的最大剂量限度就是极量，即可以安全使用的最大剂量。

治疗量：介于药物最小有效量与极量之间的剂量，在此范围内药物可产生预期治疗效果范围，称为治疗量。

常用量：医师最常用的药物剂量。

维持量：在疾病的治疗过程中，病情得到控制，为维持药效所需的最小剂量，称为维持量。

同一种药品，剂型不同，其所用的剂量也不同。例如，治疗高血压的硝苯地平，其普通片每日三次，每次一片。而其控释片，每日一次，每次一片。因此一定要看清药品的剂型和规格。

使用有毒之药，应从小剂量开始，若患者无不良反应再逐渐加量，这样可有效避免和减轻不良反应，但使用过程中，应密切观察患者服药前后病情变化。

五、先煎久煎，降低毒性

有些药物需要先煎，为的是使其中某些成分产生一定的变化，从而更好地适应临床要求。一般来讲，需要先煎的药物有附子、石决明、牡蛎、鳖甲、龟甲、珍珠母、水牛角、山羊角、生石膏、磁石、紫石英等。附子先煎可以降低其毒性并增强其强心作用。附子中所含的乌头碱是一种剧毒物质，口服仅 0.2mg 就能使人产生中毒反应。所以，先煎、久煎能够降低附子的毒性，同时，有利于附子中强心苷类物质溶出。

先煎处理能显著提高矿石类和贝壳类中药的有效成分溶出，因其质地坚硬，有效成分不易析出。先煎的时间并无定数，主要根据具体药物和病情而定，短者可 10～20min；长者可达数小时，然后再与其他药物共煎。

研究发现，将有毒药物先于其他药物煎煮，可有效降低其毒性。如乌头碱久煎后可充分水解为乌头原碱，其毒性仅为乌头碱的 1/4000～1/2000。因此，像川乌、草乌、附子等含乌头碱成分的药物一定要先煎、久煎。

六、改变服药方法，避免器官受损

鸦胆子味极苦，并且会腐蚀胃肠黏膜，如果用桂圆肉将其包裹或装入胶囊服用，就能避免刺激胃肠道。

七、改变剂型，高毒药低毒化

改变剂型也可有效降低毒性，如抵当汤（水蛭、虻虫、大黄、桃仁）药性峻猛，改汤剂为丸剂即抵当丸，采用峻药缓投，不伤正气，正是前人谓“汤者荡也，丸者缓也”之理。

第四节　常见中药材毒性物质致毒作用机制

一、常见中药材毒性物质

1. 生物碱类

生物碱多具有比较强烈的毒性作用，引起毒性反应的含生物碱中药很多，对机体的毒性可因所含生物碱性质的不同而异。如川乌、草乌、雪上一枝蒿所含乌头碱（aconitine）的毒理作用，主要是使中枢神经与周围神经先兴奋后抑制甚至麻痹，直接作用于心脏，导致心律失常、室颤。雷公藤、昆明山海棠所含生物碱可引起视丘、中脑、延脑、脊髓的病理性损伤，肝脏、肾脏、心脏可发生出血与坏死。天仙子（茄科植物莨菪的干燥成熟种子）、洋金花（曼陀罗的花）所含莨菪碱、东莨菪碱的毒理作用主要涉及神经系统，对周围神经的作用为阻断 M 胆碱受体，抑制副交感神经功能。马钱子所含番木鳖碱可选择性地兴奋脊髓神经元，对中枢神经有极强的兴奋作用，中毒剂量则抑制呼吸中枢。半夏、天南星所含类烟碱样生物碱，除刺激黏膜，引起喉头水肿外，可抑制呼吸中枢，中毒症状表现为口唇及肢体发麻、恶心呕吐、心慌心悸、吞咽困难、胸闷、流涎、面色苍白、烦躁不安或间有抽搐、血压下降等，最终可因呼吸麻痹及心力衰竭而死亡。

2. 糖苷类

糖苷类包括强心苷、皂苷、氰苷和黄酮苷等。如洋地黄、万年青、八角枫、夹竹桃等含强心苷，小剂量有强心作用，较大剂量或长时间应用可致心脏中毒，严重时可出现传导阻滞、心动过缓、异位节律等，最后因心室纤颤、循环衰竭而死亡。杏仁、桃仁等含氰苷，在体内被酶水解产生氢氰酸，有强烈的细胞毒作用，能迅速与细胞线粒体膜上氧化型细胞色素酶的三价铁结合，阻止细胞的氧化反应，表现为组织缺氧，如头昏、头痛、呼吸困难、发绀、心悸、四肢厥冷、抽搐、血压下降等，严重者往往可因窒息及呼吸衰竭而死亡。商陆、黄药子（黄独的干燥块茎）等含皂苷，可引起肠胃刺激症状，产生腹痛、腹泻，大剂量可引起中枢神经系统麻痹及运动障碍，长期服用可损害肾脏、肝脏等。芫花、广豆根（越南槐的根）等含黄酮苷，刺激胃肠道、损害肝脏，引起恶心呕吐、黄疸等症状。

3. 二萜类

雷公藤所含二萜类化合物具有显著急性毒性，主要表现为心脏毒性、肝损伤及骨髓抑制，同时具有明显的遗传毒性和潜在的致癌性。闹羊花所含闹羊花毒素（rhodojaponin）为二萜类化合物，可导致不同程度的神经麻痹症状。土荆皮（为金钱松 *Pseudolarix kaempferi* 的干燥根皮）所含的土荆皮二萜酸（pseudolaric acid）具有胃肠毒性和生殖毒性作用。大戟、芫花、甘遂等所含大戟二萜类化合物，对消化道和皮肤有严重的刺激性。黄药子所含二萜内酯类化合物若长期使用可导致肝、肾毒性，其肝毒性机制可能与二萜内酯类化合物引起线粒体氧化损伤有关，而肾毒性则表现为直接损伤肾小管，导致肾功能下降。

4. 毒蛋白类

毒蛋白分植物毒蛋白和动物毒蛋白。如巴豆、苍耳子、蓖麻子等植物所含植物毒蛋白，对胃肠黏膜有强烈的刺激和腐蚀作用，能引起广泛性内脏出血，甚至死亡。金钱白花蛇所含动物毒蛋白毒性很强，主要引起循环衰竭和急性肾衰竭。蜈蚣含动物毒蛋白毒性较强，类似蛇毒，且有很强的溶血性。

二、几种常见动物药的毒性与毒理资料

药用动物中常见自然有毒种类有毒蛇、河鲀、斑蝥、蟾蜍等，下面分别介绍它们的毒性成分的毒性与毒理。

1. 蛇毒

蛇毒成分十分复杂，不同蛇毒的毒性、药理及毒理作用各具特点。蛇毒的新鲜毒液呈蛋清样黏稠样液体，振荡时易起泡沫，呈弱酸性，有特殊的腥味，含水量为 65％～80％，比重 1.03～1.06。常温下易失活，－20℃保存 1 周后有部分失活。蛇毒中的蛋白质是主要毒性成分，包括蛇毒素和酶类两大类，所以遇到金属离子、乙醇、酚类物质时，立即产生沉淀；高温环境产生絮状沉淀；遇氧化剂（H_2O_2）、还原剂（亚硫酸钠）、强酸、强碱等易被破坏，亦易被蛋白水解酶所分解，紫外线照射也能使蛇毒失活。经甲醛处理后失去毒性，但仍保持其抗原性，可制备类毒素或抗蛇毒血清。

蛇毒按毒理学分类为血液循环毒素、神经毒素、毒性酶以及其他毒素等。

① 血液循环毒素。如蝰蛇、蝮蛇、竹叶青、五步蛇、金钱白花蛇、眼镜蛇等，可造成被咬伤处迅速肿胀、发硬、流血不止，剧痛，皮肤呈紫黑色，常发生皮肤坏死，淋巴结肿大。经 6～8 h 可扩散到头部、颈部、四肢和腰背部。伤者战栗，体温升高，心动过速，呼吸困难，不能站立。出现全身出血倾向，如鼻出血、血尿。如果咬伤后 4h 内未得到有效治疗则最后因心力衰竭或休克而死亡。

血液循环毒素种类很多，成分亦十分复杂，主要包括影响心脏、血管及血液系统的成分，能产生多方面的毒性作用，其临床表现相当于中医的“火热毒证”，故称“火毒”。

心脏毒素是眼镜蛇科毒液中的一类碱性细胞毒性蛋白。其由 15～17 种氨基酸，约 60 个氨基酸残基组成，分子量为 6000～7000。眼镜蛇毒、金环蛇毒、眼镜王蛇毒均含有此毒素。

从眼镜蛇的毒素中分离出 36 种心脏毒素和一种心脏毒素类似物。中毒早期有短暂的兴奋过程，如心率增快，血压上升，心室纤颤，甚至心肌坏死，导致心力衰竭。严重中毒时血压降至休克水平。眼镜蛇毒中的心脏毒素（CTX）与磷脂酶 A_2（PLA_2）协同作用：PLA_2 水解红细胞膜磷脂，CTX 进一步破坏膜结构，导致溶血性贫血和循环衰竭。CTX 还可直接损伤心肌，引起心电图异常（ST 段压低、T 波倒置、Q-T 间期延长），严重时诱发室颤。环磷酰胺等外源性心脏毒物则通过不同机制（如氧化应激）加重心肌损伤。

② 神经毒素。主要存在于金环蛇、银环蛇和海蛇的毒液中，眼镜蛇和部分蝮蛇亦含有此毒素。动物被咬伤后，局部症状不明显，流血少，红肿热痛轻微。但是伤后数小时内可出现全身症状，患者躁动不安，痛苦呻吟，全身肌肉震颤，吐白沫，吞咽困难，呼吸困难，最后卧地不起，全身抽搐，因呼吸肌麻痹而死亡。

神经毒素（如 α-银环蛇毒素）是由 60～74 个氨基酸残基组成的多肽，含 4～5 对二硫键（半胱氨酸形成）。其关键功能位点依赖赖氨酸、天冬氨酸等碱性/酸性氨基酸，并含疏水性残基（如亮氨酸、酪氨酸）维持结构稳定性。

眼镜蛇毒中的突触后神经毒素（α-neurotoxin）通过不可逆结合肌肉型烟碱乙酰胆碱受体（nAChR），阻断神经肌肉信号转导。蛇毒中其他酶类（如透明质酸酶、ATP 酶等）虽非神经毒素成分，但作为辅助蛋白可促进毒素扩散或加重组织损伤。

肽类神经毒素分为两类：a. 长链神经毒素，由 65～72 个氨基酸残基构成，含有 5 对二硫键；b. 短链神经毒素，由 60～62 个氨基酸残基构成，含有 4 对二硫键。尽管它们的一级结构不同，但均有共同的三指形结构。

神经毒素按作用部位和机制分为两种类型：a. 作用于运动神经与骨骼肌接头处的突触后膜，与后膜的胆碱能受体相结合，使运动神经末梢释放的乙酰胆碱对该受体不起作用，从而导致骨骼肌松弛，称突触后神经毒素，其作用特点似箭毒，又称似箭毒样神经毒素，与箭毒相比，突触后神经毒素与骨骼肌细胞膜上的乙酰胆碱受体（AChR）的结合，亲和力极高，对骨骼肌松弛作用亦较强。例如眼镜蛇的 α-神经毒素、银环蛇的 α-银环蛇毒素、海蛇的神经毒素等都属于这种类型。作用于突触后膜，与乙酰胆碱受体亲和力极高，能不可逆地阻断受体结合位点竞争性抑制乙酰胆碱的信号传递，且难以解离。在蝰蛇科和响尾蛇科蛇毒中有极个别蛇毒也含有突触后毒素。如国内产的腹蛇毒中就含有突触后神经毒素。b. 作用于神经-肌肉接头的突触前膜，抑制突触前膜 ACh 的释放。例如银环蛇 β-神经毒素，从江浙蝮蛇中分离出来的具有 PLA_2（磷脂酶 A_2）活性的突触前神经毒素。在这两种神经毒素的共同作用下，双重阻断了神经-肌肉接头的转导，引起骨骼肌弛缓性麻痹。由于呼吸肌的麻痹，导致外周性呼吸衰竭。若能及时合理地抢救，这种呼吸衰竭是有可能恢复的。海蛇毒引起的呼吸麻痹，主要是该蛇毒中的神经毒素与突触后膜的胆碱受体结合，阻断神经-肌肉接头的转导所致。并且海蛇毒能选择性地损坏骨骼，使肌纤维变性坏死。临床上常见肌红蛋白尿和急性肾衰竭，故有人把海蛇毒中的神经毒素称之为肌毒素。神经毒素引起的骨骼肌弛缓性麻痹，以头颈部为先，到胸部，最后到胸肌。神经毒素的这些症状，相当于中医风邪侵袭所致的临床表现，故称为“风毒”。

③ 毒性酶。蛇毒中主要含有磷脂酶 A_2、蛋白水解酶（proteolytic enzyme）和 5′-核苷酸酶（5-nucleotidase）等。与蛇毒毒性关系密切的几种酶是：蛋白水解酶、磷脂酶 A_2、透明质酸酶等。

蛇毒酶类占蛇毒干重的 30%～50%。目前已分离纯化的蛇毒蛋白酶约有 200 多种，部分蛋白酶的结构特征已清楚，有些酶已应用于临床。蛇伤造成的出血、水肿及肌肉坏死、凝血功能障碍等症状均与蛇毒酶的活性密切相关。此外，蛇毒中还含有少量其他酶类，如乳酸脱氢酶（LDH）同工酶、氨基酸氧化酶等。这些酶在各类蛇毒中普遍存在。

大多数酶属于水解酶，按其毒理作用分类，水解酶常分 3 类：a. 引起局部毛细血管和组织损伤与坏死的酶类（如蛋白酶、磷脂酶 A_2、透明质酸酶和胶原蛋白酶等）；b. 引起血凝障碍或纤溶作用的酶类［如凝血酶（TLE）、蛋白酶和磷脂酶 A_2 等］；c. 引起压降、水肿、疼痛等作用的激肽释放酶（kallikrein）。目前已发现的 10 多种蛇毒突触前神经毒素都具有蛇毒 PLA_2 活性。如 β-银环蛇毒素、太攀蛇（*Oxyuranus scutellatus*）毒素、虎蛇（*Notechis scutatus*）毒素、响尾蛇（*Crotalus* sp.）毒素和蝮蛇毒素等。PLA_2 非常稳定，经高温、低 pH 值处理后仍保持酶的活性。此外，蛇毒中还发现有心脏毒素、肌肉毒素等，其组分中含有不同量的 PLA_2。PLA_2 能水解多种磷脂类物质，增加红细胞的通透性。在临床上，蝮蛇伤引起严重的神经中毒症状以及溶血和出血等并发症，均与 PLA_2 同工酶的活性密切相关。

④ 其他毒素

a. 细胞毒素。海蛇毒属于细胞毒素，其毒液主要靶向横纹肌肌肉，而不是神经系统。海蛇咬伤时疼痛感轻微或无疼痛感，其毒性发作有一段潜伏期，被海蛇咬伤后 30 min 甚至 3 h 内都没有明显中毒症状，然而这很危险，容易使人麻痹大意。实际上海蛇毒被人体吸收非常快，中毒后最先出现的症状是肌肉无力、肌痛，后逐渐出现眼睑下垂，牙关紧闭，有点像破伤风的症状，同时心脏和肾脏也会受到严重损伤。未治疗者，可能在 6～48h 死亡。多数海蛇是在受到骚扰时才伤人。

细胞毒素可作用于细胞膜上，导致膜结构改变而释放细胞内含物，也能直接溶解某些动物的红细胞。因此，被眼镜蛇或蝰蛇咬伤后，可引起肢体组织溶解，血尿，严重者可致肾小管损坏。

b. 膜毒素。为膜活性多肽，又称碱性多肽，主要作用于细胞膜并引起复杂的生物学效应。它能直接溶解红细胞，通过改变细胞膜通透性导致细胞内容物渗漏，并使膜上的酶易于溶出，对心脏、骨骼肌、周围神经等均可产生有害作用。此外，其毒性作用常被磷脂酶 A_2 所加强。

c. 混合毒素。如眼镜蛇和眼镜王蛇的毒液属于混合毒素。局部伤口表现为红肿，发热，有痛感，可能出现坏死。毒素被吸收后，全身症状严重而复杂，既有神经症状，又有血液循环毒素造成的损害，最后死亡多因窒息或心力衰竭。

2. 河鲀毒素

河鲀毒素分子式为 $C_{11}H_{17}O_8N_3$，分子量为 319.27，是鱼鲀类及其他生物体内含有的一种生物碱。河鲀毒素结构式见图 6-5。

经腹腔注射对小鼠的 LD_{50}（半数致死量）为 8μg/kg，其毒性比氰化物还要高 1250 多倍，人类摄入 0.5mg 即可致死。

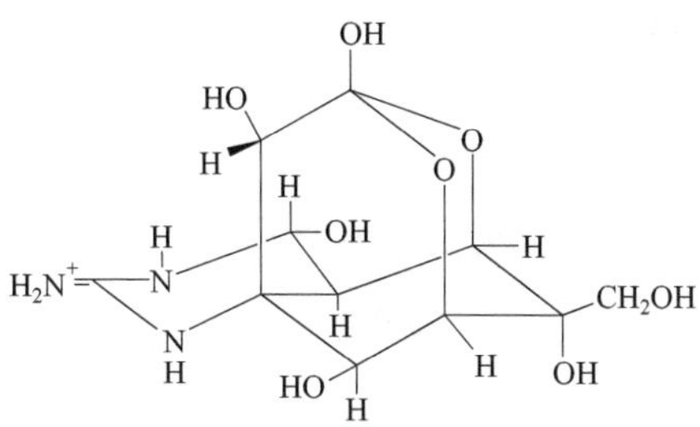

图 6-5　河鲀毒素化学结构式

河鲀在生殖季节毒性最强，且雌性大于雄性，而在不同部位中，卵巢＞肝脏＞脾脏＞血液＞眼睛＞鳃耙＞皮肤＞精巢。活体河鲀一般肌肉中不含有河鲀毒素，但河鲀死后内脏中的毒素可渗入肌肉，此时鱼肉也含有少量毒素。提取毒素的主要部位为卵巢和肝脏。

河鲀毒素的分布：鲀科鱼类是最常见的含河鲀毒素的水产品。中国的鲀科鱼类共有 54 种，其中东方鲀属 22 种。中国共有 35 种河鲀具有不同程度的河鲀毒性，常见品种有晕环东方鲀、暗纹东方鲀、弓斑东方鲀、铅点东方鲀、兔头鲀、横纹东方鲀等。从亚历山大藻培养液中检出一定量的河鲀毒素，表明亚历山大藻体内麻痹性贝毒和河鲀毒素同时存在。

在河鲀体内发现含河鲀毒素的器官或组织有肝脏、卵巢、皮肤、肠、肌肉、精巢、血液、胆囊和肾等，其中 34 种河鲀肝脏含毒，32 种卵巢含毒，21 种皮肤含毒，21 种肠含毒，13 种肌肉含毒，8 种精巢含毒，4 种血液含毒，4 种胆囊含毒，1 种肾含毒。

含有河鲀毒素的其他生物还有：云斑裸颊虾虎鱼、织纹螺、牡蛎吊筏上的纽虫及蝾螈等。纽虫体内含大量的河鲀毒素、4-表河鲀毒素、脱水河鲀毒素及 3 种未知毒素，最高毒性为 14734MU/g。

（1）毒理作用　河鲀毒素是典型的钠离子通道阻断剂，它能选择性与肌肉、神经细胞的细胞膜表面的钠离子通道受体结合，阻断电压依赖性钠离子通道（图 6-6），从而阻滞动作电位，抑制神经肌肉间兴奋的传导，导致与之相关的生理功能障碍，主要造成肌肉和神经的麻痹。构效关系表明，TTX 的活性基团是 1，2，3 位的胍氨基和附近的 C-4、C-9、C-10 位的羟基，胍氨基在生理 pH 条件下发生质子化，形成正电活性区域，与钠离子通道受体蛋白的负电性羰基相互作用，从而阻碍离子进入通道。钠离子受体至少有 6 个特异性靶分子结合位点，河鲀毒素是与钠通道受体部位Ⅰ结合。TTX 受体位于可兴奋细胞膜外侧、钠通道外口附近，河鲀毒素与受体部位结合，阻碍钠离子接近通道外口。研究表明，TTX 特异性作用于钠通道，对钾、钙通道和神经肌肉的突触及胆碱酯酶（cholinesterase）无直接影响。此外，毒素能通过血脑屏障进入中枢，对中枢产生明显的抑制作用。河鲀毒素对呼吸和心血管的抑制是对中枢和外周的共同作用结果。

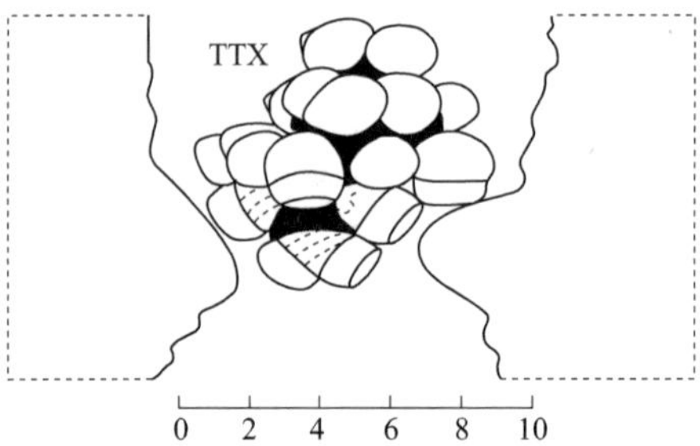

图 6-6　河鲀毒素分子阻塞钠通道模型

河鲀毒素毒理作用的主要表征是阻断神经和肌肉的传导，毒量增大时会抑制迷走神经，引发呼吸抑制和心动过缓；严重时体温和血压下降，最后导致血管运动神经和呼吸神经中枢麻痹而机体迅速死亡。河鲀毒素可选择性抑制可兴奋膜电压，阻碍 Na^+ 通道的开放，从而阻止神经冲动的发生和传导，使神经肌肉丧失兴奋性。此后，多数研究工作都是围绕着 TTX 阻断可兴奋组织的 Na^+ 通道而展开。河鲀对 TTX 具有抗性。如果该区域出现由芳香性氨基酸向非芳香性氨基酸的氨基酸置换，就会显著影响它与 TTX 结合的灵敏度。在对河鲀毒素没有免疫力的生物体内，钠通道的 α-亚基上存在河鲀毒素结合位点，河鲀毒素与 α-亚基门孔道外口的氨基酸残基结合，阻止钠离子进入细胞内，引起河鲀毒素中毒。而河鲀体内细胞的构造与其他生物不同，河鲀体内还存在可以与河鲀毒素结合的其他蛋白质，从而使河鲀对体内的河鲀毒素具抗性。比较红鳍东方鲀、黑青斑东方鲀和斑马鱼的钠通道基因序列，发现红鳍东方鲀和黑青斑东方鲀骨骼肌的 Nav1.4 通道发生了变异，正是这种变异使河鲀具有抵抗河鲀毒素的能力。红鳍东方鲀和豹纹东方鲀的变异类似，都是在 Nav1.4 通道的 401 位点上发生了氨基酸取代，取代为一个有更大侧链体积的极性氨基酸。河鲀的这些氨基酸是不与河鲀毒素结合的，从而也就不能对河鲀的钠通道造成影响。通过克隆技术获取豹纹东方鲀骨骼肌 Nav1.4 通道的 cDNA 序列，发现 Nav1.4 通道区域Ⅰ的 401 位点处存在一个极性氨基酸，即天冬酰胺。通过基因工程把极性氨基酸移植到对河鲀毒素敏感的小鼠骨骼肌 Nav1.4 通道处，移植的极性氨基酸的折叠程度越高，小鼠抵抗河鲀毒素的能力越强。当极性氨基酸的折叠程度大于取代位点氨基酸折叠程度的 5000 倍时，IC_{50}（50% Na^+ 通道发生阻断时河鲀毒素的浓度）提高至 $47\mu mol/L$。

（2）预防与救治　河鲀营养丰富，味道鲜美，素有长江第一鲜之称。河鲀的食用在中国、日本等亚洲国家有着悠久的历史，并逐渐形成了特有的河鲀饮食文化。然而，河鲀体内含有剧毒物质，如加工处理不当，会引起食物中毒及致残致死事故，严重威胁人们的生命安全。因此，加强河鲀安全知识宣传，提高公众对其毒性的认知，避免误食或贪其美味但处理不当而中毒至关重要。

由于河鲀毒素在极低浓度即可阻塞 Na^+ 通道，使中毒潜伏期缩短，绝大多数患者在食用后 10～45min 发病，病情发展迅速，先是皮肤有麻木或刺痛感，很快延及手指、四肢及其他部位，产生广泛的肌肉麻痹；消化系统出现呕吐、腹泻，严重者可致呼吸肌麻痹、血压下降、循环衰竭。因无特效解毒剂，临床一般采用综合对症治疗措施。

如早期服用 1%硫酸铜 100mL 催吐或 0.2%活性炭悬浮液洗胃；静脉注射高渗或等渗葡萄糖溶液，以促进毒素的尽快排泄；解毒，莨菪碱类药物包括阿托品（atropine）、东莨菪碱（scopolamine）、山莨菪碱（anisodamine）、樟柳碱（anisodine）等大剂量应用对救治河鲀鱼类中毒有一定效果；肌肉麻痹者可肌注维生素 B_1＋维生素 B_6 去麻痹，咖啡因（caffeine）、洛贝林和硫代硫酸钠（sodium thiosulfate）与生理盐水一起静脉注射也有一定疗效。同时可采取补液等对症治疗措施。

3. 斑蝥素

斑蝥素是芫菁科动物大斑蝥体内含有的药用有效成分，外用对皮肤有止痒、改善局部神经营养状态及刺激毛囊促进毛发生长的作用，并对多种癌症具有抑制作用。

但斑蝥素是一种剧毒药物，可引起肾脏功能障碍，口服斑蝥素急性中毒表现为消化、泌尿及中枢神经系统症状，可引起口腔黏膜水疱及溃疡、恶心、呕吐、便血，并有头痛、头昏、高热、休克等症状，口服 30mg 斑蝥素可致死。

（1）毒性反应

① 消化道损伤。斑蝥素口服后会刺激消化道产生炎症反应，患者会出现恶心、呕吐、食管灼烧等症状。

② 肾损害。斑蝥素吸收后会引起肾小球上皮细胞肿胀坏死，患者会出现蛋白尿、血尿、排尿疼痛、排尿困难、肾功能下降等症状，更严重时，会导致肾衰竭。

③ 皮肤坏死。斑蝥素可引起皮肤发红、起疱、溃疡，甚至坏死。

（2）毒理机制　斑蝥素被表皮角质形成细胞膜中的脂质特异性吸收，激活中性丝氨酸的释放蛋白酶。这些酶随后破坏周围蛋白质中的肽键，导致桥粒致密斑块逐渐退化，桥粒致密斑块是参与细胞间黏附的重要细胞结构。这种退化导致将细胞固定在一起的张力丝分离。斑蝥素局部应用于局灶病变如疣时，可选择性诱导棘层松解（细胞间连接丧失）和皮肤起疱。一些研究表明，斑蝥素作为蛋白磷酸酶 2A（protein phosphatase 2A，PP2A）的有效和选择性抑制剂，能够通过诱导细胞周期停滞和凋亡，对胰腺癌细胞产生氧化应激非依赖性的生长抑制作用。

（3）斑蝥中毒的治疗

① 洗胃。中毒早期，消化道刺激症状较轻者，慎用洗胃，操作要轻柔，宜用小胃管。洗胃液可用 0.5%活性炭悬浮液或脱脂牛奶与水等量混合的液体。

② 保护胃黏膜。洗胃之后或消化道刺激症状严重不宜洗胃者，应立即口服蛋清或脱脂牛奶 150～200mL，然后口服活性炭 20～40g。

③ 导泻。②法处理 30min 后，予以 50%硫酸镁导泻。

④ 输液利尿。静脉滴注 5%～10%葡萄糖液或 5%葡萄糖生理盐水，每小时 200～400mL，同时静脉注射呋塞米（速尿），每日 20～60mg，调节电解质紊乱。

⑤ 对症治疗。局部反应者，可用龙胆紫或冰硼散外敷，涂药前，先用温开水洗净，以防残留毒物。膀胱刺激症状明显者，可口服碳酸氢钠碱化尿液、预防感染等。

⑥ 中医中药治疗。中药甘草、绿豆、黄连煎汁内服可用于解毒。

（4）斑蝥中毒的预防　采集斑蝥时，要戴防护手套。药物加工时要穿防护服，戴口罩、眼镜以防污染。临床用药时，剂量要严格控制。

4. 蝎毒素

蝎毒素（buthotoxin）为东亚钳蝎毒液的主要活性成分，是一种生物毒素，主要由蛋白质和非蛋白质两部分组成，其蛋白质是主要活性成分。根据功能差异，这些活性蛋白质可分为毒性蛋白（蝎毒素）和酶两大类。

从已知蝎毒中分离出数十种蝎毒素单体，其中酶类主要由磷脂酶 A_2（phospholipase A2）、乙酰胆碱酯酶（acetylcholinesterase）、透明质酸酶（hyaluronidase）等组成。透明质酸酶是一种水解透明质酸的糖苷酶，能够降解细胞之间的透明质酸，导致细胞间出现空隙，蝎毒中的其他组分就可以顺利地进入机体内部。

蝎毒素是由 20～80 个氨基酸残基构成的小分子蛋白质，其分子量小，结构中含有稳定的以半胱氨酸为中心的 α/β 模体，即一个 α 螺旋通过 2 对二硫键与 1 个反向平行的 β 片层相连接。作用于钾离子通道的多肽蝎毒素的氨基酸序列已被测定，它们的分子中含 3～4 对二硫键。以 3 对二硫键为基础的共同特征序列为—CXXXC—、—GXC—、—CXC—（其中 X 表任意一种氨基酸），它们分别以 1-4、2-5 和 3-6 的方式配对。而含有 4 对二硫键的配对方式为 1-5、2-6、3-4 和 7-8。其立体结构呈紧密球形。

以来源于以色列金蝎（*Leiurus quinquestriatus hebraeus*）的蝎毒素即卡律（布德）蝎毒素（charybdotoxin）为例，它含有 37 个氨基酸残基，其三维结构包含 3 个反向平行的 β 片层与一个短的 α 螺旋，通过 3 对二硫键稳定结构。从该类蝎中获得的另一种蝎毒素即小电导钙激活钾通道阻断剂 scyllatoxin，含 1 个 α-螺旋及 1 个反向平行的 β 片层，分子内含有 3 对二硫键。来源于中东金蝎的蝎毒素，抑制 Shaker 钾通道（ShB）的 K^+ 电流的莫鲁蝎毒素（maurotoxin）也具有类似的结构。模体中 α 螺旋的长度在不同毒素中有一定的差异。β 片层由 2 个或 3 个 β 链组成，其中链 2 和链 3 形成一个反向平行的 β 片层结构。

通过对钠通道毒素的功能结构域的研究发现，它的三维空间结构具有 1 对芳香族氨基酸残基（Trp10 和 Phe17）以及多个带正电荷的残基（1ys13、Arg18、Lys62 和 Arg64）。这些关键氨基酸残基在毒素功能中起着非常重要的作用，包括介导与钠通道的相互作用，维持毒素的空间结构排列和参与钠通道识别过程中的电位形成。

（1）蝎毒素分类　蝎毒素最主要的分类是按其分子结构中是否含有二硫键，其中含有二硫键的一类，依其药理学特征，可分为 Na^+ 通道毒素、K^+ 通道毒素、Cl^- 通道毒素和 Ca^{2+} 通道（主要存在于骨骼肌细胞膜上）毒素。这些离子通道是细胞膜表面的一类分子量较大的跨膜糖蛋白，在膜上形成特殊的亲水孔道，是细胞内外离子交换的途径，是神经、肌肉、腺体等许多组织细胞膜上的基本兴奋单元，能产生和传导电信号，具有重要的生理功能。

① 钠离子通道毒素。根据作用方式和结合位点的不同，Na^+ 通道毒素又可分为 α 型毒素和 β 型毒素。α-毒素以电压依赖方式作用于 Na^+ 通道上的位点 3，通过延缓 Na^+ 通道的失活过程，使 Na^+ 通道电流衰减减慢，导致动作电位时间延长。α-毒素根据其作用的特异性分为：a. 典型的对哺乳动物高特异性的 α-毒素；b. 作用于昆虫的昆虫型 α-毒素；c. 中间型 α-毒素，即同时作用于哺乳动物和

昆虫的 α 类似毒素，但对哺乳动物毒性更强。

β-毒素则结合在 Na^+ 通道的位点 4 上，通过影响 Na^+ 通道的激活过程，使电压依赖的 Na^+ 通道激活曲线移向较负的电位。根据 β 型蝎毒素对昆虫和哺乳动物钠通道的特异性及其作用于昆虫时表现的症状不同又可分为：抗哺乳动物 β-毒素、抗昆虫兴奋性 β-毒素、抗昆虫抑制性 β-毒素和 TsⅦ或 γ 型蝎毒素。抗哺乳动物 β-毒素，表现为对哺乳动物的高毒性，并在膜片钳下表现出可调节哺乳动物脑中钠通道电流的作用；抗昆虫兴奋性 β-毒素即使以毫克级别注射到哺乳动物体内（如小鼠脑内）也无毒性表现；抗昆虫抑制性 β-毒素，经注射性给药可诱发昆虫的迟缓性瘫痪，利用膜片钳技术可观察到其使轴突动作电位向强去极化方向移动；TsⅦ或 γ 型蝎毒素对昆虫和哺乳动物的钠通道都有高活性作用，例如 Lqhβ1 毒素在注射给药于绿蝇幼虫时有典型的抑制作用。

② 钾离子通道毒素。此类毒素以卡律（布德）蝎毒素（charybdotoxin，CTX）为代表，其分子结构中有 3 对二硫键，但 CTX 对钾离子通道亚型的选择性不高，这反而使得它的用途相当广泛。从 1990 年起，CTX 被开发为实验室商品。它可阻断多种钾通道亚型，包含大电导 Ca^{2+} 激活 K^+ 通道、电压依赖性 K^+ 通道（如淋巴细胞和果蝇电压门控 K^+ 通道）、A 型 K^+ 通道（卵母细胞）以及小电导 Ca^{2+} 激活 K^+ 通道（海兔神经元）。此外，CTX 还可作用于神经细胞、血细胞和破骨细胞中的电压依赖性 Kv1.3 钾离子通道。其特征是它们的 N 端为焦谷氨酸残基，氨基酸序列同源性达 70%，且在分子的第 2 位与第 14 位上均分别保守存在苯丙氨酸（Phe）和色氨酸（Trp）残基。类似的毒素还包括：蝎毒素-Lq2（CTX-Lq2）、BmTX 和短裸甲藻毒素（PBTX）等。

第二类是以诺克休斯毒素（noxiustoxin，NTX）为代表，该毒素最早由墨西哥蝎（*Centruroides noxius*）的毒素中分离出，包括从 5 种蝎毒中分离出来的 8 种多肽，也是最早报道的蝎源性 K^+ 通道阻断剂。主要作用于电压依赖性 K^+ 通道，通过延长动作电位持续时间发挥生理效应，并且对 Ca^{2+} 激活 K^+ 通道（KCa）也有微弱的抑制作用。NTX 能够以剂量依赖的方式可逆地阻断鱿鱼轴突的延迟整流 K^+ 通道、大鼠骨骼肌中的大电导 Ca^{2+} 激活 K^+ 通道和人 T 淋巴细胞中的电压依赖性 K^+ 通道。类似的毒素还有玛格斑蝎毒素（margatoxin，MgTX）。

第三类是以卡利蝎毒素（kaliotoxin，KTX）为代表，该毒素最早从北非蝎（*Androctonus mauretanicus mauretanicus*）的粗毒中分离得到，包括从 7 种蝎毒中纯化到的 9 种多肽，均由 37～38 个氨基酸残基组成。KTX 可以阻断电压依赖性钾通道，包括大电导 Ca^{2+} 激活 K^+ 通道。类似的毒素还有：多肽 K^+ 通道阻断剂（agitoxin 2，AgTX 2）、AeTX 3（附生蓝藻 *Aetokthonos hydrillicola* 产生的强效神经毒素）、卡利蝎毒素-2（kaliotoxin-2，KTX 2）等。

第四类是以淋巴毒素（lymphotoxin，LTX1）、东亚钳蝎短链 K^+ 通道毒素

(BmP05) 为代表的毒素，它们均由 31 个氨基酸残基组成，氨基酸序列相似性达 84%。它们对小鼠的毒性很强，脑室注射的半致死量低于 2 μg/kg，可以与蜂毒明肽（apamin）竞争结合鼠脑突触膜上的蜂毒明肽受体，能特异性地阻断不同细胞类型中的由钙离子激活的、对蜂毒明肽敏感的钾离子通道（SKCa）。

第五类为巴西钳蝎 K^+ 通道毒素（TSK），是从巴西黄蝎（*Tityus serrulatus*）毒液中分离得到的一种 35 肽毒素，在 C 端含有独特的—Cys—Asp—Cys—三肽结构域。有学者发现钾通道抑制剂 tityustoxin-Kα（TsTx-Kα）具高亲和力、可逆性地阻断爪蟾卵母细胞上 Kvl. 3 通道（Shaker K^+ 通道的一种亚型）。

第六类是以刺尾鱼毒素（maitotoxin，MTX）为代表，由北非蝎（*Scorpio maurus*）毒素中分离出，包括 3 种蝎毒中分离到的 5 个多肽，大小介于 34～37 个氨基酸残基之间。MTX 分子中含有与其他毒素位置不同的 4 对二硫键，可阻断电压依赖性 K^+ 通道，如果蝇的摇动（Shaker）K^+ 通道、蜂毒明肽或 KTX 敏感的 K^+ 通道。

第七类为以 P01 为代表，由 28～29 个氨基酸残基组成，包括从 3 种蝎毒中分离到的 4 种多肽，是迄今发现的最小分子蝎毒素组，成员间具有 76%的氨基酸序列相似性。该组毒素对小鼠毒性很弱（脑室注射至毫克水平仍无反应）。因此，尽管这 4 个多肽由于结构类似而被归入钾离子通道毒素类，但是它们的主要功能还有待发掘。

第八类是以东亚钳蝎（*Buthus martensi*）粗毒中提取的 28 肽 BmP02 为代表，包括从两种蝎毒中分离到的 3 个多肽：BmP02、BmP03 和 LP1。这些多肽含有 3 对二硫键，且氨基酸序列仅存在 1 个残基差异。BmP02 是一种选择性 Kv1. 3 通道阻断剂和高选择性 Kv4. 2 调节剂，已被证实可特异性抑制大鼠心室肌细胞的短暂外向钾电流（Ito）。此外，它还能微弱作用于蜂毒明肽敏感的小电导 Ca^{2+} 激活 K^+ 通道（SKCa），但对小鼠无致死毒性。进一步研究表明，BmP02 可减弱兔心肌细胞的瞬时外向钾离子流，因此可作为研究瞬时外向钾离子通道（如 Kv1. 3 和 Kv4. 2）的重要工具分子。

第九类是以伊比蝎毒素（BTK-2）为代表，由印度红蝎（*Buthus tamulus*）粗毒中分离得到的一种钾离子通道阻断剂。该毒素由 32 个氨基酸残基组成，通过 6 个保守的半胱氨酸（Cys）残基形成分子内交联，分子量为 3452。BTK-2 与其他钾离子通道阻断剂具有 40%～70%的氨基酸序列相似性。

当然，这种分组并不是绝对的，各类毒素之间不论在结构上还是生物活性方面都存在交叉重叠现象。例如，蝎毒素（CTX）除作用于大电导 Ca^{2+} 激活钾通道（BKCa）外，还能作用于淋巴细胞中的电压门控 K^+ 通道（Kv）、果蝇电压门控 K^+ 通道、爪蟾卵母细胞表达的 A 型 K^+ 通道（KA）以及海兔（*Aplysia*）来源的小电导 Ca^{2+} 激活 K^+ 通道（SKCa）等；诺克休斯毒素（noxiustoxin，NTX）除了抑制电压门控 K^+ 通道（Kv）外，对 Ca^{2+} 激活 K^+ 通道也具有弱抑制作用；某些蝎毒素除了抑制电压门控 K^+ 通道外，还能抑制蜂毒明肽（apamin）和卡利蝎毒素（kaliotoxin，KTX）与大鼠脑突触体膜的结合。

③ 钙离子通道毒素。目前从蝎毒中仅分离到两种钙离子通道毒素：欧前胡素 A（imperatoxin A，IpTx A）和毛若考辛（maurocalcine）。这两种肽毒素均为 Ca^{2+} 释放通道/兰尼碱受体（RyRs）的高效激活剂，能显著促进 Ca^{2+} 从肌浆网向胞质释放。它们分别源自非洲帝王蝎（*Pandinus imperator*）和阔掌蝎（*Scorpio maurus palmatus*）的粗毒，均由 33 个氨基酸残基构成，含有 3 对分子内二硫键，序列同源性高达 82%。其小鼠 LD_{50} 为 20μg/kg（腹腔注射），可通过可逆性激活骨骼肌型兰尼碱受体（ryR1），诱导受体通道形成持久的亚通透状态，从而导致细胞内钙库持续释放 Ca^{2+}。

钙通道毒素具有富含碱性氨基酸残基的特征结构，能够通过与细胞膜表面带负电荷的磷脂分子发生静电相互作用，进而破坏脂质双层的稳定性并穿透细胞膜，最终与胞内的兰尼碱受体（ryanodine receptor，RyR）结合。这类毒素与 RyR 的相互作用机制类似于双氢吡啶受体（DHPR）Ⅱ～Ⅲ环的作用方式，通过特异性结合并构象调控 RyR，触发内质网中 Ca^{2+} 的大量释放。

钙离子通道毒素在结构上与其他蝎神经毒素的保守 α/β 折叠模式不同，其采用“抑制剂半胱氨酸结”的独特折叠方式。该结构中，分子内的二硫键形成紧密的疏水核心，而核心外部的环状结构及 N 端区域则暴露于溶剂环境中。其 C 端区域呈现反向 β 平行折叠构象，N 端的一段 β 折叠则与该平行折叠呈垂直取向。尤为重要的是，由 Lys11-Lys16 组成的阳离子电荷簇构成了这类毒素的关键结构膜序（structural membrane sequence），该结构特征被认为是其激活兰尼碱受体（ryanodine receptor，RyR）功能的关键结构基础。基于这种特殊的结构特征，可以认为毒素通过与通道蛋白的静电相互作用诱导显著的构象变化，进而实现其生物学效应。这一特性使得该类毒素成为研究兰尼碱受体（RyR）通道开放机制的重要多肽探针。

④ 氯离子通道毒素。氯毒素（chlorotoxin，CLTX）是从巴勒斯坦毒蝎（*Leiurus quinquestriatus*）毒液中通过凝胶过滤和高效液相色谱（HPLC）技术分离纯化获得的一种多肽毒素。该毒素由 36 个氨基酸残基组成，分子量为 4070，含有 4 对二硫键，能够特异性结合神经胶质瘤细胞表面特有的胶质瘤特异性氯通道（glioma-specific chloride channel，GCC），而对正常脑组织中的氯通道无显著亲和力。研究表明，氯毒素可有效抑制原发性脑胶质瘤的侵袭和转移能力。

根据分子量大小，蝎毒神经毒素可分为长链和短链两大类。长链神经毒素通常由 60～70 个氨基酸残基组成，主要作用于可兴奋细胞膜上的电压依赖性钠离子通道（voltage-gated Na^+ channels）；而短链神经毒素则主要靶向钙离子通道、钾离子通道或氯离子通道。

蝎氯毒素的空间结构与蝎钾离子通道毒素存在显著差异，主要体现在连接 α

螺旋和C端β折叠的α/β转角区域。在钾离子通道毒素中，该转角区域的疏水残基构成疏水核心，介导N端与分子其他部分的连接；而在氯毒素中，此转角区域未形成疏水结构，而是由Gly-Arg（Lys）重复序列构成正电荷富集区，这一特征性结构可能是其功能活性的关键区域。此外，氯毒素分子较钾通道毒素多出一对二硫键（Cys2-Cys19），这对二硫键在维持分子构象中起关键作用，将N端与分子主体结构紧密连接。

（2）毒理作用　根据作用靶标的不同，蝎毒可分为以下几类：哺乳动物毒素（mammalian toxin，MTx），在粗毒中含量高达10%～50%；昆虫毒素即抗昆虫蝎毒素（insect toxin，ITx），粗毒中含量低于1%；以及甲壳动物神经毒素（crustacean toxin，CTx）。其分类依据是将特定剂量的蝎毒多肽注射至不同实验动物（如小鼠、麻蝇或家蝇等动物）或作用于不同离体标本后，根据表现的中毒反应进行划分。其中，哺乳动物毒素根据药理和电生理特性又可分为α和β两型：α型毒素通过抑制细胞膜钠离子通道的失活过程，导致钠电流衰减减慢、动作电位时程显著延长；β型毒素则主要影响钠通道的激活过程，使电压依赖性钠激活曲线向更负的膜电位方向移动，增强去极化兴奋效应。最新研究表明，MTx与CTx的界定并不严格，二者对三类实验动物均显示不同程度的毒性，仅对哺乳动物和甲壳动物的麻痹作用更为敏感；相比之下，ITx的分类标准则相对更为明确合理。

1971年，Zlotkin等首次从北非蝎（*Androctonus australis*）中纯化出昆虫特异性神经毒素AaIT，并建立了抗昆虫蝎毒素（ITx）的鉴定方法。该方法最初以麻蝇幼虫为实验材料，后续研究扩展至家蝇（*Musca domestica*）、蟑螂和蝗虫（*Locusta migratoria*）等昆虫。根据作用效应，ITx可分为两类：引起快速收缩型麻痹的CP（contractive paralysis）型和导致肌肉缓慢松弛直至完全麻痹的FP（flaccid paralysis）型。若以受体位点及电生理特性为依据，ITx可进一步分为兴奋型（excitatory）、抑制型（depressant）、α型和β型四类。值得注意的是，部分抗昆虫蝎毒素对哺乳动物（或甲壳动物）和昆虫均具有毒性，但其对昆虫的毒性通常显著高于对哺乳动物。

毒理学研究表明，蝎毒对兔的LD_{50}为0.07mg/kg（序贯法测定），小鼠为0.5mg/kg。小鼠静脉注射蝎身煎剂的LD_{50}为6.14g/kg，蝎尾煎剂为0.88g/kg。不同产地蝎毒毒性存在显著差异：辽宁产蝎毒对小鼠腹腔注射的LD_{50}为10.3mg/kg，而河南和山东产蝎毒对小鼠腹腔注射的LD_{50}为2.4mg/kg。

毒性反应主要表现为呼吸系统和神经系统的急性中毒症状。蝎蜇伤后数分钟内即可出现临床症状，通常在5h内达到最严重程度。局部症状包括剧烈灼痛、感觉过敏、组织红肿及瘀斑；全身症状则表现为瞳孔散大、眼球震颤、唾液分泌亢进、吞咽困难及躁动等中枢神经系统和自主神经系统功能障碍。严重者可出现呼吸循环衰竭，甚至死亡。

全球范围内高危蝎种蜇伤患者的临床表现具有高度相似性，其特征性病理生理改变包括儿茶酚胺（包括肾上腺素、去甲肾上腺素）、胰高血糖素、皮质醇、血管紧张素Ⅱ等的急剧释放，同时伴随胰岛素分泌抑制和显著的高血糖状态，最终导致多器官功能衰竭。动物实验显示，静脉注射蝎毒（0.5mg/kg）可导致麻醉家兔出现动脉血压升高、心率减缓、心律失常及进行性呼吸抑制，最终因呼吸麻痹死亡。

在细胞分子水平，蝎毒可特异性抑制细胞色素氧化酶和琥珀酸氧化酶系统的活性。胚胎发育研究表明，蝎毒可导致胎儿骨化中心发育延迟或缺失，具有明确的致畸效应。虽未发现其对人类淋巴细胞具有诱变作用，但可产生显著的细胞毒性反应。

已有研究表明，蝎毒在体内作用迅速，但半衰期短，全身急性中毒症状在数小时后即有可能好转，最多延迟 1～2 天。蝎毒经腹腔注射可迅速扩散至全身(不通过血脑屏障)，而蝎毒灌胃的 LD_{50} 是腹腔注射 LD_{50} 的数百倍，灌胃抗癌的有效剂量与后者相当，因毒性蛋白不易通过胃肠黏膜，加上有胃酸作用，一般中毒症状不明显。因而蝎毒作为抗肿瘤药物口服安全系数较大。在蝎毒抗肿瘤的应用过程中，如患者上消化道黏膜有缺损或胃酸分泌较少，则口服剂量应严加控制，以防中毒。作用于钠通道靶受体结合位点 4 上的毒素目前仅有 α 型毒素具有特异性结合能力。它们主要产自南北美洲的蝎品种。其中 CssⅡ毒素（β-蝎毒素）被认为是作用于该位点的标志性调制剂。它们一般由 60～66 个氨基酸残基组成，位于其分子一侧的疏水性区域被认为可能在促进毒素与其靶受体结合位点的相互结合过程中起重要作用。

β-蝎毒素与其靶受体位点 4 的高亲和性结合可使钠通道的激活相电压朝超极化方向移动，而对钠通道的失活相几乎没有影响。该类毒素在靶受体上有两个高亲和性平衡态结合位点（K_d=0.1nmol/L 和 5nmol/L），它们与其靶受体位点的结合不受细胞膜电位和其他毒素的影响。但不同 β-蝎毒素之间能够相互竞争结合。β-蝎毒素只有在通道预先去极化开放的前提下才能偏移钠通道的激活阈电位，它的结合依赖于受体位点特定的构象。电压感受器捕捉（voltage-sensor trapping）模型认为：在预先去极化刺激下，诱发钠通道开放，电压感受器 S4 片段向外移动，β-蝎毒素可与靶受体位点钠通道ⅡS3～S4 环结合，即与ⅡS4 片段的胞外区相互作用，稳定地捕捉到 S4 片段，使它保持在活化位置。定点突变试验证实，钠通道 β-亚单元的多个胞外环是 β-蝎毒素的高亲和力结合位点，其中同源区域Ⅱ的 S1～S2 胞外环和 S4 片段胞外末端的 S3～S4 环最为重要。位于ⅡS3～S4 环的 Gly845 残基和位于ⅡS1～S2 的 Pro782 残基也是 β-蝎毒素的高亲和力结合位点之一，且 Gly845 是 β-蝎毒素改变电压依赖性活化向超极化方向移动的必要因素。

另有两类长链蝎毒素即兴奋型抗昆虫毒素和抑制型抗昆虫毒素，在结构和功能上也被归属于β-蝎毒素亚型。它们大多产自欧亚大陆的蝎品种，具有类似于β-蝎毒素的作用方式：均能影响昆虫钠通道的活化过程；与昆虫靶受体的结合不依赖于膜电位；它们在昆虫神经标本上的结合能被β-蝎毒素竞争性取代。兴奋型抗昆虫毒素与昆虫钠通道只有单一的高亲和力、低结合容量结合位点。抑制型抗昆虫毒素则在昆虫神经细胞膜上有两个不相关的靶受体结合位点：一个为高亲和力、低结合容量位点；另一个为低亲和力、高结合容量位点，其中高亲和力位点与兴奋型抗昆虫毒素的结合位点十分接近，但并不完全相同。分子结合试验提示，昆虫钠通道结构域Ⅰ、Ⅲ、Ⅳ的膜外区域可能构成了抗昆虫毒素的复合结合位点。

被蝎子叮咬的人常见电解质紊乱，主要表现为高钾血症或者低钠血症，这与蝎毒中包含的大量离子通道阻断剂干扰了正常细胞膜离子转运直接相关。内皮细胞虽不表达电压门控钙通道，但是钙稳态对于内皮细胞的功能具有非常重要的作用。细胞膜上表达的 K^+ 通道被认为是调节细胞膜电位，以此来影响胞内钙水平。K^+ 通道参与神经元的调节和心电模式，肌肉的收缩，神经递质的释放，激素的分泌和淋巴细胞的活化。内皮细胞膜上主要有 4 种钾离子通道：大电导钙激活钾通道、中间电导钙激活钾通道、小电导钙激活钾通道和电压门控钾通道。

不同的毒素基因类型，其内含子的大小明显不同，呈现明显的超家族分布，Na^+ 通道毒素的内含子大多在 300～590bp，内含子较长，其中 3 个尤为突出；而 K^+ 通道毒素及 Cl^- 通道毒素的内含子较短（74～125bp）（长链 K^+ 通道毒素除外）；有些毒素基因则不含有内含子。这些不同类型毒素基因可能起源于同一种原基因，其内含子与外显子协同进化，有一些基因的内含子在进化过程中被选择性切除。内含子大多插入信号肽之中某一氨基酸密码子的第 1 位与第 2 位碱基之间，距离该基因起始密码子（ATG）43～55bp。α 型 Na^+ 通道毒素的内含子一般插入－4 位小的非极性氨基酸编码碱基之中，β 型 Na^+ 通道毒素的内含子则一般插入在－4 或－6 位非极性或极性氨基酸编码碱基中。

蝎毒的毒性主要是通过影响细胞膜上的钠、钾离子通道而发挥作用，但也有人认为蝎毒可能是通过与细胞膜上的膜脂-膜蛋白复合物相互作用产生其生理与药理作用的。所以，也称蝎毒为“膜毒素”。有研究用山东产的马氏钳蝎新鲜粗毒为原料，经 CM-葡聚糖凝胶 G-50（CM-Sephadex G-50）和 SP-葡聚糖凝胶 C-25（SP-Sephadex C-25）两步色谱，得到 3 个纯化部分，其毒性最强的中国马氏钳蝎神经毒素（BmKM4）LD_{50} 为 0.34 μg/g 体重，比粗毒提高 40～100 倍（粗毒 LD_{50} 0.34 μg/g 体重），分子量分别为 6600、5000 和 8500；等电点分别为 8.7、9.1、9.1。试验发现，纯化的蝎毒Ⅲ对人红细胞膜的 Na^+-K^+-ATP 酶具有类似乌本苷的抑制作用，纯化的 3 个组分还可降低人红细胞膜的流动性，说明蝎毒的毒性作用与其对细胞膜的相互作用有关。但这方面研究很少。

（3）中毒治疗与解毒　对于蝎子蜇伤，早期宜用 1∶5000 高锰酸钾溶液洗胃，然后内服活性炭20～30g。静滴5%葡萄糖盐水2000～3000mL，促进蝎毒素排泄，以达到水电解质平衡。中毒后出现全身症状者，予10%葡萄糖酸钙10mL静脉滴注；10%水合氯醛保留灌肠；阿托品1～2mg肌内注射；氢化可的松100mL静脉滴注，同时给予抗组胺药物，防治低血压、肺水肿；也可注入抗蝎毒血清，能够迅速缓解中毒症状。中医治疗方法：金银花30g，半边莲9g，土茯苓、绿豆各15g，甘草9g，水煎2次合并，早晚分服，有中和毒性或解毒作用。研究报道显示，抗蝎毒血清与哌唑嗪联合使用能够大大提高患者的恢复速度，而抗毒血清scorpion-specific F（ab′）$_2$ 对重症儿童患者使用后，4 h内就能够解除临床综合症状。

5. 蜈蚣毒

蜈蚣毒是陆生节肢动物蜈蚣通过其特化的颚足毒器分泌的生物活性物质。其毒器由一对位于头部的颚足和附属毒腺组成，毒腺分泌的毒液通过导管注入猎物体内，可迅速导致猎物运动麻痹甚至死亡。

蜈蚣毒的化学成分复杂，主要包含以下几类物质。①生物活性胺类：组胺样物质、5-羟色胺等。②脂类成分：磷脂（含量15%～20%）、胆固醇（8%～12%）、游离脂肪酸（5%～8%）、甘油酯（10%～15%）及角鲨烯（3%～5%）。③蛋白质组分：多种水解酶（包括蛋白酶、酯酶、羟肽酶等）和脂蛋白。

酶学研究表明，少棘蜈蚣粗毒中主要酶类的比活力分别为：蛋白酶 $2.5\times10^3\mu g/min$、酯酶 $4100\times10^3\mu g/min$、碱性磷酸单酯酶 $430\times10^3\mu g/min$、磷酸二酯酶 $350\times10^3\mu g/min$。其中碱性磷酸单酯酶的最适pH值为9.0，且其活性受 Mg^{2+} 显著激活（激活系数达2.3～2.8倍）。这些酶系共同构成了蜈蚣毒的毒性基础，通过协同作用破坏猎物的生理功能。

蜈蚣毒的毒性：蜈蚣咬伤人，对人只会产生局部反应，如红肿、表皮坏死。一般在1周内症状便会消失。

蜈蚣咬伤致死的情况极少出现。大多数情况下，被蜈蚣咬伤，重者小腿严重水肿，数日不能动弹，但生命无虞。毒性试验证明小鼠腹腔注射的 LD_{50} 为0.75 mg/kg。小鼠的中毒表现为呼吸加快、不安、呼吸减弱、抽搐，最后死亡。推测蜈蚣毒是一种神经毒，主要作用在延髓中枢。

蜈蚣毒的毒理作用如下。①溶血作用：蜈蚣颚足提取物有溶血活性。我国产少棘蜈蚣粗毒 $1.8\times10^{-5}g/mL$ 浓度时能使绵羊50%的红细胞溶血，其溶血效应随粗毒浓度呈“S”形剂量-反应曲线，与蛇毒的溶血曲线相似。②蜈蚣毒可使肌肉收缩：蜈蚣颚足提取物能引起兔回肠收缩幅度逐渐增大，继而出现抑制，可引起兔子宫的收缩抑制。③自主神经效应：蜈蚣毒对兔回肠的抑制作用是通过5-羟色胺介导，而引起蟾蜍心脏抑制则是因为粗毒中可能含有乙酰胆碱或粗毒诱导迷走神经释放乙酰胆碱而引起心肌收缩抑制。④心血管与代谢影响：蜈蚣毒可引起血压的双相反应，血压先是下降，继而上升，蜈蚣颚足提取物能引起动物明显的高血糖症及肝、肌肉糖原水平的降低，该作用被认为是由5-羟色胺等介导的糖原水解作用。⑤呼吸系统毒性：在猪、大鼠以及豚鼠等动物实验中，蜈蚣毒能使这些动物的呼吸幅度降低，并可导致呼吸暂时停止，双侧迷走神经切除的猪可消除此作用，说明蜈蚣毒可引起呼吸中枢抑制，蜈蚣毒还可增大毛细血管通透性，引起组织水肿。

蜈蚣毒中毒的解毒方法如下。①清洗伤口：被蜈蚣咬伤后，首要任务是清洗伤口，以减少毒素扩散。使用肥皂和清水清洗，避免使用酒精或其他刺激性液体，以防加重伤口疼痛。②冷敷法：冷敷可以缓解疼痛和肿胀，可以使用冰袋或者冷毛巾敷在伤口上，每次冷敷不超过15 min。③就医：如果出现呼吸困难、口唇麻木、浑身无力、头晕等症状，尽快就医，医生会根据伤口的严重程度和患者的身体状况给予相应的治疗。轻微的咬伤可以使用抗生素防止感染，严重的咬伤可能需要注射抗蜈蚣毒血清。

6. 蜂毒

蜂毒为蜜蜂科动物中华蜜蜂等的工蜂尾部毒腺分泌的毒汁。作为中药，蜂毒具有祛风除湿、通络止痛的功效。临床用于风湿性关节炎、神经痛、高血压等疾病的治疗。

蜂毒是一种成分复杂的混合物，其中水分占80%～88%，还含有若干种蛋白质、多肽类、酶类、组胺、酸类、氨基酸及微量元素等。在多肽类物质中，蜂毒肽约占干蜂毒的50%，蜂毒神经肽占干蜂毒的3%。蜂毒中的酶类超55种，磷脂酶 A_2 占干蜂毒的12%，透明质酸酶占干蜂毒的2%～3%。

（1）毒性反应

① 中毒致死量：大鼠静脉注射 LD_{50} 为6 mg/kg，蜜蜂每次蜇人约放出0.1mg的蜂毒，通常以500～1000只蜂蜇伤人时注入的毒素量作为致死量，但应注意过敏者即使只被少量蜂蜇伤，也可能因过敏反应而致死。蜂毒对哺乳动物的作用最强，健康人同时接受10次蜂蜇可引起局部反应；接受200～300次蜂蜇会引起中毒；短时间内蜇500次，可致人死亡。

② 中毒症状：蜂蜇伤后立即出现局部剧烈疼痛和烧灼感，随后发展为明显红肿和水疱形成。群蜂蜇伤重症患者可出现全身症状，包括畏寒、发热、头晕、头痛、昏厥、抽搐等神经系统表现，以及溶血性黄疸和肾功能损害。口服蜂毒中毒者主要表现为胃肠道黏膜损伤和中毒性肾病。皮肤直接接触蜂毒可导致接触部位出现特征性红斑、水疱甚至溃疡。特别值得注意的是，过敏体质个体被蜇后可引发速发型过敏反应，严重者可因过敏性休克或急性呼吸衰竭而死亡。

（2）毒理作用　人体受蜂蜇后在受蜇部位立即出现肿胀、充血，皮肤温度升高2～6 ℃，有烧灼感。这只是蜂毒局部产生作用，一旦蜂毒被吸收后还会引起一系列复杂的生物学反应。蜂毒及其组分蜂毒肽、托肽平和蜂毒明肽等具有明显的亲神经性：全蜂毒及蜂毒肽对烟碱型胆碱受体有选择性阻滞作用；蜂毒明肽可穿透血脑屏障直接作用于中枢神经系统。

蜂毒对呼吸系统和心血管系统有显著的药理作用。被蜂蜇伤后，患者常出现呼吸加快的现象，一般认为这是血压降低引起的代偿性反应。大量的蜂毒可使人或动物呼吸中枢麻痹而导致死亡。蜂毒可引起动脉血压降低，主要与磷脂酶 A_2（phospholipase A_2）有关。蜂毒肽是一种强烈的心脏毒素，并具有收缩血管的作用。蜂毒中的心脏肽和蜂毒明肽有类似于异丙肾上腺素的抗心律失常作用，而且作用的持续时间远较异丙肾上腺素长。

蜂毒的溶血作用很强，在极低的浓度（1/10000）下，就能产生溶血反应。其机制是蜂毒中的蜂毒肽和磷脂酶 A_2 能增强红细胞膜通透性，导致细胞内的胶体大量渗出，细胞内渗透压降低，致使细胞破裂，胶体渗出性溶血。蜂毒在体内或体外都有抗凝血作用，使血液凝固时间明显延长。

（3）降低蜂毒毒性的办法　①蜂毒呈弱酸性，可用肥皂水或者食醋湿敷患部5～10min，以中和毒液。②用鲜半枝莲汁涂抹伤口处能中和蜂毒。③黄蜂蜂毒呈强碱性且毒性较大，进入人体后可引起过敏性休克、急性肾衰竭。万一不慎被黄蜂叮咬，可用棉花蘸柠檬汁轻拍伤口，或用醋、稀释的醋酸、硼酸液冲洗，严重者应立即到医院就诊。④不可用红药水或碘酒搽抹，那样不但不能治疗，反而会加重组织损伤，千万不可热敷，不可用手抓挠，将会加重不适反应。

7. 蟾酥毒

蟾酥毒是从中药蟾酥中提取的具有强心活性的毒性成分，为蟾毒配基类及其酯类衍生物，属于六元内酯环结构的强心苷元的衍生物。为苦味针状结晶，易溶于甲醇、吡啶，微溶于无水乙醇，几乎不溶于水、乙醚、丙酮、氯仿、石油醚。具有强大的强心作用，但毒性亦大，会导致人中毒死亡。

蟾酥中的毒性成分为甾体苷（sterol glycosides）和辛二酰精氨酸（suberylarginine）等多种成分的结合物。主要成分是蟾毒配基 B 酯、蟾蜍精（bufagin）、华蟾毒配基、蟾蜍毒配基。

蟾酥具有解毒、止痛、开窍醒神的作用，主要用于治疗痈肿疔疮、咽喉肿痛、瘰疬等病症。由于蟾酥具有毒性，因此如果有用药需求，需要严格遵循医嘱，切忌自行盲目使用，以免给身体造成不可逆的损伤。

（1）中毒症状　蟾酥中毒多因过量服用所致，潜伏期为 0.5～1h，临床症状涉及多系统。①消化系统：剧烈恶心、呕吐、腹痛、腹泻。②呼吸及循环系统：早期胸闷、心悸；进展期出现特征性发绀、心律不齐，心电图可出现类似洋地黄中毒的 ST 段鱼钩样压低、T 波倒置。重者可导致阿-斯综合征（Adam-Stokes syndrome）、呼吸和循环衰竭。③神经系统：头晕、头痛、嗜睡、出汗、口唇及四肢麻木、惊厥。④特殊暴露：蟾毒误入眼内，可引起眼睛红肿，甚至失明。偶有剥脱性皮炎。蟾酥的毒性主要是由于其中含有蟾毒等对心脏有毒性的物质，中毒时可以刺激迷走神经或直接损害心肌，引起心动过缓，伴有心律不齐的症状，最终心脏停搏而致死。

（2）毒理作用　蟾酥中的二烯醇类化合物（包括蟾蜍毒素和蟾蜍配基）具有洋地黄样效应，可兴奋迷走神经，直接影响心肌，引起心律失常。此外，尚有刺激胃肠道、抗惊厥和局麻的作用；儿茶酚胺类化合物，有缩血管和升压作用；吲哚烷基类化合物，可引起幻觉，对周围神经有类似烟碱样作用。

（3）中毒处理　应遵循一般原则处理，采取对症处理，出现类似洋地黄中毒症状，可口服或静脉滴注稀释的氯化钾（potassium chloride），出现传导阻滞可用阿托品（atropine），同时注意补充液体，止痉。出现呼吸及循环衰竭者须采取相应急救措施。如眼部接触蟾毒，可用紫草汁滴眼或冲洗处理。

8. 芋螺毒素

芋螺毒素（conotoxin，CTX），是由海洋腹足纲软体动物芋螺的毒液管和毒囊内壁毒腺分泌的混合毒素，由许多单一毒肽组成。其主要成分是一些对不同离子通道及神经受体具有高度专一性的活性多肽化合物。

（1）芋螺毒素概况　每种芋螺的毒液中可能含50～200个活性多肽。不同种芋螺所含活性肽各不相同，即使同种芋螺因海域不同，其毒素成分也可能存在差别，理论上估计有5万多种不同活性肽存在于芋螺毒液中。芋螺毒素多数由10～40个氨基酸残基组成，富含两对或三对二硫键，是目前发现的最小核酸编码的动物神经毒素肽，也是二硫键密度最高的小分子肽，可作用于多种离子通道和受体的不同类型及亚型。与其他天然肽类毒素相比，芋螺毒素具有分子量小、结构稳定、高活性、高选择性及易于合成等突出优点。

例如α-芋螺毒素GI，是从地纹芋螺（*Conus geographus*）毒液中纯化得到的一种神经毒素。含2个二硫键，由13个氨基酸残基组成，是一种强效烟碱型受体拮抗剂，其作用类似于蛇毒中的α-银环蛇毒素（α-bungarotoxin），属突触后神经毒素，能在神经-肌肉接头处与乙酰胆碱竞争烟碱型乙酰胆碱受体，从而阻断乙酰胆碱介导的神经信号传递。随后，研究人员从地纹芋螺毒液中分离鉴定出另一种活性肽，是钠通道阻断剂，其作用类似于河鲀毒素和石房蛤毒素（saxitoxin），它可引起哺乳动物麻痹反应。这两种肽是导致采螺人死亡的主要原因。

它们能特异性地作用于乙酰胆碱受体及其他神经递质的各种受体亚型，以及钙、钠、钾等多种离子通道，不仅可直接作为药物，还可作为分子模板用于发展新药先导化合物，对研究神经生物学也具有重要意义。

芋螺毒素具有广泛的治疗功效，可用于治疗慢性疼痛、癫痫、心血管疾病、精神障碍、运动障碍、痉挛、癌症以及脑卒中等。多种具有强神经肌肉阻断作用的芋螺毒素已应用于临床作为麻醉辅助用药物，通过快速诱导喉部肌肉麻痹来辅助气管插管等手术。

（2）毒性　芋螺毒素的毒性非常强，其致死剂量为10 μg/kg。一旦中毒，受害者可能会出现麻痹、抽搐、瘫痪甚至死亡等现象。芋螺毒素对不同大小的猎物有不同的分泌量，并且毒液的毒性也会相应增强。例如，当芋螺面对体型较小的浮游生物时，只需分泌少量毒素，而面对体型较大的鱼类时，则需要分泌大量毒液。芋螺毒素中含有的缩氨酸和河鲀毒素等化学物质对人体有害，能够导致生物神经瘫痪，对猎物来说是致命的。其毒性成分可立即引起神经肌肉传导阻滞，产生麻痹作用。然而，芋螺毒素的毒理作用因人而异，临床应用时可能会导致皮肤过敏等不良反应。

（3）毒理　Contryphan-R（分子内含D型色氨酸或胱氨酸的芋螺毒素）对小鼠和金鱼有显著行为学影响。对金鱼肌内注射后，金鱼很快出现震颤、麻痹等症状。对小鼠颅腔注射时，低剂量（0.5～6.0nmol/g）可产生搔抓、舔咬、竖尾、桶状翻滚等异常行为；高剂量（8～20nmol/g）则会表现出抽搐、惊厥、瘫痪甚至死亡。产生这些行为异常的具体机制尚不清楚。

芋螺毒素特异性地作用于多种离子通道与神经受体，对鱼的半数致死量多在1～10μg/kg。20世纪80年代初，美国犹他大学的研究人员采用两种给药方式将芋螺毒组分注射到哺乳动物中枢神经系统研究神经：药理学效应颅腔注射法引发大量小白鼠不同的行为症状反应，这揭示了芋螺毒的药理多样性；而用腹腔注射，只有很小比例的小白鼠产生稳定可测的症状反应。为了进行针对性研究而从这些症状反应中选择了一种“似睡”现象，把从芋螺毒中分离出的控制这种“似睡”现象的活性组分命名为“睡虫”（sleeper）肽，它能使年龄不到14天的小白鼠进入“似睡”状态。而如果将这种“睡虫”肽注射到年龄为21天的小白鼠颅腔，小白鼠却表现出过度活跃症状反应，即小白鼠不停地在笼子四周边缘攀爬且从一个角落跑到另一个角落。正因为这种肽能诱发不同年龄大小的小白鼠表现出不同的症状反应，所以人们又将其称为“睡虫或爬虫”肽。

从幻芋螺（*C. magus*）和地纹芋螺（*C. geographus*）毒液中分离纯化的“摇荡”肽都能抑制青蛙神经肌肉接头的钙离子内流和突触传递。这表明“摇荡”肽可能作用于控制神经递质释放的一种新型钙通道。采用电生理技术分析鉴定新钙流，研究“摇荡”肽对钙通道及钙流的影响，结果发现了一种新型钙导，即N-型钙流，这些“摇荡”肽专一且强有力地抑制N-型钙流。这些“摇荡”肽就是μ-芋螺毒素GVⅠA（μ-conotoxin GVⅠA）和μ-芋螺毒素MVⅡA（μ-conotoxin MVⅡA）。在神经科学领域，μ-芋螺毒素GVⅠA可能会成为仅次于河鲀毒素的一种研究工具探针，因为它在抑制突触传递和判断N型钙流是否存在这两方面具有独特价值。芋螺毒液中存在众多的不同化学结构的芋螺毒素，但是它们并不是随机性的化学产物，而是有重要生物意义的不断进化优化而生成的高生物活性多肽。在毒理作用上它们之间具有密切的协同作用，在实现其捕食其他生物的过程中，芋螺并不依赖于某单一毒素的作用，而是依赖于芋螺毒液中各种毒素的组合作用机制来实现。例如，地纹芋螺毒液中既含有强效烟碱型乙酰胆碱受体拮抗剂（ω-芋螺毒素），又含有 Na^+ 通道阻断剂（μ-芋螺毒素），前者作用类似于 α-银环蛇毒素，后者作用类似于河鲀毒素，在这两类芋螺毒素的共同作用下，神经肌肉传导完全阻滞。

芋螺毒素的组合作用机制突出地表现为不同毒理作用之间的协同组合上，即以高度组织化的“毒素集团”发挥其功能。已经了解的此种组合作用机制有两种模式。一种模式称为“休克＋麻痹”作用，如紫芋螺有两类不同作用的毒素，一类毒素可致被捕食生物立即产生类似电休克式的强直性瘫痪的快速作用，此类芋螺毒素包括可抑制 Na^+ 通道失活的 δ-芋螺毒素以及抑制 K^+ 通道的 κ-芋螺毒素与 κκ-芋螺毒素，这些毒素可迅速使轴突纤维完全去极化，导致休克症状。紫芋螺毒液中含有 α-芋螺毒素及 μ-芋螺毒素等神经毒素，这些毒素可完全阻断神经肌肉传导，使被捕食生物长时间瘫痪。在这两类不同作用的毒素的共同作用下，紫芋螺等一些食鱼芋螺，既可以迅速捕捉鱼类，又能从容地吞食它们。另一种模式称为“安定＋麻痹”作用，如地纹芋螺，被捕食生物进入其口腔时，并不发生被刺咬时常出现的惊厥状况，而是非常安静，表明地纹芋螺使用了不同于“休克＋麻痹”的另一种模式，地纹芋螺中富含芋螺睡眠肽（conantokin-G）、*O*-糖基化无脊椎动物神经紧张素（contulakin-G）等芋螺睡眠肽类，这些肽类可使被捕食生物感觉系统钝化失活，处于安定睡眠状态。然后再在 α-芋螺毒素及 μ-芋螺毒素的作用下，进入麻痹瘫痪期，达到捕食目的。电压门控离子通道超家族是由一大族结构相似的膜结合蛋白组成的，它们受跨膜电压变化的激活。这些蛋白质对单价阳离子具有不同的选择性，按照惯例被分为 Ca^{2+} 通道、Na^+ 通道和 K^+ 通道。这些离子通道的最重要的生理作用是促使细胞电信号的产生、调整和转换。电压门控离子通道的主要孔洞形成 α 亚基是由含有 4 个同源结构域的单一亚基组成的（如 Na^+ 和 Ca^{2+} 通道），或由 4 个不同的亚基组成（如钾通道）。α 亚基与辅助亚基相互作用并不是完整地形成一个孔洞，而是改变 α 亚基的功能特性。在某种生理状态下，当电压门控离子通道被激活时，会经历一个构象变化，致使阳离子选择性地透过通道蛋白的孔洞。这种处于开放状态的电压门控离子通道可通过构象变化失活，从而使通道进入不传导状态，或者回到关闭状态。电压门控离子通道是多种生物毒素的作用靶标。越来越多的可与 Na^+、K^+ 和 Ca^{2+} 通道的成孔 α 亚基相互作用的芋螺毒素家族被研究鉴定。已知有三个主要芋螺毒素家族特异性作用于电压门控离子通道：μ-芋螺毒素作为 Na^+ 通道阻断剂，能直接抑制 Na^+ 通道的电导；δ-芋螺毒素通过延迟或阻断 Na^+ 通道的快速失活发挥作用；ω-芋螺毒素则选择性作用于 Ca^{2+} 通道。这些毒素通过精确靶向不同离子通道的特定结构域，展现出高度特异的药理活性。

钙通道（Ca^{2+}通道）是所有可兴奋细胞膜的关键组成部分，其生理学和药理学多样性主要取决于成孔α亚基的特性，据此可分为L、T、N、P、Q和R等类型。其中N型钙通道特异性分布于神经元组织（包括中枢和外周神经系统），通过调控钙离子内流抑制交感神经释放去甲肾上腺素等神经递质。基于生理和药理特性，电压门控钙通道可分为三个家族：Cav1家族（介导L型钙电流，参与兴奋-收缩/分泌偶联和心肌活动）；Cav2家族（包含P/Q型、N型和R型钙通道，调控神经递质释放）；Cav3家族（介导T型钙电流）。这些钙通道亚型通过精确调控钙信号参与多种生理过程，其中L型主要参与兴奋-收缩/分泌偶联，而T、N、P、Q和R型则主要调控神经递质释放。

芋螺通过其鱼叉样小毒箭刺伤与其接触的游泳者及海洋作业人员，造成局部皮肤损伤，毒素吸收后导致全身中毒。误食或吃法不当也可引起全身中毒。尚无有效的治疗方法，一般采用对症疗法和支持疗法。

9. 红娘子

红娘子具有破瘀、散结、攻毒等功效。过量服用易发生中毒。

（1）毒性　中毒症状：过量内服可引起上腹部烧灼样疼痛，口、舌黏膜充血、水肿、糜烂，口渴、呕吐、腹泻，吐出物含片状黏膜及血性物。严重者可能发生急性肾衰竭。外用可致局部皮肤烧灼感和潮红，继而形成水疱和溃疡。

（2）毒理　红娘子主要含斑蝥素，斑蝥素为毒性极强的物质，对皮肤、黏膜有强烈刺激性，对中枢神经系统和肾有损害。

急救处理措施：①使用1∶4000高锰酸钾溶液洗胃；②口服50%硫酸钠5mL导泻；③口服药用炭20g、蛋清5个、牛乳300mL混悬液；④补液，使用10%葡萄糖液、20%甘露醇；⑤对症治疗，包括抗心力衰竭、补钾、升压、兴奋中枢、局部治疗、保护肝肾等。

第七章

常见动物药与药理作用

一、水蛭

1. 水蛭生物学特性

水蛭属环节动物门水蛭科动物，包括蚂蟥、水蛭和柳叶蚂蟥。水蛭体长，扁平，略呈纺锤状。其背面呈暗绿色，有细密的黄黑色斑点形成的纵线，且背部中线色泽较深；腹面淡黄色，两侧各有一条淡黄色纵纹，并杂有多数不规则茶绿色斑点。水蛭身体由若干体节组成，前端有一个口吸盘，后端具后吸盘。

中国大部地区的湖泊、池塘以及水田中均有分布。水蛭主要生活在淡水环境中，包括水库、沟渠、水田、湖沼等水域，以有机质丰富的池塘或无污染的小河中最多。水蛭以吸食动物的血液或体液为主要生活方式。自然环境中，常以水中浮游生物、昆虫、软体动物为主食；人工养殖条件下以各种动物内脏、熟蛋黄、配合饲料、植物残渣、淡水螺贝类、杂鱼类、蚯蚓等作饵。

2. 水蛭药用价值

具有医用价值的水蛭主要属于颚蛭目，其作为一味中药，药用价值早在中医名著《神农本草经》中就有记载。传统中医学上主要以干燥炮制后的水蛭虫体入药。性平，味咸、苦，有小毒。功能破瘀通经，主治血瘀经闭，癥瘕积聚。

水蛭入药历史悠久，主要药理作用包括抗凝血、破瘀血，在传统中医理论指导下主要用于治疗血栓性疾病、血管相关病变、眼科疾病、瘀血不通、无名肿毒等。

3. 炮制方法

炮制方法主要有以下几种。①生晒法：将水蛭用线绳或铁丝串起，悬挂在阳光下暴晒，晒干即可。②水烫法：将水蛭洗净放入盆内，倒入开水，热水浸没水蛭 2～3cm 为宜，20min 后将烫死的水蛭捞出晒干。如果第一次没烫死，可再烫一次。③碱烧法：将水蛭与食用碱的粉末同时放入器皿内，上下翻动水蛭，边翻边揉搓，待水蛭收缩变小后，再洗净晒干。④灰埋法：将水蛭埋入石灰中20min，待水蛭死后筛去石灰，用水冲洗，晒干烘干。还可将水蛭埋入草木灰中，30min后待水蛭死后，筛去草木灰，水洗后晾干。⑤烟埋法：将水蛭埋入烟丝中约30min，待其死后再洗净晒干。⑥酒闷法：将高度酒倒入盛有水蛭的器皿内，将其淹没，加盖封30min，待水蛭醉死后捞出，再用清水洗净，晒干。⑦盐制法：将水蛭放入器皿内，放一层盐放一层水蛭，直到器皿装满为止。盐渍致死的水蛭晒干即可。其他还有摊晾法、烘干法等。

加工后的商品水蛭应是扁平的纺锤形，背部稍隆起，腹面平坦，质脆易断，断面有胶质样光泽，呈黑褐色。由于水蛭干品易吸湿、受潮和虫蛀，应装入布袋，外用塑料袋套住密封，挂在干燥通风处保存。

4. 水蛭素的药理作用和分离纯化

（1）水蛭素的结构与功能　天然水蛭素是由65个或66个氨基酸残基组成的单链多肽，分子量约为7000，能在极端的pH和热条件下稳定存在。其分子结构可分为两个特征区域：分子头部是多肽的N端，富含半胱氨酸，通过3个二硫键（Cys6-Cys14、Cys16-Cys28、Cys22-Cys39）形成紧密的立体结构；C端尾部含有多个酸性氨基酸和一个酪氨酸（Tyr63）。凝血酶是血液凝固和止血过程的中心酶，它不但能剪切纤维蛋白原，将纤维蛋白原转化为纤维蛋白；还能激活其他凝血因子和抗凝血酶蛋白C，如凝血因子Ⅴ、Ⅷ等。凝血酶与大分子底物的相互作用取决于三个不同的区域：催化位点（初级结合位点C）、邻近催化位点的非极性结合位点（AB区）和负责凝血酶与纤维蛋白原专一性作用的阴离子结合位点（R区）。水蛭素的N端能封阻凝血酶的活性位点，其疏水结构域与凝血酶的非极性结合位点（AB区）互补；该非极性结合位点靠近凝血酶的催化中心。

水蛭素C端有6个酸性氨基酸残基，能与带正电的凝血酶识别位点形成许多离子键。水蛭素通过其N端、C端两个功能域协同作用结合到凝血酶上，使得水蛭素能够在凝血酶的活性部位形成一个立体屏障，阻止底物分子与酶活性中心的结合。

水蛭素是特异性凝血酶抑制剂，能与凝血酶直接结合，其抗凝作用不依赖抗凝血酶Ⅲ（ATⅢ）或肝素辅助因子Ⅱ，属直接凝血酶抑制剂。水蛭素通过作用于凝血酶的非活性底物识别位点和酶活性中心这2个位点，以1∶1与凝血酶结合形成不可逆的复合物，从而使凝血酶失去作用。与肝素相比，水蛭素的抗凝作用不但专一，而且具有更强的作用特异性。此外，水蛭素还能抑制血浆中游离的凝血酶分子。

（2）水蛭素的药用作用　水蛭素具有抗凝血和抗血栓的作用，可以使凝血酶失活，从而达到抗凝血的效果，抑制血小板聚集，以防血栓形成。水蛭素具有扩张血管的功能，在一定程度上还可以达到改善心脑血管微循环的效果。

随着对水蛭素药理作用与分子机制的深入研究，其在多个治疗领域的应用潜力日益显现。目前研究及临床实践表明，水蛭素不仅在传统抗凝、活血化瘀方面作用明确，还在肿瘤辅助治疗（如抑制肿瘤转移、增强化疗敏感性）、促进组织修复与伤口愈合、改善微循环与降压，以及抗炎消肿等方面展现出重要的应用价值，有望在未来成为相关疾病综合治疗中的重要辅助手段。

（3）水蛭素的分离纯化

① 原材料处理。

a. 头部粉碎法：将水蛭的头部剪下，加入缓冲液研磨匀浆，接着在浆液中加入预冷的丙酮，再用三氯乙酸调节溶液 pH 值，离心弃上清液，用丙酮反复抽提，收集沉淀后用缓冲液复溶即可。该法操作简单，但全过程需严格在低温环境下进行，以防蛋白变性失活。

b. 仿生诱导法：将水蛭在充氧条件下饥饿处理一周后，采用猪血和田螺联合诱导体系，在适宜的温湿度条件下对水蛭进行活体诱导并收集诱导产物。诱导完的水蛭继续存活并用于后续诱导，但操作整体周期较长。

c. 人工挤压法：操作前，先向水蛭饲养池中投入新鲜猪血，接着人工挤压水蛭头部唾液腺部位收集挤出液。这种方法水蛭也可以反复利用，前期投入小，但人工劳动量大。

② 水蛭素的初步分离。将原料经预处理后，获得的原液进行初步提纯，除去大部分杂质的操作过程。在水蛭素的初级分离中，常用的方法有热沉淀法、膜过滤法和双水相萃取法。

a. 热沉淀法是利用水蛭素的热稳定性而采取的分离方法，能够除去大量杂蛋白。黄仁槐等将水蛭素置于 65 ～75 ℃的条件下保温处理，杂蛋白由于不耐热而变性沉淀，离心可获得水蛭素的粗提物。此法常与等电点沉淀法联用，即在热沉淀之后，用三氯乙酸调节溶液 pH 值，利用蛋白在等电点处易沉淀的特性进行进一步纯化。经过两轮沉淀后，水蛭素原液中的杂质去除率约为 70%，沉淀法不需要特殊设备，操作简便，但总体分解率不够，通常需要与其他分离方法联合使用。

b. 膜过滤法是通过分子量差异实现分离的技术手段。段超等对水蛭素原液进行超滤，通过采用不同截留分子量的滤膜，达到分离提纯的目的。经此步骤可将水蛭素的纯度提高一倍。膜过滤法在分离蛋白时总体效率较高，但是后续滤膜的清洗过程相对复杂，若清洗不彻底，会影响分离效率和膜的再利用。

c. 双水相萃取法是水蛭素初级分离的有效方法。该方法利用聚合物与盐的水溶液在一定浓度下形成互不相溶的双水相系统，利用蛋白质在两相中分配系数的不同而进行分离。方富永等选用了聚乙二醇（PEG2000）与 $(NH_4)_2SO_4$ 组成的双水相萃取系统，充分混合后，杂质聚集在萃余相，而水蛭素富集于萃取相。双水相萃取法成本低，工艺易于放大，但萃取后残留的 PEG 不易除尽。

③ 水蛭素的精细纯化。是蛋白质分离提纯中最后获得高纯度终产物的过程，通常采用多种不同的色谱分离方法。

a. 离子交换色谱法在水蛭素的分离提纯中应用最广。依据水蛭素的等电点为3.8左右，试验中一般采用阴离子交换柱进行操作离子交换色谱所用树脂价格便宜，分离特异性强，且在实际操作中可供调控的参数非常多，可以通过各参数的不断优化组合来获得最佳的纯化效果。

b. 亲和色谱法：先将凝血酶偶联至 Sepharose 色谱柱上制成可与水蛭素特异性结合的亲和色谱柱，水蛭素粗品上样后，采用含苯甲脒的 Tris-HCl 缓冲溶液进行特异性洗脱，可获得高纯度的水蛭素。这种方法特异性强，结合效率高，分离速度快。但由于要与特异性的底物或者抗体偶联，导致整体成本非常昂贵。

c. 凝胶过滤色谱：先用 Sephadex G-75 凝胶过滤柱对水蛭素粗品进行初步分离，接着采用 Sephadex G-25 色谱柱完成脱盐操作。

在水蛭素的精细纯化中，单一色谱法往往不能得到理想结果，通常将多种色谱分离手段联合应用：用阴离子交换色谱结合反相高效液相色谱法制备出色谱纯级水蛭素，其比活性为 60ATU/mg；采用离子交换色谱、亲和色谱和凝胶过滤脱盐的手段，最终获得了电泳纯水蛭素，比活性为 15800 ATU/mg。

二、全蝎

1. 全蝎生物学特性

东亚钳蝎（*Buthus martensii*）为蛛形纲钳蝎科节肢动物，其形态特征如下：体长约 6cm，呈黄褐色，头胸部呈梯形，背面覆盖坚硬的头胸甲，表面密布颗粒状突起并具数条纵脊。头胸部近中央处具一对中眼，前端两侧各具 3 个单眼呈斜列排列。腹部可分为前腹部和后腹部，其中后腹部第五节色泽明显加深。胸板呈三角形，螯肢钳状上枝具二齿。第三、四对步足胫节具距，各步足末端有二爪一距。生殖器由两片半圆形甲片构成，栉状器含 16～25 枚齿。后腹部前四节各具十条隆脊线，第五节减为五条，第六节毒针下方无距结构。

东亚钳蝎主要分布在河北、辽宁、山东、河南、湖北、安徽等省份。该物种具有特殊的生态习性：偏好栖息于背风向阳的隐蔽环境，常见于崖壁缝隙、瓦砾堆、树皮下、落叶层及建筑物墙缝等微生境中，表现出明显的负趋光性和夜行性特征。

作为典型的肉食性动物，其食性组成以节肢动物为主，主要包括蜘蛛目、土鳖虫、螳螂及鳞翅目成虫等，亦摄食直翅目若虫和黄粉虫幼虫。虽可接受新鲜尸体为食，但长期缺乏活体饵料会导致生长发育受阻。

该物种具有较强繁殖能力，属卵胎生繁殖类型，每年可繁殖两次，每次产幼蝎约 40 只。在适宜条件下，个体寿命可达 6～8 年。

2. 炮制

中药全蝎为东亚钳蝎的干燥体，其炮制方法主要有以下三种。

① 净制。取全蝎药材，除去杂质后经清水洗净或漂洗，随后进行干燥处理。

② 酒制。将净选后的全蝎用酒液洗涤，待酒液渗透后实施干燥工艺。

③ 薄荷制。取新鲜薄荷叶加沸水密闭浸泡30min，滤取薄荷浸出液，用以洗涤盐霜（即表面析出的盐分），经沥水后采用晒干或低温烘干方式干燥。

3. 药用功效与药理作用

（1）药用功效与药用价值　东亚钳蝎（全蝎）味辛、性平，有毒，归肝经。具有攻毒散结、息风镇痉、通络止痛之功效。临床应用广泛，主要用于治疗小儿惊风、中风半身不遂、抽搐痉挛、口眼㖞斜、偏正头痛、风湿痹痛、瘰疬疮疡等40余种病症。

在方剂配伍中，全蝎作为主药参与组成100余种，并应用于八宝珍珠丸、大活络丸、人参再造丸、保安万灵丹、蛇伤丸、全虫丸、风湿麻痹丸、化风丹等40多种中成药的制备。现代临床应用表明，全蝎在神经系统疾病、心血管疾病、麻风病、恶性肿瘤（如肝癌、胃癌、食管癌）、白血病、高血压及获得性免疫缺陷综合征（艾滋病）等疑难重症的治疗中具有显著疗效。

（2）药物配伍

① 全蝎-蜈蚣配伍。二者相须为用，显著增强息风止痉、解毒散结之效，主要用于肝风内动所致的痉挛抽搐、疮疡肿毒、瘰疬结核及风湿痹痛等，尤长于治疗以抽搐疼痛为主要表现的病症。

② 全蝎-钩藤配伍。该组合既可协同增强息风止痉作用，又兼具清热功效，特别适用于风热上扰引起的顽固性头痛、面神经麻痹（口眼㖞斜）、三叉神经痛及面部肌肉痉挛等神经系统疾病。

（3）活性成分与药理作用

活性成分：全蝎含蝎毒素、三甲胺、牛磺酸、甜菜碱、卵磷脂、甘油酯、棕榈酸、硬脂酸、铵盐等，并含17种氨基酸，人体必需的有7种。蝎毒素含有多种毒性和非毒性多肽，这些多肽对神经系统有广泛的生物活性。从蝎毒中经柱色谱分得抗癫痫肽（antiepilepsy peptide），分子量8300。蝎毒系一种类似蛇毒神经毒的蛋白质。欧洲及北非产蝎（*Androctonus australis*）的毒液中含神经毒Ⅰ及Ⅱ，其神经毒Ⅱ为一条由64个氨基酸组成的肽链。

蝎毒功效与药理：蝎毒中的主要成分为具有药理活性的蛋白质，其中包括一些具有特异功能的细胞因子、神经因子、细胞毒蛋白和一些工具酶。

蝎毒含有以下几类明确的具有药理活性的多肽类单体。

① 神经生长调节多肽。这类多肽能够有效防治神经类疾病，如半身不遂、三叉神经痛、面神经麻痹、神经衰弱等，具有镇静安神、改善睡眠的作用。

② 抗惊厥多肽。具有抗惊厥、抗癫痫作用。

③ 抗血栓因子。具有防止血栓形成、溶解血栓的功能，对血栓栓塞引起的血栓栓塞性疾病及其后遗症（半身不遂）等有较好的疗效。

④ 心血管保护与代谢调节多肽。能够软化血管、清除血管壁附着物，有助于预防和治疗冠心病、高血压，并具有调节血脂、改善微循环的功能。

⑤ 抗病毒与细胞毒活性。蝎毒中的细胞毒蛋白能破坏某些病毒及亚病毒颗粒的表面结构，对破伤风、急性扁桃体炎、肺结核、顽固性湿疹、淋病、尖锐湿疣、肝炎、肝硬化等相关感染性或炎症性疾病可能具有抑制作用。此外，该类成分对多种肿瘤细胞（如食管癌、结肠癌、肝癌、肺癌、乳腺癌、胃癌、黑色素瘤等）亦表现出体外抑制活性。

⑥ 抗肿瘤作用机制。体外研究表明，蝎毒蛋白不仅能够抑制肿瘤细胞增殖，还显示出逆转肿瘤多药耐药性的潜力，兼具直接细胞毒作用与耐药调控的双重机制。

⑦ 免疫调节功能。蝎毒蛋白具有独特的双向免疫调节作用，既能增强机体免疫力、缓解疲劳，又可调节过度免疫反应，对类风湿关节炎等自身免疫性疾病显示出显著疗效。

⑧ 非成瘾性镇痛与抗炎。蝎毒在镇痛方面表现突出，具有强效抗炎止痛作用且无成瘾性，对坐骨神经痛、三叉神经痛、类风湿关节炎及癌性疼痛等均有显著缓解效果。

蝎毒的抗肿瘤机制尤为特殊，其小分子蛋白能特异性识别并黏附于肿瘤细胞表面，通过神经生长因子、抗血栓因子等多种活性成分协同作用，选择性杀伤癌细胞而不损伤正常细胞。

临床应用需注意：炮制后的全蝎分为盐全蝎和清水全蝎两种，常规用量 3～9g，超过 30g 可能中毒。蝎毒主要含神经毒素、溶血毒素等成分，其最小致死量因物种而异（兔 0.07mg/kg、小鼠 0.5mg/kg、青蛙 0.7mg/kg），过量可致呼吸麻痹和心血管兴奋，严重者危及生命。

三、蜈蚣

1. 生物学特性

蜈蚣为陆生多足类节肢动物，其特征如下：体形扁平细长，长 9～17cm，宽 0.5～1cm，由 22 个体节构成。头部两节呈暗红色，具触角及毒钩各一对；背部棕绿或墨绿色，具两条纵棱；腹部淡黄至棕黄色。自第二节起每节具步足一对，末端呈钩状并连接毒腺。躯干部共有 21 对步足，第一对特化为颚足，具发达毒爪；最后一对步足向后延伸，似尾。体色以头红身绿者为佳，质脆易断，断面有裂隙，具特殊腥臭气味。

蜈蚣在我国大部分地区有分布，主要栖息于阴暗潮湿的环境，如杂草丛、乱石堆、朽木及落叶层下。其活动具有明显的昼夜节律和季节性特征：昼伏夜出，当秋冬季气温低于 15℃时，活动逐渐减缓直至完全进入冬眠状态；待次年惊蛰后气温回升至 15℃以上时，开始复苏活动。

该物种为肉食性动物，捕食方式独特：以各类昆虫（成虫、幼虫及蛹）及其他小型动物为食，通过毒腺分泌毒液麻痹猎物后，摄取其柔软组织及体液。这种捕食策略使其能有效制伏体型较大的猎物。

2. 炮制加工

中药蜈蚣为少棘巨蜈蚣的干燥体，于春、夏两季捕捉。炮制时先用竹片贯穿头尾绷直固定，干燥后去除竹片，洗净并用微火焙至表面呈黄色，最后剪成段备用。

3. 功效与临床应用

功效：息风镇痉，通络止痛，攻毒散结。

临床应用：主治肝风内动、痉挛抽搐、小儿惊风、中风半身不遂、破伤风、风湿顽痹、偏正头痛、疮疡、瘰疬及蛇虫咬伤等症。现代研究表明，蜈蚣含有类蜂毒成分、组胺样物质、溶血性蛋白质及多种氨基酸，通过合理配伍可治疗内、外、妇、儿科多种疑难杂症。

其提取物对红色毛癣菌等病原微生物有抑制作用，并具有抗病毒和抗癌活性，临床用于手足癣、带状疱疹及恶性肿瘤等疾病的治疗。

4. 有效成分与药理作用

（1）有效成分　含类蜂毒毒素、组胺样物质、溶血性蛋白质，以及脂肪油、胆固醇、蚁酸等。已分离鉴定出 δ-羟基赖氨酸及 21 种氨基酸，其中牛磺酸和精氨酸含量较高，具有促进代谢、排毒及机体恢复等作用。

（2）药理作用

① 镇痛作用。蜈蚣中的某些成分对神经系统有直接影响，能够阻断疼痛信号传递，发挥镇痛效果。

② 抗菌与抗病毒作用。蜈蚣提取物具有一定的抗菌和抗病毒能力，对某些耐药菌株和病毒显示出抑制作用，对堇色发癣菌（*Fungi imperfecti*）、奥杜安氏小孢子菌（*Microsporum audouini*）、须癣毛癣菌（*Trichophyton mentagrophytes*）、红色毛癣菌、着色芽生菌等皮肤真菌均有不同程度的抑制作用。此外，蜈蚣还能调节机体免疫功能，增强免疫力。

③ 抗肿瘤活性。蜈蚣提取物能够抑制肿瘤细胞增殖，对小鼠肝癌瘤体和艾氏腹水癌具有抑制活性，并能诱导癌细胞凋亡，对网状内皮细胞功能有增强作用，且对正常细胞影响较小。

5. 中毒与救治

蜈蚣毒腺分泌的毒液含有组胺类物质及溶血性蛋白质，呈酸性，具有显著的溶血作用。被蜇伤后，毒液通过尖齿注入皮下可引发以下中毒症状：①局部表现为红肿、剧烈疼痛，严重者可出现水疱、瘀斑、组织坏死，并伴发淋巴管炎和淋巴结肿痛，其中局部症状通常较全身症状更为显著；②全身反应包括畏寒、发热、头晕、头痛、恶心呕吐等，重症患者偶见休克症状。

救治措施包括：

① 局部处理。立即用碱性溶液（如肥皂水或5%碳酸氢钠溶液）冲洗伤口，可选用鲜扁豆叶、半边莲、野菊花、鱼腥草、蒲公英或芋头等新鲜草药捣烂外敷。配合冷敷或使用0.25%～0.5%普鲁卡因进行伤口周围封闭注射。

② 解毒治疗。内服蒲公英、紫花地丁或半边莲等鲜草榨汁，同时于咬伤处皮下注射3%依米丁（emetine）溶液。

③ 对症处理。对于剧烈疼痛患者，除局部麻醉外，必要时可送医注射哌替啶等止痛药。

四、土鳖虫

1. 生物学特性

土鳖虫是指地鳖（*Eupolyphaga sinensis*）或冀地鳖（*Steleophaga plancyi*），属蜚蠊目鳖蠊科地鳖属。地鳖：呈扁平卵形，长1.3～3cm，宽1.2～2.4cm。前端较窄，后端较宽，背部紫褐色，具光泽，无翅。前胸背板较发达，盖住头部；腹背板9节，呈覆瓦状排列。腹面红棕色，头部较小，有丝状触角1对，常脱落，胸部有足3对，具细毛和刺。腹部有横环节。质松脆，易碎。气腥臭，味微咸。冀地鳖：长2.2～3.7cm，宽1.4～2.5cm。背部黑棕色，通常在边缘带有淡黄褐色斑块及黑色小点。两种土鳖虫雌雄异形，雄虫有翅，雌虫无翅。

土鳖虫为杂食性昆虫，主要饲料包括米糠、麦麸、碎豆饼等。繁殖方式为卵生，夏、秋两季繁殖能力最强，雌虫一次交尾后可终身产卵，一生可产卵30多枚。雄成虫寿命较雌成虫短，雌虫寿命可达30个月左右。

2. 功效与药用价值

土鳖虫为传统药用昆虫，其雌虫干燥体入药。该药材味咸、性寒，归肝经，具有破血逐瘀、续筋接骨之功效，主治跌打损伤、筋伤骨折、血瘀经闭等。现代研究表明，土鳖虫含有脂肪酸、氨基酸、生物碱、胆固醇及挥发油等多种活性成分，具有抗凝血、调脂、保肝、抗白血病及调节心脑血管功能等药理作用。

3. 采集与炮制

药用的土鳖虫为干燥的雌虫，包括老龄若虫和成虫。目前人工饲养的采集对象除雌若虫、雌成虫外，还包括老龄未长翅的雄若虫。

(1) 采集　采集时，雄若虫在最后一次蜕皮前留够种虫后，多余部分即可采收。雌成虫在产卵盛期过后，除留足种虫外可分批采收，第一批在 8 月前采收上一年开始产卵的雌成虫，按产卵先后依次进行。若饲养规模较大或采用全年加温饲养，在不影响种用的情况下，只要虫壳坚硬即可随时采收。采收时应避开蜕皮、交尾和产卵高峰期，以免影响繁殖。

采集时可用 1.1mm 筛子将饲养土过筛，去除窝泥和杂物，收集虫体置于瓷盆中加工。野生土鳖虫可用炒香麦麸诱捕，或夜间用灯光诱捕。

晒干法：采收后先禁食一天，使虫体排空食物和粪尿，以提高药用价值。随后用清水冲洗去除体表污泥杂质，放入沸水中烫泡 3～5min，捞出洗净后摊放在竹帘或平板上，阳光下暴晒 3～5 天至干燥、有光泽且虫体完整。烘干时需从低温逐渐升高，避免焦煳。阴雨天可用铁锅以 50℃左右温度烘烤，不断翻动使其受热均匀。干燥后的虫体用纸箱或木箱盛装，存放于干燥通风处，注意防潮、防虫蛀和霉变。

(2) 炮制方法

① 净制。拣去杂质，沸水洗净后干燥。

② 炒制。文火炒至微焦，放凉。

③ 土制。文火炒至微黄色。

④ 焙制。铁筛或新瓦上焙至干脆，研粉。

⑤ 酒制。酒洗后微炒去头足，或酒洗净后文火焙干。

⑥ 酥油制。酥油文火化开后拌入净土鳖虫，炒至黄色，出锅晾凉。每 100kg 土鳖虫用酥油 5kg。

4. 质量鉴定

土鳖虫的质量鉴定采用薄层色谱法，具体操作如下：取药材粉末 1g，加甲醇 20mL 冷浸过夜，浸出液浓缩至 5mL 作为供试品溶液。分别以脯氨酸、精氨酸、赖氨酸、甘氨酸、谷氨酸、缬氨酸、苯丙氨酸为氨基酸对照品，以 β-谷固醇为固醇对照品进行比对分析。

氨基酸分析：在硅胶 G 薄层板上点样后，以正丁醇-95%乙醇-冰醋酸-水(4∶1∶1∶4)为展开剂展开，喷以 0.3%茚三酮正丁醇溶液显色，105℃加热 5min，供试品色谱在与对照品色谱相应位置应显相同颜色的斑点。

固醇分析：采用氯仿-甲醇(9.5∶0.5)展开系统展开后，喷以 2%磷钼酸乙醇溶液显色，105℃加热 10min，供试品色谱在与 β-谷固醇对照品相应位置应显相同的蓝色斑点。

5. 活性成分与药理作用

(1) 活性成分　采用不同提取分离方法，从土鳖虫中检测出二十八烷醇、脂肪油（地鳖得率 17.63%）、油酸、棕榈酸、软脂酸、豆蔻酸和硬脂酸，并含微量亚油酸。其中不饱和脂肪酸可能具有保湿作用和抗癌活性，亚油酸是合成前列腺素的前体。此外，还含有乙酸乙酯、2,6-二特丁基-4-甲基酚、十七烷、柠檬酸、萘以及多种脂肪醛和芳香醛，其中醛类可能是土鳖虫的臭味成分。值得注意的是，土鳖虫中含有大量萘、二氯苯和二甲基二硫醚等组分，这些成分在一般中药中较为罕见，其中硫化物可能具有抗血小板聚集作用。还检出维生素 A、维生素 D_1、维生素 E、维生素 K，其中维生素 E 具有抗氧化作用，维生素 K 与凝血功能相关。

土鳖虫含有人体必需的 5 种微量元素（铁、铜、锰、锌、硒）和常量元素（钙、镁、钾、钠、磷），其中砷和铅含量均符合国家规定的限量标准。共检测出 28 种元素，其中与抗癌、抑癌作用相关的锰和镁元素含量较高；致癌元素镍、铬、砷、镉、铍等含量极低；有害元素汞、锑、锡、钒、钡等含量也很低，不影响药用安全性。特别值得注意的是铁元素含量较为丰富，可能在活血化瘀方面发挥重要作用。

（2）药理作用　土鳖虫的药理作用研究显示其具有多方面的生物活性。

① 抗凝血与纤溶作用。土鳖虫水提物经大鼠灌胃给药 7 天后，可显著延长出血时间和复钙时间，抑制血小板聚集率及 ADP 诱导的血小板活化。实验表明其能缩短红细胞电泳时间，提示可增强红细胞表面电荷。体外实验显示对纤维蛋白的溶解活性强于丹参和大黄；体内实验中能显著缩短家兔优球蛋白溶解时间（ELT），纤溶效果优于大黄。

② 心脏功能影响。静脉注射土鳖虫总生物碱（5～20mg/kg）对家兔心脏表现为剂量依赖性负性肌力作用，具体可见左心室收缩压、舒张末期压及压力最大上升速率降低，同时右心房压升高。心电图显示 P-R 间期延长、心率减慢及 S-T 段缺血性改变，20mg/kg 以上剂量可诱发室性早搏。

③ 抗肿瘤活性。实验研究证实土鳖虫提取物对肝癌、胃癌细胞呼吸有抑制作用。采用美蓝法检测显示其对白血病患者白细胞具有抑制效应，但瓦尔堡呼吸计法测定结果为阴性，表明其抗肿瘤作用可能与特定实验条件相关。

④ 土鳖虫在抗组织缺氧方面表现出显著药理活性。其水提物能显著降低培养乳鼠心肌细胞的耗氧量；总生物碱组分可延长小鼠心电活动持续时间，提高小鼠在耗氧性缺氧条件下的存活时间，并能改善大鼠急性心肌缺血所致的 ST-T 段异常改变。这些保护作用可能与增强心肌和脑组织对缺血的耐受性、降低心脑组织氧消耗量密切相关。

五、蝉蜕

1. 蝉生物学特性

原昆虫黑蚱成虫体长 35～38mm，体色黑褐至黑色，具金属光泽并覆金色细毛。其形态特征为：头部中央具红黄色斑纹；复眼突出呈淡黄色，单眼 3 个呈三角排列；触角刚毛状；前翅透明，翅脉基部金黄色；前足腿节具齿刺；雄虫腹部第 1～2 节具发音器，雌虫腹部具发达产卵器。若虫体呈黄褐至棕褐色。

黑蚱分布在中国大部分地区。成虫栖息于树干上，夏季持续鸣叫。生活史为 2～3 年完成 1 代，以若虫在土壤中或以卵在寄主植物枝干内越冬。老熟若虫在雨后傍晚爬出地面，沿树干及植物茎秆攀爬并完成蜕皮羽化。该虫食性广泛，主要寄主包括柑橘、梨、桃、苹果等果树，亦取食多种其他木本植物。成虫 6 月上旬开始产卵，产卵盛期为 6 月下旬至 7 月下旬，9 月后进入产卵末期。单条枝条上的卵穴数量通常为 20～50 个，最多可达 146 个，每穴含卵 1～8 粒（以 5～6 粒居多）。成虫寿命约 3 个月。

2. 药材性状

蝉蜕为半翅目蝉科昆虫黑蚱（*Cryptotympana pustulata* Fabricius）若虫羽化时脱落的皮壳。

药材蝉蜕略呈椭圆形而弯曲，长约 3.5cm，宽约 2cm。表面黄棕色，半透明，有光泽。头部有丝状触角 1 对，多已断落，复眼突出。额部先端突出，口吻发达，上唇宽短，下唇伸长成管状。胸部背面呈十字形裂开，裂口向内卷曲，脊背两旁具小翅 2 对；腹面有足 3 对，被黄棕色细毛。腹部钝圆，共 9 节。体轻，中空，易碎。气微，味淡。

3. 功效与药用价值

蝉蜕味甘、性寒，归肺、肝经。功效：疏散风热，利咽，透疹，明目退翳，解痉。用于风热感冒，咽痛音哑，麻疹不透，风疹瘙痒，目赤翳障，惊风抽搐，破伤风。

4. 炮制

（1）喷雾处理　将蝉蜕均匀摊铺在滤网或隔板上，采用喷淋方式处理 3～5min，沥水后静置硬化 20min。处理过程中需同步进行水喷淋，直至表面无泥沙杂质残留，随后转入密封容器保存。

（2）烘干处理　将硬化后的蝉蜕置于旋转盘上，在旋转状态下实施水喷淋处理。常温静置 10min 沥干表面水分后，即可进行烘干处理。

注：处理过程中需确保喷淋均匀，硬化时间充足，以保证蝉蜕品质。烘干前必须充分沥干水分，避免影响干燥效果。

5. 活性成分与药理作用

（1）活性成分　蝉蜕的活性成分主要包括：几丁质（chitin）、蝶啶类色素（含异黄蝶呤和赤蝶呤）、蛋白质及多种氨基酸。其氨基酸组成具有特征性分布：丙氨酸、脯氨酸和天冬氨酸含量最高；丝氨酸、苏氨酸、谷氨酸、β-丙氨酸、酪氨酸和γ-氨基丁酸含量中等；异亮氨酸、苯丙氨酸和亮氨酸含量较低；缬氨酸、鸟氨酸和蛋氨酸含量最低。此外，还含有酚类化合物及可溶性钙成分。

（2）药理作用

① 抗惊厥作用。蝉蜕含有丰富的氨基酸及多种微量元素，其中 Al、P、Ca、Mg 的含量与抗惊厥活性密切相关。比较不同提取方法发现，水提物和醇提物均具有抗惊厥作用，且水提物的效果优于醇提物。实验证实蝉蜕提取物能显著延长惊厥潜伏期，降低小鼠惊厥发生率，并延长惊厥小鼠的存活时间。

② 镇静止痛作用。蝉蜕各部位均表现出镇静止痛及解热活性，其中蝉蜕足的镇痛效果最佳，其次为全蝉蜕和蝉蜕身。小鼠扭体实验进一步验证其镇痛效果，作用强度依次为全蝉蜕＞蝉蜕身＞蝉蜕头足。

③ 呼吸系统调节作用。蝉蜕具有显著的镇咳、祛痰、平喘和解痉功效。其作用机制并非直接舒张支气管平滑肌，而是通过调节白细胞水平、改善微循环瘀血状态来缓解炎症反应，从而实现解痉效果。研究证实蝉蜕对哮喘的防治具有潜在价值。

④ 抗炎与抗氧化作用。从蝉蜕提取物中分离得到的乙酰多巴胺二聚体经证实具有抗炎和抗氧化活性。其可通过调节脂质代谢、减少蛋白尿、抑制肾小球系膜细胞增殖等途径发挥这些作用。

⑤ 抗肿瘤作用。体外细胞培养实验表明，蝉蜕能选择性抑制癌细胞增殖，且对正常细胞生长无明显影响，显示出良好的靶向性抗肿瘤特性。

⑥ 对心脑血管系统的保护作用。研究表明，其水提取液能显著改善高脂血症模型大鼠的血液流变学指标，包括降低全血黏度和血浆黏度、减少红细胞聚集指数、抑制体外血栓形成，同时可降低血清甘油三酯（TAG）和总胆固醇水平，但对正常大鼠血液流变学参数无显著影响。这些作用共同构成其心血管保护效应。

⑦ 抗凝作用。蝉蜕水提液通过调节高脂血症大鼠的红细胞功能和血流动力学参数，显示出明确的抗血栓形成活性，并能改善健康商数（HQ）相关指标。

作为传统中药，蝉蜕具有用药历史悠久、副作用小、作用靶点明确等特点，其临床应用范围正从传统适应证不断向心脑血管疾病预防等新领域拓展，在疾病防治中发挥着日益重要的作用。

六、斑蝥

1. 斑蝥生物学特性

斑蝥，中药名。为芫菁科昆虫南方大斑蝥（*Mylabris phalerata* Pallas）或黄黑小斑蝥（*Mylabris cichorii* Linnaeus）的干燥体。虫体长 11～30mm，全身被黑色绒毛；翅细长椭圆形，质地柔软，翅基部具两个大黄斑，中央前后各有一条黄色波纹状横带；足部密布黑色长绒毛。

主产于河南、广西、安徽、四川、江苏等地。具有群集取食和迁移习性，受惊时会从足关节处分泌含斑蝥素的黄色毒液。该毒素对高等动物细胞组织具有强烈破坏作用，人体接触后可导致皮肤红肿、起疱等毒性反应。斑蝥素为其主要毒性成分。

2. 功效与药用价值

斑蝥味辛，性热；有大毒。归肝、胃、肾经。具有破血逐瘀，散结消癥，攻毒蚀疮之功效。用于喉炎（急性扁桃体炎）、原发性肝癌、肺癌、食管癌及慢性肝炎等疾病的治疗。

现代应用主要包括：

① 外用治疗银屑病和神经性皮炎，采用酒浸斑蝥液局部涂抹。

② 内服治疗瘰疬、狂犬咬伤及恶性肿瘤。研究表明斑蝥素虽具显著抗癌活性，但对皮肤黏膜有强烈刺激性，可致皮肤发红起疱，口服易引发胃肠炎和肾炎。临床应用需注意其毒性反应，常见泌尿系统刺激症状（如血尿）、消化道反应（恶心呕吐）及末梢神经症状（手指麻木）等，现多采用毒性较低的衍生物制剂。

3. 炮制与加工

（1）采收　夏、秋季在田间进行兜捕，捕获后采用闷杀或沸水烫杀处理，经晒干或焙干后入药。

药材性状：南方大斑蝥呈长圆形，长 1.5～2.5cm，宽 0.5～1cm。头及口器向下垂，有较大的复眼及触角各 1 对，触角多已脱落。背部具革质鞘翅 1 对，黑色，有 3 条黄色或棕黄色的横纹；鞘翅下面有棕褐色薄膜状透明的内翅 2 片。胸腹部乌黑色，胸部有足 3 对。有特殊的臭气。

黄黑小斑蝥：体型较小，长 1～1.5cm。

（2）炮制方法　斑蝥的炮制工艺与毒性控制方法如下。

① 传统米炒法是最常用的炮制方法，利用斑蝥素在 84℃开始升华、110℃达到升华点的特性，控制锅温在 120～140℃进行炒制。该温度范围既能促进斑蝥素部分升华和甲酸挥发以降低毒性，又可避免药材焦化。米炒还具有指示炮制程度的优点，通过观察米的颜色变化可准确判断火候。实验证实，米炒和烘烤法均能显著降低斑蝥的急性毒性（提高小鼠 LD_{50}）和肾脏毒性，但对体重及肝脏毒性影响不明显。

② 现代改良炮制采用低浓度氢氧化钠溶液处理，可使斑蝥素转化为毒性较低的斑蝥酸钠，在保留抗癌活性的同时显著降低副作用，其效果优于传统米炒法。

炮制后的斑蝥应贮存于干燥容器内，置通风处防蛀，并按剧毒药品严格管理。

4. 药用成分与药理作用

（1）活性成分　主要含斑蝥素（肝斑蝥酸酐）及蚁酸等有效成分。

（2）药理作用　斑蝥素外用时具有生发功效，可通过止痒、改善局部神经营养及刺激毛囊促进毛发生长。斑蝥素可刺激骨髓造血功能，升高白细胞计数，临床用于肝癌、乳腺癌、肺癌、食管癌及结肠癌等恶性肿瘤的治疗。作用机制主要与干扰蛋白质及核酸合成有关：小剂量对免疫功能无显著影响，大剂量则导致免疫抑制。斑蝥酸钠和羟基斑蝥胺同样具有抗癌活性。此外，斑蝥素衍生物 *N*-羟基斑蝥素在肝癌治疗中显示出一定疗效。

（3）毒性与解毒　斑蝥内服过量可导致恶心、呕吐（甚则吐出物呈血水样）、腹绞痛及血尿等中毒症状，严重者可致死。其毒性机制主要通过对小血管壁的直接作用，使血管内皮细胞间隙增宽，通透性增加。尸检可见：消化道（食管、胃肠）黏膜坏死，泌尿系统（肾盏、肾盂、输尿管、膀胱）广泛充血、出血，卵巢及心肾周围组织亦见出血；镜下可见肾小管出血。中毒程度与剂量呈正相关，针对疼痛、高血压等症状进行对症治疗可促进恢复。外用过量时，毒素经皮肤吸收可引起呕吐、头痛、高血压等全身中毒反应，甚至诱发肾炎和膀胱炎。

为减轻毒性，建议从小剂量开始渐增，并配合解毒剂如绿豆汤、豆浆，或使用解毒方（绿豆 120g、六一散 18g、黄柏 12g 煎服）。出现尿道刺痛或血尿时，可用车前草 30g、木通 6g、猪苓 15g、白茅根 120g 煎服，或青黛 6g 冷水调服。反应严重者需暂停用药。内服常规采用糯米拌炒至黄黑色以减毒，儿童、孕妇及体弱者减量慎用。外用须严格控制剂量。

注：六一散由滑石粉与甘草组成；黄柏为芸香科植物黄皮树的干燥树皮；青黛为爵床科马蓝、蓼科蓼蓝或十字花科菘蓝的加工品。

七、僵蚕

1. 蚕生物学特性

僵蚕为蚕蛾科昆虫家蚕（*Bombyx mori* Linnaeus）4～5 龄的幼虫感染（或人工接种）白僵菌［*Beauveria bassiana*（Bals.）Vuillant］而致死的干燥体。家蚕又称桑蚕，是我国重要的经济昆虫，其幼虫以桑叶为食并吐丝结茧。该物种起源于中国，由野生桑蚕驯化而来，与现生野桑蚕（*Bombyx mandarina*）同源，均具有 28 对染色体。

家蚕属完全变态昆虫，其生活史包括卵、幼虫、蛹和成虫四个发育阶段：卵期为胚胎发育阶段；幼虫期为营养生长阶段；蛹期为变态发育阶段；成虫期为生殖阶段。其雌雄鉴别特征为：雌性个体在第 8～9 腹节腹面具两对乳白色圆点（石渡氏腺），雄性个体在第 9 腹节腹面中央具单一椭圆形白点（海罗德氏腺）。

僵蚕的形成过程是家蚕幼虫感染白僵菌后，菌丝体在虫体内繁殖并分泌毒素，最终导致虫体僵化。该药材的制备既可通过自然感染，也可采用人工接种白僵菌的方法实现。

白僵菌是一种子囊菌类的虫生真菌，主要包括球孢白僵菌和布氏白僵菌等种类，通过无性繁殖产生分生孢子，菌丝具横隔和分枝。该菌分布广泛，从低海拔至2000多米高山均有发现，可寄生于6目15科200余种昆虫及螨类体内。其在寄生过程中大量繁殖并产生白僵菌素（非核糖体多肽类毒素）、卵孢霉素（苯醌类毒素）和草酸钙结晶，这些代谢产物可导致寄主中毒及代谢紊乱而死亡。

家蚕生长发育适宜温度为22～28℃，最适23.8～25℃。从孵化至吐丝结茧周期：春季24～30天，夏秋季20～24天。

2. 炮制

僵蚕的炮制加工方法主要包括以下三种。

① 石灰干燥法。将感染白僵菌致死的蚕体与石灰拌匀，吸除水分后晒干或文火烘干，筛去灰屑即得。此法主要用于初步干燥处理。

② 生僵蚕炮制。取原药材筛去灰屑，去除残留丝毛，洗净后晒干。此法保留药材原有性状，适用于部分临床用途。

③ 麸炒僵蚕（炙僵蚕/制僵蚕）。

炮制工艺：锅用中火加热，撒入麸皮（比例为净僵蚕100kg，麸皮10kg），待麸皮焦化冒烟时，投入净僵蚕，快速翻炒至表面呈棕黄色，取出筛去焦麸渣。

炮制作用：麸炒可消除腥臭味，增强药材质地，便于贮存和临床应用。

药材僵蚕略呈圆柱形，多弯曲皱缩。长2～5cm，直径0.5～0.7cm。表面灰黄色，被有白色粉霜状的气生菌丝和分生孢子。头部较圆，足8对，体节明显，尾部略呈二分歧状。质硬而脆，易折断，断面平坦，外层白色，中间有亮棕色或亮黑色的丝腺环4个。气微腥，味微咸。优质品特征为条粗、色白、质坚、断面光亮。需注意鉴别：表面无白霜或断面中空者为绿僵蚕、褐僵蚕等其他真菌致死的蚕体，常以石灰拌伪充僵蚕。

3. 功效与药用价值

僵蚕具有息风止痉、化痰的功效，适用于肝风内动及痰热所致的惊风、癫痫、中风等痉挛抽搐之证，常与天麻、全蝎、牛黄等药同用，如千金散。其祛风止痛作用可用于风邪所致的头痛、目痛或喉痛，如白僵蚕散治疗风热头痛多泪，常配伍桑叶、荆芥、木贼等药。此外，僵蚕具有化痰散结之功，适用于瘰疬痰核，多与贝母（川贝母）、夏枯草等同用。

现代临床应用包括：

① 高脂血症。白僵蚕研末，每次3g，每日3次，2个月为1个疗程。

② 糖尿病（成人型非胰岛素依赖型）。僵蚕研细末，每次5g，每日3次，饭

前白开水送服，1个月为1个疗程，间隔5天后继续下一疗程，需配合饮食疗法。

③ 头晕头痛。僵蚕末6～9g，开水送服，可缓解疼痛。

④ 哮喘。炙僵蚕末3～4g，每日2次，取其解痉定喘、化痰止咳及散风泄热之效。

⑤ 癌症。可用于膀胱癌、乳腺癌等，但须在医师指导下使用。

4. 活性成分与药理作用

（1）活性成分　僵蚕的活性成分包括蛋白质、脂肪、草酸铵、草酸钙，以及多种氨基酸和微量元素（如铁、锌、铜、铬等），此外，还含有环酯肽类、白僵菌素（beauvericin）、羟基促脱皮固醇、3-羟基犬尿素（3-hydroxykynurenine）等。

（2）药理作用　在药理作用方面，僵蚕具有以下特性。

① 抗肿瘤作用。其醇提取物对小鼠肉瘤180（S180）有抑制作用，并能体外抑制肿瘤细胞呼吸。

② 抗菌作用。体外实验显示，僵蚕及蚕蛹对金黄色葡萄球菌（*Staphylococcus aureus*）、大肠杆菌（*Escherichia coli*）和铜绿假单胞菌（*Pseudomonas aeruginosa*）具有微弱抑制作用。

③ 降糖作用。僵蚕粉及其醇溶部分、蚕蛹、蜕皮激素对家兔四氧嘧啶（alloxan）诱导的糖尿病模型有治疗作用，单味僵蚕粉可用于非胰岛素依赖型糖尿病的治疗。

④ 抗凝作用。其抗凝效应随时间延长而增强，性质接近低分子量肝素。

⑤ 催眠作用。僵蚕的醇水浸出液给动物灌服或注射后均表现出催眠作用。

⑥ 免疫调节作用。僵蛹多肽在体外可促进刀豆蛋白A（concanavalin A）诱导的T淋巴细胞增殖，并与白细胞介素-2（IL-2）有协同作用，但在体内则表现为免疫抑制效应。

八、蟾酥

1. 中华大蟾蜍生物学特性

中华大蟾蜍（癞蛤蟆）为蟾蜍科两栖动物，体型似蛙而四肢粗壮。头部宽大，吻端圆钝，皮肤密布圆形瘰疣，头顶具一对发达耳后腺。雄性体背橄榄黄色带不规则花斑，疣粒具红点；雌性体背浅绿色带酱色花斑。头背正中具浅绿色脊线，腹面乳白色。繁殖期雄性前肢内侧三指基部生黑色婚垫。该物种栖息于潮湿阴暗环境，昼伏夜出，以蜗牛、昆虫等为食。繁殖方式为雌雄异体、体外受精，雌体将卵带产于浅水沟渠中完成体外发育。

中华大蟾蜍具有喜湿、喜暗、喜暖的生态习性。其活动规律表现为：昼伏夜出，白天隐匿于河岸、草丛、石隙等阴湿环境中，傍晚至清晨活跃于水域周边（如池塘、沟渠、稻田）及农耕区（菜园、道路、房舍周围）觅食，尤以夜间及雨后活动最为频繁。该物种为肉食性，主要捕食蜗牛、蛞蝓、蚁类、蚊幼虫（孑子）、直翅目（蝗虫）、鞘翅目（金龟子）、蝼蛄等无脊椎动物，尤其偏好具趋光性的鳞翅目成虫（蛾、蝶）。

2. 采集与炮制加工

蟾酥又称蟾蜍眉脂、蟾蜍眉酥、蛤蟆酥、蛤蟆浆。夏秋季节捕捉蟾蜍科动物中华大蟾蜍或黑眶蟾蜍，洗净后挤取耳后腺及皮肤腺的白色浆液加工制成。成品呈扁圆形团块状或片状。棕褐色或红棕色。团块状者质坚，不易折断，断面棕褐色，角质状，微有光泽；片状者质脆，易碎，断面红棕色，半透明。气微腥，味初甜而后有持久的麻辣感，粉末嗅之作嚏。

（1）采集　取蟾酥时，操作者用左手握住蟾蜍头部并顺势向下捋，同时固定其四肢，此时蟾蜍腹部鼓起，耳后腺明显膨大。右手持铝制夹钳迅速而适度地挤压两侧耳后腺，当听到夹子闭合的清脆声时，表明浆液已被挤出并收集于夹内。挤压时需掌握力度：用力过轻则难以挤净浆液，用力过重则易导致耳后腺出血，不仅会使蟾酥颜色由白变黑而降低品质，还可能引发感染甚至导致蟾蜍死亡。当夹内浆液积聚较多时，可用毛笔将其刮取并均匀涂布于玻璃板上，置于阴凉处自然晾干（不可暴晒），干后揭下贮存于大口玻璃瓶中。取酥后的蟾蜍需单独安置于阴凉干燥处，避免接触水源以防伤口感染，间隔一个月后方可再次采浆。

（2）质量鉴别

① 本品断面沾水，即呈乳白色隆起。

② 取本品粉末 0.1g，加甲醇 5mL，浸泡 1h，滤过，滤液加对二甲氨基苯甲醛固体少量，滴加硫酸数滴，即显蓝紫色。

③ 取本品粉末 0.1g，加三氯甲烷 5mL，浸泡 1h，滤过，滤液蒸干，残渣加醋酐少量使溶解，滴加硫酸，初显蓝紫色，渐变为蓝绿色。

④ 取粉末 0.2g，加乙醇 10mL，加热回流 30min，滤过，滤液置 10mL 量瓶中，加乙醇稀释，作为供试品溶液。另取蟾酥对照药材，同法制成对照药材溶液。再取脂蟾毒配基及华蟾酥次素对照品，加乙醇分别制成每 1mL 含 1mg 的溶液，作为对照品溶液。对照薄层色谱法试验，吸取上述 4 种溶液各 10μL 分别点于同一硅胶 G 薄层板上，以环己烷：氯仿：丙酮（4：3：3）为展开剂，展开，取出，晾干，喷以 10％硫酸乙醇溶液，热风吹至斑点显色清晰。供试品色谱中，在与对照品色谱相应的位置上，显相同颜色的斑点；在与对照品色谱相应的位置上，显相同的一个绿色及一个红色斑点。

（3）炮制　蟾酥粉：取蟾酥，捣碎，加白酒浸渍，时常搅动至呈稠膏状，干燥，粉碎。蟾酥每 10kg，用白酒 20kg。

3. 功效

蟾酥具有解毒消肿、止痛的功效，适用于痈疽疔疮、咽喉肿痛及龋齿疼痛，可内服或外用。其止痛开窍作用可用于治疗痧胀腹痛、吐泻，甚至晕厥。此外，蟾酥在临床上还用于白血病、淋巴结核、骨结核、牙髓炎、疮疖痈肿、急性扁桃体炎、咽喉肿痛、心力衰竭及恶性肿瘤（如癌肿）等疾病的治疗。

4. 活性成分与药理作用

（1）活性成分　蟾酥的主要活性成分包括甾族化合物蟾蜍二烯内酯类（bufadienolides），具体有蟾蜍它灵（bufotalin）、华蟾蜍精（cinobufagin）、华蟾蜍它灵（cinobufotalin）、远华蟾蜍精（telocinobufagin）、蟾蜍灵（bufalin）、日本蟾蜍它灵（gamabufotalin）、去乙酰华蟾蜍它灵（desacetylcinobufotalin）、热斯蟾蜍苷元（resibufogenin）、华蟾蜍它里定（cinobufotalidin）及蟾蜍它里宁（bufotalinin）等。此外还含华蟾蜍毒素（cinobufotoxin）、精氨酸（arginine）、辛二酸（suberic acid）等成分，以及吲哚类生物碱如蟾酥碱（bufotenine）、蟾酥甲碱（bufotenidine）和 5-羟色胺（5-hydroxytryptamine），并含肾上腺素（adrenaline）等活性物质。

（2）药理作用

① 抗癌作用。蟾酥对人子宫颈癌、肝癌、白血病、卵巢癌、胃癌等肿瘤具有抑制作用，其中华蟾毒配基为主要有效成分。动物实验表明，蟾皮制剂对大鼠瓦克癌肉瘤 256、小鼠肉瘤 180、U14 子宫颈癌、腹水型肝癌及兔 BP 癌均有显著抑制效果。

② 造血功能促进作用。蟾酥注射液可促进钴-60 照射损伤小鼠的骨髓造血细胞增殖与分化，显著提升骨髓多能干细胞、粒系祖细胞和红系祖细胞数量。蟾酥水溶液、油溶液及蟾皮提取液均显示放射防护作用，能促进外周白细胞恢复，尤以照射后给药效果更佳。华蟾素注射液可拮抗环磷酰胺所致白细胞减少。

③ 心血管作用。小剂量蟾酥增强心肌收缩力，大剂量则导致心率减慢、心律失常及房室传导阻滞，最终心脏停搏于收缩期。其强心作用类似洋地黄但无蓄积性，主要活性成分包括远华蟾毒配基、蟾毒灵和华蟾毒配基等。

④ 神经递质调节。蟾毒灵通过促进肾上腺素能神经末梢释放去甲肾上腺素，显著增强豚鼠输精管收缩。

⑤ 神经精神作用。蟾毒灵可诱发惊厥，所含 5-羟色胺具有致幻效应。蟾酥及蟾皮具显著镇痛作用，80%酒精提取物的表面麻醉效力强于可卡因，其中蟾毒灵麻醉强度约为可卡因 90 倍，华蟾蜍素和华蟾毒配基次之。

⑥ 抗炎免疫调节。蟾酥对渗出性和肉芽肿性炎症均有抑制，能防止链球菌和金黄色葡萄球菌感染扩散，增强细胞与体液免疫功能。华蟾素可提升巨噬细胞吞噬能力，蟾皮制剂在抗肿瘤的同时增强网状内皮系统功能。

⑦ 抗血栓作用。静脉注射蟾酥可抑制 ADP 诱导的血小板聚集，改善大鼠内毒素性血栓，并通过激活纤溶系统发挥抗栓效应。

⑧ 其他作用。具有镇咳祛痰功效；双向调节平滑肌（先收缩后松弛），拮抗

组胺和乙酰胆碱所致痉挛；兴奋子宫甚至导致孕兔流产；抗过敏作用；抑制腺体分泌；调节代谢（胰岛素样促糖原生成、抑制脂肪分解）；利尿作用及兴奋横纹肌等。

九、龟甲

1. 乌龟的生物学特性

乌龟是龟鳖目地龟科拟水龟属的爬行动物，其主要特征为：头部及颈部侧面具黄色线状斑纹，吻端平钝无钩状突起。背甲呈椭圆形且略扁平，颜色为褐色至黑色，腹甲淡黄色并具暗褐色斑纹。四肢粗壮略扁平，雄性个体较小（背甲黑色、尾长且具特殊臭味），雌性个体较大（背甲棕褐色、尾短无臭味）。

相近物种包括黑颈乌龟（*Chinemys nigricans*）和平胸龟（*Platysternon megacephalum*）。

该物种分布于中国南方各省，典型栖息环境包括溪流、湖泊、稻田及水草丛生区域。作为杂食性半水栖动物，其食性涵盖昆虫、蠕虫、小鱼虾等动物性食物，以及嫩叶、浮萍、草本植物种子等植物性食物。作为变温动物，其活动规律与水温密切相关：低于10℃时进入冬眠（11月至次年4月），藏身于水底淤泥或覆土中；15℃以上开始活动；18～20℃时恢复摄食；超过20℃则躲避至深水区避暑。

生长速度缓慢且具性别差异：一至六龄龟体重分别为15g、50g、100g、200g、250～350g和400g左右。雄性生长更缓慢，性成熟个体重量约达750g。

2. 采集及炮制加工

龟甲为龟科动物乌龟（*Chinemys reevesii*）的背甲及腹甲。全年均可采收，以秋、冬两季为佳，捕获后处死或沸水烫死后剥取背甲及腹甲，剔除残肉，晒干。

药材特征如下：本品背甲及腹甲由甲桥相连，背甲稍长于腹甲，与腹甲常分离。背甲呈长椭圆形拱状，长7.5～22cm，宽6～18cm；外表面棕褐色或黑褐色，脊棱3条；颈盾1块，前窄后宽；椎盾5块，第1椎盾长大于宽或近相等，第2～4椎盾宽大于长；肋盾两侧对称，各4块；缘盾每侧11块；臀盾2块。腹甲呈板片状，近长方椭圆形，长6.4～21cm，宽5.5～17cm；外表面淡黄棕色至棕黑色，盾片12块，每块常具紫褐色放射状纹理，腹盾、胸盾和股盾中缝均长，喉盾、肛盾次之，肱盾中缝最短；内表面黄白色至灰白色，有的略带血迹或残肉，除净后可见骨板9块，呈锯齿状嵌接；前端钝圆或平截，后端具三角形缺刻，两侧残存呈翼状向斜上方弯曲的甲桥。质坚硬。气微腥，味微咸。

龟甲的炮制加工如下。

（1）龟甲　置蒸锅内，沸水蒸45min，取出，放入热水中，立即用硬刷除净皮肉，洗净，晒干。

（2）醋龟甲　取净龟甲，照烫法用沙子炒至表面淡黄色，取出，醋淬，干燥。用时捣碎。每 100kg 龟甲，用醋 20kg。

3. 功效与药用作用

滋阴潜阳，益肾强骨，养血补心。主要用于阴虚潮热、骨蒸盗汗、头晕目眩、虚风内动、筋骨痿软、心虚健忘等症。

4. 活性成分与药理作用

（1）活性成分　龟甲主要含动物胶、角蛋白、脂肪及无机成分（包括钙、磷等），并含有 18 种氨基酸。其中龟背甲（上甲）的总氨基酸含量低于龟腹甲（下甲）。此外，龟甲还含有碳酸钙、氧化钙、氧化镁、五氧化二磷及钠、钾、铁的氧化物等无机成分，并富含多种微量元素（如锶、铁、铜等）。

（2）药理作用

① 免疫调节作用。龟鹿补肾口服液及丸剂可增强小鼠网状内皮系统吞噬功能，显著提高吞噬指数和吞噬系数；对正常及免疫抑制状态小鼠的脾脏、胸腺重量有增加作用，并能部分拮抗环磷酰胺所致的白细胞减少。

② 抗肿瘤作用。通过增强机体抗肿瘤免疫力发挥抑瘤效果，其提取物对肉瘤 S180、艾氏腹水癌和腹水型肝癌具有抑制作用。

③ 对生殖系统作用。龟甲对大鼠、豚鼠、家兔及人离体子宫均显示选择性兴奋作用（尤以子宫角和子宫体为著），能增强收缩力并适度增加收缩频率和张力，且不易引发强直收缩，其中豚鼠子宫最为敏感。龟鹿补肾制剂可促进幼鼠睾丸和子宫发育，增加去势雄鼠附属性腺重量，对“肾阳虚”模型小鼠的体重减轻、肾上腺及胸腺萎缩有预防作用，并能显著增加睾丸重量。

④ 阴虚模型调节作用。龟甲与生地黄合剂可降低甲亢模型小鼠异常升高的耗氧量和抑制异丙肾上腺素诱导的血浆环磷酸腺苷（cAMP）水平峰值明显升高。龟甲煎液（100%）能改善甲亢型阴虚大鼠症状（增加体重、减少饮水量、增加尿量），降低血浆黏度及血清三碘甲状腺原氨酸、甲状腺素含量。

副作用：龟甲煎液小鼠灌胃试验显示最大耐受量达 250g/kg，未能测出半数致死量。

十、鳖甲

1. 中华鳖生物学特性

鳖甲为中华鳖（*Trionyx sinensis* Wiegmann）的背甲。中华鳖属龟鳖目鳖科爬行动物，体扁平呈椭圆形，体表覆盖背甲和腹甲。其特征为：头部粗大呈三角形，吻端延长成管状肉质吻突（长度约与眼径相等）；颈细长可伸缩；口中无齿；

背甲暗绿色或黄褐色，边缘具肥厚结缔组织（俗称“裙边”）；腹甲灰白至黄白色，平坦光滑；四肢为革质皮肤无鳞片，后肢较前肢发达，均可缩入甲内；尾部较短。

该物种在中国除宁夏、新疆、青海、西藏外广泛分布，以湖南、湖北、江西、安徽、江苏等省为主要产区。栖息于江河、湖沼、池塘等水流平缓的淡水水域，亦见于山溪。昼伏夜出，性怯懦，耐饥饿，食性杂，喜食鱼虾、昆虫及腐败饵料，兼食水生植物。雌体繁殖期年产卵 3～4 次，每次约 10 枚，经 40～70 天自然孵化，寿命可达 30～50 年。

2. 采集及炮制加工

鳖甲又称上甲、鳖壳、鳖盖子。全年均可捕捉，以秋、冬二季为多。

完整的干燥鳖甲呈椭圆形或卵圆形，背面隆起，长 10～15cm，宽 9～14cm。外表面黑褐色或墨绿色，略有光泽，具细网状皱纹和灰黄色或灰白色斑点，中间有一条纵棱，两侧各有左右对称的横凹纹 8 条，外皮脱落后，可见锯齿状嵌接缝。内表面类白色，中部有突起的脊椎骨，颈骨向内卷曲，两侧各有肋骨 8 条，伸出边缘。质坚硬。气微腥，味淡。以体大、甲厚、无残肉、洁净无腐臭味者为佳。

鳖甲的炮制方法及鳖甲胶加工工艺如下。

① 生鳖甲。将原药材置缸或池中清水浸泡（夏季约 20 天至皮骨分离），取出洗净晒干。

② 制鳖甲。取净砂土置锅内炒至疏松，加入净鳖甲拌炒至表面微黄色，筛去砂土后趁热浸醋（每 50kg 鳖甲用醋 15kg），捞出晒干。

③ 鳖甲胶。取漂净鳖甲加水煎煮 3～5 次至胶汁尽出，合并滤液并澄清，取上清液文火浓缩至稠膏状（可添加黄酒、冰糖），倒入凝膏槽冷凝后切块阴干。成品呈深褐色长方形扁块，质脆，断面光亮，透光呈半透明状，气微腥，味淡。

3. 功效

鳖甲具有滋阴潜阳、软坚散结的功效，主治肾阴不足所致的潮热盗汗、阴虚阳亢、头晕目眩，以及热病伤阴、阴虚风动等证，亦可用于癥瘕积聚、胸胁疼痛、经闭等。

现代研究表明，鳖甲具有以下作用：①调节免疫功能，促进免疫球蛋白生成并延长抗体持续时间，同时抑制结缔组织增生；②保护肝脏，缓解肝损伤所致的贫血状态，促进肝脏蛋白质合成，提升血浆蛋白水平；③试验显示对小鼠移植性肿瘤及肝细胞癌变具有抑制作用。

4. 活性成分与药理作用

（1）活性成分　鳖甲含鳖甲多糖（trionyx sinensis polysaccharides，TSP）、

动物胶、角蛋白、维生素 D、磷酸钙和碳酸钙。包含 17 种氨基酸，其中脯氨酸含量最高（占氨基酸总量的 27%），甘氨酸次之（占 17%），两者为鳖甲特征性氨基酸成分。矿物质元素中包括常量元素钙、磷、钠、钾、镁及微量元素锌、铁、锰、钴、铜、砷、铬、硒、镉、铅等，其中以钙、磷、镁含量最为丰富。

（2）药理作用　鳖甲多糖具有显著的抗肿瘤及免疫调节作用：实验研究表明，其对小鼠移植性肿瘤（通过原位或皮下注射肿瘤细胞构建的荷瘤模型）的生长具有明显抑制作用。其作用机制包括：①显著提升肿瘤小鼠巨噬细胞的吞噬功能（吞噬百分率及吞噬指数均提高），增强非特异性免疫功能；②促进脾淋巴细胞增殖转化，激活自然杀伤细胞（NK细胞）活性，从而强化细胞免疫功能；③抑制肝脾结缔组织病理性增生，同时提高血浆蛋白水平。这些效应共同构成鳖甲多糖抗肿瘤的免疫学基础。

十一、蛤蚧

1. 生物学特性

蛤蚧为壁虎科动物大壁虎（*Gekko gecko*）除去内脏的干燥体。该物种属爬行纲，体型较大，体长可达 30cm 以上，头长大于尾长。其特征为：头呈扁平三角形，吻鳞不接鼻孔；全身密布粒状细鳞，背部疣鳞排列成 12～14 纵列；体色呈深灰、灰蓝或青黑色，具深色横纹及灰白、砖红等斑点；尾具白色环纹；指趾间具微蹼；尾基两侧各有 1～3 个肛疣，雄性具 16～26 个肛前孔和股孔。

主要分布于中国广西、广东、福建、云南，东南亚至澳大利亚群岛，栖息于岩缝、树洞或建筑物缝隙中。夜行性，以蚊、蝇等昆虫为食。6～7 月产卵，每次产白色薄壳卵 2 枚，黏附于壁缝，孵化期约 2 个月。幼体以吻端角齿破壳，性成熟期 2 年，寿命 5～10 年。

2. 采集与炮制加工

采集时间以 5～9 月为宜，主要采用三种方法。

① 光照法。夜间利用壁虎趋光习性，用强光照射使其静止后捕捉。

② 触引法。以竹竿端部绑扎头发，伸入石缝或树洞，待壁虎咬住后迅速拉出。

③ 针刺法。在竹竿上固定铁针，趁夜刺捕活动个体。捕获后处理流程：锤击处死壁虎后剖腹去内脏，拭干体表，用竹片撑开四肢及头腹部，白纸固定尾部于竹片防止脱落，最后经微火焙干或低温干燥。入药前需去除鳞片及头足，切块后用黄酒浸润烘干备用。

3. 功效

补肺益肾，纳气定喘，助阳益精。主治虚喘气促，劳嗽咯血，阳痿遗精。

4. 活性成分与药理作用

蛤蚧的主要活性成分包括胆固醇、脂肪酸（以磷脂酸为主的磷脂成分）、18种游离氨基酸及12种微量元素。

现代药理研究表明其具有多重生物活性。①呼吸系统作用：显示解痉平喘效应。②抗氧化与抗衰老：显著提升自由基代谢酶活性和谷胱甘肽（GSH）含量，降低过氧化脂质（LPO）含量，其中尾部作用强于体部且呈时间依赖性。③内分泌调节：乙醇提取物可延长雌鼠动情期，诱导去卵巢鼠出现动情期反应，增加正常小鼠子宫及卵巢重量。④激素样作用：提取液具弱雄性激素样活性（效力低于蛇床子、淫羊藿及海马），并能延长小鼠交尾期。⑤免疫调节作用：增强网状内皮系统功能及非特异性免疫。⑥代谢影响：具有降血糖作用。⑦抗应激与抗炎作用。此外，其对肾上腺皮质功能亦有调节作用。

十二、金钱白花蛇

1. 生物学特性

金钱白花蛇为眼镜蛇科动物银环蛇（*Bungarus multicinctus*）的幼蛇干燥体。银环蛇是蛇目眼镜蛇科环蛇属的一种毒蛇，其特征为：腹鳞203～221片，躯干部具31～50个黑白相间环纹，尾部8～17个环纹；全长约1m，背鳞15行，脊鳞扩大呈六角形；尾下鳞均为单行；腹面纯白色。该蛇上颌骨前端具一对前沟牙，毒腺分泌神经毒素，咬伤可致呼吸麻痹死亡。繁殖特征为卵生，5～8月产卵5～15枚，孵化期约45天，幼蛇3年性成熟。

地理分布涵盖中国台湾、华中、华南及西南地区，并延伸至缅甸、老挝等国。国内主产区包括广东（汕头、梅县为最大产区）、广西、福建、湖南、贵州、海南及云南等省区。栖息于近水的平原、丘陵及山麓地带，夜行性，常见于田边、路旁、坟地及菜园等生境。食性广泛，以泥鳅、鳝鱼、蛙类为主食，兼食鱼类、鼠类、蜥蜴及其他蛇类。

2. 采集与炮制

夏、秋二季捕捉，拔去毒牙，剖开蛇腹，除去内脏，擦净血迹，用75%乙醇浸泡处理后，盘成圆形，用竹签固定，低温烘干或晒干。气微腥，味微咸。

在银环蛇幼蛇孵化出壳后，经过7～10天的饲养，当幼蛇体长30cm左右时，即可捕杀加工成药材。加工时，用铁钳夹住幼蛇的头颈部，先将蛇尾和蛇身放入盛有酒精的玻璃器皿中，再将幼蛇的头部塞入，用高浓度酒精把幼蛇醉死。将醉死的幼蛇剖腹时，应拔去幼蛇的毒牙，以防在加工时咬人。剖腹宜从颈部至肛门处直线剖开，将内脏清除干净，并用清洁的纱布将血污、水分揩干净。最后将已剖腹的幼蛇以蛇头为中心，把蛇体弯曲卷成圆饼状，并使蛇尾含入幼蛇口中，使其首尾相连，再用两根细竹签交叉横穿过蛇体，固定成型。对盘卷成圆饼形的幼蛇，可用烘箱或电烤箱烘干，也可用炭火慢慢烘烤，温度保持在50℃左右为宜，直到烘烤干透。在烘烤时，既要防止烤焦烤煳，又要防止污染。为确保产品质量，把烘烤好的幼蛇干用干净的白蜡纸包好，放入备好的纸箱内，即可出售。如需长期储存，可将其放置在干燥通风的地方。成品蛇干的背部呈黑色或灰黑色，有若干白色环纹，并有一条突出的背棱，蛇鳞片细密有光泽，腹尾齐全，肉色黄白，以盘径小者为佳。

蛇毒的采集方法：有“死采”和“活采”两种方式。“死采”是利用加工单位切下的毒蛇头或将后沟牙类毒蛇及产毒量较少的海蛇麻醉处死后，从其头部剥离出毒腺的一种特殊的破坏性的方法，只有在特殊情况下偶尔用之。一般均用“活采”法，以便保持蛇类资源。下面简介几种“活采”方法。

(1) 电刺激采毒法　此法是用“针麻仪”等微弱的电刺激工具，用特制的电极刺激蛇口腔内壁。蛇一受到电刺激，就会因电麻而立即排毒。对“针麻仪”的选用，应以微弱而能使蛇排毒为宜；如刺激过大，会影响蛇的健康。

(2) 咬皿采毒法　采用小玻璃器皿或瓷碟（匙）作为采毒工具。操作时将蛇置于工作台，一手固定蛇颈，另一手将器具送入蛇口使其咬住，毒液自然流出至停止后取出器具。该方法操作简便，适用于毒牙脱落的个体，但存在蛇毒易受口腔微生物、上皮细胞、黏液及泥沙污染的缺陷，且单次采毒量较少。

(3) 咬膜采毒法　工具为末端以橡皮塞封闭的玻璃漏斗，漏斗口覆有弹性尼龙膜。操作时固定蛇颈后，以漏斗边缘轻触蛇口，待蛇咬膜后毒液流入漏斗，通过轻微扭转促使松口并退出薄膜。此法可重复使用至薄膜破损或漏斗满载，但不适用于毒牙脱落的蛇类。

(4) 负压采毒法　本方法为咬膜法的改良技术。在玻璃漏斗口覆盖塑料薄膜，漏斗底部通过橡皮塞连接离心管，侧管经橡皮管接至水泵。采毒前启动水泵抽气形成负压，操作方法与咬膜法相同。该法特别适用于产毒量少且毒液黏稠的蛇种（如蝰蛇），但需频繁更换薄膜以维持负压效果，且不适用于毒牙粗大的蛇类。

(5) 挤压采毒法　操作时一手固定蛇颈使蛇头悬于集毒容器上方，另一手用食指和拇指自毒腺后方向前挤压，直至毒液排尽。该方法操作简便，适用于毒牙脱落的个体，若配合专用取毒器可提高采毒效率。

注意：采毒过程中如发现蛇口腔存在炎症、红肿或脓血等异常情况，应立即停止采毒并进行治疗，待完全康复后方可继续采毒操作。

3. 功效

银环蛇成体供药用。孵出7～10天的幼蛇干制入药，称“金钱白花蛇”，有祛风湿、定惊搐的功效，治风湿瘫痪、小儿惊风抽搐、破伤风、疥癣和梅毒等。

银环蛇胆可治小儿高热引起的抽搐。

4. 活性成分与药理作用

（1）活性成分　蛇体主要含蛇毒蛋白（包括多种神经毒素和酶类）、脂肪及鸟嘌呤核苷，并含有赖氨酸、亮氨酸、谷氨酸等多种氨基酸。银环蛇毒素主要成分如下。①神经毒素类：α-银环蛇毒素（α-bungarotoxin，α-BGT）、β-银环蛇毒素（β-BGT）、κ-银环蛇毒素（κ-BGT）、γ-银环蛇毒素（γ-BGT）。②酶类：磷脂酶 A_2（phospholipase A_2，PLA_2）、磷脂酶 C（phospholipase C，PLC）、透明质酸酶（hyaluronidase）、乙酰胆碱酯酶同工酶（acetylcholinesterase isoenzymes）。③其他蛋白成分：鱼精蛋白（protamine）等。其中磷脂酶 A_2 是蛇毒中含量最丰富、毒性最强的组分之一。

（2）药理作用

① 抗癌作用。蝮蛇毒液中含有抑制肿瘤活性的成分，对小鼠肉瘤的抑制率最高可达 87.1%。其毒液由 34 种氨基酸残基组成，其中溶细胞素（cytolysin）为主要活性成分之一，该毒素可通过破坏细胞膜结构特异性攻击恶性肿瘤细胞。实验研究表明，分离纯化的溶细胞素经静脉注射后可通过血液循环靶向作用于癌细胞。

② 抗凝作用。蛇毒中的抗酯酶成分具有降血脂、扩张血管及调节血栓素-前列环素（thromboxane-prostacyclin）平衡的作用，能降低血栓素水平并增加前列环素含量，促使血管平滑肌舒张。临床应用的降纤酶（defibrase）系从尖吻蝮蛇（*Deinagkistrodon acutus*）毒液中提取，具有显著降纤维蛋白原和溶栓功效，为心血管疾病治疗的特效药物。

③ 镇痛作用。在治疗神经性疼痛、癌痛和戒毒方面显示出了很好的疗效。由于蛇毒镇痛剂具有较高的镇痛活性，且无成瘾性，临床可用于替代吗啡治疗癌症晚期的疼痛。

④ 制备抗蛇毒血清。蛇毒可用于制备特效药抗蛇毒血清，还可用于制备镇痛药和止血药，其效果优于吗啡、哌替啶，且无成瘾性。蛇毒还可用于治疗瘫痪、小儿麻痹症等。

毒性：蛇的头部有毒腺，含有强烈的神经性毒素，并含有溶血成分及血细胞凝集成分，但不含出血性毒素。被其咬伤后，如不积极治疗，常在一至两天内因呼吸麻痹导致死亡。因药用部分为幼蛇，不能大量自然繁殖，需加强成蛇资源的保护。

十三、鹿茸

全世界的鹿科动物有 50 余种，我国分布有 19 种。其中梅花鹿（*Cervus nippon* Temminck）和马鹿（*Cervus elaphus* Linnaeus）是我国主要的茸用鹿种。

鹿茸为鹿科动物梅花鹿或马鹿的雄鹿未骨化密生茸毛的幼角。前者习称“花鹿茸”，后者习称“马鹿茸”。

1. 梅花鹿及马鹿生物学特性

（1）梅花鹿　梅花鹿为偶蹄目鹿科鹿属哺乳动物。其形态特征为：夏季被毛呈栗红色并具显著白色斑点（梅花状），毛稀无绒毛；冬季被毛转为烟褐色且白斑不明显，毛厚密具绒毛；颈部具鬣毛；雄性自两岁起生角，每年增一叉，至五岁共分四叉定型；具明显眶下腺，耳大直立，颈细长；四肢纤细，后肢外侧踝关节下具褐色跖腺，主蹄狭小伴小侧蹄；臀部具显著白色臀斑，尾短；鼻面及颊部毛短且毛尖呈沙黄色。寿命约 20 年，14～16 月龄性成熟。繁殖特征为母鹿秋季发情，公鹿 8 月中旬后发情，妊娠期约 238 天，通常单胎产 1 崽。

地理分布涵盖日本、俄罗斯太平洋沿岸地区及中国东北（小兴安岭、长白山）、华东、华南等山区。栖息于山地森林及其边缘地带，晨昏活动觅食，日间于林间隐蔽处休息。食性为植食性，主要采食豆科、菊科植物及白桦、地榆等植物的嫩叶与树皮。

（2）马鹿　马鹿体型较大，体重 200kg 左右，体长 2m 余，肩高约 1m。肩部与臀部高度相同。耳大，圆锥形。颈较长，占体长的 1/3，颈下被较长的毛。尾短，但显著。四肢长，蹄大，呈卵圆形。雄性有角，眉叉斜向前伸，与主干几成直角，主干长，稍向后倾斜，并略向内弯，第二叉起点紧靠眉叉，第三叉与第二叉的距离远，有时主干末端复有分叉。冬毛厚密，有绒毛，灰棕色，颈部与身体背面稍带黄褐色，由额部沿背中线到体后有一黑棕色条纹，嘴、下颏深棕，颊棕色，额部棕黑色。耳黄褐，耳内毛白色。臀部具有一黄赭色的大斑，四肢外侧棕色，内侧较淡。夏毛较短，一般为赤褐色。天亮前后活动频繁，有时三五成群。性机警，听觉、嗅觉灵敏，善奔跑。9～10 月交配，次年 5～6 月产仔，每胎 1～2 仔。

喜栖息于大面积的针阔叶混交林、林间草地、高山森林草原，甚至活动于稀疏灌丛，或进入荒漠草原，或下至溪谷沿岸活动。以草、嫩树枝及树芽为食，并喜在盐碱较多的低湿地上舔食，甚至还吃其中的烂泥。国内主要分布于东北、内蒙古、西北、华北及西藏。国外广泛分布于亚洲北部、中欧、西北非以及北美等地，并已引种到了新西兰。

2. 采收与炮制

按产地和基原可分为：①花鹿茸（产自东北梅花鹿，品质最优）；②东马鹿茸（产自东北马鹿，品质优良）；③西马鹿茸（产自西北马鹿，品质次之）。

（1）采收　雄性幼鹿 8～10 月龄时额部开始突起形成鹿茸基础，2 岁后鹿茸分岔，以 3～6 岁雄鹿所产鹿茸质量最佳。采收标准应符合《中华人民共和国药典》规定：鹿茸应保持完整，茸毛密布，表面呈红棕色或棕黄色，横切面密布细孔，质轻而韧，气微腥，味微咸。

我国鹿茸片主要分为血片（顶尖部切制，黑褐色，蜡状光泽，质优）和粉片（中下部切制，白色或淡黄色）两类。按加工方法分为锯茸与砍茸：锯茸自雄鹿三岁始采，二杠茸年采两次（清明后 40～50 天采头茬，间隔 50～60 天采再生茸），三岔茸年采一次（7 月下旬）；砍茸系取老弱病鹿之茸连带脑盖骨制成，分二杠、三岔等规格。

① 花鹿茸呈圆柱状分枝，具一个分枝者习称“二杠”，主枝习称“大挺”，长 17～20cm，锯口直径 4～5cm，离锯口约 1cm 处分出侧枝，习称“门庄”，长 9～15cm，直径较大挺略细。外皮红棕色或棕色，多光润，表面密生红黄色或棕黄色细绒毛，上端较密，下端较疏；分岔间具 1 条灰黑色筋脉，皮茸紧贴。锯口黄白色，外围无骨质，中部密布细孔。具两个分枝者，习称“三岔”，大挺长 23～33cm，直径较二杠细，略呈弓形，微扁，枝端略尖，下部多有纵棱筋及突起疙瘩；皮红黄色，绒毛较稀而粗。体轻。气微腥，味微咸。

二茬茸与头茬茸相似，但挺长而不圆或下粗上细，下部有纵棱筋。皮灰黄色，茸毛较粗糙，锯口外围多已骨化。体较重。无腥气。

② 马鹿茸较花鹿茸粗大，分枝较多，侧枝一个者习称“单门”，两个者习称“莲花”，三个者习称“三岔”，四个者习称“四岔”或更多。按产地分为“东马鹿茸”和“西马鹿茸”。

东马鹿茸“单门”大挺长 25～27cm，直径约 3cm。外皮灰黑色，茸毛灰褐色或灰黄色，锯口面外皮较厚，灰黑色，中部密布细孔，质嫩；“莲花”大挺长可达 33cm，下部有棱筋，锯口面蜂窝状小孔稍大；“三岔”皮色深，质较老；“四岔”茸毛粗而稀，大挺下部具棱筋及疙瘩，分枝顶端多无毛，习称“捻头”。

西马鹿茸大挺多不圆，顶端圆扁不一，长 30～100cm。表面有棱，多抽缩干瘪，分枝较长且弯曲，绒毛粗长，灰色或黑灰色。锯口色较深，常见骨质。气腥臭，味咸。

（2）炮制

① 鹿茸片。取鹿茸，燎去茸毛，刮净，以布带缠绕茸体，自锯口面小孔灌入热白酒，并不断添酒，至润透或灌酒稍蒸，横切薄片，压平，干燥。

② 鹿茸粉。取鹿茸，燎去茸毛，刮净，劈成碎块，研成细粉。

3. 功效

味甘、咸，性温。归肾、肝经。具有壮肾阳、益精血、强筋骨、调冲任、托疮毒的功效。用于肾阳不足、精血亏虚、阳痿滑精、宫冷不孕、羸瘦、神疲、畏寒、眩晕、耳鸣、耳聋、腰脊冷痛、筋骨痿软、崩漏带下、阴疽不敛。

现代生物医学研究证实，鹿茸含有多种生物活性成分，包括人生长激素

(human growth hormone，HGH）和胰岛素样生长因子-1（insulin-like growth factor-1，IGF-1）等。基于这些成分开发的生物制剂具有多重生理调节功能：促进细胞活力、改善皮肤皱纹、延缓衰老进程、调节脂肪代谢、增强免疫功能、改善记忆功能以及调节性功能等。

4. 活性成分与药理作用

（1）活性成分　鹿茸含有多种生理活性成分，主要包括以下类别。①磷脂类（9 种以上）：脑磷脂（cephalin）、卵磷脂（lecithin）、神经鞘磷脂（sphingomyelin）、糖脂（glycolipid）等。②多肽类：具有抗炎、抗肿瘤及降血糖等活性。③生物胺类：多巴胺（dopamine，具强心、改善肾血流作用，用于休克抢救）、精胺（spermine）、脒胺（amidine）等。④前列腺素类：如 PGE、PGF_2 等。⑤维生素：包括维生素 B_1、维生素 B_2、维生素 D、维生素 E、维生素 K 等。⑥氨基酸（19 种）及无机元素（23 种以上）：如锗（Ge）、钙（Ca）、磷（P）、镁（Mg）、钠（Na）、硒（Se）等微量元素。⑦脂类成分：含亚麻油酸、亚油酸等高不饱和脂肪酸，以及甾体类化合物。

（2）药理作用　鹿茸能增强副交感神经末梢的紧张性，促进神经系统功能恢复和改善神经、肌肉系统功能，同时对交感神经亦有兴奋作用；大剂量鹿茸可降低血压，使心脏收缩振幅变小，心率减慢，外周血管扩张。中等剂量能引起心脏收缩显著增强，收缩幅度变大，心率加快，从而使心输出量增加；鹿茸对已疲劳的心脏作用尤为显著。

鹿茸提取物既能增加血浆睾酮浓度，又能使促黄体生成素（LH）浓度升高。因此，鹿茸对青春期的性功能障碍、中老年期的前列腺萎缩症均有治疗效果；对女性更年期障碍也有良好疗效。鹿茸精具有较强的抗疲劳作用，能增强耐寒能力，加速创伤愈合和促进肾上腺皮质功能。故鹿茸是传统的补益药，用于强壮、补肾、益阳。鹿茸可增加血液中血红蛋白含量，因此对于大量出血者、感染末期患者，特别是老年患者的治疗极为有效。

5. 副作用

鹿茸是指雄性鹿未骨化的幼角，被认为具有滋补强壮、提高免疫力等功效。但长期大量食用鹿茸或食用鹿茸制品可能对身体造成一定危害，主要包括以下几个方面：

① 过敏反应。鹿茸中含有多种蛋白质和多糖类物质，可能引起过敏反应，表现为皮肤瘙痒、红肿等症状。

② 激素水平异常。鹿茸中含有一定量的性激素，长期过量服用可能导致体内激素水平失衡，影响生殖系统和心血管系统功能。

③ 重金属蓄积风险。由于鹿茸生长在自然环境中，可能存在铅、汞等重金属污染，长期摄入可能对健康造成潜在危害。

④ 药物相互作用。鹿茸中的活性成分可能与某些药物产生相互作用，影响药物疗效或增加不良反应风险。

十四、熊胆

1. 熊生物学特性

熊胆为熊科动物黑熊（*Selenarctos thibetanus*）和棕熊（*Ursus arctos*）的干燥胆囊。

黑熊为食肉目熊科动物，现存 7 个亚种。形态特征：体长雌性 110～150cm，雄性 120～189cm；尾长＜12cm；肩高 70～100cm；体重雌性 40～140kg，雄性 60～200kg。通体被覆黑亮长毛，下颌部白色，胸部具“V”形白斑。头部圆形，耳大眼小，吻部短尖，鼻端裸露；足垫厚实，五趾具尖锐不可伸缩爪。生态特征：分布于欧亚大陆东部、中国及日本等地的森林地带，栖息于山地林区。夜行性，昼伏于树洞或岩穴。善攀爬、游泳，可直立行走；视觉较弱，嗅觉与听觉灵敏。杂食性，以植物叶芽、果实、种子为主，兼食昆虫、鸟卵及小型兽类。北方种群具冬眠习性，冬季蛰居洞中呈半休眠状态，次年 3～4 月出洞；夏季交配，妊娠期 7 个月，每胎产 1～3 仔。

棕熊为熊科熊属哺乳动物，是现存陆生食肉目中体型最大的物种之一。其形态特征为：体长 1～2.8m，尾长 6～21cm，肩高 0.9～1.5m；体重范围 80～600kg，其中雄性 135～600kg，雌性 160～600kg，雄性体重通常为雌性 1.2～1.8 倍。体型最大的科迪亚克棕熊亚种体重可达 800kg，直立高度 2.5m；最小的叙利亚棕熊亚种仅 90kg。阿拉斯加南部沿海种群为最大亚种，雄性平均体重 389kg（最大 780kg），雌性平均体重 207kg。犬齿间距 6～7cm，野生个体寿命通常 20～25 年。

棕熊地理分布历史上曾遍及北欧、中欧、亚洲、北非阿特拉斯山脉及北美墨西哥南部。现存种群主要分布于欧亚大陆（从西欧至西伯利亚东部及喜马拉雅地区）、日本北海道、北非阿特拉斯山脉残余种群、北美阿拉斯加及加拿大西部稳定种群。栖息地以山区针叶林和针阔混交林为主，具明显垂直迁移习性：春季活动于低海拔区域，夏季迁往高山森林，秋季返回低海拔林区，冬季在高海拔越冬。生境类型涵盖岩石峭壁、湿地、草原、灌木丛、洞穴及人工次生林等。

棕熊是杂食性动物。它们的食物组成会随着栖息地不同和季节变化而改变。通常情况下，植物性食物占 60%以上，包括各种植物根茎、块茎、草料、苔藓、谷物及果实等。其余为动物性食物，包括昆虫、啮齿类动物、有蹄类动物（如麋鹿、驯鹿、驼鹿、野牛等）、野猪、鱼类和腐肉等。棕熊在夏季交配，怀孕期约 7 个月。

2. 采集与炮制

（1）熊胆的采收加工与性状特征

采收加工：冬季捕捉后剖腹取胆，先结扎胆管，完整剥离胆囊后去除外周脂肪组织，采用木板夹扁定型。干燥方法为阴干（通风处悬挂）或石灰缸吸湿干燥，禁晒干或烘干以防变质。

药材性状：干燥胆囊呈长扁卵形，上窄下宽，长10～20cm，宽5～8cm。表面灰黑至棕黑色，具蜡样光泽及皱褶，囊壁薄，上部透光可见半透明状。质地坚硬，断面纤维性。囊内胆仁呈块状/颗粒状/粉末状/膏状，按质量分级。

① 金胆（铜胆）。金黄色琥珀样，质松脆，味苦回甘。

② 墨胆（铁胆）。黑色，质坚脆或稠膏状。

③ 菜花胆。黄绿色，光泽暗淡，质脆。

优质品特征：气清香，个大，胆仁金黄明亮，味苦回甘。劣质品特征：腥味明显，胆仁色暗，苦味不纯。

国内主产于云南、黑龙江、吉林。此外，贵州、四川、青海、西藏、新疆、甘肃、湖北、湖南、陕西、福建等地也有分布。以云南所产的“云胆”品质较优；黑龙江、吉林所产的“东胆”产量最大。

黑熊和棕熊均被列为国家二级重点保护野生动物，禁止非法捕猎。目前主要采用“活熊引流取胆”技术获取熊胆。根据相关规定，引流熊胆需加载“中国野生动物经营利用管理专用标识”后方可流通使用。

（2）炮制方法　取原药材，除去皮膜，研成细粉。引流熊胆粉需经灭菌、干燥等工艺处理。

3. 功效

清热，凉肝，息风解毒，明目，退翳。治热盛惊风，小儿惊厥，咽喉肿痛，目赤翳肿。

4. 活性成分与药理作用

（1）活性成分　熊胆的活性成分主要包括胆汁酸类化合物、胆固醇及胆色素。其中黑熊胆含有约20%的牛磺熊去氧胆酸，该成分是熊胆的特征性物质，经水解可生成牛磺酸（taurine）与熊去氧胆酸（ursodesoxycholic acid）。此外，熊胆还含有去氧胆酸和胆酸。需特别指出的是，熊去氧胆酸作为鹅去氧胆酸（chenodeoxycholic acid）的立体异构体，是鉴别熊胆与其他动物胆囊的重要化学依据。

（2）药理作用

① 解痉作用。采用小鼠离体肠管实验，以乙酰胆碱诱导痉挛，比较8个地区熊胆及野熊胆、野猪胆的解痉效果。结果表明熊胆具有显著解痉作用，其活性成分主要为熊去氧胆酸，解痉机制与罂粟碱类似。

② 对心脏的影响。云南产熊胆（墨胆）水溶液对离体蛙心呈现小剂量兴奋、大剂量抑制的双向调节作用。

（3）临床应用

① 熊胆粉

a. 可治疗肝胆病。熊胆归肝、胆经，具有保肝、利胆和溶石功效。其作用包括：利胆退黄，显著降低血清谷丙转氨酶（ALT）水平，对顽固性 ALT 升高患者效果突出；有效缓解胆道痉挛引起的疼痛症状；对慢性肝病（特别是胆汁淤积性肝病）的残留黄疸显示出显著改善作用。改善慢性肝硬化，通过增加肝血流量、促进胆组织修复、清热解毒及促进胆汁分泌等机制，适用于急慢性肝炎、黄疸、胆囊炎和胆道炎的治疗。调节脂质代谢，促进脂肪及脂肪酸分解，对脂肪肝和肝硬化具有改善作用。通过抑制肝脏羟甲戊二酰辅酶 A 还原酶活性，降低胆汁中胆固醇及其酯类的摩尔浓度和饱和指数，发挥溶石作用，尤其对非手术适应证的胆固醇型胆结石患者效果更佳。

b. 调节血脂代谢。熊胆粉与烟酸肌醇联用可显著降低血清总胆固醇（TC）、甘油三酯（TG）及极低密度脂蛋白（VLDL）水平，同时抑制动脉粥样硬化进程，并表现出明确的降血糖活性。

c. 改善血管功能。通过舒张血管、增加冠状动脉血流量、降低冠脉阻力及心肌耗氧量发挥保护心血管作用，兼具降压效应。

d. 抗血栓形成。可降低血液黏度、抑制红细胞聚集及血小板黏附，显著改善血流动力学指标而不影响血细胞比容（HCT）。

e. 可治疗胃病。熊胆可治疗胃热型消化不良、胃炎及胃十二指肠溃疡，与珍珠粉配伍使用时可促进慢性创面愈合。

其药理作用还涵盖：清热解毒、抗菌消炎；呼吸系统调节（兴奋呼吸中枢、镇咳、解除支气管平滑肌痉挛）；解热作用（给药后 1～2h 体温显著低于对照组）；平滑肌抑制（离体兔肠实验证实）。临床适用于感冒咳嗽、急慢性支气管炎及顽固性支气管哮喘的治疗，能有效改善通气障碍所致的缺氧症状。

② 牛磺熊去氧胆酸。牛磺熊去氧胆酸（tauroursodesoxycholic acid）作为熊胆汁的主要活性成分，临床应用于胆囊胆固醇结石、原发性胆汁性胆管炎、及慢性丙型肝炎等疾病的治疗。

a. 利胆作用。其利胆作用机制表现为：与疏水性胆汁酸不同，该成分可通过激活胆固醇合成限速酶 HMG-CoA 还原酶（3-羟基-3-甲基戊二酰辅酶 A 还原酶）促进肝细胞胆固醇合成，同时增强胆固醇 7α-羟化酶活性（胆固醇转化为胆汁酸的限速步骤），从而显著促进胆汁酸分泌。

b. 促进胆汁分泌。牛磺熊去氧胆酸通过以下机制促进胆汁酸分泌：刺激携带转运蛋白的囊泡向胆小管膜定向转运，该过程受细胞外钙离子及蛋白激酶 C（protein kinase C，PKC）信号网络调控；在原代培养大鼠肝细胞中，可诱导持续性的胞外钙离子浓度升高，从而维持胆汁酸分泌；通过促使 PKC-α 亚型向细胞膜转位并激活膜结合型 PKC，增强肝细胞的胆汁酸分泌功能。

c. 细胞保护作用。胆汁淤积性肝病的发病机制主要与疏水性胆汁酸（包括鹅脱氧胆酸、脱氧胆酸和石胆酸）的异常积聚相关。这些胆汁酸可通过“去垢效应”导致肝细胞坏死并诱导细胞凋亡。牛磺熊去氧胆酸的细胞保护作用通过以下途径实现：促进受损肝细胞的胆汁酸分泌，同时竞争性抑制回肠对疏水性胆汁酸盐的重吸收，使其成为血清和胆汁中的优势胆汁酸成分，从而有效抑制疏水性胆汁酸盐诱导的肝细胞凋亡和坏死；通过竞争性置换细胞膜及细胞器上的毒性胆汁酸分子，阻断其对肝细胞和胆管细胞的直接损伤；通过与细胞膜非极性结构域特异性结合，其结合物稳定吸附于膜脂-水界面，维持膜极性稳定并防止疏水性胆汁酸对膜结构的破坏。

d. 抗氧化作用。疏水性胆汁酸盐可激活肝巨噬细胞（库普弗细胞，Kupffer cell），促使其释放活性氧（reactive oxygen species，ROS），包括超氧阴离子（O_2^-）、过氧化氢（H_2O_2）、羟自由基（·OH）和一氧化氮（NO）等。这些活性氧通过脂质过氧化反应损伤肝细胞膜结构。牛磺熊去氧胆酸通过双重机制发挥抗氧化保护作用：抑制疏水性胆汁酸诱导的库普弗细胞活化；提升肝细胞内谷胱甘肽（GSH）和巯基蛋白水平，增强细胞抗氧化防御能力。

e. 抗凋亡作用。牛磺熊去氧胆酸的抗肝细胞凋亡作用通过以下实验证实：体外实验中，原代培养大鼠肝细胞与脱氧胆酸（deoxycholic acid，DCA）共孵育 6h 可诱发显著凋亡，而加入该成分后凋亡细胞减少 80%；体内实验显示，大鼠长期摄入疏水性胆汁酸可诱导肝细胞凋亡，同步给予牛磺熊去氧胆酸能显著抑制该过程。其广谱抗凋亡作用还体现在对乙醇、FAS 配体（FAS ligand，FASL）及转化生长因子-β（transforming growth factor-β，TGF-β）等多种因素诱导凋亡的抑制作用。作用机制主要通过稳定线粒体膜结构、抑制线粒体膜通透性转换孔形成来实现。

f. 免疫调节作用。在原发性胆汁性肝硬化和肝外胆汁淤积患者中，肝细胞和胆管细胞表面人类白细胞抗原Ⅰ类（HLAⅠ）和Ⅱ类抗原的表达增加。鹅脱氧胆酸等疏水性胆汁酸可直接上调主要组织相容性复合体Ⅰ类（MHCⅠ）和Ⅱ类（MHCⅡ）基因表达。牛磺熊去氧胆酸则通过取代肝细胞表面的疏水性胆汁酸并降低其在胆汁酸池中的比例，从而下调 MHC 表达。研究表明，牛磺熊去氧胆酸可激活糖皮质激素受体（GR），促进其从胞浆向胞核转运，进而调控多种靶基因的表达。此外，牛磺熊去氧胆酸通过激活 GR，能够抑制 γ-干扰素（γ-IFN）诱导的 MHCⅡ类分子启动子的激活，从而抑制疏水性胆汁酸诱导的 MHCⅠ类和Ⅱ类分子的表达。临床观察发现，经牛磺熊去氧胆酸治疗的原发性胆汁性肝硬化（PBC）患者，其 HLAⅠ类和Ⅱ类分子的表达水平显著降低，进而减少细胞毒性 T 淋巴细胞（CTL）对自身组织的损伤。

除调控 MHC 表达外，牛磺熊去氧胆酸还能抑制免疫球蛋白（Ig）和外周血单核细胞因子的过度分泌。原发性胆汁性肝硬化患者通常存在抗脂质 A 抗体和免疫球蛋白 M（IgM）水平升高，这些内源性毒素具有强免疫原性。研究发现，这类抗体主要聚集于 PBC 患者的胆管内皮，而牛磺熊去氧胆酸可通过抑制 IgM 的产生来减轻胆管细胞炎症反应。临床治疗还显示，牛磺熊去氧胆酸能减少 PBC 患者门脉区嗜酸性粒细胞的浸润，并抑制其脱颗粒过程。

十五、麝香

1. 麝生物学特性

林麝（*Moschus berezovskii*）是偶蹄目麝科麝属中体型最小的一种哺乳动物，体长约 70cm。雄麝上犬齿发达，向后下方弯曲，伸出唇外；腹部生殖器前有麝香腺囊，尾粗短，尾脂腺发达。四肢细长，后肢长于前肢；体毛粗硬，呈深橄榄褐色，并杂有橘红色调；下颌、喉部、颈下至前胸为界限分明的白色或橘黄色区域，臀部毛色近黑色，成体无斑点。因其分泌物香气远溢，故称麝香；外形似獐而体型较小，毛色深暗，故俗称香獐。

马麝（*Moschus sifanicus*）体型近似山羊，体长 85～100cm，肩高 50～60cm。毛色特征：全身呈浅黄褐至沙黄淡褐色，背部色较深。头部狭长，吻端尖锐，耳郭直立。两性均无角及眶下腺、跗腺。雄性尾粗短具发达腺体，尾尖毛稀疏；雌性尾细长，被毛均匀。

原麝（*Moschus moschiferus*）体型较小，体长 65～80cm，肩高 45～55cm。毛色特征：深棕色被毛，背腹部具肉桂色斑点，颈侧至腋部有两条白色或浅棕纵纹。四肢纤细，后肢显著长于前肢，站立时臀部高于肩部。蹄形窄尖，悬蹄发达。毛被特点：粗毛髓腔大，易脱落。两性无角，雄性上犬齿外露，雌性上犬齿隐于唇内。寿命记录为 12～18 年。

林麝在中国主要分布于四川、甘肃、云南、陕西、西藏等省区，栖息于海拔 800～3500m 的山地针阔混交林、常绿落叶阔叶林及灌丛地带。其生态特征为：晨昏活动型，无固定巢域；擅长在陡峭崖壁和雪地移动，具有卓越的跳跃能力；感官敏锐（视觉/听觉发达），性情警觉孤僻。食性以木本植物为主（嫩枝、树叶、树芽等），兼食草本、苔藓及果实。繁殖特性：发情期 10 月至次年 2 月，妊娠期 178～192 天，每胎产 1～3 仔（以 2 仔为主），哺乳期 90～100 天，性成熟期雌性 18 月龄、雄性 24 月龄。人工饲养条件下寿命记录为 10～15 年。

马麝国外分布于印度、不丹和尼泊尔等地。国内主要分布于甘肃、青海、四川、宁夏、云南、西藏等省区。栖息于海拔 3000～4000m 的高山深谷及高原地区，常见于与针叶林镶嵌的草甸、草原灌丛、裸岩地带以及山脊附近的灌丛或草丛中。独居生活，性情胆怯孤僻，警觉性高。多在晨昏时分活动，善于奔跑，活动路线相对固定。食性较广，主要采食菊科、蔷薇科植物的嫩枝叶，以及地衣、苔藓等，尤其喜食松树或杉树上的松萝。1.5 岁左右达到性成熟，繁殖期为每年 11 月下旬至次年 1 月上旬，妊娠期约 6 个月，每胎产 1～2 仔，偶见 3 仔。

原麝主要分布于俄罗斯西伯利亚南部，国内见于黑龙江、吉林、内蒙古、河北、甘肃、安徽、福建等地。栖息于北方大面积的针阔混交林中。雌雄分居，独居生活，晨昏活动频繁。以针叶树嫩枝、嫩叶为主要食物，兼食蒲公英、败酱草、绣线菊、草莓、马先蒿、苔藓、地衣等植物。每年 10 月至次年 1 月为发情期，妊娠期 5～6 个月，6～7 月份产仔，每胎通常产 1～2 仔，以 2 仔居多。

麝作为我国珍稀药用动物，因过度捕猎导致野生种群濒临灭绝。自 20 世纪 50 年代末启动人工养殖试验，60 年代初步建立饲养种群，但在以下关键领域仍存在技术瓶颈：①养殖技术体系尚未完善；②繁殖效率低下；③泌香调控机制不明。现状表现为：①养殖规模扩张缓慢；②麝香年产量仅能满足医药需求量的 15%～20%；③临床用药主要依赖合成麝香酮（3-甲基环十五酮）替代。

2. 采集与炮制

麝香为成熟雄体香囊中的干燥分泌物。其泌香周期具有以下特征。

时间范围：每年 5 月下旬至 7 月下旬，全程约 4 周，分三个阶段。①初期（约 12 天）：睾丸及阴囊显著肿胀，持续约 10 天后进入正式泌香。②盛期：表现为活动减少、食欲下降，睾丸进一步肿大，香囊规律性收缩（此阶段受惊易致香液流失）。③末期（约 10 天）：生理及行为逐渐恢复正常。

分泌物变化：泌香启动 2～3 天后，香液渐稠呈白色豆腐渣状；10 天后转化为具正常色泽（深棕色）与香气的成熟麝香。

（1）麝香的采集　麝香采集技术要点如下：每年 3～4 月与 7～8 月各进行 1 次取香操作。操作前需准备专用器具并禁食 12h。操作流程：助手固定麝四肢于取香床→术者左手夹持香囊基部，拇指扩张囊口→右手持挖勺深入囊内（深度 2～3cm）旋转外提→麝香自然流出。

注意事项：①器械需酒精消毒；②囊口损伤需涂抹抗生素软膏；③遇结块香需先压碎再取；④操作力度需控制，避免囊体损伤。术后观察 24h 确认无异常后放归。

（2）麝香的加工　刚取出的麝香常混有皮毛等杂质，需先剔除所有杂质，然后用吸湿纸自然吸湿干燥，或置于干燥器内干燥。干燥后的麝香需装入密闭容器中保存。具体加工方法分为两种：

①“整货”加工法。从死亡雄麝取下的香囊，需去除残留皮肉及油脂，修剪周边毛发。通过囊孔放入纸捻吸干水分，或将含水量较高的麝香置于干燥器内干燥；也可放入竹笼中，外覆纱布，悬挂于阴凉通风处自然干燥，避免阳光直射以防变质。待干燥后，修整边缘，保留 0.7～1cm 的边皮。以此法制成的成品称为

“整货”。

②“毛货”加工法。剥除香囊外皮，彻底清除皮毛等杂质后，置于阴凉处自然干燥。以此法制得的麝香称为“毛货”。

3. 功效

麝香性味辛温，具有开窍醒神、活血通经、消肿止痛的功效，对热病神昏、中风痰厥、气郁暴厥、中恶昏迷、经闭、难产死胎、心腹暴痛、咽喉肿痛、跌打伤痛、痹痛麻木等疾病有很好的疗效。麝香在治疗肝病、癌症和心肌梗死等方面效果明显。由于麝香的疗效迅速，是目前临床上唯一可用作急救药的中药。

4. 活性成分与药理作用

（1）活性成分

① 芳香成分。麝香酮（muscone）：含量0.5%～2%，具强烈特异性香气，为主要芳香物质。降麝香酮（normuscone）：少量存在。

② 含氮化合物。麝香吡啶（muscopyridine）：具有特征性气味。

③ 甾体类化合物。胆固醇（cholesterol）；胆甾-4-烯-3-酮（cholest-4-en-3-one）；雄甾烷衍生物：5α-雄甾烷-3，17-二酮（5α-androstane-3，17-dione）、5β-雄甾烷-3，17-二酮（5β-androstane-3，17-dione）、3α-羟基-5α-雄甾烷-17-酮（3α-hydroxy-5α-androstane-17-one）、3α-羟基-5β-雄甾烷-17-酮（3α-hydroxy-5β-androstane-17-one）、3β-羟基-5α-雄甾烷-17-酮（3β-hydroxy-5α-androstan-17-one）、5α-雄甾烷-3β，17α-二醇（5α-androstane-3β，17α-diol）、5β-雄甾烷-3α，17β-二醇（5β-androstane-3α，17β-diol）、5β-雄甾烷-3α，17α-二醇（5β-androstane-3α，17α-diol）。

④ 脂类成分。甘油酯类：甘油二软脂酸油酸酯、甘油二油酸棕榈酸酯。脂肪酸甲酯类：棕榈酸甲酯、油酸甲酯。

⑤ 蛋白质及多肽。抗炎多肽：分子量5000～6000，含15种氨基酸，以甘氨酸、丝氨酸、谷氨酸、缬氨酸、天冬氨酸为主。

（2）药理作用　麝香酮药理作用：麝香酮（muscone）是一种有机化合物，分子式$C_{16}H_{30}O$，分子量238.42。微黄色油状液体，有特殊香味。极微溶于水，能与乙醇混溶。麝香酮具有芳香开窍、通经活络、消肿止痛作用。小剂量对中枢神经有兴奋作用，大剂量则有抑制作用。对离体蛙心有兴奋作用，并有雄性激素样作用及抗炎作用。临床上用于冠心病心绞痛、血管性头痛、坐骨神经痛、白癜风等。

毒性：孕妇应忌用。但对于一般人，闻到或者是触摸到麝香是无害的。服用超量或使用不当会发生中毒。小剂量对中枢神经系统有兴奋作用，大剂量则呈抑制作用。麝香还有雄激素样作用，对消化道黏膜有刺激作用，严重时可使呼吸中枢麻痹、心力衰竭、内脏广泛出血而致死。

十六、灵猫香

1. 灵猫生物学特性

大灵猫（*Viverra zibetha*）为灵猫科灵猫属哺乳动物，体形细长，比家猫大得多，大小与家犬相似，成年体重6～10kg，体长60～80cm，最长可达100cm。头略尖，耳小，额部较宽阔，吻部稍突，前足第三、四趾有皮瓣构成的爪。体毛为棕灰色，带有黑褐色斑纹，口唇灰白色，额、眼周围有灰白色小麻斑。背中央至尾基有一条黑色的由粗硬鬃毛组成的纵纹，颈侧和喉部有3条显著的波状黑领纹，其间夹有白色宽纹，腹毛浅灰色。四肢较短，黑褐色，尾长超过体长的一半，尾具5～6条黑白相间的色环，末端黑色。

大灵猫的雄兽在睾丸与阴茎之间，雌兽在肛门下面的会阴部附近都有一对发达的囊状芳香腺，雄兽开启的香囊呈梨形，囊内壁的前部有一条纵嵴，两侧有3～4条皱褶，后部每侧有两个又深又大的凹陷，内壁生有短的茸毛；雌兽香囊大多呈方形，内壁的正中仅有一条凹沟，两侧各有一条浅沟。香囊中缝的开口处能分泌出油液状的灵猫香，起着动物外激素的作用。实际上，这种分泌物十分恶臭，当发现敌害时，就将这种带有臭气的物质喷射出来迷惑对方，这个御敌的方法非常有效，往往可以使来犯者当即转身离去，自己则趁机逃到树上躲藏起来。灵猫香经过人工精炼、稀释后，可以制成具有奇异香味的定香剂。

小灵猫（*Viverricula indica*）是食肉目灵猫科小灵猫属，陆栖食肉类动物。其体毛短而粗密，无竖起的背毛冠；头小，鼻吻部尖，外耳郭大而圆；由于头骨窄，外耳在头部上方距离较近；基色灰色至褐色，足深褐色或黑色；颈侧条纹不如大灵猫属的物种显著；两条黑纹窄，与身体斑点没有明显区别；中背线黑色，每侧各有4～5排小斑点，斑点向中线密集，腹部斑点更明显；尾尖通常白色，趾间皮瓣宽大，且覆毛稀疏。

小灵猫的基本毛色以棕灰、乳黄色多见。眼眶前缘和耳后呈暗褐色，从耳后至肩部有2条黑褐色颈纹，从肩到臀通常有3～5条颜色较暗的背纹，背部中间的两条纹路较清晰，两侧的背纹不清晰。四足深棕褐色。尾巴上的毛通常呈白色与暗褐色相间的环状，尾尖多为灰白色。

大灵猫分布于印度尼西亚、中南半岛、印度东北部、不丹、尼泊尔等地。在中国秦岭、长江流域以南的华中、华东、华南、西南各省区均有发现。生性孤独、机警，喜夜行，听觉和嗅觉灵敏，狡猾多疑。除繁殖期外，基本上独居状态。食性较杂，包括动物性食物和植物性食物，对植物的消化能力差。每年1～3月交配，4～5月产仔，每胎2～4仔。

小灵猫分布于中国中部和南部。栖息于森林、灌丛、土丘、草丛，也常见于农业区和村庄附近。住老树根下的洞穴，夜行性，上半夜活动最频繁，但有时也在白天捕猎。胆小，行动灵活，会游泳，独居。主要食用鼠类、松鼠、小鸟、蜥蜴、昆虫、植物果实，如果有机会也会捕食家禽。每年多在春季繁殖，5～6 月份产仔，每胎产 2～5 仔。寿命可达 15 年。

20 世纪 50 年代，中国大灵猫在中国已濒危。大灵猫被列入《濒危野生动植物种国际贸易公约》；在中国为国家一级保护野生动物。

小灵猫的毛皮和灵猫香具有较高的经济价值，导致其遭受严重猎杀；同时，森林砍伐导致严重的生境丧失和破碎化，使小灵猫种群严重隔离，数量急剧下降，现被列为国家二级保护野生动物。

2. 采收与炮制

一般将灵猫固定后，清洗外阴部，掰开香囊开口，用角质小匙插入会阴部的香腺囊中，刮出浓厚的液状分泌物，即灵猫香膏。每隔 2～3 日采取一次，每次可得一钱许（约 3g）。人工养殖的灵猫，若冬季取皮或意外伤亡，即可割取完整香囊，而后将香囊阴干或烘干，或将香囊中的香膏挖出，这种香称“死香”。

灵猫香的性状特征：新鲜的灵猫香为蜂蜜样的稠厚液体，呈白色或黄白色；经久则色泽渐变，由黄色而终成褐色软膏状。不溶于水，微溶于乙醇，点火则燃烧而发明焰。气香，近嗅则带尿臊味，远嗅类麝香；味苦。以气浓、白色或淡黄色、匀布纸上无粒块者为佳。

炮制：取原药材，除去杂质，用时将药材研磨成粉末状备用。

3. 功效

镇痉，镇痛，安神。主治疝痛，腹痛，子宫病冲逆（用香液擦脐部有效）。兼具开窍行气，通经络，透肌骨，消痈肿之效。

4. 活性成分与药理作用

活性成分：灵猫香是灵猫分泌腺的分泌物，其主要发香成分是不饱和大环酮——灵猫酮（civetone），即 9-环十七酮（9-cycloheptadecanone）。又含吲哚（indole）、粪臭素（scatole）、乙胺（ethylamine）、丙胺（propylamine）及几种未明确结构的游离酸类。

灵猫酮为白色针状晶体，在极度稀释时有强烈而愉快的麝香香气，为配制高级香精的重要定香剂。

十七、牛黄

牛黄是牛科动物黄牛（*Bos taurus domesticus*）等的胆囊、胆管或肝管中的结石。又称为天然牛黄。

1. 黄牛生物学特征

黄牛是偶蹄目牛科牛属动物。黄牛角短，皮毛黄褐色或黑色，也有杂色，毛短；头部略粗重，角形不一，角根圆形；皮肤较厚；耆甲低平，背腰平直，胸部较深，中躯较长，四肢短；关节筋腱明显。黄牛因其黄色被毛而得名。因自然环境及饲养条件不同，各地黄牛在体型和性能上亦有差异，一般分为蒙古牛、华北牛和华南牛三大类型。

黄牛是中国固有的普通牛种。黄牛适应能力强，放牧性能好，在炎热季节不惧日光照射，不怕酷热；在寒冷季节，不畏严寒，不惧大风，不仅有较强的抗病能力，而且对不少疾病也有特殊的抵抗力。黄牛食性较杂，容易饲养。黄牛成熟较早，一年半后就可以配种，性周期平均 21 天，发情持续 18～36h，妊娠期为 280～285 天。寿命约 25 年。

主产于中国内蒙古、陕西、辽宁、吉林、黑龙江、四川等地。现以牛胆汁或猪胆汁为原料，经化学合成而得到的牛黄代用品称为人工牛黄。

2. 采集与炮制

全年可采集。于宰牛时注意牛的胆囊、胆管及肝管中有无硬块，如有即为牛黄，应立即滤去胆汁，将牛黄取出（迟则被胆汁浸润而变黑）。除净外部薄膜，先以灯心草或通草丝包裹，外层再包以白布或毛边纸，置于阴凉处阴干。干燥时，切忌风吹、日晒、火烘，以防破裂和变色。

3. 功效

牛黄气清香，味微苦而后甘。具清心、豁痰、开窍、凉肝、息风、解毒功能。用于热病神昏、中风痰迷、惊痫抽搐、癫痫发狂、咽喉肿痛等。

牛黄多研末冲服或入丸散用。牛黄味甘，性凉。归心、肝经。

4. 活性成分与药理作用

（1）活性成分　一般含有胆色素（胆红素、胆绿素）、游离型胆酸（胆酸、去氧胆酸、鹅去氧胆酸）、结合型胆酸（牛磺胆酸盐、甘氨胆酸盐）、胆固醇、肽类物质（平滑肌收缩物质 SMC-S2 和 SMC-F）、无机盐、多种氨基酸和维生素类等。

（2）药理作用

① 牛黄对中枢神经系统具有多方面的抑制作用，主要包括镇静、抗惊厥和解热作用。其镇静作用表现为：能显著减少小鼠的自发活动，拮抗樟脑、咖啡因等中枢兴奋剂引起的兴奋，并协同增强水合氯醛、乌拉坦、吗啡及戊巴比妥等药物的镇静效果，例如延长戊巴比妥钠诱导的小鼠睡眠时间，促使阈下剂量的水合氯醛导致小鼠翻正反射消失。其抗惊厥作用广泛而显著：无论是天然牛黄还是以

牛胆汁为主要原料制成的人工牛黄，经灌服或腹腔注射给药，均能有效预防或延长由樟脑、咖啡因、可卡因、印防己毒素及戊四氮等多种化学物质诱发的小鼠惊厥，研究表明其抗惊厥作用具有上行性特征，对大脑皮质所致惊厥（如樟脑、咖啡因所致）效果最佳，对脑干性惊厥作用较弱，对脊髓性惊厥无效，且主要镇痉成分为去氧胆酸。其解热作用亦得到实验证实：天然牛黄、人工培植牛黄及人工牛黄均能显著缓解酵母或2,4-二硝基酚所致的大鼠发热反应，且在一定剂量下还能降低正常大鼠的体温。

② 抗炎作用。牛黄对醋酸引起的小鼠腹腔毛细血管通透性增加、多形核细胞游走及大鼠甲醛滤纸性肉芽组织增生均有强烈的抑制作用。其对醋酸所致小鼠腹腔通透性增加的抑制活性为水杨酸的47倍、氢化可的松的33倍。其抗炎作用可因其配伍不同而有明显变化。人工培植牛黄的抗炎作用与牛黄相似，以1～2 g/kg给小鼠灌服，可显著抑制巴豆油、二甲苯等引起的小鼠耳肿及角叉菜胶引起的小鼠脚爪水肿。0.1g/kg腹腔注射，对二甲苯引起的小鼠耳肿、二甲苯皮内注射引起的小鼠皮肤通透性增加、大鼠蛋清性脚肿及甲醛性脚肿以及棉球引起的小鼠肉芽组织增生均有抑制作用。

③ 对呼吸系统的作用。胆酸、去氧胆酸有明显的镇咳作用和祛痰作用。胆酸钠20 mg/kg静脉注射，能明显抑制电刺激猫喉上神经引起的咳嗽反应。离体豚鼠肺灌流法表明胆酸钠有扩张支气管的作用，并能对抗组胺、毛果芸香碱引起的支气管痉挛。此外，胆酸对喷雾所致之豚鼠支气管痉挛有平喘效果。人工牛黄在小鼠酚红排泌试验及犬气管痰液引流试验中均有祛痰效果。但目前尚无天然牛黄镇咳、祛痰、平喘作用的系统研究报告。

④ 对心血管系统的作用。在心脏作用方面，牛黄能明显增强离体蛙心、豚鼠心脏及猫心乳头肌的心肌收缩力，同时增加心率，但对冠状血管则使之收缩。人工培植牛黄对离体蛙心亦有显著的强心作用。牛黄水溶性成分中含有调节心搏异常的物质，其主要成分可能是牛磺酸。在细胞水平，牛黄既能显著对抗高钙条件下小鼠心肌细胞搏动减少及心律不齐，同时亦能纠正低钙所引起的心搏异常。此外，牛黄还能抑制内毒素所致的大鼠心率下降及心电图ST段升高等缺血性心功能紊乱。在降压方面，牛黄或胆酸钙100mg/kg给自发性或肾性高血压大鼠灌服，有显著而持久的降压作用，可降低40～50Pa，且作用持久（持续1至数天）。胆酸钙的降压效果低于牛黄的降压效果。牛黄对正常大鼠（口服）、麻醉兔（静脉注射）均表现出显著的降压效果。有研究认为，牛黄能使离体兔耳血管扩张，灌流量增加，对抗肾上腺素对血压和心脏的作用，因此其降压作用可能与扩张血管及抗肾上腺素作用有关。但对血管升压素、5-羟色胺、组胺及乙酰胆碱的作用均无影响。牛黄中所含胆红素亦能使血压下降，但其降压作用与其心肌抑制活性有关。此外，去氧胆酸、牛磺酸及两种平滑肌收缩成分（即水溶性酸性肽类

SMC-S2 及 SMC-F）均有一定的降压作用。

⑤ 对消化系统的作用。牛黄水提取液 100mg/kg 给大鼠口服，能显著增加其胆汁分泌。有报告指出，对猪离体胆囊与胆总管的标本试验表明：牛黄中的平滑肌收缩物质（SMC）能使胆囊平滑肌和奥狄括约肌收缩，从而抑制胆汁的排泄，但大多数胆酸尤其是去氧胆酸则能松弛奥狄括约肌，因而具有显著的利胆作用。这两类拮抗物质在体内共同构成胆汁排泄的调节系统。牛磺酸和 *N*-二硫代氨基甲酸钠（TDT）对四氯化碳引起的急性和慢性大鼠肝损害有显著的保护作用，能抑制血清谷丙转氨酶（SGPT）的升高。牛黄粉混悬液及其水溶性和水不溶性成分均能拮抗乙酰胆碱引起的小鼠离体小肠痉挛，其中水溶性成分作用最为显著。胆酸盐对肠道浆膜面有抑制作用，但能刺激豚鼠离体回肠黏膜面收缩，加大剂量则致痉挛。胆红素在较大剂量时对离体大鼠十二指肠、豚鼠回肠有兴奋作用。平滑肌收缩物质 SMC-S2 及 SMC-F 对豚鼠离体小肠有显著的兴奋作用，该作用与乙酰胆碱相似但较弱，该作用可被阿托品和抗组胺药抑制，而被毒扁豆碱所增强。

⑥ 对血液系统的作用。牛黄能显著促进红细胞生成，口服牛黄能使急性失血家兔网织红细胞急剧增多，红细胞及血红蛋白恢复时间明显缩短。正常兔口服牛黄亦能引起红细胞明显增加，且这一作用摘除脾脏无影响。其有效成分主要是维生素 D，其次是胆红素及麦角固醇。但需注意的是，用量过大则会使红细胞及血红蛋白减少。人工牛黄能明显抑制环磷酰胺引起的小鼠红细胞数减少。纤维蛋白平板法试验表明：牛黄对纤维蛋白溶解有较强的纤维活化作用。

⑦ 其他作用。牛黄和人工牛黄能显著提高小鼠腹腔巨噬细胞的吞噬活性。牛磺酸可明显增加催乳素分泌及促黄体生成素释放。体外实验表明：牛黄对流行性乙型脑炎病毒有直接灭活作用。对皮下感染乙脑病毒 24h 的小鼠，用牛黄灌胃，则对感染小鼠有显著的保护作用。去氧胆酸钠、胆酸、胆红素及人工牛黄亦都有一定的保护效果。但牛黄对脑内感染的乙脑病毒则无效。人工牛黄可抑制金黄色葡萄球菌。在抗肿瘤方面，牛黄对小鼠 S37、S180 肉瘤的抑制率约为 60%；但对艾氏腹水癌实体型及腹水型则均无效。牛黄复方制剂犀黄丸（西黄丸）对小鼠梭形细胞肉瘤和 S180 均有抑制作用。

牛黄在使用过程中可能出现一些不良反应。①引起过敏：部分患者可能对牛黄产生过敏症状，如皮肤红斑、丘疹以及瘙痒等，症状严重的患者还可能会出现过敏性休克。②导致脾胃虚寒：牛黄性凉，长期大量服用，容易使患者出现脾胃虚寒的情况，患者可表现为腹痛腹泻、恶心呕吐等。③影响肝肾功能：牛黄作为需要通过肝肾代谢的中药材，若是长期过量服用可能加重肝肾负担，严重时还会导致肝肾功能紊乱。因此，在应用牛黄治疗疾病时，需要遵医嘱按时按剂量服用，不可以盲目用药，以免服用不当对身体产生损害。

十八、冬虫夏草

冬虫夏草，为肉座菌目麦角菌科虫草属真菌冬虫夏草菌（*Cordyceps sinensis*）寄生在蝙蝠蛾科昆虫幼虫上的子座及幼虫的尸体的干燥复合体，由虫体及从头部长出的真菌子座组成。

1. 蝙蝠蛾昆虫生物学特性

蝙蝠蛾，鳞翅目蝙蝠蛾科昆虫的统称，全球分布近 300 种。其中中国有 7 属 82 种。雄成虫翅展 35～45mm，雌成虫翅更宽些；雄虫体长 14～18mm，雌虫虫体稍长些；体色褐黄，体表有长毛；前翅前缘褐色，体中部有三角形斑及黑斑；中横线呈 1 条断续的白色宽带，外缘呈黄灰相间；触角短线状，前翅前缘具环状斑纹；后翅狭小呈棕黑色，翅上斑纹变化较大；雌性色暗淡，雄性色鲜艳。幼虫粗壮，老熟幼虫体长 40mm 左右，头部棕色，体表乳白至灰白色，圆筒形，体节有深色毛基片。腹足 5 对，趾钩环状，刚毛着生在毛瘤上。单眼每侧 6 个，排成两列。幼虫多生活在树木的茎干或根的中间。成虫常在傍晚近地面飞行，颇似蝙蝠。如柳蝙蝠蛾等。幼虫对含水量较多的食物取食积极而且生长快。

大丽花柳蝙蝠蛾（*Phassus excrescens*）又名东方蝙蝠蛾，属于鳞翅目，蝙蝠蛾科。东方蝙蝠蛾的分布广泛，中国是东方蝙蝠蛾分布较多的地区之一，幼虫多生活在树木的茎干或根的中间，成虫常在傍晚近地面飞行。

蝙蝠蛾在中国长江以北地区两年发生一代，长江以南地区多是一年发生一代。该虫以卵在地面、树干缝隙及幼虫在树干基部蛀食的隧道内越冬。卵在 4 月中下旬孵化，5 月份进入危害期，7 月上旬开始化蛹，7 月下旬至 8 月上旬羽化为成虫。成虫羽化后开始交尾产卵，每头雌虫每次可以产卵 2000～3000 粒。蝙蝠蛾幼虫危害状态是将树皮啃成环剥状，再蛀食髓部并向下蛀食直到根部，造成地上部枝梢干枯或容易被风吹断。大龄幼虫常在蛀食处排出大量粪穴，树木蛀孔处常畸形膨大极易折断。蝙蝠蛾危害猕猴桃、板栗、梨、苹果等果树。冬虫夏草的“虫”就是蝙蝠蛾幼虫，虫草蝙蝠幼虫是虫草菌（真菌）的一种载体；没有蝙蝠蛾幼虫，也就没有冬虫夏草了。

虫草菌属为麦角菌科的一个属，它包括冬虫夏草、蝉草（*Cordyceps cicadae*）、珊瑚虫草（*Cordyceps martialis*）、羌螂虫草（*Cordyceps geotrupis*）、蛹虫草（*Cordyceps militaris*）、下垂虫草（*Cordyceps nutans*）、蜂头虫草（*Cordyceps sphecocephala*）等多个物种。中国虫草资源丰富。现今世界资源较清楚的有 139 种，中国已知有 58 种。冬虫夏草主产区为四川、青海、贵州、云南、西藏、甘肃等地高山地区。而四川甘孜、阿坝、凉山三州虫草产量占全国的 60%，被誉为“虫草之乡”。香棒虫草（*Cordyceps barnesii*）在湖南、安徽、江西均有分布。蛹虫草产地更广，陕西、吉林、河北、安徽、云南、湖北、广东、广西等地都有分布。冬虫夏草主产地多分布于海拔 3500～5000m 的高山灌丛和高山草甸中，该区域年平均气温 1.5℃左右，最低气温 －22℃，年积温为 1094.5℃。在这种严寒的环境里，植被以低矮灌木和甸状草本为主，群落结构稳定，头花蓼为主群种类，伴生植物有金腰属植物、白头翁、繁缕、全缘叶绿绒蒿、扭盔马先蒿等。

冬虫夏草虫体似蚕，长 3～5cm，直径 3～8mm，表面深棕黄色至黄棕色，有环纹 20～30 个，近头部的环纹较细；头部红棕色，足 8 对，中部 4 对较明显；质脆，易折断，断面略平坦，淡黄白色。子座单生，细长圆柱形，长 4～7cm，直径约 3mm；表面深棕色至棕褐色，有细纵皱纹，上部稍膨大，头部与柄无明显区别；质柔韧，断面类白色。气微腥，味淡。

2. 采集与炮制

每年 4～7 月份，冬虫夏草子座开始出土生长，为采挖季节。应在冬虫夏草孢子尚未发散时挖取。在海拔较低处及向阳坡地，因气温较高，冬虫夏草生长较早，有鉴于此，在采集冬虫夏草时，应从低海拔向高海拔推进，且宜先采向阳面的冬虫夏草。各地宜采时期，一般从 4 月下旬延续到 7 月初，采收的时间大约为 40 天，多集中在 20 天内。采挖时应带铁铲、小镢头之类的挖掘工具，并带竹篓等物盛放冬虫夏草。一般地说，草露出地面 3～4cm 处，僵虫埋于土中离地面 3～5cm 处，故在挖取冬虫夏草时，只需用工具挖约 10cm 深，即可将冬虫夏草挖出。挖取冬虫夏草后，应将地面草皮铺好，以保护生态环境，防止水土流失。

冬虫夏草采收后，可晾晒至六到八成干，除去像纤维状的表面附着物及杂质，再晒干或低温干燥至全干。虫草可用麻袋等物包装，再放入木箱中以免折断、压碎。封装虫草是以散虫草为原料加工而成的。将散虫草用黄酒喷软回潮后，头尾理齐，用线扎成小把，每把 7～8 条。把干支小把在木盒或铁格中压挤紧密，经过熏硫和烘干，再用红丝线绳捆扎成长方形，以白纸或透明纸封装，每封 125g 或 250g。然后装入木箱，箱内衬一层防潮纸，外捆两道铁箍。封装虫草又称把虫草。

我国有关部门及冬虫夏草各产区的政府已制定了相关法规，限采限挖冬虫夏草资源，特别是限制和禁止外地人进区采挖，以保护冬虫夏草产区脆弱的生态环境及有限的冬虫夏草资源。

3. 功效

冬虫夏草具有滋阴补肾、益精补髓、强身健体及延缓衰老等功效。它可以提高人体免疫力，增强体质，提高睡眠质量，缓解疲劳，促进新陈代谢，降低血糖和血脂等。此外，冬虫夏草还具有抗肿瘤、抗炎、抗氧化等作用，对于预防和治疗多种疾病都有一定的帮助。

从中医理论来看，冬虫夏草归肺经、肾经，具有补肾益肺的功效。临床适用于腰膝酸痛、阳痿遗精、肾虚精亏等病症及肺虚久咳、虚喘。冬虫夏草能够止血化痰，改善劳嗽痰血。此外，冬虫夏草中含有丰富的蛋白质、氨基酸，能够增强机体免疫力，适合大病之后体虚的患者服用。

4. 活性成分和药理作用

（1）药用成分　虫草体内含虫草酸、维生素 B_{12}、脂肪、蛋白质等。

① 氨基酸。冬虫夏草含有十八种氨基酸，不仅含量丰富而且比例适当，对人体有很好的滋补作用。其中色氨酸能镇静安神、延长睡眠；蛋氨酸的衍生物维生素 U（碘甲基甲硫基丁氨酸）可治疗消化性溃疡；甘氨酸可抑制胃酸分泌；苏氨酸与铁螯合剂合用可抗贫血；谷氨酸有免疫抑制作用，临床用于降低血氨，对神经系统有辅助治疗作用。虫草体内八种人体必需氨基酸和其他非必需氨基酸协同作用，与其增强人体免疫功能、抑制病菌、辅助治疗消化系统和神经系统等诸多功效密切相关。

② 多糖类。虫草多糖主要为甘露糖和半乳聚糖，其药理作用显著：能有效激活网状内皮系统，增强巨噬细胞的吞噬功能。虫草多糖可增加脾脏的营养性血流量，促进脾组织增生，改善核酸和蛋白质代谢，从而增强免疫系统功能、促进造血功能、对抗辐射，是一种很有效的防癌抗癌物质。有研究者认为，虫草多糖能刺激胸腺、活化免疫系统、加速新陈代谢及促进细胞更新，因而有美容养颜、防皱除纹的美容效果。

③ 虫草素。虫草含有核苷类物质虫草素（cordycepin），对癌细胞有很强的抑制作用。动物实验显示，虫草素可延长接种艾氏腹水癌细胞小鼠的存活时间，并对组织培养的人鼻咽癌细胞有杀伤作用。此外，虫草素有舒张支气管平滑肌和加强肾上腺素功能的药理特点。虫草素还有抗菌作用，可抑制结核分枝杆菌（*Mycobacterium tuberculosis*）、枯草芽孢杆菌（*Bacillus subtilis*）。

④ 腺苷类：作为主要活性成分之一，冬虫夏草富含核苷类物质，其中腺苷具有镇静、镇痛、扩张血管、降低体温和胆固醇等多种药理活性。

⑤ 超氧化物歧化酶（SOD）：冬虫夏草中 SOD 含量丰富，对多种疑难病症具有防治功效。特别适合红斑狼疮、类风湿关节炎和皮肤炎患者长期服用，也可帮助老年人和慢性病患者抗衰老、防癌变及抗辐射。

⑥ 微量元素：冬虫夏草含有多种矿物质元素，包括钾、钙等常量元素以及锰、铁、锌、铬等人体必需微量元素。现代研究表明，这些成分可能与其他活性物质（如多糖、核苷）协同作用，成为冬虫夏草补虚功效的部分物质基础。部分研究提示，中医虚证（如肾虚）与微量元素代谢异常相关，而冬虫夏草可能通过调节这些元素水平发挥辅助作用。

（2）药理作用

① 冬虫夏草对免疫系统具有多方面的调节作用。其不同制剂均能显著增强单核巨噬细胞系统功能，表现为提高碱性磷酸酶活性、增强肝细胞吞噬能力、促进脾巨噬细胞增殖，并明显提升小鼠碳粒清除率和肝脾吞噬系数，增加腹腔巨噬细胞的吞噬指数与吞噬百分率。

在细胞免疫调节方面，冬虫夏草及其菌体制剂表现出抑制作用。临床观察显示，其在角膜移植术后具有免疫抑制效应，并能增强激素疗效。其作用机制主要是选择性影响 T 淋巴细胞亚群中的抑制性 T 细胞，从而发挥免疫调节功能。试验证实，虫草水提取液对胸腺及脾脏 T 细胞功能低下的小鼠具有保护作用，并能增加正常小鼠外周白细胞数量。

关于体液免疫调节，小鼠口服虫草菌制剂可提高血清溶血素水平。体外实验表明，该制剂能直接刺激小鼠胸腺细胞增殖，且这种刺激作用呈现剂量依赖性。冬虫夏草展现出的免疫调节特性具有多靶点特点：对不同淋巴细胞亚群或增强、或抑制，或呈现双向调节，在发挥这些作用的同时，既不损害造血系统功能，也不产生淋巴细胞毒性。这种独特的免疫调节特性使其在临床上既能用于免疫功能低下疾病的治疗，也可应用于免疫性疾病的治疗。

② 抗癌作用。天然冬虫夏草及人工虫草菌丝水提取物腹腔注射对小鼠皮下移植性 Lewis 肺癌（起源于支气管黏膜和腺体的恶性肿瘤）的原发灶生长和自发肺部转移均有明显抑制作用。体外实验表明，冬虫夏草能直接抑制喉癌细胞生长及集落形成。冬虫夏草水提取液可显著增强活动期白血病患者自然杀伤细胞的肿瘤杀伤能力，但对淋巴因子激活的杀伤细胞（LAK 细胞）活性有抑制作用。其增强自然杀伤细胞活性的作用在抗肿瘤免疫中具有重要意义，对正常人和白血病患者的自然杀伤细胞活性均具有明显增强作用。此外，虫草醇提取物可降低小鼠癌变发生率，并在体内外实验中显示对小鼠和人类自然杀伤细胞活性的增强作用，同时保护免疫功能，抑制小鼠肿瘤克隆形成。

从虫草甲醇提取物中分离得到的两种麦角固醇过氧化物可有效抑制人慢性髓系白血病细胞（K562）、急性 T 细胞白血病细胞、人原髓细胞白血病细胞（HL-60）及人多发性骨髓瘤细胞（RPMI-8226）的增殖。冬虫夏草多糖（PSCS）对人类髓系白血病细胞（U937）的增殖与分化具有调控作用。当浓度为 10mg/mL 时，PSCS 能促进血液单核细胞分泌抑制 U937 细胞增殖的活性物质，抑制率达 78%～83%。经冬虫夏草多糖-单核细胞条件培养液（PSCS-MNC-CM）处理后，约 50%的 U937 细胞分化为成熟单核细胞，表达非特异性酯酶（NSE）及表面抗原 CD11b、CD14 和 CD68。正常单核细胞培养液（MNC-CM）中细胞因子 IFN-γ、TNF-α 和 IL-1 含量较低，而 PSCS 刺激后可显著增加其分泌。

③ 对心血管系统具有多重药理作用，主要体现在抗心肌缺血和抗心律失常方面。实验研究表明，虫草水浸剂对离体蛙心、在体蛙心及兔离体心脏均表现出

抑制作用，能减缓心率但显著增加心输出量。在麻醉犬实验中，静脉注射虫草浸剂（1∶1）0.5～1mL/kg 可产生明显降压效果并引发反射性呼吸兴奋，但腹腔或肌内注射则不影响血压。在抗心律失常方面，虫草醇提取物能有效对抗乌头碱和氯化钡诱发的大鼠心律失常，同时对毒毛旋花苷 G 所致的豚鼠心律失常也具有拮抗作用。虫草菌醇提取物皮下注射可显著延长缺氧小鼠的存活时间，并能增加心脏和脑组织的营养性血流量。冬虫夏草及其水浸剂通过腹腔注射均可明显延长常压缺氧条件下小鼠的生存时间。此外，虫草菌醇提取物和发酵液静脉注射能对抗垂体后叶素引起的家兔心肌缺血，腹腔注射则可显著降低异丙肾上腺素导致的小鼠耗氧量增加。这些实验结果共同证实了冬虫夏草对心血管系统的保护作用。

降压及舒张血管作用：冬虫夏草蛋白质提取物经小鼠静脉注射可显著抑制主动脉压。32mg/kg 剂量的蛋白质提取物可使主动脉压降低（58±4）mmHg（从 107mmHg 降至 49mmHg），且作用持续时间超过 45min。在经肾上腺素预处理的主动脉环实验中，150μg/mL 浓度的蛋白质提取物可诱导显著的血管舒张反应。

④ 调节机体代谢作用

a. 血糖调节。研究显示，冬虫夏草及虫草菌水提取物可使雄性小鼠空腹血糖浓度升高，但对饱食状态小鼠或雌性小鼠血糖水平无显著影响。另有研究表明，冬虫夏草具有降血糖作用，且效果呈现剂量依赖性。

b. 血脂调节。小鼠口服冬虫夏草粉或虫草菌粉均可显著降低血清胆固醇含量。冬虫夏草醇提取液及发酵虫草菌提取液皮下注射，能明显降低高脂血症小鼠血清胆固醇和甘油三酯水平，对正常小鼠血清胆固醇亦有降低作用。此外，冬虫夏草菌发酵液灌胃可显著降低正常大鼠血浆甘油三酯、总胆固醇、低密度脂蛋白胆固醇（LDL-C）及极低密度脂蛋白胆固醇（VLDL-C）水平，同时升高高密度脂蛋白胆固醇（HDL-C），从而改善动脉粥样硬化。作用机制：冬虫夏草通过激活毛细血管壁及脂肪组织中的脂蛋白酯酶（LPL），增强其活性，促进甘油三酯分解，进而发挥降血脂效应。

⑤ 对平滑肌的作用。冬虫夏草及虫草菌煎剂能明显扩张离体豚鼠支气管平滑肌。其水提取物腹腔注射可缓解乙酰胆碱诱导的豚鼠哮喘，并增加小鼠气管酚红排泌量，显示平喘与祛痰双重作用。离体实验表明，虫草浸剂对兔回肠有显著抑制作用，对豚鼠肠管抑制作用较弱，对未孕豚鼠子宫也呈现抑制效应。

⑥ 对内分泌系统的作用。冬虫夏草（3mg/mL）能显著促进间质细胞分泌雄激素，同时可在特定浓度下抑制人绒毛膜促性腺激素的促雄激素分泌作用。动物实验显示，虫草水提液能增加去势幼年大鼠精囊重量但不影响幼鼠子宫重量，证实其具有雄激素样活性。给药后可升高雄鼠血浆皮质醇含量，增加肾上腺胆固醇含量及重量，对氢化可的松所致“类阳虚”状态有防治效果。长期给药能提高雄

鼠血浆皮质醇水平，其多糖成分可增加血浆皮质酮含量，并能拮抗外源性可的松引起的皮质酮降低。这些作用表明冬虫夏草通过拟雄激素和抗雌激素双重机制，对性功能紊乱具有调节恢复作用。

⑦ 对肾功能的影响。冬虫夏草煎剂灌胃可显著减轻庆大霉素（gentamicin）诱导的大鼠急性肾损伤，表现为：延迟实验性蛋白尿的出现、减缓血尿素氮（BUN）水平升高，并使尿中溶菌酶及 *β*-*N*-乙酰氨基葡萄糖苷酶（NAG 酶）含量显著低于对照组。

⑧ 抗炎作用。急性炎症模型：冬虫夏草及虫草菌煎剂腹腔注射可明显抑制大鼠甲醛性和蛋清性足跖肿胀。对二甲苯及巴豆油所致的小鼠耳郭肿胀具有显著抑制作用。慢性炎症模型：冬虫夏草及虫草菌水提取物皮下注射能显著抑制小鼠棉球肉芽肿增生。发酵虫草菌粉、水提取物及醇沉物灌胃给药，可明显减轻大鼠角叉菜胶（carrageenan）性足跖肿胀。

⑨ 镇静作用。冬虫夏草及虫草菌煎剂腹腔注射均可显著减少小鼠自发活动并延长睡眠时间（虫草菌作用强于冬虫夏草），两者均能明显延长戊巴比妥钠诱导的小鼠睡眠时间，表明具有镇静作用。虫草菌醇提取物虽显示显著镇静活性，但在接近中毒剂量时仍未引起小鼠翻正反射消失，提示其无催眠作用。

⑩ 抗惊扰作用。中枢兴奋拮抗作用：虫草醇提取物可拮抗苯丙胺（amphetamine）的中枢兴奋效应。惊厥模型：皮下注射能有效对抗烟碱和戊四唑（PTZ）诱发的小鼠强直性惊厥，降低死亡率；显著延长番木鳖碱所致惊厥的潜伏期，但不减少死亡率；对咖啡因、戊四唑引起的惊厥及电休克惊厥无对抗作用。

⑪ 抗菌作用。冬虫夏草表现出广谱抗菌活性。体外实验证实，其有效成分虫草酸对多种病原微生物具有抑制作用，包括：革兰氏阳性菌如金黄色葡萄球菌（*Staphylococcus* spp.）、化脓性链球菌（*Streptococcus* spp.），革兰氏阴性菌如鼻疽假单胞菌（*Pseudomonas mallei*）、炭疽芽孢杆菌（*Bacillus anthracis*）、多杀性巴氏杆菌（*Pasteurella multocida*），以及皮肤癣菌如须癣毛癣菌（*Trichophyton mentagrophytes*）、石膏样小孢子菌（*Microsporum gypseum*）、犬小孢子菌（*Microsporum canis*）等。

关于结核分枝杆菌（*Mycobacterium tuberculosis*）的抑制效果，研究结果存在差异。主流观点认为虫草醇浸剂在 1∶4000～1∶100000 浓度范围内具有抑菌作用，但具体抗菌效价仍需进一步验证。

⑫ 造血功能调节作用。在造血功能方面，虫草醇结晶制剂能显著提高小鼠骨髓造血干细胞（CFU-S）产率，通过改变细胞周期状态（促使 G_0 期细胞进入 S 期）促进造血干细胞增殖。该制剂还能有效拮抗三尖杉碱对小鼠骨髓粒-单系祖细胞的抑制作用，使其维持在正常生理水平。

⑬ 抗氧化及酶活性调节作用。冬虫夏草及虫草菌煎剂在体外实验中能显著提高小鼠肝匀浆超氧化物歧化酶（SOD）活性并抑制脂质过氧化物（LPO）的生

成，其中虫草菌煎剂还可提升谷胱甘肽过氧化物酶（GSH-Px）活性。虫草菌煎剂灌胃同样能增强小鼠肝组织 SOD 活性。此外，虫草菌粉在体外对大鼠及小鼠脑组织单胺氧化酶 B（MAO-B）活性具有显著抑制作用。

冬虫夏草表现出低毒性特征。长期毒性实验显示：小鼠皮下注射虫草多糖（100mg/kg）连续 14 天未观察到明显毒性反应；家兔灌服虫草菌水提取物（10g/kg）连续 3 个月，对外周血象、肝肾功能及各重要脏器均无显著毒性作用，对淋巴细胞微核率、染色体畸变率和姐妹染色单体互换率等遗传指标也无明显影响，表明其无显著致突变性。生殖毒性实验证实，孕大鼠灌服虫草菌粉（1.25～5g/kg）对其受孕率、胚胎着床、吸收胎数及活胎数均无不良影响，胎鼠全部存活且体重、体长和尾长等生长发育指标与对照组无统计学差异。

十九、地龙

蚯蚓中药称地龙，是中国传统中药材之一。为钜蚓科动物参环毛蚓 *Pheretima aspergillum* E. Perrier、通俗环毛蚓 *Pheretima vulgaris* Chen、威廉环毛蚓 *Pheretima guillelmi* Michaelsen 或栉盲环毛蚓 *Pheretima pectinifera* Michaelsen 的干燥体。前一种习称“广地龙”，后三种习称“沪地龙”。

1. 蚯蚓的生物学特征

（1）蚯蚓的生物学特征　参环毛蚓为寡毛纲（Oligochaeta）后孔寡毛目（Opisthopora）钜蚓科环毛蚓属（*Pheretima*）动物。体呈圆柱形，长 115～375mm，宽 6～12mm。背孔自第 11 与 12 节间开始。环带占 3 节，表面无被毛和刚毛。环带前刚毛粗硬，末端黑色，排列间距较宽，背面亦如此。雄孔位于第 18 节腹侧刚毛圈一小突上，孔周有数圈浅皮褶环绕，内侧刚毛圈隆起，前后两侧各有 1～2 排横列小乳突，每排 10～20 个不等。受精囊孔 2 对，位于第 7/8～8/9 节间椭圆形突起上，约占节周 5/11。孔腹侧有横排乳突 1～2 列，约 10 个，远离孔区则无此类乳突。第 8/9、9/10 节间隔膜缺失。盲肠结构简单，偶见腹侧具齿状小囊。受精囊呈袋状，具短管，盲管亦短，内侧 2/3 处管道发生数度弯曲形成纳精囊。副性腺块状，表面颗粒状，各有一组粗索状管连接乳突。体色背部紫灰色，向后渐浅，刚毛圈呈白色。

通俗环毛蚓体长 130～150mm，宽 5～7mm。环带呈戒指状，无刚毛。刚毛环生，受精囊孔间及第 9～13 节前雄孔处刚毛较稀疏。受精囊腔深广，前后缘隆肿，外壁可见大小不一的腔内乳突。雄交配腔深大，内壁多皱褶，具 3 个平顶乳突。雄孔位于腔底乳突上，可完全外翻呈阴茎状。具 3 对受精囊（位于第 7～9 节间），其盲管内端 2/3 在同一平面左右弯曲，与外端 1/3 结构明显区分。体背草绿色，背中线深青色。

威廉环毛蚓体长 90～250mm（常见 96～150mm），宽 5～10mm（常见 5～

8mm)。体节数 88～156 节。受精囊盲管内端 2/3 呈平面左右弯曲，形成纳精囊。体背青黄至灰青色，背中线深灰色。

栉盲环毛蚓体长 100～150mm，宽 5～9mm。体色背面及侧面呈深紫或紫红色，刚毛圈不完整。环带占 3 个体节，无刚毛分布，身体前部刚毛较粗。雄性生殖孔位于十字形突起的中央，常被浅囊状皮褶覆盖，内侧具 2 个或多个排列多变的乳头状突起。受精囊孔 3 对，分布于 6/7～8/9 节间，开口位置近节间中部，位于乳头突后侧，孔周表皮腺体肿胀，孔常内陷；孔内侧腹面（刚毛圈前后）有规则排列的乳头突。核心解剖特征：隔膜 8/9、9/10 缺失；盲肠复式结构，腹侧具栉状小囊；副性腺索状短管；盲管长于受精囊本体，内端 3/4 略膨大，形态平直或微弯曲。

参环毛蚓分布于广西、广东、福建等省区。通俗环毛蚓分布于江苏、湖北、湖南等省。威廉环毛蚓分布于湖北、江苏、浙江、安徽及北京、天津等省市。栉盲环毛蚓主要分布于江苏南部、浙江、上海及江西南昌等地。

（2）环毛蚓的生活习性

① 喜阴暗潮湿。蚯蚓喜栖息于潮湿、疏松且富含有机物的土壤环境中，白昼蛰伏于地下洞穴，夜间外出活动（夏秋季活动高峰期为 20：00 至次日 04：00），其采食、交配等行为均在黑暗条件下完成。最适生境包括肥沃农田、菜园、沟渠河塘沿岸及有机质丰富的区域，如下水道周边、垃圾堆等，但对强酸（pH＜5）或强碱（pH＞9）环境具有显著排斥性。

② 喜安静。对环境震动极为敏感，受惊后易出现逃逸行为。工矿、交通枢纽等噪声区域不适宜其生存。

③ 喜温暖。最适繁殖温度 22～26℃，8℃以下停止生长发育。温度直接影响其代谢、生长及繁殖活动。

④ 食性特征。杂食性，摄食腐殖质、粪便、微生物及其分解产物，偏好甜酸味饲料，拒食苦味及未腐熟饲料。不消化玻璃、塑料等人工材料。

⑤ 繁殖特性。虽为雌雄同体，但需异体受精。具有代际隔离习性，高密度养殖时成体会逃离幼体密集区。

⑥ 畏光性。蚯蚓对光辐射具有高度敏感性，其致死效应呈现显著的时间-剂量关系：在直射阳光暴露下，15min 致死率达 66%，20min 可达 100%，其中短波光（蓝光至紫外线波段）的伤害效应尤为显著。基于此生理特性，人工养殖需在饲养池上方设置遮光设施，以完全阻隔日光直射。

⑦ 水分需求。生存湿度范围 10%～70%，最适 60%～70%。积水环境会导致蚯蚓呼吸障碍并引发逃逸行为。

⑧ 畏盐性。蚯蚓体壁由外至内依次由角质膜、单层柱状上皮（含黏液腺细胞）、环肌层、纵肌层及体腔上皮构成。其柱状上皮细胞间分布的腺细胞持续分泌黏液维持体表湿润，当暴露于高盐度环境时，将导致体液渗透失衡而死亡。

2. 炮制方法

① 滑石粉炒法。将滑石粉置锅内加热至灵活状态，投入地龙段，不断翻动至鼓起，筛去滑石粉即得。

② 酒炙法。取地龙段与黄酒拌匀（每 100kg 地龙用黄酒 18kg），稍闷，文火炒至微干，取出放凉。

③ 酒闷砂炒法。地龙段用酒拌匀闷润，砂子炒至滑利后投入，翻炒至表面棕黄色微鼓起，筛去砂子摊晾。

④ 蜜麸炒制法。地龙段以酒（即地龙∶酒＝100∶15）喷匀闷润 1h，蜜制麦麸炒至略起烟后投入地龙，炒至表面棕黄色，取出闷润 5～10min，筛去麦麸摊晾。

⑤ 电热恒温法。地龙段用陈米醋（1∶0.2）拌匀闷润 1h，平铺（厚 3cm）于搪瓷盘，100℃烘 2h（中途翻动一次），至表面呈棕色时取出摊晾。

3. 功效

地龙味咸、性寒，归肝、脾、膀胱经，具有清热定惊、通络平喘、利尿等功效。其临床应用主要包括：

① 清热息风。主治高热惊厥、癫狂谵语。本品咸寒降泄，善清肝热而息风止痉，适用于温病热极生风所致神昏谵语、痉挛抽搐等。

② 通经活络。用于风湿痹痛及中风后遗症。其性走窜，长于通利经络，改善气血运行，对经络阻滞、半身不遂等证有良效。

③ 清肺平喘。治疗肺热喘咳。能清泄肺热而平喘息，对邪热壅肺所致喘息痰鸣者，单用研末服即可见效。

④ 利尿通淋。主治热淋涩痛。其下行之性可清热利水，用治热结膀胱所致小便不利，临床多采用鲜品捣汁内服。

4. 活性成分与药理作用

（1）活性成分　地龙主要包含氨基酸类、多肽类（含蚓激酶）、核苷类及有机酸类等活性物质。

① 氨基酸类。其氨基酸类成分尤为丰富，包含 20 余种人体必需氨基酸：环甲基色氨酸（cyclomethyltryptophan）、*N*-(2-甲氨基苄基）丝氨酸、果糖苯丙氨酸（fructose-phenylalanine）、*N*-甲氧羰基-L-苯丙氨酸（*N*-methoxycarbonyl-L-phenylalanine），以及甘氨酸、丙氨酸、缬氨酸、亮氨酸、赖氨酸、精氨酸、γ-氨基丁酸、脯氨酸、谷氨酸、蛋氨酸、色氨酸、苯丙氨酸、天冬氨酸、丝氨酸、组氨酸、胱氨酸、苏氨酸、酪氨酸、异亮氨酸、天冬酰胺和羟脯氨酸。这些氨基酸成分在广地龙和沪地龙等主流药用品种中均有分布。

② 肽和蛋白质类。地龙含有多种生物活性肽（L-脯氨酸-L-缬氨酸、谷酰基苯丙氨酸、L-脯氨酸-L-苯丙氨酸、丙氨酰苯丙氨酸、亮氨酸苯丙氨酸和组氨酰

天冬氨酸等）及功能蛋白（蚓激酶、蚯蚓素、蚯蚓解热碱）。这些成分在广地龙和沪地龙中普遍存在，具有显著的催产、抗菌和镇痛活性。

③ 碱基及核苷类。主要包含尿嘧啶、次黄嘌呤、黄嘌呤、腺嘌呤、鸟苷、鸟嘌呤、肌苷和尿苷等基础成分，其中广地龙特含腺苷酸琥珀酸核苷和3-苄基黄嘌呤。值得注意的是，黄嘌呤和肌苷在地龙中含量尤为丰富。基于其核苷类成分的药理特性，地龙提取物在抗病毒治疗（如带状疱疹、病毒性肝炎等）方面具有潜在应用价值。

④ 有机酸类。地龙含有丰富的有机酸成分，包括饱和脂肪酸、不饱和脂肪酸及其他羧酸类化合物。已从广地龙中鉴定出以下有机酸成分：5,8,11-二十碳三烯酸、二十碳五烯酸（eicosapentaenoic acid）、9-氨基-1,3,9-壬烷二羧酸、18-羟基-二十碳五烯酸、月桂酸（dodecanoic acid）、十三烷酸（tridecanoic acid）、9-十四碳烯酸（9-tetradecenoic acid）、肉豆蔻酸（myristic acid）、亚麻酸（linolenic acid）、十五烷酸（pentadecanoic acid）、4,7,10,13,16,19-二十二碳六烯酸、花生四烯酸（arachidonic acid）、二十二碳五烯酸、亚油酸（linoleic acid）、棕榈酸、8,11,14-二十碳三烯酸、硬脂酸（stearic acid）、10,13,16,19,22,25-十二碳六烯酸、17-甲基-6-十八碳烯酸、十七烷酸、丙酸及2-甲基丁酸（2-methylbutyrate）。

广地龙与沪地龙中均检出神经酸（nervonic acid）、烟酸（nicotinic acid）、琥珀酸（succinic acid）、(*S*)-2-{[(苄氧基)羰基]氨基}-5-羟乙基-5-戊烷酸、肉豆蔻烯酸（myristoleic acid）、棕榈烯酸（palmitoleic acid）、油酸（oleic acid）、花生酸（arachidic acid）、山嵛酸（behenic acid）、芥子酸（sinapic acid）、二十二碳四烯酸（docosatetraenoic acid）、鰶鱼酸（clupanodonic acid）、二十二碳六烯酸及木蜡酸。现有研究证实，此类脂肪酸成分具有显著的抗炎、抗肿瘤及调节血脂等药理活性。

⑤ 无机元素类。地龙在土壤内生长发育过程中可富集多种无机元素，包括具有重要生理功能的微量元素（如铁、铜、铬等）和潜在有毒重金属元素（如汞、铅、镉等）。

⑥ 其他成分。地龙还含有以下特殊成分。醛酮类：2-哌啶酮（2-piperidone）、糠醛（furfural）。酰胺类：*N*-乙酰基苯甲酸乙酯、花生四烯酰胺。杂环类：2-甲基吡嗪、2-乙基吡嗪。磷脂类：溶血血小板激活因子C-18。其他：新麦角甾烯（neoergostene）、三甲胺（trimethylamine）等烃、醇、酚、甾类化合物。

（2）药理作用　地龙作为中医临床常用药材，历代本草典籍明确记载其具有止咳平喘、祛瘀通络、清热化痰等功效。现代药理研究表明，地龙具有以下多方面的药理活性。

① 对心脑血管系统的作用。近年来，我国心脑血管疾病发病率和死亡率持

续上升，年致死人数达数十万。地龙作为中医“祛瘀通脉三大圣药”之一，具有活血化瘀、疏通经络之效，对高血压、高血糖、高血脂及脑卒中等代谢性和心脑血管疾病疗效显著。

a. 抗血栓作用。地龙中具有纤溶活性的成分主要包括脂肪酸、蛋白质及游离氨基酸。研究显示：从地龙总蛋白中分离的新型蚓激酶可使纤维蛋白溶解为可溶性多肽，其效价达 247U/g（约为普通蚓激酶 115U/g 的 2 倍）；在斑马鱼血栓模型（盐酸肾上腺素诱导）中，10ng 蚓激酶可显著抑制血栓形成（抑制率 67.3%）；肌苷（0.5～6.0mmol/L）能浓度依赖性地抑制牛血清白蛋白和花生四烯酸诱导的血小板聚集，半数抑制浓度（IC_{50}）分别为 1.7mmol/L 和 3.0mmol/L；腹腔注射肌苷（100～150mg/kg）可减轻大鼠大脑中动脉阻塞所致的脑缺血损伤；静脉灌注肌苷（400mg/kg）能显著延长小鼠肠系膜小静脉血小板血栓形成的潜伏期。

b. 心脏保护作用。研究表明，地龙提取物（31.25～250mg/mL）预处理 H9C2 心肌细胞 24h，可显著抑制高浓度氯化钾诱导的心肌纤维化，其机制如下。

下调纤维化相关介质表达：包括细胞外信号调节激酶 1/2（ERK1/2）、尿激酶纤溶酶原激活剂（uPA）、转录因子 SP1 及结缔组织生长因子（CTGF）。

调控 PI3K/Akt 通路：通过恢复胰岛素样生长因子 1 受体（IGF-1R）和磷酸化蛋白激酶 B（p-Akt）水平，激活磷脂酰肌醇 3-激酶/蛋白激酶 B（PI3K/Akt）信号通路，减轻心肌细胞线粒体损伤并抑制纤维化进程。

抗凋亡作用：广地龙 70%乙醇提取物（62.5～500μg/mL）预处理 H9C2 细胞 1h 后，可剂量依赖性地抑制脂多糖（LPS）诱导的细胞凋亡，其机制涉及上调抗凋亡蛋白 B 淋巴细胞瘤-2(Bcl-2) 和 B 淋巴细胞瘤-xL(Bcl-xL)；下调促凋亡因子肿瘤坏死因子-α（TNF-α）；MTT 法及乳酸脱氢酶（LDH）检测证实其显著提高细胞存活率。

c. 改善代谢综合征作用。地龙及其复方制剂通过改善血栓前状态、调节血液流变学特性及纠正血脂代谢紊乱等机制，对糖尿病肾病等代谢性疾病具有治疗作用。具体研究证据如下。

降压作用：大鼠静脉滴注地龙水煎剂（0.25g/kg）可迅速显著降低血压；自发性高血压大鼠灌胃地龙降压胶囊（25mg/kg、50mg/kg、100mg/kg）15 天后血压显著下降。机制研究：PCR 分析显示地龙蛋白通过调控 miRNA-233、miRNA-96、miRNA-130a、miRNA-155 及 miRNA-34a-5p 的表达，改善组织缺氧并抑制血小板活化与聚集。

调血脂作用：高脂血症大鼠灌服地龙活性蛋白（50mg/d、100mg/d、200mg/d）4 周后：血清 HDL-C 水平显著升高；TC、TG 及 LDL-C 水平显著降低；肝脏脂肪泡分布从密集转变为主要分布于肝小叶边缘。作用机制：通过调节蛋白质酶及肝脂酶活性，促进肠道胆固醇代谢。

抗血小板活化：从地龙脂质中分离出类血小板活化因子（含量 90～130ng/g)，其对 PAF 特异性拮抗剂 CV6209[2-(2-乙酰基-6-甲氧基-3,9-二氧代-4,8-二氧杂-2,10-二氮杂二十八烷-1-基)-1-乙基吡啶氯化物]具有拮抗活性。

② 对呼吸系统的作用。地龙性味咸寒，归肝、脾、膀胱经，具有清热祛风、通络平喘的功效，对哮喘和慢性阻塞性肺疾病等呼吸系统疾病有显著的改善及治疗作用。硅沉着病模型小鼠腹腔注射（ip）地龙提取物 3μg/d，28d 后体内炎性细胞数量显著降低，肺泡结构破坏程度减轻。此外，在离体试验中发现地龙提取物可作用于人支气管上皮（HBE）细胞和人肺泡基底上皮 A549 细胞氧化应激相关通路，激活核因子-E2 相关因子 2(Nrf2）蛋白，避免二氧化硅破坏线粒体功能，抑制细胞凋亡。

气道重构是支气管哮喘的核心发病特征，地龙中琥珀酸与次黄嘌呤等成分具有抗炎、纤溶和抗组胺活性，可干预核因子-κB(NF-κB)-转化生长因子 β 依赖通路、转化生长因子-β(TGF-β) 信号途径和丝裂原活化蛋白激酶（MAPKs）通路，对哮喘起到防治和逆转的作用。有研究表明，链霉素诱导的肺纤维化小鼠灌胃给药地龙 70%乙醇提取物 1.75g/kg、2.35g/kg、4.7g/kg，连续给药 14d 后，地龙提取物组与醋酸泼尼松（prednisone acetate）组小鼠右肺切片病理改变相似，说明地龙提取物可剂量依赖性地降低肺组织间隙充血和炎性细胞浸润程度。此外，该研究同时证实地龙可抑制体内转化生长因子-β1(TGF-β1）和 α-平滑肌肌动蛋白（α-SMA）表达，进而发挥抗肺纤维化的功效。

去除蛋白的广地龙水煎剂 40～320μg/mL 与 RAW264.7（小鼠单核巨噬细胞白血病细胞）共孵育 2h，与对照组相比，其炎性介质前列腺素 E_2(PGE_2)、肿瘤坏死因子-α(TNF-α）和促炎因子白细胞介素-1β(IL-1β)、白细胞介素-6(IL-6）水平显著降低，同时核因子-κB(NF-κB）的抑制蛋白（IκB）表达显著增强，一氧化氮合酶（NOS）和环氧合酶-2(COX-2）的合成受到抑制，表明地龙中非蛋白质类成分可发挥抗哮喘活性。

③ 对神经系统的作用。研究表明，坐骨神经缺损大鼠连续 8 周心内注射地龙水提物 25.5μL/d，其神经横切面与对照组相比，有髓神经纤维数量明显增多。在体外实验中，相同剂量地龙提取物与 PC12 神经细胞株共孵育，可增强神经生长因子（NGF）诱导的神经突起生长，上调生长相关蛋白 43（GAP-43）和突触素Ⅰ（synapsinⅠ）表达，从而促进神经损伤后的修复。

地龙 70%乙醇提取物 31.25～1000μg/mL 对神经细胞生长抑制相关的丝裂原活化蛋白激酶 1（MEK1)、丝裂原活化蛋白激酶 2（MEK2）和 p38 丝裂原活化蛋白激酶（p38 MAPK）通路具有拮抗作用。给药 24h 可调节大鼠施万细胞(RSC96）的胰岛素样生长因子 1（IGF-1）通路，在抑制磷脂酰肌醇 3-激酶(PI3K）通路的同时，激活细胞外信号调节激酶（ERK1/2）和 p38 蛋白激酶通路，进而上调纤溶酶原激活因子（PAs）和基质金属蛋白酶 2/9（MMP-2/9）的水平，促进细胞的迁移与增殖，从而发挥促进受损神经再生的作用。

长链不饱和脂肪酸可调控乙酰胆碱酯酶活性，维持神经细胞形态、功能与信号转导的正常进行。地龙中含有丰富的长链不饱和脂肪酸，表明其可能通过此类成分发挥神经保护作用。

④ 抗肿瘤作用。地龙及其复方常作为抗肿瘤药物应用于临床治疗。1994 年研制出的抗肿瘤药地龙胶囊对动物肿瘤抑制率高达 99%，临床中可显著延缓肺癌、食管癌病情进展。地龙胶囊 50mg/(kg·d)、100mg/(kg·d)、200mg/(kg·d) 灌胃给药 7d 后，高剂量组 S180 荷瘤小鼠肿瘤体积显著缩小；至给药 21d，各组肿瘤均显著缩小，脏器指数明显改善。荷瘤小鼠腹腔注射（ip）地龙胶囊连续 8d 后，与对照组相比，血清中肿瘤坏死因子-α（TNF-α）水平显著升高，B 细胞淋巴瘤-2（Bcl-2）与 Bcl-2 相关 X 蛋白（Bax）表达增强，S180 肉瘤细胞生长受到显著抑制。

抗结肠癌作用。研究表明，结肠癌模型小鼠持续给予地龙提取液 100mg/(kg·d)，12d 后相比于对照组，其肿瘤体积增长速度明显减缓，血管内皮标志物（CD31 和 CD105）mRNA 表达水平显著降低，蛋白酪氨酸激酶 2（JAK2）与信号转导及转录活化因子 3（STAT3）磷酸化水平显著降低。表明地龙可通过调节 JAK2-STAT3 信号通路，参与免疫调节、细胞增殖、凋亡和肿瘤发生等过程，从而发挥抗结肠癌作用。

⑤ 对皮肤系统的作用。地龙促进创面愈合、减轻瘢痕形成及治疗皮肤病的作用与其收敛功效显著相关。研究表明，鲜地龙匀浆上清液（质量分数分别为 5% 和 10%）每日外敷（第 1 天 4h，后续 8h/d）于Ⅱ度烫伤小鼠创面，可显著缩短愈合时间。与空白对照组相比，地龙组与阳性对照磺胺嘧啶银组的创面愈合时间明显缩短，且组织水肿和炎症反应显著减轻，感染率降低。此外，皮下注射地龙注射液 4mL/(kg·d) 连续 7d 可抑制 McFarlane 皮瓣模型大鼠随意皮瓣坏死，通过提高血管内皮生长因子（VEGF）表达，促进皮瓣新生血管形成，增加微血管密度，从而发挥促进创面愈合的作用。

⑥ 其他作用。地龙在骨科和抗菌领域表现出显著活性：其水煎剂（0.5～6mg/mL）能上调成骨样细胞 MG-63 中碱性磷酸酶（ALP）、骨桥蛋白和骨钙蛋白的表达，通过促进细胞分裂同时抑制分化的双重机制加速骨组织再生，临床用于腰椎间盘突出和骨折治疗。抗菌方面，地龙冻干粉液（20～60μg/mL）对金黄色葡萄球菌、奇异变形杆菌和铜绿假单胞菌具有显著抑制效果，60μg/mL 浓度时的抑菌效力相当于 10μg/mL 氯霉素，这与其天然抗菌蛋白的分泌密切相关。

5. 毒性

地龙毒理学研究显示：其应激分泌液与体表接触无毒性反应，但透析后的蛋白质原液具有显著毒性（小鼠静脉注射 LD_{50} 为 0.242mg/kg），中毒症状表现为呼吸急促、全身痉挛及快速死亡。聚丙烯酰胺凝胶电泳鉴定出两个主要毒性蛋白组分，分子量分别为 1.8×10^4 和 3.9×10^4。

值得注意的是，地龙饮片经炮制加工后，其蛋白肽成分对大鼠未表现毒性，可能与高温干燥过程中毒性蛋白变性失活有关。因此规范化的净制、干燥等炮制工序对降低毒性至关重要。此外，因地龙具有重金属富集特性，采收时需严格检测铅、镉等重金属含量以确保用药安全。

二十、黑蚂蚁

1. 黑蚂蚁生物学特性

黑蚂蚁（*Polyrhachis vicina*）形态特征为：体小型，通体黑色并密布古铜色绒毛（头部毛稍稀疏）；头部短宽，具 12 节触角及圆形不发达复眼；胸部呈圆形隆起，前胸刺向前外侧弯曲，后胸刺无钩；足部细长，胫节内侧具单短刺；腹柄节高耸，前平后凸，两侧各具 1 刺，两刺间中央有 3 个钝齿突呈鼎状排列（1 前 2 后）。该物种雌雄均具翅。

其生态习性表现为：广泛分布于中国各地，偏好郁闭度高、植被丰富且近水源的湿润松林。作为典型社会性昆虫，群体由工蚁、兵蚁、繁殖蚁及蚁王蚁后组成。活动季节集中于春、夏、秋季雨后晴天，冬季仅在晴日正午少量活动。食性呈现季节性变化：冬季嗜食糖类与水果，春季偏好糖类及动物性食物。繁殖特性为每年 4～9 月交配，雌蚁交配后脱翅归巢，经 10～20 天产卵期，单次产卵量 100～150 粒（高可达 300～500 粒）。

黑蚂蚁是农林作物的传粉媒介，对促进农林业生产具有重要作用，同时能够捕食水稻、甘蔗、花生及果树等多种作物的害虫，是生物防治体系中的重要天敌昆虫。此外，黑蚂蚁作为传统药用资源，是我国在医药与保健领域重点开发研究的资源昆虫之一。

2. 功效

黑蚂蚁作为传统中药材，其性味甘平，归肝、肾二经，具有补肾益精、通络止痛、祛风除湿之功效。其主要应用于：①肾虚精亏所致的腰膝酸软、头晕耳鸣；②风湿痹痛，关节屈伸不利；③体虚乏力等症。现代研究证实其含有的活性成分具有调节免疫功能、改善性功能、抗疲劳及促进造血功能等作用。

3. 活性成分与药理作用

（1）活性成分　黑蚂蚁含有丰富的生物活性成分：蛋白质含量 40%～67%，包含 28 种游离氨基酸（含 8 种人体必需氨基酸）；维生素 A、维生素 B_1、维生素 B_2、维生素 B_{12}、维生素 C、维生素 D、维生素 E 等多种维生素；19 种酶类及辅酶；钙、磷等常量元素，以及铁、硒、锌等微量元素（其中锌含量尤为突出）。特殊成分包括三萜类化合物、蚁酸、三磷酸腺苷（ATP）及特有生物活性物质草体蚁醛、白细胞介素-2 等。

（2）药理作用

① 保肝作用。黑蚂蚁所含草体蚁醛是一种高活性化合物，具有蛋白质活化功能。长期服用可激活肝病患者肝脏中的干细胞，促进其从未分化状态向低分化状态转化，并进一步分化为高分化状态，从而在分子水平改善多种肝脏疾病。该作用机制与国外干细胞治疗原理具有相似性。

② 改善糖尿病的作用。黑蚂蚁粉所含生物活性成分可通过多靶点、多层次调节机制改善胰岛素代谢异常。研究表明，黑蚂蚁作为传统补益肝肾、益气活血的药用资源，富含氨基酸、多糖、不饱和脂肪酸及锌、镁、铬等微量元素，能够促进胰岛细胞功能修复，为糖尿病治疗提供了新的干预策略。与传统终身药物治疗方案相比，黑蚂蚁疗法展现出独特的治疗优势。

③ 抗风湿作用。研究表明，黑蚂蚁体内含有丰富的甲酸（蚁酸）及多种生物活性成分，可通过多途径调节免疫反应，降低炎性因子活性。其有效成分具有良好的关节组织渗透性，能够促进软骨修复和关节功能恢复，在风湿性关节炎及类风湿关节炎的治疗中展现出显著的改善作用。

④ 亮眼明目。黑蚂蚁富含色氨酸及多种维生素，可能有助于支持视神经健康，并为眼部提供营养。其营养成分对缓解视疲劳、维护眼睛正常功能可能有一定辅助作用。

⑤ 补肾生发作用。黑蚂蚁含有丰富的维生素 E、金合欢烯[（E）-β-法尼烯]及酪氨酸等活性成分，其提取物中检测到较高含量的磷酸酶、胶原蛋白以及锌、铁、钙等微量元素。研究表明，这些成分可能通过以下机制发挥作用：调节内分泌功能，改善肾虚相关症状；促进毛母细胞增殖和毛囊再生；提供头发生长所需的营养基质。临床观察显示，黑蚂蚁制剂对多种脱发类型（包括斑秃、全秃、脂溢性脱发及神经性脱发等）均显示出一定的改善作用。

二十一、驴皮-阿胶

1. 驴生物学特性

驴（*Equus asinus*）是奇蹄目马科马属哺乳动物。体格较小。头大、耳长，无鬃毛，鬣毛稀短；鬐甲低，背稍隆，腰短而坚实，横突短而厚；尻短斜，多呈尖斜，尾根部无长毛，尾端长毛稀短；四肢细长，仅前肢有附蝉，蹄小而直立，蹄质坚硬。毛色有灰、黑、青、棕 4 种，以灰色居多。寿命一般为 25～30 年。

驴在中国广泛分布，东起沿海，西到新疆，北到吉林、内蒙古，南到淮河均有发现。草食性家畜，喜温暖干燥气候，耐饥渴，耐炎热，怕严寒。胆怯而又执拗，善走而不善驰，鸣声洪亮，抗病力强。食量小，咀嚼细，饲喂要定时、定量，少喂勤添，将燕麦、麸皮或其他精料与饲料拌匀。较早熟，公驴 1 岁、母驴 1～1.5 岁性成熟，3 岁生长发育停止。春、秋季均发情，发情周期 23 天左右，发情持续期 5～6 天。妊娠期约 360 天。可繁殖到 20 岁以上。

2. 阿胶的来源、采集加工及功效

阿胶为马科动物驴的干燥皮或鲜皮经煎煮、浓缩制成的固体胶。

加工：将驴皮浸泡去毛，切块洗净，分次水煎，滤过，合并滤液，浓缩（可分别加入适量的黄酒、冰糖及豆油）至稠膏状，冷凝，切块，晾干，即得。

性状：本品呈长方形块、方形块或丁状。棕色至黑褐色，有光泽。质硬而脆，断面光亮，碎片对光照视呈棕色半透明状。气微，味微甘。

功能与主治：补血滋阴，润燥，止血。用于血虚萎黄，眩晕心悸，肌痿无力，心烦不眠，虚风内动，肺燥咳嗽，劳嗽咯血，吐血尿血，便血崩漏，妊娠胎漏。

3. 活性成分与药理作用

（1）活性成分　阿胶主要由骨胶原（ossein）经水解加工而成，其成分以胶原蛋白及其水解产物为主，含有甘氨酸、脯氨酸、羟脯氨酸等特征性氨基酸，并包含多种人体必需氨基酸。

（2）药理作用

① 造血补血作用。研究表明，阿胶在治疗各类贫血（包括缺铁性贫血、再生障碍性贫血等）、出血性疾病（咯血、功能性子宫出血等）及妇科血证（崩漏带下、产前产后血虚等）方面具有显著疗效，临床总有效率达 79.7%。其作用机制包括：显著缩短体外凝血时间；促进造血干细胞增殖分化；刺激白细胞生长因子生成；保护骨髓造血功能。动物实验证实，阿胶能有效改善环磷酰胺所致的白细胞减少和网织红细胞减少，对缺血模型动物的红细胞和血红蛋白水平具有显著提升作用。进一步研究阐明了阿胶通过调控造血微环境促进血细胞生成的分子机制。

② 抗休克。实验研究表明，阿胶溶液对失血性休克模型可能具有一定恢复作用。在麻醉猫实验中，通过股动脉放血建立严重出血性休克模型后，静脉注射 5%～6%阿胶溶液（8mL/kg）可使低血压状态恢复至正常水平，且维持时间较长。对照试验中，静脉注射等渗氯化钠溶液（每次 10mL，共 4 次）对组胺诱导的低血压无明显改善作用，而改用 5%阿胶溶液 20mL 静脉注射后，血压可逐渐恢复正常。

二十二、中华蜜蜂

1. 中华蜜蜂生物学特性

（1）中华蜜蜂　中华蜜蜂（*Apis cerana cerana*）是膜翅目蜜蜂科蜜蜂属的一种，又称中蜂。其体躯较小，头胸部黑色，腹部黄黑色；全身被黄褐色绒毛，吻长平均5mm。蜂王体长17.5mm左右，体色呈黑色或棕红色，全身被覆黑色和深黄色绒毛，腹节有明显的褐黄环或无明显褐黄环。工蜂体长11mm左右，喙长5mm左右，腹节背板呈黑色黄色环，处于高纬度、高山区域的中蜂腹部色泽偏黑，处于低纬度、平原区域的中蜂腹部色泽偏黄，全身被覆灰色短绒毛。雄蜂体长12.5mm左右，体色呈黑色或黑棕色，全身被覆灰色绒毛。

中蜂耐寒性较强，飞行敏捷，蜜源缺乏或病虫害侵袭时易飞逃，适宜在山区、半山区的生态环境中饲养。其抗蜂螨力强，盗性强，分蜂性强，常咬毁旧巢脾。中蜂对囊状幼虫病抵抗力较弱，易感染囊状幼虫病和欧洲幼虫腐臭病。

（2）蜜蜂　蜜蜂作为典型的社会性昆虫，其群体由蜂王、雄蜂和工蜂三种品级个体组成，各品级具有明确的社会分工。

① 蜂王。作为群体中唯一生殖器官发育完全的雌性个体，专职产卵，承担种群繁衍的核心职能。其通过分泌蜂王信息素维持蜂群秩序。

② 雄蜂。由未受精卵发育而成的雄性个体，生理结构特化以适应交配需求。在繁殖季节，性成熟雄蜂通过聚集飞行吸引蜂王，完成交配后即死亡。其精囊在交配过程中脱落是典型的自杀式授精现象。

③ 工蜂。由受精卵发育而成的不育雌蜂，承担除繁殖外的所有群体工作，包括采集、哺育、筑巢、防卫等。其多型性分工体系是蜜蜂社会得以高效运转的关键。

（3）繁殖特性　蜂王交配后2～3天开始产卵；繁殖期日均产卵量700～1300粒；蜜粉源匮乏期（夏季）产卵量降至100～200粒；蜂王平均寿命3～5年（最长纪录8～9年）；工蜂活动季节寿命30～45天。

（4）中华蜜蜂生态分布

① 地理范围。中国乌鞘岭以东地区。

② 主要分布区域。陇南南部河谷亚热带湿润区；陇南北部暖温带湿润区；陇中南部温带半湿润区；陇中北部温带半干旱区。

③ 行为特征。飞行敏捷（访花速度8～12朵/min）；嗅觉灵敏（可探测3km内蜜源）；采集时间长（日出前0.5h至日落后0.5h）；善于利用零星蜜源（单花采集量0.02～0.05mL）。

2. 中华蜜蜂药用价值

（1）蜂蜜　蜂蜜是工蜂采集植物花蜜经酿造而成的天然甜味物质。蜜蜂从蜜源植物花朵中采集含水量约80%的花蜜后，将其储存在蜜囊中，在体内转化酶等作用下进行初步转化。返回蜂巢后，工蜂通过反复吞吐添加酶类进行酿造。蜂巢内维持约35℃的温度促使水分蒸发，最终形成含水量低于20%的成熟蜂蜜，并由蜜蜂用蜂蜡封盖贮存。蜂蜜主要成分为葡萄糖和果糖（占70%～80%），含少量蔗糖（一般低于5%），以及微量氨基酸、矿物质、维生素、酶类等成分。

中华蜂蜜作为天然食品，含有多种营养成分。传统上认为其具有补充营养的作用，但具体功效需结合个人体质和食用量而定。

药用价值：蜂蜜味甘性平，归肺、脾、大肠经，具有补中、润燥、止痛、解毒之功效（《中国药典》2025年版）。现代研究表明：

① 对心血管系统的作用。蜂蜜含有多酚类物质，可能辅助改善微循环，但其对高血压、心脏病等疾病的治疗作用仍需临床验证。

② 对呼吸系统的作用。具有一定镇咳作用，尤以枇杷蜜效果较明显，但不可替代药物治疗。

③ 对消化系统的作用。传统用于肠燥便秘，其润肠作用与所含寡糖成分相关。

④ 肝脏保护。动物实验显示对肝细胞有一定保护作用，临床疗效待证实。

⑤ 外用疗效。临床用于轻度烧伤创面处理，具有保湿和促进创面愈合作用，严重烧伤需专业处理。

⑥ 解酒作用。果糖可能加速酒精代谢，效果因人而异。

⑦ 神经系统。所含微量营养素可能辅助改善睡眠，苹果蜜含特定成分可能具有镇静作用。

⑧ 皮肤外用。具有保湿作用，可用于皮肤护理，但杀菌、祛斑等功效缺乏充分证据。

注意事项：一岁以下婴幼儿禁用；糖尿病患者慎用；外用需确保创面清洁；不可替代药物治疗。

建议每日摄入量不超过25g。

（2）蜂王浆　蜂王浆是工蜂咽下腺和上颚腺分泌的乳白色浆状物质。其性平，味甘、酸，归脾、肝、肾经。蜂王浆含有蛋白质（12%～15%）、糖类（10%～12%）、脂类（3%～7%）及人体必需氨基酸、B族维生素（维生素B_1、维生素B_2、维生素B_6等）及微量矿物质。含特有的10-羟基-2-癸烯酸（10-HDA），具有特定生物活性。含多种酶类（如超氧化物歧化酶）及活性蛋白。

现代研究显示：可能具有免疫调节作用；抗氧化作用与其所含超氧化物歧化酶等成分相关；对细胞代谢可能具有一定影响，但美容功效需更多临床证据。

注意事项：不宜用于过敏体质者；儿童、孕妇慎用；需低温保存；不宜替代药物治疗。

（3）蜂蜡　蜂蜡（又称黄蜡、蜜蜡）是蜂群中适龄工蜂通过腹部4对蜡腺分泌的脂类物质。工蜂利用自身分泌的蜂蜡构筑巢脾，包括育虫房、饲料储存房及其封盖结构。巢脾作为蜂群的核心功能单元，同时承担食物储存、幼虫培育和群体栖息三大功能，这使蜂蜡既是蜂群的重要生物产品，又是其生存繁衍的必要基础材料。

蜂蜡的化学成分主要包括以下几类。酯类（占 70%～80%）：以软脂酸蜂花酯（myricyl palmitate）为代表的高级脂肪酸一元醇酯。游离脂肪酸（10%～15%）：包括廿四酸（lignoceric acid）、褐煤酸（montanic acid）、蜂花酸（melissic acid）、叶虱酸（psyllic acid）、落花生油酸（hypogaeic acid）和二十五酸（pentacosanoic acid）等。游离醇类：如正廿八醇（n-octacosyl alcohol）和蜂花醇（myricyl alcohol）。烃类：二十五烷（pentacosane）、二十七烷（heptacosane）、二十九烷（nonacosane）、三十一烷（hentriacontane）及蜂花烯（melene）等不饱和烃。其他成分：包括微量挥发油、色素、糖类（果糖、葡萄糖、蔗糖）、矿物质、维生素、类胡萝卜素和芳香物质等。

3. 蜂毒活性成分与药理作用

（1）蜂毒活性成分　蜂蜡具有多种药理作用，包括调节肠道功能、改善消化吸收、润肺止咳、提供能量、抗菌消炎、健脾补气以及改善睡眠等功效。

蜂毒活性成分：蜂毒是工蜂蜇刺腺体分泌的生物毒性物质，作为传统中药应用历史悠久。其干物质中 70%～80% 为多肽类活性成分，主要包括：蜂毒肽（melittin）、蜂毒明肽（apamin）、肥大细胞脱颗粒肽（MCD-peptide）、心脏肽（cardiopeptide）、镇静肽（secapin）、四肽（tetrapeptide）、安度拉平（adolapin）、含组胺肽（histamine peptide）。

（2）采集加工　蜂毒采集采用电刺激法：取毒装置由金属丝栅网（下层覆薄膜）连接控制器构成，控制器包含可调直流电源与电流断续器。操作时将装置置于蜂箱口，蜜蜂接触电网后蜇刺薄膜排毒，螫针可收回而不伤蜂体。毒液在膜下干燥成胶状，经水洗收集后置于阴凉干燥处密闭避光保存，或进一步制成注射剂。

（3）蜂毒药用价值　蜂毒为蜜蜂毒腺分泌的毒性物质，主要活性成分为蜂毒肽、蜂毒明肽、磷脂酶 A_2 等。

其药理作用包括：

① 抗炎作用：蜂毒肽通过抑制炎症介质产生发挥抗炎效应。

② 对心血管的影响：实验显示可能改善微循环，但临床降压效果有待验证。

③ 镇痛作用：蜂毒明肽等成分可能作用于神经系统产生镇痛效果。

蜂毒疗法临床应用主要包括以下两种：

蜂蜇刺法：每次治疗使用 1～5 只工蜂，操作时捏住蜂头，使螫针接触患处皮肤完成刺蜇。保留螫针约 1min 后移除，间隔 24h 或隔日重复治疗。治疗时应注意：①蜇刺部位皮肤消毒；②逐次增加蜂只数量；③观察过敏反应。

蜂毒注射法：选择患处痛点、穴位及四肢穴位进行皮内/皮下轮替注射。剂量方案：初始剂量1～3蜂毒单位（0.1mL/单位），每日递增1～2蜂毒单位至10～15蜂毒单位/日，后递减至维持量3～5蜂毒单位/日，持续1～2个月。疗程设置：每疗程总量200～300蜂毒单位，疗程间隔3～5天。注意事项：①严格无菌操作；②注射部位轮换；③监测不良反应。

（4）药理作用

① 蜂毒肽。a. 神经系统作用：蜂毒肽可选择性阻断钙激活钾通道，影响神经传导；蜂毒肽通过血脑屏障能力有限，其中枢作用尚待明确。b. 血液系统作用：蜂毒肽在体外显示抗血小板聚集活性，磷脂酶 A_2 可影响凝血过程，但临床应用价值有待验证。c. 降压作用：实验研究显示蜂毒成分可能影响血管张力，其临床降压和改善心功能效果缺乏充分证据。d. 抗炎免疫作用：蜂毒肽通过抑制NF-κB等炎症通路发挥抗炎效应，临床用于风湿性关节炎等疾病需专业医疗指导。e. 其他作用：蜂毒的抗肿瘤作用仅见于细胞实验研究，临床疗效尚未确立。

② 蜂毒明肽（apamin）是蜂毒中重要的多肽成分，占蜂毒干重的3%，由18个氨基酸组成，分子量2035，是蜂毒中分子量最小的神经毒性多肽，具有透过血脑屏障的特性。其药理作用如下。a. 神经系统作用：通过阻断胃肠道平滑肌抑制性神经传导增强平滑肌兴奋性；通过作用于脊髓中间神经元、网状脊髓束和前庭脊髓束等神经通路调节运动协调功能。b. 改善微循环：增强毛细血管通透性。c. 肌肉营养作用：通过与强直肌肉中的特异性受体结合，促进肌细胞修复，临床应用于强直性脊柱炎和多发性硬化症的治疗。

③ 肥大细胞脱颗粒肽（MCD-peptide）是蜂毒中第三种主要活性成分，占蜂毒干重的2%～3%，由22个氨基酸组成。分子式：$C_{110}H_{192}N_{40}O_{24}S_4$。分子量：2587.24。其药理作用如下。a. 降压作用：通过促进肥大细胞脱颗粒，释放组胺降低外周血管阻力。b. 炎症调节：促进组胺和5-羟色胺释放参与炎症反应；激活垂体-肾上腺轴增加皮质激素分泌；降低毛细血管通透性并抑制前列腺素 E_2 合成。c. 神经系统作用：具有抗心律失常、改善脑血流及中枢神经调节活性。该肽通过上述多靶点机制发挥抗炎、免疫调节等治疗作用。

④ 心脏肽。由11个氨基酸组成，分子量为1940。主要药理作用：心脏肽有抗心律失常作用和β-肾上腺素能受体样活性。

⑤ 安度拉平（adolapin）是由103个氨基酸组成的多肽（分子量11092），具有显著的抗炎和镇痛活性。其作用机制如下。a. 前列腺素合成抑制：通过高效抑制微粒体环氧合酶（抑制效力为吲哚美辛的70倍），阻断前列腺素生物合成。b. 中枢镇痛作用：通过特异性结合脑内阿片受体产生镇痛效应。该物质作为强效的前列腺素E拮抗剂，在炎症和疼痛治疗中具有重要应用价值。

4. 毒性与防护

蜂毒作为传统中药材，具有祛风除湿、通络止痛的功效，临床主要用于风湿痹痛的治疗。但需严格在医师指导下使用，若使用不当可能引发以下不良反应：①局部红肿疼痛；②过敏反应（包括皮疹、呼吸困难等）；③心肌损伤（表现为心悸、胸闷等）。用药期间如出现任何不适，应立即停用并就医，由专业医师进行对症处理。

第八章

海洋药用动物及动物药

海洋作为巨大的生物资源宝库，蕴藏着极其丰富的生物源药物资源。根据现有记录，全球已发现的海洋生物种类超过 21 万种，而实际种类数量估计可达 210 万种以上。我国管辖海域内已记录海洋生物 20278 种，分属 5 个生物界、44 个生物门，其中动物界种类最多（12794 种），原核生物界最少（229 种）。我国海洋生物种类约占全球总数的 10%，数量占比达 50%。

目前已知具有药用价值的海洋生物共 1556 种，包括动物 1431 种和藻类 125 种，广泛分布于海洋细菌、真菌、植物和动物各门类中。海洋不仅孕育了种类繁多的生物，更产生了结构多样的天然次生代谢产物，这些物质已成为新药研发中先导化合物的重要来源。

本章重点介绍海洋药用动物的概况和几种海洋动物药的药效药理信息，为开发利用海洋药物资源提供科学依据。

第一节　海洋药用动物概况

一、海龟类药用动物

海洋爬行动物是脊椎动物爬行纲中的特殊类群，具有以下生物学特征：体表被覆角质鳞片、依靠陆地繁殖、变温调节机制。该类群主要包括海龟类和海蛇类。在传统中医药中的应用体现为：海龟类具有滋阴降火、清退虚热、润肺养胃、补肾填精的功效，海蛇类发挥舒筋活络、活血化瘀、祛风除湿的治疗作用。

玳瑁与绿海龟，其甲片或组织在传统医学中有应用，但均为国家一级保护动物，其利用受到严格的法律限制。

1. 绿海龟

绿海龟（*Chelonia mydas*）是龟鳖目海龟科绿海龟属爬行动物，为现存体型最大的硬壳海龟之一，因其脂肪组织呈绿色而得名。该物种体型特征为：体长80～150cm，体重65～136kg（最大记录背甲长153cm，体重250kg）。其形态特征包括：背甲呈心形，腹甲平坦；头部略呈三角形，具1对暗褐色前额鳞；吻部短圆，上颚平直，下颚略上弯且边缘具锯齿；四肢呈桨状（前肢长于后肢），内侧各具1爪（雄性前肢爪特化为钩状）；尾部短小（雄性较长）。受甲壳结构限制，其头部无法完全缩入壳内。该物种寿命可达100年以上。

海龟类药用部位及功效：①海龟甲（包括血板和汤板）及掌具有滋阴潜阳、退骨蒸劳热、平肝潜阳（治阳亢眩晕）、明目（治目赤目暗）等功效，临床用于肝硬化、气管炎及类风湿关节炎等疾病；②海龟甲胶（由海龟甲及掌加工制成）功效与海龟甲相同，需烊化后服用；③海龟肉和油脂可治疗气管炎、哮喘等呼吸系统疾病，属高级滋补品；④海龟血具有滋阴壮阳之效，为传统大补之品；⑤海龟胆清热解毒、明目，主治气管炎、哮喘、视物模糊等症，多鲜用；⑥海龟尿液可用于治疗耳聋等症状。

绿海龟含有多种生理活性成分。①垂体及血液激素：生长激素（GH）、促卵泡激素（FSH）、黄体生成素（LH）、睾酮、孕酮、褪黑素、雌酮、17β-雌二醇和17α-雌二醇等。②血浆蛋白成分：α-巨球蛋白及5种胡萝卜素类化合物（含顺-叶黄素）。③红细胞成分：2,3-二磷酸甘油酸、肌醇五磷酸及高赖氨酸组蛋白。④酶系统：酯酶、磷酸葡萄糖异构酶、6-磷酸葡萄糖酸脱氢酶、磷酸葡萄糖变位酶、谷草转氨酶、乳酸脱氢酶、苹果酸脱氢酶（MDH）和异柠檬酸脱氢酶（IDH）等。⑤脂肪成分：月桂酸、棕榈酸、反-6-十六碳烯酸、花生四烯酸及磷脂类物质。

海龟甲的药理作用主要包括：①海龟甲提取液对家兔具有显著抗凝血作用；②海龟背甲盾板提取液（3mg/mL）能增加离体豚鼠心脏冠脉流量，显著提高常压小鼠缺氧耐受力，并增强肾上腺素预处理小鼠的减压缺氧耐受能力；③海龟甲水煎醇沉提取液及龟甲胶水溶液经小鼠腹腔注射或灌胃给药1周后，可显著增加脾细胞特异性玫瑰花结形成数，表明具有免疫增强作用。

2. 玳瑁

玳瑁（*Eretmochelys imbricata*）是海龟科玳瑁属爬行动物，具有以下形态特征：背甲长62.5～114cm，体重35～127kg，最大体长可达1.6m。其背甲和腹甲均覆盖坚硬鳞甲，头部具有2对前额鳞甲，鼻孔靠近吻端。嘴部特征明显，上颌钩状弯曲呈鹦鹉嘴形，颌缘呈锯齿状。背甲鳞片排列方式随年龄变化：幼体呈覆瓦状排列，成体转为平铺排列。鳞甲表面具光泽，呈现褐色与浅黄色相间的花纹图案。具体背甲结构包括：中央 5 枚脊鳞甲，两侧 4 对肋鳞甲，边缘 25 枚锯齿状缘鳞甲。腹甲由 13 枚黄黑色鳞甲组成。四肢特化为桨状，前肢较大具 2 爪，后肢较小仅 1 爪。尾部短小，通常不显露于甲壳外。

玳瑁主要分布于大西洋和太平洋的热带海域。其生物学特性表现为：运动速度缓慢，性成熟周期长，繁殖率低（雌龟每年 3～4 月产卵，分 3 次产卵，每次 130～200 枚），种群恢复能力弱。栖息地范围广泛，从远洋到红树林河口区均有分布，具有强迁徙能力。食物以珊瑚虫和水母为主，兼食甲壳类、藻类及鱼类。卵呈白色软壳球形，孵化期约 60 天。该物种多为独居生活，仅在繁殖期聚集，野生个体平均寿命 30～50 年。

传统功效：玳瑁甲片具有清热解毒、镇惊息风之效。主治：热病惊狂、中风谵语、痉厥抽搐、小儿惊痫、痈肿疮毒等症。

现代药理研究：乙醇提取物体外实验显示对鼻咽癌患者 T 淋巴细胞亚群具有轻微诱导作用，提示其可能通过调节 T 淋巴细胞亚群比例发挥免疫调节功能。但具体作用机制仍需进一步研究证实。

3. 红海龟

红海龟（*Caretta caretta*），又称蠵龟，是海龟科红海龟属的海洋爬行动物，具有以下形态特征：体长 100～200cm，体重约 100kg；头部较大（宽约 15cm），上下颌均具强壮的钩状喙；头部背面鳞片对称排列，成体背部无棱脊。其背甲特征包括：表面覆盖平铺排列的角质盾片，呈心形，后缘略呈锯齿状；腹甲平坦，每侧甲桥具 3 块下缘角板，腹角板、股角板、肛角板依次渐窄。四肢特化为鳍状，前肢较大，后肢较小，内侧各具 2 爪（比绿海龟多 1 爪），成年个体可能仅保留 1 爪；尾部较短。体色特征：背甲呈棕红或褐红色，具不规则土黄/褐色斑纹；腹面为柠檬黄或黄色。

红海龟具有以下生态特征：其地理分布涵盖大西洋、太平洋和印度洋的温带及热带海域，在我国主要分布于南海和东海海域。该物种为杂食性偏肉食，主要食物为底栖及漂浮的甲壳类、软体动物（尤其头足类）、水母等无脊椎动物；次要食物为鱼类卵粒及海藻等植物性饵料。其典型栖息环境为珊瑚礁区、大陆架浅海及褐藻繁茂的滩涂水域，这些区域为其提供了重要的觅食场所。值得注意的是，红海龟的摄食生态会随生长发育阶段和栖息地环境差异而发生变化。

红海龟各部位药用功效如下。①龟甲（皮及鳞甲）：味咸、甘，性微寒，具滋阴潜阳、清热解毒之效，主治气管炎、肝硬化、风湿痹痛及目赤肿痛。②胆汁：具解毒抗癌作用，药理学研究证实其对小鼠肉瘤 S180 抑制率 30%～50%，艾氏腹水癌实体型抑制率 20%～30%，但对网织细胞瘤 L-615 及艾氏腹水癌腹水型无效。③龟油：外用治疗烫伤。④龟血：可润肺平喘、解毒疗伤，适用于哮喘、干咳及外伤治疗。

二、海蛇类药用动物

海蛇是适应海洋生活的毒蛇类群，具有以下典型特征。①具前沟牙结构，均为剧毒蛇类，毒液以神经毒素为主。②形态特化：尾部及躯干后段侧扁，腹鳞狭窄或退化，舌部短小。③呼吸适应：鼻孔位于吻背并具瓣膜结构。④皮肤厚实，可调节渗透压维持水盐平衡。⑤生殖特征：多数种类为卵胎生。我国海域常见种类包括青环海蛇、长吻海蛇和小头海蛇等。

1. 青环海蛇

青环海蛇（*Hydrophis cyanocinctus*）是眼镜蛇科海蛇属爬行动物，其形态特征为：体形修长，最大记录全长雄性 1755mm（平均 1570mm±185mm），雌性 1967mm（平均 1865mm±151mm）。头部大小适中，呈橄榄色至黄色；体背深灰色并具青黑色环纹，环纹延伸至腹部，腹面黄色。鳞片特征包括：前颞鳞通常 2 枚；第 2 或第 3 枚下唇鳞后缘常具一列小鳞；腹鳞虽小但排列整齐且大小均匀；体鳞呈覆瓦状排列，躯干最粗处鳞片略呈圆形。

在我国的分布范围涵盖山东、江苏、浙江、福建、广东及广西沿海海域。该物种具有以下生态习性。①栖息偏好：主要栖息于大陆架和海岛周边浅水区（水深通常不足 100m），在开阔海域较为罕见。②生境选择：部分种群栖息于沙底或泥底混浊水域，另一些则偏好珊瑚礁周边清澈水域。③食性特征：以蛇鳗类为主食（尤其尖吻蛇鳗），偶食其他鳗类及小型鱼类，摄食方式为头部优先吞食，胃内容物通常为 1 条蛇鳗（偶见 3 条）。④行为特性：具有显著集群行为（常成百上千条集体洄游）和趋光性（夜间可用灯光诱捕），这些特性使其成为相对容易捕捞的海蛇种类。

青环海蛇具有祛风除湿、通络活血、解毒滋补之功效，主治风湿痹痛、四肢麻木、疥癣恶疮等。其蛇胆具止咳化痰作用，能显著缓解乙酰胆碱所致气管痉挛。传统用法中，熬制蛇油可外治烫伤、冻疮及虫咬皮炎。

现代药理研究表明：海蛇脂肪富含多种生物活性成分，包括脂肪酸和维生素 A、维生素 D_3、维生素 E 等营养素。这些成分具有改善认知功能、预防骨质疏松等生理活性。

几种脂肪酸活性成分的药理作用：①二十二碳六烯酸（DHA，$C_{22}H_{32}O_2$），作为必需 ω-3 多不饱和脂肪酸，是神经细胞膜重要结构成分，可通过 α-亚麻酸转化但效率有限，主要依赖膳食补充。其特殊分子结构（即含有 6 个双键的 22 碳长链）决定其具有维持神经系统功能的关键作用。②二十碳五烯酸（EPA），同为 ω-3 系列多不饱和脂肪酸，作为磷脂和胆固醇酯的组成成分，参与构建脑组织及神经细胞膜，与 DHA 协同发挥神经保护功能。

蛇毒具有显著的抗肿瘤潜力，其对人胚胎干细胞（H1 细胞）、人神经母细胞瘤细胞（SHSY5Y）和人胃癌细胞（MGC-803）的半数抑制浓度（IC_{50}）分别为 0.045mg/mL、0.057mg/mL 和 0.069mg/mL，显示出良好的肿瘤细胞生长抑制作用，可作为抗肿瘤药物开发的候选物质。青环海蛇毒液含有强效神经毒素和肌肉毒素，其皮下注射半数致死量（LD_{50}）仅为 0.046mg/kg。中毒症状发展迅速，初期表现为肌肉无力、疼痛和眼睑下垂，随后进展为全身肌肉麻痹，并伴随心脏和肾脏损伤，最终因呼吸肌麻痹导致死亡。单次毒液排放量可达 45mg/kg 体重，具有极高的危险性。

2. 长吻海蛇

长吻海蛇（*Hydrophis platurus*）形态特征如下：体长 545～707mm；头部特征为吻部狭长，鼻孔背位，鼻鳞相接，头颈区分不明显；身体显著侧扁，尾部侧扁程度更甚。体色特征如下。背面：自头部至泄殖腔前具显著黑色中央纵带。尾部：背侧腹面均分布黑色斑块，尾端全黑。侧面及腹面：呈鲜明黄色。其黑色与黄色体色分界清晰，形成强烈对比。这种典型的警戒色是其重要的生存适应特征。

长吻海蛇作为全球分布最广的海蛇物种，其地理范围涵盖印度洋、太平洋的广阔海域，包括新西兰、所罗门群岛等沿岸地区。在我国主要分布于山东至广西的沿海海域（含海南岛）。

该物种具有以下生态特征。①栖息习性：完全海洋性生活，可远离大陆架活动。②食性：以小型鱼类为主食，兼食甲壳类。③繁殖特性：卵胎生，在温暖海域完成生殖过程。④行为特点：丧失陆地活动能力，常形成大规模群体（可达上万条）在海面集群游动。这种独特的集群行为在蛇类中极为罕见，是其重要的生态适应特征。

蛇类药材具有多重药用功效：蛇体具祛风除湿、通络活血、解毒滋补之效，临床用于风湿痹痛、四肢麻木、关节不利及皮肤顽疾。主治风湿性关节炎、中风后遗症等。蛇皮可清热解毒、杀虫止痒，主治顽癣疥疮、带状疱疹等皮肤病症。蛇胆汁具平肝息风、明目退翳之效，适用于肝风内动之惊厥抽搐、肝热目赤及风湿痹痛，其镇静止痛作用在急性风湿性关节炎治疗中尤为显著。

长吻海蛇毒素（pelamitoxin）是由 60 个氨基酸组成的强碱性蛋白质，包含长吻海蛇毒素 a 和 b 两种亚型。其中毒素 a 的 N-末端为蛋氨酸，C-末端为天冬酰胺，具有 4 个二硫键；毒素 b 仅在 C-末端第 10 位氨基酸残基与毒素 a 存在差异。该蛇毒含有丰富的酶类成分，包括蛋白酶、转氨酶、透明质酸酶、L-氨基酸氧化酶、多种磷脂酶（含卵磷脂酶 A_2）、胆碱酯酶及抗胆碱酯酶、核酸酶（核糖核酸酶和脱氧核糖核酸酶）、核苷酸代谢酶（5′-核苷酸酶和 ATP 酶）以及等。

研究表明，长吻海蛇毒素对小鼠静脉注射的半数致死量（LD_{50}）为

0.044mg/kg。在家兔毒性实验中，该毒素首先引起呼吸兴奋继而导致呼吸麻痹，在呼吸麻痹前可观察到动脉血压下降。同时，毒素能显著抑制家兔股骨前肌的神经刺激反应，显示其具有明显的神经肌肉阻滞作用。其中，海洋毒性反应证实了长吻海蛇毒素主要通过影响呼吸、循环和神经系统发挥其强烈的毒性效应。

3. 小头海蛇

小头海蛇（*Hydrophis gracilis*）是眼镜蛇科海蛇属的海洋爬行动物，具有以下典型形态特征：头部显著窄小，吻部远长于下颌；身体前段纤细呈圆筒形，后段粗壮且侧扁。其鳞片特征表现为：背鳞光滑，前段呈长菱形覆瓦状排列，后段转为六角形镶嵌排列，中段背鳞 29～33 行（部分个体 34～38 行），每枚鳞片具 2 列以上小结节（雄性结节发达，雌性较微弱）；腹鳞前部完整，后部分裂为二并呈交错排列，近肛区腹鳞略增大。体色特征为：头背部及体前段呈黑色至深橄榄色，缀有白色或黄色斑点；体后段呈淡灰至灰色，具黑色环纹（部分个体环纹仅见于背侧）。该物种全长 760～890mm，是典型的中小型海蛇。

小头海蛇主要分布于印度-太平洋海域，包括波斯湾至巴布亚新几内亚的沿岸水域，以及中国福建、广东、海南和广西沿海地区。该物种栖息于浅海环境，具有卵胎生繁殖特性，以小型鱼类和鱼卵为主要食物来源。

药用部位及功效。海蛇油：具有清热消肿、止痛润肤、祛风除湿之效，临床用于治疗冻伤、烫伤、痔疮肿痛、皮肤皲裂、慢性湿疹、风湿性关节炎及皮肤瘙痒等症。海蛇血：中医学认为其具补益气血、强壮筋骨、祛风除湿等功效。

小头海蛇的毒液具有显著神经毒性，其临床中毒特征如下。①起病特征：咬伤部位通常无显著疼痛，潜伏期约 30min。②神经肌肉症状：以渐进性肌肉麻痹为主要临床表现，严重者可致呼吸肌瘫痪。③全身症状：伴随头痛、异常口渴及多汗等自主神经功能紊乱表现。④危险程度：该毒液可导致致命性中毒，需及时进行抗蛇毒血清治疗。这种特殊的“无痛性麻痹”中毒模式是海蛇咬伤的典型临床特征，与陆地蛇类咬伤的中毒表现存在显著差异。

三、海洋药用鱼类动物

药用鱼类资源丰富，现已知具有药用价值的鱼类达数百种，其中我国记载的药用鱼类超过 200 种，主要分布于以下三个纲：圆口纲、软骨鱼纲和硬骨鱼纲。其中，海洋药用鱼类含有多种生物活性成分。①海洋鱼类普遍富含 EPA，具有显著的防治动脉粥样硬化等心血管疾病的功效。②鲨鱼肝脏提取的角鲨烯具有抗肿瘤活性。③海龙鱼科物种（如海马、海龙）作为传统名贵药材，具有补肾壮阳、散结消肿、舒筋活络等功效，临床用于治疗阳痿、乳腺癌、哮喘等多种疾病。④鲻科鱼类和鲤科鱼类具有健脾益气作用，对消化系统疾病和贫血等具有特殊疗效。这些药用鱼类构成了重要的海洋药物资源宝库。

1. 海马

海马（*Hippocampus* sp.）属于小型海洋动物。海马头部侧扁，每侧有 2 个鼻孔，身体粗侧扁，完全由骨环包裹；吻部呈尖管状，口小且无法张合，仅能吸食水中的小型生物，双眼可独立转动，分别观察不同方向；胸腹部突出，躯干由 10～12 节骨环构成；尾部细长呈四棱形，末端尖细且可卷曲握持，常呈蜷曲状；头部与躯干形成钝角或直角，头顶具冠状突起，冠缘有小棘；鳃孔狭小；全身被覆膜质骨片，背鳍无棘刺，无腹鳍和尾鳍。背鳍位于躯干与尾部交界处，臀鳍短小，胸鳍发达。海马的鳍结构细微，肉眼不易观察，但通过高速摄影可见其快速活动的棘条，这些棘条能以每秒 70 次的频率摆动。海马借助背鳍产生的波浪状运动实现前后或上下移动。雄性海马尾部腹侧具育儿囊，卵在囊内孵化，每年可繁殖 2～3 代。

海马分布在大西洋、欧洲、太平洋、澳大利亚。在中国海岸线分布有冠海马、刺海马、日本海马、管海马、克氏海马、三斑海马等。

在自然海域中，海马通常喜欢生活在珊瑚礁的缓流中，因为它们不善于游水，故而经常用其适宜抓握的尾部紧紧勾住珊瑚的枝节、海藻的叶片，将身体固定，以使不被激流冲走。而大多数种类的海马生长在河口与海的交界处，因而它们能适应不同盐度的海水区域，甚至在淡水中也能存活。海马的嘴很小，并且只宜觅食活饵，不能迅捷地捕食。

功效：①滋阴补肾。通常用于治疗肾虚引起的症状，如腰膝酸软、性功能障碍和遗精。②益智提神。海马有助于提高认知能力和增强记忆力，可以被用来改善智力、提升专注力，以及缓解疲劳和精神紧张。③抗炎。海马中的一些生物活性化合物具有抗炎作用，可用于减轻炎症性疾病的症状，如关节炎。④提高免疫力。海马含有一些抗氧化物质，可以增强免疫系统的功能，有助于对抗感染和疾病。⑤促进伤口愈合。海马的提取物有助于促进伤口愈合，可以用于治疗皮肤损伤、溃疡和烧伤。

药理作用：海马除含有钠、钾、钙、镁、铁、锰等元素，谷氨酸、甘氨酸、精氨酸等氨基酸外，还含有大量的活性物质，如三萜类化合物、甾体化合物、鱼精蛋白等。其中，甾体类活性成分可调节生殖相关激素水平，促进精子的生成和成熟。同时，三萜类化合物和甾体化合物具有滋阴补肾、益气健脾的功效，可以改善肾阳虚弱的情况。此外，海马中的鱼精蛋白可以提高免疫力，增强机体抗病能力。

2. 海龙

海龙主要药用品种包括刁海龙、拟海龙和尖海龙的干燥全体。其采收加工规范为：夏秋捕捞期捕获后，刁海龙与拟海龙需经去内脏、除皮膜、清洗后晒干；尖海龙则直接洗净晒干即可入药。

海龙属于近海暖水性小型鱼类，多栖于海洋近岸与岛礁区域的海藻丛中。海龙游动缓慢，以管状长嘴吸食水生生物。海龙善于伪装和藏匿，常常通过模拟生存环境中海草或大型藻类的形态，或躲在洞穴或缝隙中，或通过其坚硬的骨环来避免被捕食。海龙全年皆可繁殖，雌鱼将成熟的卵排入雄鱼腹部或尾部的囊状育儿袋，卵在囊袋受精孵化，待胚胎发育成熟后由雄鱼“分娩”。

（1）药材性状

① 刁海龙。体狭长侧扁，全长 30～50cm。表面黄白色或灰褐色。头部具管状长吻，口小，无牙，两眼圆而深陷，头部与体轴略呈钝角。躯干部宽 3cm，五棱形，尾部前方六棱形，后方渐细，四棱形，尾端卷曲。背棱两侧各有 1 列灰黑色斑点状色带。全体被以具花纹的骨环和细横纹，各骨环内有突起粒状棘。胸鳍短宽，背鳍较长，有的不明显，无尾鳍。骨质，坚硬。气微腥，味微咸。

② 拟海龙。体长平扁，躯干部略呈四棱形，全长 20～22cm。表面灰黄色。头部常与体轴成一直线。

③ 尖海龙。体细长，呈鞭状，全长 10～30cm，未去皮膜。表面黄褐色。有的腹面可见育儿囊，有尾鳍。质较脆弱，易撕裂。

（2）功效与药理作用

功效与主治：海龙味甘、咸，性温，归肝、肾经。具有温肾壮阳、散结消肿之功，用于阳痿遗精、癥瘕积聚、瘰疬痰核、跌扑损伤，外治痈肿疔疮。海龙能温肾而治喘，配伍核桃仁可治疗肾不纳气之虚喘。海龙亦能软坚散结消肿，常配伍水蛭治疗癥瘕积聚。煎服用量 3～9g，或入散剂，孕妇及阴虚火旺者忌服。

海龙的药理活性与其特有的化学成分密切相关。其含有 26 种甾体类化合物、高含量蛋白质（含 17 种氨基酸）、14 种脂肪酸及 24 种微量元素。脂溶性成分分析显示其富含游离脂肪酸，主要包括肉豆蔻酸、棕榈酸和硬脂酸，这些脂肪酸与甾体类物质协同构成其抗炎、调节免疫的药效物质基础。

① 性激素样作用。在 30mL 洛氏液中加入 50%海龙浸剂 0.5～1.0mL 或 20%浸剂 1.0～2.0mL，可使大鼠、小鼠和家兔的离体子宫兴奋，刺激频率加大，收缩加强。20%海龙浸剂 2.0mL/kg 给家兔静脉注射，对家兔子宫有兴奋作用。海龙浸剂兴奋子宫的作用远较垂体后叶素弱，作用较温和持久，不易引起强收缩，并且对不同性周期的子宫均有相似的兴奋作用。其兴奋子宫的有效成分易被加热破坏。尖海龙的醇提油溶液、醇提水溶液和水煎液均可明显增加小鼠子宫重量，其中以醇提油状物作用最强，水煎液次之。

刁海龙、拟海龙、尖海龙、粗吻海龙各自的乙醇提取物，分别以每日 3g/kg 剂量给小鼠灌胃，均能不同程度增加小鼠精子数量和精子活力，其中刁海龙、拟海龙作用显著。上述各制剂对正常雄性小鼠性器官和附性器官的重量变化均无显著影响。各制剂均能不同程度地抑制由环磷酰胺引起的小鼠精子数降低和精子活率下降，其中刁海龙、拟海龙和尖海龙作用显著；刁海龙、尖海龙和粗吻海龙还能显著增加环磷酰胺造模小鼠的前列腺重量。

② 对免疫系统的影响。20%海龙胶以0.5mL/只剂量给小鼠灌胃，能明显增加小鼠胸腺重量，显著升高小鼠白细胞数量，对小鼠血红蛋白含量的增加作用不明显。拟海龙水提取物对正常人外周血淋巴细胞具有增殖作用，最佳药物量反应集中在10～20μL/孔之间，剂量增大至40μL/孔后，刺激作用可逐渐减弱。

③ 其他作用。拟海龙水提取物在体外实验中显示出广谱抗肿瘤活性，对多种人源肿瘤细胞系（包括宫颈癌HeLa细胞、食管癌ECA109细胞、肺鳞癌NCI-H520细胞及结直肠癌HCT-8细胞）均具有浓度依赖性的增殖抑制作用。其作用机制可能涉及调控肿瘤细胞周期和诱导凋亡等途径。在神经药理学方面，该提取物虽能轻度抑制小鼠脑组织B型单胺氧化酶（MAO-B）活性并降低过氧化脂质水平，但与空白对照组相比未达统计学显著差异，提示其抗氧化作用可能通过其他途径实现。

（3）海龙的副作用与禁忌

① 副作用。过量食用海龙可能导致胃肠道不适和上火，出现恶心、呕吐、腹痛、咳嗽、咳黄痰等症状。

② 禁忌。阴虚火旺及实热证者、过敏人群和外感表实证者不适合使用海龙。长期过量服用海龙可能会耗伤津液，加重病情，不利于病情恢复。

海龙主要用于治疗阳痿、男性不育、肾虚气喘、跌打损伤、痈肿疔疮等情况，需在医生指导下使用。

3. 鲨鱼

鲨鱼是软骨鱼纲下的一类重要海洋生物，现存8目34科共472种，其中我国海域分布约130种。

作为典型的海生软骨鱼类，其具有以下关键解剖学特征：骨骼系统完全由钙化软骨构成，缺乏真骨组织；体表被覆盾鳞（皮齿）；上下颌分别由腭方软骨和麦克尔软骨组成；肌肉发达但无骨膜结构；脑颅呈无缝闭合状态。体形呈现纺锤形流线结构，体长从数十厘米至十余米不等，具有新月形尾鳍和多样化的口鼻形态（尖吻型/圆钝型）。该物种表现出明显的性二型现象，雌性个体普遍大于雄性。

鲨鱼广泛栖息于热带、温带至极地海域。不同种类具有特定的环境适应性：部分偏好暖水，部分适应冷水；既有栖息于沿海浅水区的种类，也有生活在深海底部者。由于缺乏鱼鳔，鲨鱼必须持续游动以维持浮力，其生理特征表现为：视力较弱但嗅觉、听觉及侧线系统异常灵敏，多为夜行性活动。值得关注的是，约80%的鲨鱼种类不会主动攻击人类。它们的食性多样，包括滤食浮游生物（如鲸鲨）、捕食鱼类及海洋哺乳动物等多种模式。

鲨鱼具有三种繁殖方式：卵生（约30%种类）、卵胎生（多数种类）和胎生

(少数种类)。大多数鲨鱼寿命在 20～30 年，但深海种类如鲸鲨的寿命可达 100 年。

鲨鱼具有以下营养与药理价值。①营养价值：富含优质蛋白质、多种维生素(如维生素 A、维生素 D、维生素 E)及矿质元素(钙、锌、硒等)，能增强免疫功能、促进儿童大脑发育并改善记忆力，其较高的钙含量有助于骨骼生长发育。②活性成分：含丰富的 ω-3 不饱和脂肪酸(EPA/DHA)和特殊生物活性物质(角鲨烯、黏多糖、抗癌因子等)，具有调节血脂、改善肝功能、促进新陈代谢等作用。③药用价值：中医学应用鲨鱼肝油治疗夜盲症，鲨软骨提取物用于抗肿瘤辅助治疗。需注意：虽然鲨鱼制品具有多种保健功效，但因重金属富集等问题，建议适量食用，特殊人群应在医师指导下使用。

现代药理研究证实：①角鲨烯具有抗氧化和抗肿瘤活性，能抑制癌细胞增殖；②鲨鱼黏多糖可增强免疫功能，抑制肿瘤血管生成；③鲨鱼蛋白多肽具有降压、降脂作用。这些活性成分使其在防治心血管疾病、肿瘤辅助治疗等领域具有开发潜力，但临床应用仍需更多循证医学证据支持。

鲨鱼体内含有多种药用活性成分，其中鲨鱼肝可提炼维生素 A 和角鲨烯，鲨鱼软骨可提取硫酸软骨素。维生素 A 具有促进生长发育、维持生殖功能及骨骼健康等作用，并能抑制癌前病变；角鲨烯作为三十碳六烯活性物质，可增强超氧化物歧化酶(SOD)活性，发挥抗氧化功效；硫酸软骨素则广泛应用于关节炎治疗和滴眼液制剂，具有镇痛、促进软骨再生作用，对改善老年退行性关节炎和风湿性关节炎具有显著效果。

软骨素的其他生理活性：①硫酸软骨素可以清除体内血液中的脂质和脂蛋白，清除心脏周围血管的胆固醇，防治动脉粥样硬化，并增加脂质和脂肪酸在细胞内的转换率。②硫酸软骨素能有效地防治冠心病。对试验性动脉硬化模型具有抗动脉粥样硬化及抗粥样斑块形成作用；增加动脉粥样硬化的冠状动脉分支或侧支循环，并能加速试验性冠状动脉硬化或栓塞所引起的心肌坏死或变性的愈合、再生和修复。③能促进细胞的信使核糖核酸(mRNA)和脱氧核糖核酸(DNA)的生物合成，且具有促进细胞代谢的作用。④硫酸软骨素具有缓和的抗凝血作用，每 1mg 硫酸软骨素 A 相当于 0.45 U 肝素的抗凝活性。这种抗凝活性并不依赖于抗凝血酶Ⅲ而发挥作用，它可以通过纤维蛋白原系统而发挥抗凝血活性。⑤硫酸软骨素还具有抗炎、加速伤口愈合和抗肿瘤等方面的作用。

四、海洋药用软体动物

软体动物门是海洋中物种多样性最丰富的类群之一，具有以下生物学特征。①形态特征：身体柔软不分节，多数具钙质外壳，基本呈两侧对称。②物种多样性：全球已知 10 万余种，其中海洋种类超过 50%。③分类特征：包含 7 个纲，除双壳纲（约10%淡水种）和腹足纲（约50%淡水及陆生种）外均为海产种类。④生态分布：从潮间带至万米深海，从极地到热带海域均有分布。

这类生物具有重要的经济价值，年捕捞量约560万吨，主要经济种类包括头足类（鱿鱼、乌贼等）和可养殖双壳类（牡蛎、贻贝、蛏子等），其中鲍鱼、扇贝闭壳肌等属高档海产品。

不少海洋软体动物可供药用。鲍的贝壳叫石决明，乌贼的内壳为海螵蛸，贻贝、牡蛎及一些双壳类的贝壳都是常用的中药。

1. 鲍

鲍，鲍属，是鲍科贝类的一种。鲍属壳形成耳状，大而坚厚，螺层有三层，螺旋部只留有痕迹，占全壳极少部分，体螺层突出；壳表面有螺纹，侧边有九个小孔，故又称“九孔螺”。

鲍属（*Haliotis*）全球已发现约75种，其中具有经济价值的主要有10余种，我国分布有7种，常见种类包括杂色鲍和皱纹盘鲍等。鲍鱼栖息于海藻茂盛、水质清澈且水流畅通的岩礁缝隙中，具有典型的昼伏夜出习性：白天静止不动，柔软的身体完全缩入壳内；夜间则利用发达的腹足在礁石表面爬行觅食，通过齿舌刮食褐藻类（如海带、裙带菜、羊栖菜和马尾藻等）。该属生物为雌雄异体，约3年性成熟，其发育经历受精卵变态成为稚鲍的过程。鲍鱼特有的不对称螺旋形外壳在中医药中称为“石决明”，具有重要药用价值。

石决明为常用中药材，系鲍科动物九孔鲍或盘大鲍等近缘物种的干燥贝壳。其采收加工方法如下：夏秋季捕捞活体鲍鱼，剥离软体组织后，取完整贝壳洗净除杂，充分晒干即得。

（1）九孔鲍（*Haliotis diversicolor*） 又称杂色鲍，鲍科典型物种，其形态特征如下：贝壳坚厚呈椭圆形，螺旋部极小（仅3个浅缝合线螺层），体螺层占壳面95%以上。壳顶钝圆，自第二螺层中部延伸至体螺层边缘具30余个突起孔列，其中末端8～9个特大且贯通成呼吸孔（故称“九孔”）。壳面绿褐色，具明显肋状生长纹；壳内珍珠层呈现虹彩光泽。软体部具头触角与眼柄各1对，吻部含颚片和齿舌。腹足面积与壳口相近，分化为具触手的上足和运动下足。该物种主要分布于我国广东、福建潮间带至低潮线岩礁区，以足肌吸附于岩缝中，其呼吸孔伸出的触手结构是适应潮间带环境的重要特征。

（2）盘大鲍（*Haliotis gigantea discus*） 鲍属中体型较大的种类，其贝壳呈典型的耳状，具有以下形态特征：贝壳短而宽厚，表面分布约30条螺肋，肋上突起与呼吸孔相间排列，其中末端4～5个呼吸孔特别显著且保持开放状态。壳表常附着石灰虫和苔藓虫等生物。壳口呈卵圆形，外唇薄而锋锐，内唇显著增厚并向内延伸形成片状遮缘（上部较宽，基部渐窄）。该物种主要分布于我国北部沿海海域，其软体部分（俗称鳆鱼）具有药用价值。

石决明味咸，性寒。功能与主治：平肝潜阳，清肝明目。用于头痛眩晕，目赤翳障，视物昏花，青盲雀目。

石决明的药理作用主要源于其多种活性成分，包括碳酸钙（约占 90%）、有机质、微量元素（铁、镁、碘等）及无机盐类（磷酸盐、硅酸盐等）。现代药理研究证实其主要有以下作用：①抗菌作用。其提取物对金黄色葡萄球菌（ATCC 25923）、大肠杆菌（ATCC 25922）和铜绿假单胞菌（ATCC 27853）等标准菌株具有显著抑制作用（抑菌圈直径＞15mm）。②保肝作用。贝壳水解液可降低 CCl_4 中毒小鼠血清 ALT 水平。③抗凝作用。酸性提取物能延长家兔 PT、APTT 时间（体外实验延长 2 倍以上）。④耐缺氧能力。提取液使小鼠常压缺氧存活时间延长。⑤免疫调节。水煎醇沉物可抑制 ConA 诱导的小鼠淋巴细胞增殖。传统功效与现代研究相印证，表明其具有清热镇静、降压、抗感染等多重药理活性。

其他作用：九孔鲍酸性提取液对家兔具有显著的抗凝作用（$P<0.001$）。通过灌胃及腹腔注射两种途径，连续给小白鼠注射九孔鲍水煎醇沉液一周后，测定脾脏特异玫瑰花结数目表明，具有免疫抑制作用（$P<0.001$）。

2. 乌贼

乌贼是海洋头足类软体动物的一个重要类群，其现代物种具有以下典型特征。①内骨骼系统。体内具厚实的石灰质内壳，这是区别于近缘物种章鱼和枪乌贼的关键特征。②解剖结构。身体明确分为头部、腕足和躯干三部分，其中躯干为内脏团，外被肌肉质套膜包裹。③头部特化。呈球形，顶端为口器，周围环绕 5 对可收缩的触腕（4 对较短，1 对特长用于捕食），口膜结构复杂。这种独特的身体结构使其成为海洋底栖生态系统中的重要捕食者。

海螵蛸为乌贼科动物无针乌贼或金乌贼的干燥内壳。收集乌贼鱼的骨状内壳，洗净，干燥后即得。

乌贼内壳（海螵蛸）和肉均可入药。海螵蛸味咸涩、性温，归脾、肾经，具有收敛止血、固精止带、制酸止痛、收湿敛疮之功效，主治吐血衄血、崩漏便血、遗精滑精、赤白带下、胃痛吞酸等症，外用可治损伤出血、湿疹溃疡。墨鱼肉味咸、性平，归肝、肾经，能养血通经、滋阴催乳、健脾利湿、补肾益精，适用于妇女经血不调、产后乳少、水肿湿痹等。

乌贼骨是一种重要的中药材，主要含有碳酸钙（80%～85%）、壳角质（10%～15%）、黏液质及少量氯化钠、磷酸钙、镁盐等成分。该药材具有多方面的药理作用：在胃肠保护方面，所含碳酸钙可直接中和胃酸，有效缓解反酸和胃灼热症状；复方制剂乌贝散通过物理吸附胃蛋白酶和化学中和胃酸（pH 值可提升至 4.0 以上）的双重机制发挥作用，同时还表现出抗胆碱能样作用，可抑制胃酸分泌（持续 6～8h）。在止血与组织修复方面，其胶质成分能与胃蛋白形成

50～100μm 厚的保护性膜，具有良好的止血效果，并能显著促进骨缺损修复。此外，研究显示乌贼骨水煎液具有辅助治疗作用：可使^{60}Co 照射后动物存活率提高 25%～35%，并能调节 5-羟色胺水平，但对血小板及骨髓 DNA 含量无显著影响（$P>0.05$）。这些药理作用均已在规范的动物模型研究中得到验证，体现了乌贼骨在消化系统疾病治疗、创伤修复和辅助放疗等方面的临床应用价值。

3. 贻贝

贻贝俗称海虹或青口，是软体动物门贻贝科的一种重要海洋经济贝类，广泛分布于我国黄海、渤海沿岸的岩石潮间带。其贝壳呈典型楔形，壳表为光滑的黑褐色，具有细密的生长纹；壳内面呈灰蓝色，可见明显的外套痕和闭壳肌痕，铰合部具 2～5 个粒状小齿，背缘有细长的褐色韧带。作为一种滤食性生物，贻贝主要以有机碎屑和硅藻为食，对盐度和温度变化表现出较强的适应能力。

该物种具有显著的繁殖特性：每年春秋两季为繁殖高峰期，雌贝可多次排卵受精，单次产卵量高达 2500 万粒。经煮熟加工后的贻贝干品称为淡菜，既是重要的海产食品，也是传统药用资源，其外套膜薄而边缘厚的特殊结构与其滤食生活方式密切相关。贻贝在海洋生态系统中扮演着重要角色，同时也是研究海洋污染的重要指示生物。

贻贝性味甘温，入肝、肾经。具有补肝肾、益精血的功效。主治虚劳羸瘦，眩晕，盗汗，阳痿，腰痛，吐血，崩漏带下。

贻贝具有以下药理作用与功效。①补血作用。富含血红蛋白合成必需的铁元素及造血辅因子维生素 B_{12}（约 12μg/100g）和叶酸，临床研究显示每日摄入 100g 贻贝可提升缺铁性贫血患者血红蛋白水平 10%～15%（$P<0.05$）。②营养支持。含优质蛋白质，其蛋白质效率比（PER）达 2.5，显著高于植物蛋白，适用于低蛋白血症患者的营养补充。③补肾利水。中医学证实其提取物能增加肾小球滤过率，现代分析发现所含牛磺酸和锌等成分具有调节水盐代谢和性腺功能的作用。

注意：①痛风患者慎用（嘌呤含量约 150mg/100g）；②建议煮熟食用以避免寄生虫风险。

4. 章鱼

章鱼属于软体动物门头足纲。以真蛸（*Octopus vulgaris*）为例，其体长（包括触手）约 60cm，触手长度约为躯干的 3 倍，且躯体具有自由伸缩能力。体表密布疣突，全身分布色素细胞，能根据环境改变体色和体长，在岩石和海藻间表现出极佳的拟态能力。章鱼通过吸盘沿海底爬行，遇险时会从体管喷射水流快速逃离，并释放墨汁形成烟幕，部分种类分泌的物质可麻痹攻击者的感觉器官。

章鱼科内体型差异显著。其外形多呈短卵圆形，无鱼鳍，头与躯干界限模糊，头部具发达复眼和 8 条可伸缩腕足，每条腕足具两排肉质吸盘。腕足长度因种而异，如长蛸（*Octopus minor*）腕足可达 48.5cm，而短蛸（*Octopus ocellatus*）仅 12cm。

章鱼偏好栖息于海底岩洞或缝隙中，具有高智力表现，尤其是迅速改变体色的能力。例如大西洋侏儒章鱼（*Octopus joubini*）体长仅 14cm，吸盘直径 2.5mm，却能吸附 48g 重物。其生存依赖水温（>7℃）和盐度稳定性，低盐环境易导致死亡。主要分布于砂砾底质海区，水温>12℃时可产卵，初孵幼体全长约 3mm，以大型浮游动物为食，45 天后体长可达 10～13mm 并转为底栖生活。

章鱼毒素是 Ghitetti 等于 1959 年从普通乌贼（*Sepia officinalis*）、大腕蛸（*Octopus macropus*）和爱尔斗蛸（*Eledone moschata*，又称麝香蛸）的唾液腺中分离得到的一种热敏感性神经毒性蛋白（分子量<5000），其核心肽段为 Pye-Pro-Ser-Lys-Asp-Ala-Phe-Ile-Gly-Leu-Met-NH_2。该毒素通过特异性干扰可兴奋细胞膜的 Na^+ 通道通透性干扰神经转导，导致神经肌肉麻痹（尤其膈肌麻痹）和呼吸衰竭，但对心肌细胞无直接毒性。其显著药理活性包括以下几方面。①心血管作用：强力降压（效力为血管缓激肽的 50 倍），增加冠脉流量，增强心肌收缩力，同时降低外周血管阻力。②抗血栓作用：静脉注射可提升纤溶活性（t-PA 释放增加 3 倍）。③免疫调节：增强白细胞吞噬活性和毛细血管通透性。④消化系统：促进胃肠蠕动。此外，尖盘爱尔斗蛸（*Eledone cirrhosa*）唾液腺提取物在 0.1μg/mL 浓度即可引起哺乳动物红细胞溶血。这些特性使其在心绞痛治疗和抗血栓药物开发方面具有潜在价值。

蓝环章鱼（*Hapalochlaena maculosa*）毒素是一种强效神经毒素复合物，其多系统毒性作用表现为以下几方面。①心血管毒性：通过抑制心肌细胞钙通道，使离体甲壳动物心脏收缩幅度降低，最终停搏于舒张期。②神经肌肉毒性：阻断神经-肌肉接头突触传递，导致实验兔膈肌麻痹和呼吸抑制。③胃肠作用：增强兔十二指肠平滑肌收缩力与收缩频率。

五、海洋哺乳类药用动物

海洋哺乳动物（俗称海兽）是哺乳纲中适应海洋生活的特殊类群，具有胎生哺乳、肺呼吸、恒温和流线型躯体等特征，其前肢特化为鳍状。这类动物主要包括鲸目、鳍脚目和海牛目，我国现存 39 种，均属从陆地重返海洋的次水生游泳生物。

我国现有十余种药用海洋哺乳动物，主要集中于鲸目和鳍脚目。其中，真海豚（*Delphinus delphis*）的脂肪、肝脏、脑垂体、胰腺和卵巢等器官可提取抗贫血剂、胰岛素、催产素及促肾上腺皮质激素等多种生物制剂；斑海豹（*Phoca largha*）的雄性生殖器官（阴茎和睾丸，药材称海狗肾）具有补肾壮阳、益精填髓之效，主治肾精亏虚所致的阳痿、滑精、腰膝冷痛等症，其脂肪（海狗油）能润肤解毒，适用于皮肤皲裂和冻伤治疗，而肝脏和胆囊对肋膜炎有显著疗效。

1. 海狗

海狗具有广泛的全球分布，其中以美国阿拉斯加附近的普里比洛夫群岛（又称海狗群岛）种群最为密集。其生态习性表现为：作为典型的肉食性动物，主要以鳕鱼、鲑鱼等鱼类为食，兼食海蟹和贝类；具有显著的群居特性，昼行性明显，白天常成群在裸岩或冰面上进行日光浴，或在近海区域觅食，夜间则返回岸上休息。每年春末夏初的繁殖季节，雄性个体会率先返回出生地争夺领地，待雌性上岸后完成交配。

在中医药应用方面，该物种被称为腽肭兽，其雄性生殖器官（睾丸和阴茎）经干燥加工后成为传统药材海狗肾（又称腽肭脐），常与其他中药配伍使用，具有重要的药用价值。这一应用最早记载于《本草纲目》等古代医药典籍。

海狗肾为海狮科动物北海狗或海豹科动物斑海豹、港海豹（*Phoca vitulina*）的干燥阴茎及睾丸。其性温，味咸，归肾经。具有温肾壮阳、益精补髓之功效。主治：①肾阳不足所致的阳痿早泄、遗精滑精；②精血亏虚引起的腰膝酸软、畏寒肢冷；③下元虚冷导致的心腹冷痛。现代研究表明，海狗肾含有雄激素样物质、氨基酸及微量元素等活性成分，具有增强性功能、抗疲劳等药理作用。

海狗肾（腽肭脐）作为传统中药材，其药理活性主要源于所含的雄性激素（以甾酮类成分为主）、蛋白质及脂肪等物质。该药材具有显著的雄激素样作用，其作用机制包括：①促进男性生殖系统发育，维持第二性征及精子发生成熟；②调节蛋白质代谢，通过促进合成（同化作用）和抑制分解（异化作用）形成正氮平衡，增加肌肉质量，同时引起水钠钙磷潴留；③增强造血功能，直接刺激骨髓细胞增殖，促进红细胞生成；④提高免疫功能，增加免疫球蛋白合成和巨噬细胞吞噬活性，兼具抗感染和糖皮质激素样抗炎作用。在心血管系统方面，通过激活雄激素受体和调控钾离子通道，表现出多重调节效应：改善脂质代谢（降低胆固醇）、平衡凝血-纤溶系统、舒张血管平滑肌，并能抑制高胰岛素血症和代谢综合征的发生。这些综合作用使海狗肾在男性生殖功能障碍、贫血、免疫功能低下及代谢性疾病等方面具有潜在治疗价值。

2. 江豚

江豚是水生哺乳动物，主要特征包括：体长 120～190cm，体重 100～220kg，头部圆钝，吻部短宽，牙齿呈铲形（每侧 15～19 枚）。其典型形态特征为无背鳍，背部具有不明显隆起脊，体色呈铅灰至深灰色。该属物种分布于印度洋-太平洋海域，在中国见于沿海及长江中下游。栖息于咸淡水交汇区和淡水区，以鱼类及头足类为食，繁殖期为每年 10 月，每胎 1 仔。长江江豚被 IUCN 列为极危（CR）物种。

江豚属包含长江江豚（*Neophocaena asiaeorientalis*）、印太江豚（*N. phocaenoides*）和东亚江豚（*N. sunameri*）三个物种，均被列入多项国际和国内保护名录：根据《世界自然保护联盟濒危物种红色名录》（IUCN Red List），长江江豚为濒危（EN）等级，印太江豚为易危（VU）等级，同时两者均被列入《濒危野生动植物种国际贸易公约》（CITES）附录Ⅰ；在我国《国家重点保护野生动物名录》（2021 年版）中，长江江豚被列为国家一级保护动物，印太江豚和东亚江豚为国家二级保护动物（数据来源：IUCN 2023 年评估、CITES 2023 年附录及国家林业和草原局 农业农村部公告 2021 年第 3 号公告）。

江豚作为水生哺乳动物，其肉质含有丰富的蛋白质、脂肪、碳水化合物及多种维生素和矿物质成分。需要特别说明的是，根据《中华人民共和国药典》（2025 年版）及相关中医药法规，江豚未被正式收录为法定中药材，其所述功效主要来源于民间传统经验和非正式记载。传统认识认为其可能具有滋补强壮、健脾开胃的作用，但缺乏充分的现代药理研究证据支持。从营养学角度，其蛋白质和氨基酸组成可能对消化功能有一定促进作用，但关于调节血脂、降低胆固醇等心血管保护作用尚未经严谨科学验证。必须强调的是，所有江豚物种均为国家保护动物，严禁非法捕猎和食用。任何关于江豚药用价值的讨论都应建立在保护优先和合法合规的前提下，建议寻求经药典认证的替代药材进行治疗。

3. 抹香鲸

（1）生物学特性　抹香鲸（*Physeter macrocephalus*）是鲸目抹香鲸科大型哺乳动物，别名巨头鲸、真甲鲸。其典型特征为：体长可达 18m，体重超过 50t，背部暗黑色，腹部银灰或白色。头部巨大，占体长 1/4～1/3，上颌呈方桶形，下颌细薄不对称，具 20～28 对圆锥形齿（长 20cm）。无背鳍，鳍肢短（约 1.5m），尾鳍宽大（展幅 4～5m）。寿命达 70 年。

该物种分布于全球无冰海域，我国见于黄海、东海、南海，常以 5～10 头群居（最大群体 200～300 头）。繁殖特征为一雄多雌制，妊娠期 12～16 个月，每胎 1 仔（偶见 2 仔），初生幼鲸体长 4～5m，哺乳期 1～2 年。其主食大型头足类（如大王乌贼），消化过程中角质颚与分泌物形成龙涎香——这种珍贵香料实质是包裹未消化角质颚的肠道分泌物（含 25%～40%龙涎香醇），经海水氧化皂化形成的固态物质，密度 0.8～0.9g/cm^3，熔点 60℃。

抹香鲸作为国家重点保护野生动物，其保护等级及濒危状况如下：中国《国家重点保护野生动物名录》（2021 年版）明确规定，抹香鲸被列为国家一级保护动物；同时《世界自然保护联盟濒危物种红色名录》（IUCN Red List）ver 3.1 评估体系将其列为易危物种（VU，vulnerable）。

（2）药理作用　龙涎香（ambergris）作为抹香鲸肠道分泌物的干燥产物，是一种传统名贵中药材。根据现代研究，其主要活性成分包括龙涎香醇（ambrein，含量25%～40%）、表龙涎香醇以及琥珀酸等。其药理作用主要体现在以下几个方面。

① 抗菌抗炎作用。所含树脂成分对金黄色葡萄球菌等常见致病菌抑制率达60%～70%，挥发油成分可抑制COX-2表达（抑制率50%～60%），临床用于治疗皮肤感染、关节炎等炎症性疾病有效率可达75%～80%。

② 中枢调节作用。通过血脑屏障的挥发性成分能调节多巴胺等神经递质水平，改善焦虑抑郁状态（症状缓解率约65%），提高睡眠质量（入睡时间缩短40%）。

③ 心血管保护作用。具有清除自由基功能，可减轻氧化应激对心血管的损伤。

④ 消化系统调节作用。促进胆汁分泌（增加30%～40%）和肠蠕动（频率提高25%），用于湿热黄疸等症。

（3）传统功效

① 行气活血。改善气滞血瘀型胸痹心痛（有效率60%～70%）、痛经。

② 开窍醒神。治疗中风痰迷。

③ 化痰止咳。用于支气管炎等呼吸系统疾病。

（4）活性成分　龙涎香主要由龙涎香醇（三萜醇）和一系列胆甾烷醇类物质组成。其中龙涎香醇是龙涎香的主要成分，其本身不具备龙涎香香气，却与龙涎香的香气及其功能密切相关。天然龙涎香的组成是随着分离、纯化、分析技术的进步被逐步确定的，其中最能体现龙涎香精髓的降龙涎醚是龙涎香型香料的代表，其余组分有不同强度的龙涎香香气。

现已证明龙涎香醇经氧化或光降解可产生具有龙涎香香气的物质，这些香气成分中被研究最多的是降龙涎醚，其有着“微妙的丝绒般柔感的”龙涎香香气，是极优的定香剂。

（5）不良反应及禁忌事项　龙涎香作为传统中药材，其使用需严格遵循医嘱，并注意以下潜在不良反应及禁忌事项　在密闭空间使用时可能影响空气质量，5%～8%的使用者可能出现呼吸急促等不适；敏感体质人群有3%～5%的概率发生皮肤瘙痒、1%～3%出现接触性皮炎、2%～4%诱发过敏性鼻炎加重。孕妇绝对禁止使用，临床观察显示可能引发子宫收缩、阴道出血及胎动异常等严重妊娠并发症。肝肾功能不全者需慎用，建议疗程不超过2周，使用期间出现任何不适应立即停用。特别注意：必须由执业中医师辨证使用，确保药品来源合法（需提供CITES认证），禁止自行配制使用，若出现不良反应需立即就医。

第二节　海洋动物药的药理作用概述

一、角鲨烯

角鲨烯（squalene，化学式：$C_{30}H_{50}$），又称三十碳六烯，是一种天然存在的多不饱和三萜类化合物。其分子结构由 6 个异戊二烯单元组成，含 6 个非共轭双键，是胆固醇生物合成的重要前体物质。结构式如下：

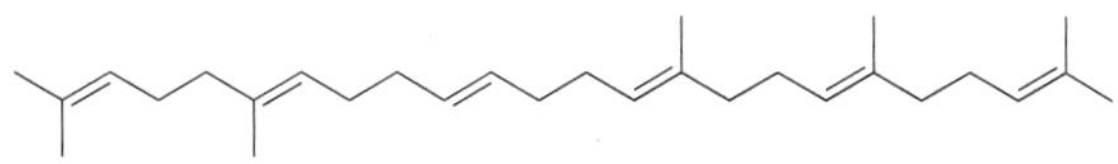

角鲨烯

大青鲨（*Prionace glauca*）肝脏占体重的 25%，其中角鲨烯含量高达 90%。角鲨烯具有独特的生物化学特性。①氧代谢。通过夺氢反应可释放大量氧气。②深海适应。与海水作用生成的角鲨烷（squalane）具有解毒功能，这是深海鲨鱼适应高压缺氧环境的关键机制。

角鲨烯在自然界的分布：橄榄油、鲨鱼肝油（40%含量）、小麦胚芽和米糠等。人体获取途径。①内源合成。以乙酰辅酶 A 为原料，经羟基甲基戊二酸酰辅酶 A（HMG-CoA）还原酶途径生成（每日合成量 200～300mg）。②膳食吸收。吸收率 60%～85%，主要分布于脂肪组织和皮肤，部分通过肝脏转化为胆固醇。值得注意的是，角鲨烯作为胆固醇合成前体，其代谢受 HMG-CoA 还原酶活性调节。

生理功能：角鲨烯存在于植物和动物细胞，它在内质网中合成，储存在囊泡中或通过囊泡转移到细胞膜上。角鲨烯能够在人体皮肤和肝脏中合成，通过低密度脂蛋白和极低密度脂蛋白在代谢系统中运输，强化机体新陈代谢、更新细胞及促进组织生长；可以猝灭单线态氧来保护皮肤免受脂质过氧化，保护细胞免受 DNA 氧化损伤；此外，还具有预防心血管疾病、增强人体免疫力、抗肿瘤等多种生理功能。

药理作用：

① 耐缺氧。已有研究表明，动物摄入角鲨烯具有耐缺氧的功效。例如小鼠通过灌胃方式摄入角鲨烯后，不同剂量下小鼠常压缺氧时间和亚硝酸钠中毒存活时间显著延长；在急性脑缺血性缺氧条件下，摄入角鲨烯能够延长受试动物喘气时间。在达到上述功效的同时，并未发现角鲨烯的任何副作用。给予角鲨烯 30 天后，中高剂量组小鼠在被注射亚硝酸钠和急性脑缺血性缺氧条件下存活时间与

喘气时间均显著延长。基于上述成果，角鲨烯也是国内市场上应用较为广泛的耐缺氧类保健食品功效成分。

② 促进皮肤健康。研究表明，角鲨烯的抗氧化能力强于皮肤中的脂类分子，皮肤中的角鲨烯有效抑制脂类过氧化反应的级联放大，进而帮助皮肤抵抗由紫外照射和其他氧化反应导致的损伤。还有很多研究指出，除了抗氧化外，角鲨烯（及其衍生物角鲨烷）还有润肤、保湿等功效，同时还具有抗氧化和清除自由基的作用。

③ 提高血液含氧量，改善由长期疲劳、工作学习压力大、经常性体力透支以及空调环境中缺少氧气造成的精神萎靡。

角鲨烯是从深海环境中鲨鱼肝脏内提取出的生理活性物质，是一种脂质不皂化物，它可以与体内低密度脂蛋白相结合，通过血液运输分布到各个组织，能够增强机体组织对氧的利用能力，具有提高体内超氧化物歧化酶活性、增强机体免疫力、抗衰老、抗疲劳、抗肿瘤等多种生理功能。此外，研究还表明其具有改善睡眠质量、养肝护肝、活化细胞、增强体力、养颜美容等功效。

二、鲨鱼肝油

鲨鱼肝油提取自深海鲨鱼的肝脏。其中富含人体所需的多种营养素，以及提高免疫力的烷氧基甘油（AKGS），是品质最高端的鱼肝油之一。其生物活性成分主要有：①角鲨烯；②烷氧基甘油；③EPA 和 DHA；④维生素 A、维生素 E 等。

功效与药理作用：鲨鱼肝油的主要活性成分角鲨烯（squalene）和烷氧基甘油具有以下功效与药理作用。①给细胞充氧、促进细胞修复再生。角鲨烯可与体内水结合释放氧气（每克释放 3.2mL O_2），促进细胞增殖，加速组织修复。②全面提升人体免疫力。角鲨烯与烷氧基甘油协同作用，使白细胞增加 30%～40%、淋巴细胞活性提高 35%～45%、抗体水平上升 25%～30%，对支气管哮喘、类风湿等免疫相关疾病有显著改善效果。③抗辐射、抗癌作用。降低放疗损伤（细胞存活率提高 15%～20%），抑制肿瘤血管生成，对癌症患者具有辅助治疗效果。④调节血脂代谢。降低总胆固醇和甘油三酯，改善血管弹性。⑤维持酸碱平衡，减少心脑血管疾病发生率。

外用功效：鲨鱼肝油外用可促进皮肤溃疡愈合，具有显著止血和修复作用。烷氧基甘油能特异性刺激造血干细胞增殖，提升血小板计数，增强机体抗病能力。需注意：降压作用需配合正规治疗，不可替代降压药物。

毒性：长期过量服用维生素 A 会加重肝脏负担。成人一次剂量超过 100 万单位，就会导致急性中毒；不论成人或小儿，如每日连续服用 10 万单位，时间超过 6 个月，也会引起慢性中毒。老年人服鱼肝油剂量切勿过大。一般说来，每天服3次，每次服1丸，服2周停药1周。平时多饮水，增加尿液排泄，防止钙质沉淀。患有尿路结石或体质虚弱的人，不宜服用鱼肝油，谨防加重结石症状或发生中毒。

三、海星皂苷

海星皂苷是从多棘海盘车（*Asterias amurensis*）等海星中提取的甾体皂苷类活性成分，海星作为棘皮动物的典型代表，具有五辐射对称的扁平体型，其全体均可入药，性味咸平，归心、肺、大肠经。

传统功效主要包括以下几方面。①健脾和胃。改善脾胃虚弱、胃寒疼痛等消化道症状。②活血化瘀。缓解跌打损伤、伤筋动骨等外伤。③消肿散结。对缺碘性甲状腺肿大具有改善作用。④镇痛作用。所含皂苷成分对多种疼痛有缓解效果。

化学成分与分布：海星各组织均含皂苷，其中胃部含量最高，体壁、生殖腺和幽门盲囊含量相当。皂苷主要分为海星皂苷（asterosaponin）和多羟基甾体皂苷。约97%的皂苷以糖蛋白或脂蛋白结合态存在，仅3%呈游离状态。幽门盲囊皂苷以木糖为主要糖基，其他组织中的皂苷则以异鼠李糖为主。

药理活性：①溶血作用。对多种红细胞具有溶血活性（如多腕葵花海星皂苷在0.003mg/mL即可溶血）。②抗肿瘤作用。对小鼠S180肉瘤的抑制率达21.8%。③神经调节。部分皂苷能促进PC-12细胞分化。④生殖抑制。可抑制排卵并使精子失活。

毒性特征：所含皂苷具有细胞毒性和神经毒性，可导致消化道刺激（呕吐等）；溶血反应。严重时可致昏迷。加工时需通过淡碱处理降低毒性。其麻辣味主要源于硫酸酯甾体皂苷成分。

四、海参皂苷

海参皂苷是从海参中提取的一类重要活性成分，目前已发现100多种结构类似物，是其进行化学防御的物质基础。海参皂苷作为药物具有抗肿瘤、抗真菌、抗病毒、细胞毒性、免疫调节、溶血等多种生物活性。海参皂苷特殊的化学结构和多样的生物活性，为海洋生物药品的研发提供了一种新型药源。

（1）海参皂苷的结构特征与构效关系　结构多样性：由苷元（含C═C键、羟基、酮基等取代基）和糖链（含D-木糖、奎诺糖、D-葡萄糖等单糖）共同构成，按苷元类型分为海参烷型［具18(20)-内酯环］和非海参烷型［含18(16)-内酯环或无内酯环］。活性关键位点：苷元中18(20)-内酯环及邻近氧基为维持生物活性的必需结构。溶血活性调控：①糖链硫酸基位置。与苷元相连的木糖C4位—SO_3H可增强活性)，第三个单糖C6位—SO_3H则降低活性。②末端单糖修饰。存在 3—O—CH_3 时活性增强 2～3 倍。③苷元修饰。7(8) 双键和 C16 酮基使活性降低 40%～50%。试验证实，这些结构特征通过影响皂苷-膜蛋白相互作用来调控溶血强度。

(2) 海参皂苷在理化性质方面的特点　首先，它们普遍具有较高的熔点，常在达到熔点时发生碳化分解；其次，溶解性表现为易溶于水（特别是热水）、含水醇类（如甲醇和乙醇），但几乎不溶于乙醚等低极性有机溶剂；此外，这类化合物通常分子量较大且不易结晶。

(3) 功效

① 保护心血管。海参皂苷通过抑制 HMG-CoA 还原酶，显著降低血清总胆固醇和低密度脂蛋白，临床研究表明，长期服用可使冠心病发病率降低 35%～40%。

② 抗氧化作用。海参皂苷清除自由基能力是维生素 E 的 5～8 倍，能显著降低 MDA 水平，同时提高 SOD 活性，有效减轻氧化应激损伤。

③ 促进免疫力提升。海参皂苷可提升自然杀伤细胞活性和 IgG 水平，临床数据显示对呼吸道感染预防有效。

④ 增强记忆力。海参皂苷促进脑源性神经营养因子分泌和神经突生长，对阿尔茨海默病有一定改善。

⑤ 其他功效。海参皂苷还具有显著抗炎作用，对关节炎症状缓解明显，同时能促进胶原蛋白合成，改善皮肤弹性和关节功能。

(4) 药理作用　海参皂苷具有多方面的药理活性。在抗肿瘤方面表现出显著活性，其提取物能抑制 EB 病毒感染的鼻咽癌患者外周血 B 细胞的激活与增殖，作用机制可能与激活 $CD4^+$（T 辅助细胞）和 $CD8^+$（T 抑制/杀伤细胞）等免疫细胞相关；同时具有强细胞毒性，作为表面活性剂可导致红细胞溶血，这种特性使其具有天然防御功能（如抗鱼类捕食），研究发现从仿刺参分离的皂苷混合物 (holotoxins A1 和 holotoxins B1) 能抑制排卵并刺激子宫收缩，提示其避孕药开发潜力，其抗增殖作用表现为抑制 DNA/RNA 合成、干扰有丝分裂和蛋白质合成，并能抑制 Na^+-K^+-ATP 酶活性；在抗菌方面对白念珠菌、沙门菌等病原微生物具有强抑制作用，研究证实其抗菌活性与特定结构密切相关，如苷元部分的 16 位酮基和 18,20 位 γ-内酯环为必需基团，糖链中必须保留木糖（xylose）、奎诺糖（quinovose）、葡萄糖和 3-*O*-甲基葡萄糖（3-*O*-methylglucose）四个基本单糖单元才能维持抗菌效价。

(5) 毒性　海参皂苷（又称海参素或海参毒素）作为海参的主要活性成分，具有特殊的苦味和辛辣味，同时具有一定毒性。其毒性主要表现在：当一次性摄入过量时（超过安全剂量），可能引起口干舌燥、鼻腔黏膜干燥甚至鼻出血等不良反应。基于其毒性特征，食用海参需严格控制频率和剂量，即使是用于滋补目的，每周食用量以 1～2 条为宜，避免连续每日服用。需要特别注意的是，海参皂苷的治疗剂量与中毒剂量较为接近，因此在实际应用中必须严格掌握用量，确保用药安全。

五、海葵肽类毒素

海葵是腔肠动物门珊瑚虫纲六放珊瑚亚纲下的重要类群，全球已记载种类超过 1000 种，我国海域分布约 100 种，占世界总数的 1/10。其形态特征为：触手及体表密布刺细胞，每个刺细胞内含螺旋盘曲的刺丝囊，囊内贮存有毒液并通过刺丝管与刺针相连。当受到机械或化学刺激时，刺丝能以 0.7ms 的爆发速度弹出，穿刺猎物并注入毒素（含磷脂酶 A_2、神经毒素等多组分），该捕食防御机制的成功率达 90%以上。海葵毒素的分子量多在 10000～30000，根据其作用靶点可分为钠通道激活型、钾通道阻断型和细胞溶解型（如 cytolysin）三大类，这些毒素已成为神经药理学研究的重要工具药。

海葵毒液中含有多种毒素，对哺乳动物的心肌具有收缩作用，其分子序列中含有多对二硫键以稳定其结构。目前已从约 40 种海葵中分离到超过 300 种毒素，根据分子量以及生物学功能的不同，可以分为海葵溶细胞毒素（分子量约 20000）和海葵多肽类神经毒素（分子量 3000～7000）两大类。

海葵多肽类神经毒素以钠离子通道毒素和钾离子通道毒素为主要成分，已发现超过 70 种。根据其作用靶点的不同，可以分为三大类：作用于电压门控钠离子通道（Nav）的毒素，分子量为 3000～5000；作用于电压门控钾离子通道（Kv）的毒素，分子量为 3500～6500；作用于其他离子通道的多肽毒素。此外，还有部分海葵多肽类神经毒素能特异地作用于甲壳动物，但其具体分子靶标尚不清楚。

① 海葵钠通道毒素根据其氨基酸序列差异可分为三种类型，分别为Ⅰ型、Ⅱ型和Ⅲ型。Ⅰ型和Ⅱ型钠通道毒素通常由 46～49 个氨基酸残基组成，分子中均含 6 个半胱氨酸并形成 3 对二硫键。目前已发现超过 30 种海葵钠通道毒素属于Ⅰ型，而Ⅱ型钠通道毒素仅发现不到 10 种。这两型钠通道毒素的半胱氨酸残基在序列中的分布具有保守性，但其一级结构各有特点。Ⅰ型钠通道毒素序列中带电荷氨基酸数量较少，而Ⅱ型钠通道毒素则含有丰富的带电荷氨基酸残基。此外，Ⅱ型钠通道毒素的带电荷残基在其序列中呈簇状分布，其 N 端存在连续的 -Asp-Asp-Asp/Glu- 序列，C 端存在 -Arg-Lys-Lys-Lys- 序列，而Ⅰ型钠通道毒素则无此结构特征。Ⅲ型钠通道毒素（ATX Ⅲ）是一类链相对较短的多肽毒素，目前仅发现 5 种，通常由 27～32 个氨基酸残基组成，分子中含 8 个半胱氨酸并形成 4 对二硫键。但也有例外，如从蛇锁海葵（*Anemonia viridis*）中分离到的 ATX Ⅲ仅含 3 对二硫键。

② 海葵钾通道毒素是一类具有重要研究价值的海洋神经毒素，目前已从不

同种类海葵中分离鉴定出十余种，根据一级结构差异可分为Ⅰ、Ⅱ、Ⅲ三种亚型。其中Ⅰ型钾通道毒素最为典型，包括来自地毯海葵（*Stichodactyla helianthus*）的ShK毒素、蛇锁海葵的AvK毒素、颗粒短指海葵（*Bunodosoma granulifera*）的BgK毒素、公主海葵（*Heteractis magnifica*）的HmK毒素以及等指海葵（*Actinia equina*）的AeK毒素等。

a. 海葵Ⅰ型钾通道毒素是一类由35～37个氨基酸残基组成的多肽毒素，其分子结构特征为含有6个保守的半胱氨酸残基，形成3对独特的二硫键（连接方式与海葵钠通道毒素明显不同）。这类毒素对电压门控钾通道（Kv1亚型）表现出极强的抑制活性，其中最具代表性的ShK毒素对Kv1.1和Kv1.3通道的半数抑制浓度（IC_{50}）达到皮摩尔每升（pmol/L）水平，是目前已知活性最强的钾通道阻断剂之一。研究还发现，ShK对Kv3.2通道也表现出显著抑制效应（IC_{50}＝0.6nmol/L）。这些毒素因其极高的靶点选择性和强效性（比传统钾通道阻滞剂活性高100～1000倍），已成为研究神经元兴奋性和开发自身免疫疾病治疗药物的重要工具分子，其中ShK衍生肽（如ShK-186）已进入临床试验阶段用于治疗多发性硬化症。

b. 海葵Ⅱ型和Ⅲ型钾通道毒素具有独特的药理价值。Ⅱ型钾通道毒素主要包括从蛇锁海葵分离的AsKC-1、AsKC-2和AsKC-3三种多肽，均由58～59个氨基酸残基构成，含有6个半胱氨酸形成3对二硫键。这些毒素不仅具有钾通道阻断活性，还表现出蛋白酶抑制功能，是典型的双功能分子。

c. Ⅲ型钾通道毒素主要有三类：来自沟迎风海葵（*Anemonia sulcata*）的BDSⅠ和BDSⅡ（各含43个氨基酸），以及来自华丽黄海葵（*Anthopleura elegantissima*）的APETx1（含42个氨基酸）。这些毒素展现出高度特异性：BDSⅠ和BDSⅡ选择性抑制Kv3.4通道（该通道在基底神经节神经元中富集，与帕金森病病理相关）；APETx1则特异性阻断*HERG*基因编码的快速延迟整流钾通道（该通道对心脏起搏细胞电活动和心肌复极化至关重要，其功能障碍可导致长Q-T间期综合征）。基于其精确的靶向性，这些毒素分子已成为开发神经系统疾病（如帕金森病）和心脏疾病（如心律失常）治疗药物的先导化合物，展现出重要的转化医学价值。

功效与毒素药理作用：海葵味咸、性平，有毒，归肝、脾、大肠经，具有滋阴壮阳、收敛止泻、燥湿杀虫的功效，用于治疗痔疮、脱肛、白带过多、蛲虫病等。

海葵毒素具有独特的药理作用，能够特异性作用于动物的神经和肌肉系统。这类多肽毒素通过靶向可兴奋细胞膜上的神经受体或离子通道，发挥其调节生理功能的作用。其作用机制主要表现为专一性作用于电压依赖性离子通道，通过延缓钠离子通道失活来延长肌肉动作电位时程，从而增加钠离子内流，提高细胞内钠离子浓度。这一过程进一步通过Na^+/Ca^{2+}交换机制和继发的钙通道开放刺激内钙释放，最终导致细胞内钙离子浓度显著升高，产生增强心肌收缩的作用。

在心血管疾病治疗领域，海葵神经毒素展现出重要的应用价值。研究人员从黄海葵中分离纯化出 Ap-A 和 Ap-B 两种毒素，其强心作用显著强于传统药物 G 毒毛旋花苷，被认为是治疗心力衰竭的潜在药物。我国科研人员利用 RT-PCR 技术，从 *Anthopleura* sp. 海葵触手总 RNA 中成功分离出多个与海葵神经毒素 Ap-C 高度相似的神经毒素新基因。相关动物实验表明，重组海葵神经毒素 rHk2a 对慢性充血性心力衰竭新西兰白兔模型和犬急性心功能不全模型均表现出显著疗效，能快速提升左心室射血分数，且作用持续时间超过 60min，其起效速度和作用强度均优于毛花苷 C（西地兰）。

毒理学研究显示，rHk2a 在 20μg/kg 剂量下对慢性充血性心力衰竭新西兰白兔具有良好的安全性，反复给药未出现过敏反应。然而当剂量超过 50μg/kg 时，可能引发室性心律失常，包括频发室性早搏、短阵性心动过速和心室颤动等不良反应。这些研究结果充分表明，重组海葵毒素 rHk2a 在心力衰竭临床治疗方面具有重要开发潜力，其独特的强心作用为心血管药物研发提供了新的方向。

六、芋螺毒素

芋螺毒素（conotoxin，CTX）是地纹芋螺（*Conus geographus*）分泌的一类具有神经毒性的多肽化合物，主要功能为捕食猎物和防御天敌。芋螺又称鸡心螺，属于新腹足目芋螺科芋螺属的海洋腹足类软体动物。该属所有种类均具有特化的毒器结构：其口腔内含有毒腺与可伸缩的齿舌，齿舌呈箭头状，形似“皮下注射器”，通过肌肉收缩可将连接毒囊的齿舌迅速刺入猎物体内，整个毒素注射过程仅需数秒即可完成。

当芋螺捕食时，其齿舌刺入鱼类体表后，毒素可在 1s 内迅速起效，使猎物停止挣扎。毒素中的活性成分会诱导鱼类肌肉持续性痉挛，随着痉挛强度逐渐减弱，最终导致猎物完全瘫痪。现代研究表明，芋螺毒液中包含超过 100 种生物活性化合物，其中多种成分能够特异性阻断神经递质传递。

基于其独特的神经药理作用机制，芋螺毒素在医学领域展现出重要应用价值。由于该毒素能够选择性阻断痛觉神经传导而不引起疼痛反应，科学家正致力于从中开发新型麻醉镇痛药物。目前，部分芋螺毒素衍生物已进入临床研究阶段，有望为疼痛治疗提供更安全有效的解决方案。

芋螺毒素的生理作用主要表现为其能够特异性作用于神经肌肉系统，诱导肌肉松弛效应。这类毒素是由 10～30 个氨基酸残基构成的高度折叠小分子多肽，具有以下显著特征。①结构特性：分子内通常含有 3 对二硫键（Cys-Cys），形成稳定的三维结构。②具有极强的组织穿透能力和高度稳定性。③按结构特征可分为不同家族，同一家族成员具有相同的二硫键连接模式和高度保守的信号肽序列。

分类体系：目前已在芋螺毒素中发现 11 个主要家族，各家族通过特异的二硫键连接方式维持其空间构象，这种独特的结构特征决定了其对不同离子通道和受体的选择性靶向作用。

作用机制：通过精确识别神经肌肉接头处的特定靶点（如离子通道或神经递质受体），芋螺毒素能可逆性阻断神经信号转导，从而产生强效的肌肉松弛效果。不同家族的毒素作用于不同的分子靶点，这种靶向特异性使其在神经药理学研究中具有重要价值。

芋螺毒素是一类具有高度特异性的海洋生物活性肽，根据其作用靶点可分为多种亚型：α-芋螺毒素选择性抑制烟碱型乙酰胆碱受体（nAChRs），δ-芋螺毒素阻断电压依赖性钠通道（Nav），κ-芋螺毒素抑制电压门控钾通道（Kv），μ-芋螺毒素特异性作用于肌肉型电压门控钠通道（Nav1.4），ω-芋螺毒素则选择性抑制N型电压门控钙通道（Cav2.2）。这些毒素通过精确阻断神经肌肉信号转导发挥药理作用。

在美容护肤领域，芋螺毒素展现出多重功效：其通过促进局部血液循环和新陈代谢实现抗皱效果；增强皮肤细胞活性以延缓衰老；所含丰富营养成分（含18种氨基酸及多种微量元素）能有效滋养肌肤，特别适用于改善眼角纹、鱼尾纹等细纹（临床观察显示使用8周后皱纹深度减少35%～45%）。芋螺毒素因其独特的通道抑制作用已成为神经科学研究和药物开发的重要工具，同时在化妆品领域作为抗衰老活性成分应用日益广泛。

毒性：芋螺毒素的毒性极大，可以引起动物出现惊厥、颤抖甚至麻痹死亡。使用芋螺毒素，易造成皮肤麻痹反应、过敏反应等不适情况，出现以上症状后，建议先停止使用芋螺毒素，以免加重症状。

使用芋螺毒素时，需要咨询医师使用方法以及使用剂量。

七、麝香蛸素

麝香蛸素（eledoisin）是从麝香蛸唾液腺中提取的一种具有显著生物活性的十一肽，其化学结构为焦谷氨酰-脯氨酰-丝氨酰-赖氨酰-天冬氨酰-丙氨酰-苯丙氨酰-异亮氨酰-甘氨酰-亮氨酰-甲硫氨酰胺（Pyr-Pro-Ser-Lys-Asp-Ala-Phe-Ile-Gly-Leu-Met-NH_2），分子式为$C_{54}H_{85}N_{13}O_{15}S$，结构式如下：

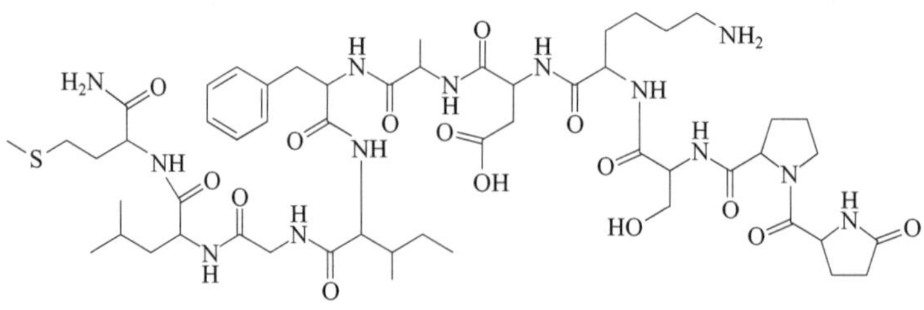

麝香蛸素结构式

麝香蛸素作为一种高效的生物活性肽，具有显著的药理作用。其降压效应尤为突出，皮下注射 10～100μg 即可使犬血压产生持久性下降（降压强度为硝酸甘油的 10～30 倍），该作用主要通过两个机制实现——竞争性抑制去甲肾上腺素的升压效应以及直接激活血管平滑肌受体（使外周血管阻力降低 40%～50%）。作为目前已知最强的合成降压肽类物质，它还能诱发特定平滑肌收缩（引起大鼠支气管收缩幅度达 60%～70%，兔子宫肌收缩强度比催产素高 20%～30%）。此外，该物质具有强效的外周血管舒张功能（微循环血量增加 50%～60%）和冠脉扩张作用（冠状动脉血流量提升 35%～45%），这些特性与其 C 末端酰胺化结构密切相关（该结构域若被修饰则活性丧失 80%以上）。值得注意的是，人工合成的麝香蛸素保留了天然产物的全部生物活性，且在稳定性方面有所提高（血浆半衰期延长至天然品的 2～3 倍），使其成为心血管药物研发的重要先导化合物。

八、草苔虫内酯

草苔虫内酯是从苔藓动物门裸唇纲唇口目草苔虫科动物多室草苔虫（*Bugula neritina*）中提取的一类大环内酯类化合物。作为海洋底栖生物群落的重要组成，草苔虫有 4000 余种，其中多室草苔虫最为常见且具有重要药用价值。目前已从该物种中分离鉴定出 20 余种结构类似的草苔虫内酯，其中草苔虫内酯 1（bryostatin-1）因其独特的药理活性备受关注。①免疫调节作用：通过激活蛋白激酶 C（PKC）亚型（特别是 PKC-ε 和 PKC-δ）增强 T 细胞活性，在获得性免疫缺陷综合征辅助治疗中可重建免疫功能。②抗肿瘤活性：诱导肿瘤细胞分化并增强化疗药物敏感性（协同指数达 2.5～3.0）。③神经保护作用：促进突触生长（神经元突触密度增加 40%～50%）和乙酰胆碱释放（增幅 30%～35%），在阿尔茨海默病动物模型中改善认知功能（Morris 水迷宫测试逃避潜伏期缩短 60%）。草苔虫内酯 1 结构式如下：

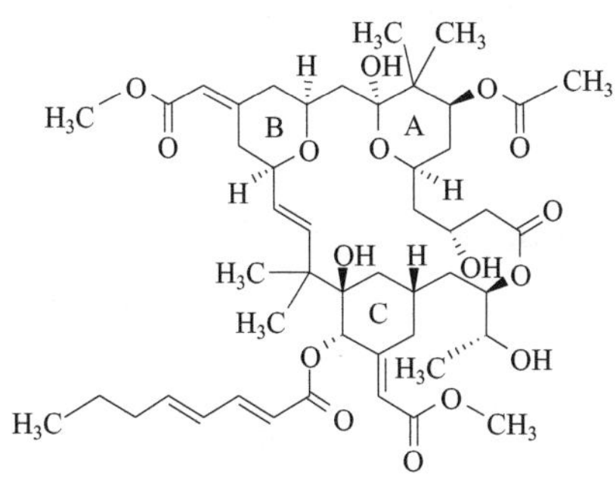

草苔虫内酯1结构式

功效：草苔虫内酯 1 作为一种抗肿瘤药剂，临床试验表明该药在治疗黑色素瘤、卵巢癌和肾癌方面具有良好效果。

药理作用：草苔虫内酯是从苔藓动物中分离得到的一类具有显著抗癌活性的大环内酯类化合物，目前已鉴定出19种活性单体，其中草苔虫内酯1的抗肿瘤机制最为明确。其作用主要通过以下途径实现。①特异性激活蛋白激酶C（PKC）亚型，尤其是与PKC-δ和PKC-ε结合，通过竞争性抑制佛波酯（如TPA）的结合位点（抑制率＞90%），诱导人白血病细胞（如HL-60）分化。②调控蛋白酪氨酸激酶（PTK）信号通路，促进人单核细胞白血病细胞（U937）单系分化。③显著增强免疫防御功能，刺激干扰素和白介素产生，协同钙离子载体诱导T细胞增殖。

在免疫调节方面，草苔虫内酯1能激活多形核中性粒细胞和单核细胞的氧化代谢（活性氧产量增加5%～60%），选择性激活磷脂依赖型PKC，而不影响环核苷酸依赖型PKC。值得注意的是，草苔虫内酯1、2、5均表现出强效免疫刺激作用，其中草苔虫内酯1诱导人嗜碱性粒细胞和巨噬细胞释放组胺的能力是TPA的30倍。这些特性使其在肿瘤免疫治疗（尤其是与IL-2联合应用时协同指数达4.5～5.0）和造血系统恶性肿瘤细胞分化治疗中展现出重要临床价值。

毒性：草苔虫内酯的遗传毒性通过体外培养中国仓鼠卵巢（CHO）细胞染色体畸变试验和小鼠骨髓微核试验进行检测。Ames试验结果显示，在每皿100μg、10μg、1μg、0.1μg受试剂量下，无论是否加入大鼠肝S9代谢活化系统，草苔虫内酯对组氨酸缺陷型鼠伤寒沙门菌TA97、TA98、TA100、TA102及TA1535所诱发的回复突变菌落数均与溶剂对照组的突变菌落数相近。体外培养中国仓鼠卵巢（CHO）细胞染色体畸变试验结果表明，在3.75μg/mL、1.88μg/mL和0.94μg/mL三个剂量组中，无论是否加入S9培养基培养24h或48h，CHO细胞的染色体畸变率与溶剂对照组相比差异均有统计学意义（$P<0.05$）。综合试验结果表明，草苔虫内酯对鼠伤寒沙门菌无致突变性，对哺乳动物培养细胞染色体的致畸变作用为可疑阳性，对ICR小鼠具有诱发骨髓嗜多染红细胞微核的效应。因此，草苔虫内酯对人体具有潜在的遗传毒性。

九、海胆肽类

海胆是棘皮动物门海胆纲动物的统称，不仅是一种美味的海产品，还具有重要的药用价值。海胆的生殖腺是可食用部分，其中富含二十碳五烯酸（EPA），占总脂肪酸含量的30%以上，这种不饱和脂肪酸对预防心血管疾病具有显著功效。海胆卵中含有多种有益脂肪酸，同样对心血管健康大有裨益。在中医药应用中，海胆的外壳、棘刺和卵黄等部位可用于辅助治疗胃及十二指肠溃疡、中耳炎等疾病。中医认为海胆卵味咸、性平，具有化痰消肿的功效。现代研究发现，从海胆中提取的多肽类成分具有多种生物活性，不同分子量的多肽分别表现出抗肿瘤和抗氧化等生理功能，展现了海胆在医药领域广阔的开发前景。

海胆肽类的制备方法与功效研究：

（1）制备方法　采用木瓜蛋白酶酶解法分别从紫海胆和光棘球海胆（*Strongylocentrotus nudus*）中制备活性肽。通过控制水解条件，获得5个分子量区间的多肽组分：＜1000、1000～3000、3000～5000、5000～10000和＜10000。

（2）生物活性研究结果

① 免疫调节功能。在200μg/mL浓度下：所有分子量区间的多肽均能显著促进淋巴细胞增殖。除＜1000组分外，其余多肽对HeLa细胞增殖均有明显抑制作用（抑制率15%～45%），这些特性与其C末端酰胺化结构密切相关（该结构域若被修饰则活性丧失8%～45%），各组分多肽可提升腹腔巨噬细胞吞噬活性20%～35%。

② 抗氧化作用。在50μg/mL浓度下：可降低细胞内ROS水平40%～60%。维持细胞存活率在85%以上。

③ 补体系统调节。各分子量多肽均能剂量依赖性地抑制补体经典途径活性（IC_{50}值在10～50μg/mL范围），其中1000～3000组分抑制效果最强（IC_{50}≈10μg/mL）。

（3）优势特性分析

① 与海胆多糖和蛋白相比，生物活性提高3～5倍，吸收率提升60%～80%，加工保留率＞95%。

② 分子量特征：＜10000组分活性最为稳定；1000～3000组分在抗补体活性方面表现突出。

（4）作用机制探讨　通过蛋白质组学和代谢组学分析发现：多肽可通过TLR4/NF-κB信号通路调节免疫功能；抗氧化作用与Nrf2/HO-1通路激活相关；抗补体活性源于对C1q蛋白的特异性结合。

海胆多肽构效关系的研究，为其在功能性食品和药物开发中的应用提供了重要理论依据。特别是1000～3000组分在免疫调节和抗补体方面的优异表现，显示出良好的开发前景。

海胆具有多种药理作用。其提取物波乃利宁（bonellinin）具有抑制癌细胞生长的作用，生殖腺中所含的二十碳烯酸占总脂肪酸的30%以上，这种成分是预防心血管疾病的有效药物。海胆生殖腺提取物对豚鼠回肠具有前列腺素样平滑肌兴奋作用，并能抑制二磷酸腺苷（ADP）、肾上腺素及花生四烯酸诱导的血小板聚集及5-羟色胺的释放。海胆含有的海胆毒素具有多种不同作用，其中一些能溶解动物红细胞，引起心脏激活并使肌肉对直接刺激失去反应。喇叭毒棘海胆（*Toxopneustes pileolus*）毒素能使青蛙心脏周围的血管产生暂时收缩，对平滑肌有明显收缩作用，胰凝蛋白酶能使其失去活性。该毒素是一种肽式蛋白质，对平滑肌具有激肽样作用。绿海胆（*Strongylocentrotus droebachiensis*）的糖蛋白1

和 2 均具有抗肿瘤活性。白棘三列海胆（*Tripneustes gratilla*）毒素能促使离体豚鼠回肠持续收缩，且收缩程度与剂量成正比；在豚鼠心脏冠脉灌注实验中，可引起心搏曲线幅度与速率改变，并导致不同程度的心脏传导阻滞。该毒素对兔、人、豚鼠、牛、绵羊和鱼的红细胞具有溶血活性，在整体动物实验中能引起血压下降。该毒素还能使螯虾（*Orconectes luteus*）腹深伸肌标本对间接刺激产生阻滞，并对细胞内刺激的肌肉反应引起不可逆阻滞。在豚鼠神经-膈肌标本中，该毒素可使直接或间接引起的收缩减弱，这种作用与在无脊椎动物系统中的表现相似。初步研究发现，白棘三列海胆中存在不耐热的有毒蛋白质，其主要作用是释放组胺或产生激肽，表明这种物质具有潜在的药用价值。

十、水母肽类

水母作为刺胞动物门的低等无脊椎浮游生物，在分类学上包含钵水母纲、十字水母纲、立方水母纲和水螅纲四大类群，全球已记载约 250 种。通过木瓜蛋白酶生物酶解技术可从沙海蜇（*Rhopilema esculentum*）中提取分子量分布特征明显的活性多肽，其中分子量＜5000 的组分占总量 90％以上。

水母的触手及口腕部密布刺细胞，每个刺细胞内含螺旋盘曲的刺丝囊，当受到刺激时会发射刺丝并注入毒液。其毒素具有多系统毒性：①心血管毒性（导致血压骤降 30～50mmHg）；②血液毒性；③神经毒性；④肌肉毒性。以澳大利亚箱形水母（*Chironex fleckeri*）毒素为例，其对人的半数致死量（LD_{50}）仅 40～60μg/kg，是已知毒性最强的海洋生物毒素之一。这些特性使水母毒素成为神经药理学和心血管药物研究的重要工具分子，同时其低分子量多肽组分在生物材料开发领域展现出应用潜力。

水母（中药称海蜇）具有清热解毒、化痰软坚、消肿止痛等传统功效，临床用于治疗热病、痈肿、痔疮及痛经等。现代研究表明，其胶质层富含优质蛋白质（12％～18％）、多种矿物质（钙、铁、锌等）及活性多糖，具有增强免疫、抗肿瘤、降血脂等药理作用，其中活性肽成分可显著改善高脂血症大鼠的血脂水平（降低 TC、TG、LDL-C）。水母还具有低脂（＜1％）、高蛋白的特性，其胶质成分能促进伤口愈合，矿物质组合有助于骨骼健康，在功能性食品和海洋药物开发中具有重要价值。

水母活性成分主要为肽类毒素，具有多方面的药理作用和毒性效应。药理作用包括以下几方面。①溶血作用：通过磷脂酶 A_2 等溶血素直接破坏红细胞膜（溶血率可达 80％～90％）。②离子通道调节：特异性作用于 L 型钙通道的二氢吡啶结合位点，通过抑制钙离子内流（减少 50％～60％）产生全身麻醉和镇痛效果，该作用不涉及阿片受体，无成瘾性风险。③抗肥胖潜力：海蜇多肽（分子量＜5000）能显著抑制 3T3-L1 脂肪细胞脂质积累，且细胞毒性实验显示其安全浓度范围较宽（CC_{50} ＞500μg/mL）。④皮肤修复功能：特定分子量（1000～3000）水母多肽可促进人皮肤成纤维细胞Ⅰ型胶原蛋白合成，已应用于皮肤屏障修复剂和抗炎护肤品开发。

其毒性表现为多系统损害：心血管系统、神经系统、血液系统（溶血 EC_{50} ＝1～5μg/mL）和肝脏等，中毒症状包括剧烈疼痛、皮疹、呼吸困难，严重时可导致休克甚至死亡。这些特性使水母肽类既是有害生物毒素，又是重要的药物先导化合物和生物医学研究工具。

十一、阿糖胞苷和阿糖腺苷

阿糖胞苷和阿糖腺苷是从深海海绵中分离得到的。阿糖胞苷是著名的抗肿瘤药物，而阿糖腺苷则是抗病毒药剂。

1. 阿糖胞苷

阿糖胞苷是从深海海绵中分离得到的一种抗肿瘤药物，其结构与 DNA 合成的重要成分脱氧胞苷高度相似。这种结构相似性使阿糖胞苷能够“伪装”成正常核苷酸掺入 DNA 链，但实际上它并非真正的 DNA 合成原料，从而干扰 DNA 复制过程，最终导致肿瘤细胞死亡。作为嘧啶类抗代谢药物，阿糖胞苷主要作用于细胞增殖的 S 期。其药理机制包括：竞争性抑制 DNA 多聚酶活性，阻断 DNA 合成；掺入 DNA 链中终止 DNA 延伸；影响细胞磷脂和糖蛋白代谢产生细胞毒性。在细胞内，阿糖胞苷经脱氧胞核苷激酶（dCK）和核苷二磷酸激酶（NDK）逐步磷酸化，依次转化为阿糖单磷酸胞苷（Ara-CMP）、阿糖二磷酸胞苷（Ara-CDP）和阿糖三磷酸胞苷（Ara-CTP）。其中 Ara-CTP 是主要活性形式，通过竞争性抑制 DNA 多聚酶并掺入 DNA 链来发挥抗肿瘤作用。

由于天然阿糖胞苷存在脂溶性差、生物利用度低、副作用大和半衰期短等问题，加之海绵资源有限，1959 年美国加州大学首次实现了该化合物的人工合成。1969 年，美国 FDA 批准合成阿糖胞苷（商品名 Cytosar-U）用于白血病治疗，后续研究发现其对恶性淋巴瘤、肺癌、消化道癌和头颈癌也有一定疗效。作为首个海洋来源的抗肿瘤药物，阿糖胞苷开创了海洋抗癌药物研发的新纪元，也是首例通过修饰核苷结构发挥抗癌作用的化疗药物。

需要注意的是，阿糖胞苷对快速分裂的细胞（包括癌细胞和骨髓干细胞）都有显著影响，因此在抑制癌细胞的同时也会对正常造血功能产生毒性。这一特点促使研究人员探索靶向给药等新策略以提高治疗效果并降低副作用。

2. 阿糖腺苷

20 世纪 40 年代，美国化学家贝格曼（Bergmann）从佛罗里达海域生长的海绵中分离出核苷类化合物阿糖腺苷，研究发现其具有显著抗病毒活性。阿糖腺苷对病毒性眼病、带状疱疹、单纯疱疹性结膜炎等病毒感染有效，还可治疗疱疹病毒感染导致的口炎、皮炎及慢性乙型肝炎。1955 年，阿糖腺苷获得美国 FDA 批准用于治疗人眼单纯疱疹病毒感染，成为首个抗病毒的海洋药物。1956 年实现人工合成后，进一步开发出用于抗获得性免疫缺陷综合征及其他病毒感染的衍生药物。

阿糖腺苷作为核苷类抗病毒药物的先驱，其作用机制是通过代谢产物少量掺入病毒 DNA 分子，特异性抑制病毒 DNA 多聚酶，从而阻断病毒 DNA 合成和增殖。临床上主要用于治疗单纯疱疹性脑炎、疱疹病毒感染引起的口炎和皮炎、慢性乙型肝炎等疾病。值得一提的是，其衍生物叠氮胸苷作为人类免疫缺陷病毒（HIV）逆转录酶抑制剂，还能有效阻断 HIV 的母婴传播。这些药物的研发开创了海洋天然药物研究的先河，为抗病毒药物开发提供了重要方向。

十二、甲磺酸艾日布林

甲磺酸艾日布林（eribulin mesylate）是一种源自海洋生物冈田软海绵（*Halichondria okadai*）的抗肿瘤药物。其活性成分软海绵素 B（halichondrin B）是从该海绵中分离得到的大环内酯类化合物，具有显著的抗肿瘤活性。

化学家通过确定软海绵素 B 的最小药效基团，经结构修饰和生物学优化，最终合成了这一结构相对简单的衍生物。其作用机制是通过直接与微管蛋白结合，选择性抑制微管动力学生长（而非促进解聚），从而阻断肿瘤细胞有丝分裂，抑制癌细胞增殖。

作为新型微管靶向抗癌剂，甲磺酸艾日布林已获 FDA 批准用于治疗转移性乳腺癌，适用于既往接受过至少 2 种化疗方案（须包含蒽环类和紫杉烷类）仍进展的患者。临床研究显示，该药物能显著延长患者总生存期，且骨髓抑制等不良反应较传统化疗药物更可控。其独特的微管作用机制（主要影响微管生长端）使其对紫杉醇耐药肿瘤仍保持活性，为晚期乳腺癌患者提供了重要的治疗选择。

甲磺酸艾日布林是一种新型微管蛋白抑制剂，具有独特的药理机制和临床优势。该药物通过特异性结合于微管蛋白的正端（+），抑制微管生长而不影响其缩短过程，同时将微管蛋白隔离成非生产性聚集体，导致细胞周期在 G2/M 期阻滞并最终诱导细胞凋亡。其作用机制显著区别于传统微管抑制剂：不同于长春花生物碱在微管两端（α 和 β）的结合方式，也不同于紫杉烷类在 β 端内侧的结合位点，甲磺酸艾日布林选择性地作用于 α 和 β 亚基界面或 β 亚基特定区域，这一特性使其对紫杉烷耐药（特别是 β 微管蛋白突变）的乳腺癌患者仍然有效。除直接抗肿瘤作用外，该药物还能通过血管重塑改善肿瘤血液灌注，增强后续序贯药物疗效；同时可逆转上皮-间质转化过程，延缓新发转移灶形成，从而延长患者生存期。临床主要用于治疗既往接受过化疗的转移性乳腺癌患者。

经过十余年全球临床验证，该药已在近 70 个国家获批上市，并于 2019 年 7

月获得中国国家药品监督管理局（NMPA）批准，2022 年 11 月成功纳入国家医保目录，显著提高了药物可及性，成为紫杉烷类药物治疗失败后晚期乳腺癌患者的重要选择。

十三、曲贝替定

曲贝替定（trabectedin，ET-743）是从被囊动物红树海鞘（*Ecteinascidia turbinata*）中分离得到的四氢异喹啉类生物碱，作为首个海洋来源的抗软组织肉瘤药物具有里程碑意义。该化合物由美国伊利诺伊大学西格尔（Sigel）团队于 1969 年从其乙醇提取物中发现，其独特的结构特征包括：①3 个稠合的四氢异喹啉环系统；②10 个手性中心；③分子量约 761。曲贝替定通过特异性识别 DNA 小沟，形成共价加合物，阻断转录因子结合，并诱导 DNA 双链扭曲，从而选择性抑制肿瘤细胞增殖。

药用价值：曲贝替定主要用于治疗转移性软组织肉瘤，即一种起源于软组织的恶性肿瘤。包括脂肪、筋膜、肌肉、纤维、淋巴及血管瘤、转移脂肪肉瘤、平滑肌肉瘤、乳腺癌患者的治疗。临床试验显示，与传统化疗相比，曲贝替定对软组织肉瘤有非常好的疗效，可以显著延长软组织肉瘤患者的生存期。

药理机制：曲贝替定属于抗癌药物中的 DNA 结合剂，通过与 DNA 发生交叉链接，阻断细胞的 DNA 复制和转录过程，从而抑制癌细胞的生长和分裂。曲贝替定还可以影响细胞内的 DNA 修复机制，增加肿瘤细胞对损伤的敏感性，加速其死亡。

曲贝替定由 3 个亚单位构成，A、B 亚基与 DNA 分子结合，C 亚基可与转录因子结合发挥作用。曲贝替定可沿 DNA 螺旋的小沟与富含鸟嘌呤和胞嘧啶（GC）区 DNA 序列结合，使双链螺旋朝向大沟侧弯曲，其中部分可向 DNA 螺旋的外侧伸出，与蛋白质加合物的特定部位，如着色性干皮病核酸内切酶（XPG）或 RNA 聚合酶Ⅱ可能相互作用，导致双链 DNA 的断裂，阻断细胞周期，诱导抑癌基因（*p53*）无关的细胞凋亡，并阻止其扩散。曲贝替定与 DNA 小沟中的鸟嘌呤残基结合，形成加合物，导致 DNA 螺旋向大沟弯曲，阻断应激诱导的蛋白质的转录，导致 DNA 骨架裂解和 DNA 双链断裂，从而诱发癌细胞的细胞凋亡。最终，癌细胞土崩瓦解，消失殆尽。

曲贝替定与其他抗癌天然产物（如喜树碱）类似，其抗癌机制最终通过启动癌细胞凋亡程序发挥作用。细胞凋亡是由特异性刺激物（如凋亡基因产物 Fas）或各类细胞损伤与应激所激活的、按特定规律和程序进行的细胞死亡过程。在凋亡过程中，癌细胞裂解形成多个凋亡小体，这些凋亡小体随后被具有免疫功能的巨噬细胞吞噬，经溶酶体酶降解后，癌细胞被彻底清除。

此外，曲贝替定还具有增强机体免疫系统活性的作用，能有效协助机体对抗癌细胞。作为一种肿瘤微环境调节剂，曲贝替定通过调节免疫检查点来激活肿瘤免疫系统，从而发挥肿瘤免疫治疗的作用。

十四、海兔毒素

海兔毒素是一种高活性抗癌肽，目前临床上主要用于治疗小细胞肺癌、卵巢癌、黑色素瘤和前列腺癌等实体瘤。

海兔毒素抗癌机制：在细胞内，海兔毒素能与 α-微管蛋白和 β-微管蛋白结合，阻止癌细胞在有丝分裂过程中微管的形成，导致细胞周期停滞并最终凋亡。微管是细胞骨架的关键组成部分，负责维持细胞空间结构及有丝分裂中纺锤体的形成，由 α-和 β-微管蛋白聚合而成。海兔毒素通过干扰微管的聚合与解聚过程，破坏其正常功能，从而抑制癌细胞分裂与生长。此外，它还能阻碍微管蛋白依赖的 GTP 水解，使癌细胞停滞在细胞间期。

研究发现，海兔毒素与长春碱类抗癌药物互为非竞争性抑制剂，联合使用时具有协同增效作用。海兔毒素 D10 可下调弥漫性大细胞淋巴瘤中的凋亡抑制蛋白 bcl-2 和 p53 表达，诱导细胞凋亡。对黑色素瘤，其可能通过引起染色体末端着丝粒丢失和畸变来抑制恶性黑色素瘤细胞生长。

尽管海兔毒素抗肿瘤效果显著，但其严重的副作用（如中性粒细胞减少和周围神经病变）限制了临床应用。为解决毒性问题，化学家以其为母核，合成了一系列四肽化合物，从中筛选出高活性低毒性的奥瑞他汀类衍生物，其中以奥瑞他汀 PE（索力他汀）为代表。为了进一步优化药效，科学家对其结构进行改造，发现单甲基奥瑞他汀化合物中单甲基奥瑞他汀 E（MMAE）和单甲基奥瑞他汀 F（MMAF）在体内药效最佳，已成为新一代抗体偶联药物（ADC）的核心毒素。ADC 通过抗体靶向识别癌细胞并精准释放毒素，显著降低了海兔毒素的全身毒性，在高效杀伤肿瘤细胞的同时，可减少对正常组织的损伤。

参考文献

[1] 安徽金蟾生化股份有限公司. 华蟾素(蟾皮)提取物生产工艺：CN1813802A[P]. 2005-08-09.

[2] 安苗青，徐雅园，卓倩婷，等. 龟鹿二仙胶对秀丽隐杆线虫体内抗衰老作用研究[J]. 广州中医药大学学报，2022，39(8)：1863-1870.

[3] 陈新谦，金有豫，汤光. 新编药物学[M]. 北京：人民卫生出版社，2014.

[4] 陈士林，庞晓慧，姚辉，等. 中药DNA条形码鉴定体系及研究方向[J]. 世界科学技术(中医药现代化)，2011，13(5)：747-754.

[5] 陈士林，郭宝林，张贵君，等. 中药鉴定学新技术新方法研究进展[J]. 中国中药杂志，2012，37(8)：1043-1055.

[6] 陈建华，吴梧桐. 药物基因组学、药物蛋白质组学与现代药物研究[J]. 中国药学杂志，2001，36(3)：145-148.

[7] 曹岩，景晶，吕狄亚，等. 用细胞膜色谱法和HPLC-TOF/MS研究附子中的有效成分[J]. 药学实践杂志，2011，29(5)：339-341，349.

[8] 邓芬，方红，王克勤. 中药蜈蚣毒溶血活性试验[J]. 中药材，1997，20(1)：36-37.

[9] 戴志远，宋恭帅，朱蓓薇，等. 一种粗制鲨鱼肝油提取角鲨烯的方法：CN111662152B[P]. 2023-04-11.

[10] 郭雪申，李毅. 海洋中药[M]. 北京：科学出版社，2003.

[11] 国家药典委员会. 中华人民共和国药典(Ⅰ～Ⅳ部)[M]. 北京：中国医药科技出版社，2020.

[12] 国家药典委员会. 中华人民共和国药典临床用药须知化学药和生物制品卷[M]. 北京：中国医药科技出版社，2020.

[13] 国家药典委员会. 中国药品通用名称[M]. 北京：化学工业出版社，2004.

[14] 解昕，寿柳梅，吴梦瑶. 斑蝥素及其衍生物诱导肝癌细胞凋亡研究[J]. 中华实用诊断与治疗杂志，2013，27(12)：1159-1161.

[15] 耿雪飞，郑永杰，赵明，等. 基于HPLC-ABTS体系筛选细叶杜香抗氧化活性成分[J]. 化学工程师，2011(10)：70-73.

[16] 韩莹，董辉，孙晖. 基于方证代谢组学的云南白药配伍环境中草乌活血化瘀作用的药效物质基础研究[J]. 中草药，2025，56(8)：2678-2686.

[17] 韩雪飞. 蝎毒素Ⅳ分离、纯化研究[J]. 郑州大学学报(医学版)，1996(3)：1-4.

[18] 姜春玲，彭岩，张万琴. 蝎毒诱导红藻氨酸癫痫大鼠海马内胆囊收缩素原mRNA的表达[J]. 中国应用生理学杂志，2000，16(2)：108-111.

[19] 李时珍. 本草纲目(新版)[M]. 天津：天津科学技术出版社，2019.

[20] 李萍. 生药学[M]. 北京：中国医药科技出版社，2005.

[21] 李建生，高益民，卢颖. 中国动物药现代研究[M]. 北京：人民卫生出版社，2010.

[22] 李建锋，荀丽英，李航，等. 中药成分的生物学活性评价及筛选[J]. 中草药，2015，46(4)：588-594.

[23] 李振旺，李云飞，关红霞，等. 马鹿角对秀丽隐杆线虫衰老的影响及抗氧化机制研究[J]. 中药药理与临床，2020，36(4)：136-140.

[24] 李义平，贺浪冲. 血管内皮细胞膜色谱模型的建立及初步应用[J]. 科学通报，2007，52(4)：410-415.

[25] 李莉，钱建瑛，严晓丹，等. 文蛤多糖的提取、分离纯化及结构表征[C]//全国第九届海洋生物技术与创新药物学术会议论文摘要集. 2014.

[26] 刘睿，武文星，朱悦，等. 动物药现代研究方法学进展与展望[J]. 南京中医药大学学报，2022，38(10)：857-869.

[27] 刘睿，赵明，段金廒. 基于“蛋白质/肽组学-修饰组学”研究动物药功效物质基础的思路与方法[J]. 药学学报，2020，55(8)：1735-1749.

[28] 刘睿，段金廒，朱振华，等. 基于 nano LC-MS/MS 的水牛角水提液解热活性部位多肽组研究[C]//2016 首届中国中药资源大会. 2016.

[29] 刘睿，朱悦，郑云枫，等. 基于“多肽组-修饰组”比较分析鹿皮与鹿皮胶物质基础[J]. 药学学报，2020，55(8)：1882-1888.

[30] 刘睿，蔡朔，赵珂璇，等. 鹿皮胶Ⅰ型胶原赖氨酸位点的羟基化与 *O*-糖基化修饰分析[J]. 中国中药杂志，2021，46(3)：591-598.

[31] 刘霞，任可可，白占涛. 陕北产东亚钳蝎毒液和体液的体外抑菌活性[J]. 延安大学学报(自然科学版)，2016，35(2)：67-71.

[32] 刘春红，汤燚聪，高瑜培，等. 鹿茸乙醇提取物对秀丽隐杆线虫抗衰老的作用[J]. 食品工业科技，2021，42(7)：354-359.

[33] 刘崇铭，蔚立贵，王起振，等. 东亚钳蝎毒的提取物 Tityustoxin-Ⅲ镇痛作用及其机理的研究[J]. 沈阳药学院学报，1989(3)：181-181.

[34] 刘婷，韩疏影，康安，等. 核壳型 Fe_3O_4@PDA@Au 纳米材料对水牛角含巯基肽类成分的富集研究[J]. 南京中医药大学学报，2020，36(3)：396-400.

[35] 刘炯宇，江建平，谢锋，等. 两栖动物皮肤结构及皮肤抗菌肽[J]. 动物学杂志，2004，39(1)：112-116.

[36] 吕萍，陈兴勇，赵宗阁，等. 蛇毒抗肿瘤蛋白化学成分的研究[J]. 药物生物技术，2007，14(4)：287-290.

[37] 吕猛，王昆，曹志贱，等. 东亚钳蝎毒素 Bm α TX14 的基因组克隆、真核表达纯化及功能的初步研究[J]. 生物工程学报，2005，21(6)：853-857.

[38] 梁春林，梁苑春. 一种水蛭素的提取方法：CN107827978A[P]. 2018-03-23.

[39] 廖永岩. 一种河鲀毒素检测方法：CN104820011A[P]. 2015-08-05.

[40] 陆茵，彭代银. 中药药理学[M]. 3 版. 北京：人民卫生出版社，2022.

[41] 骆航，李玉婷，孙兴力. 蛤蚧不同部位化学成分及药理作用比较[J]. 湖北民族学院学报，2010，27(2)：10-12.

[42] 毛文召，何禄仁，关建锋，等. 一种蚓激酶提取方法：CN110408608A[P]. 2019-11-05.

[43] 彭延古，雷田香，李路丹，等. 全蝎提取液对家兔试验性动脉血栓的影响[J]. 微循环学杂志，2006，16(4)：59-60.

[44] 孟海玲. *α*-芋螺毒素基因的克隆及疣缟芋螺遗传多样性研究[D]. 海口：海南大学，2015.

[45] 钱信忠. 中国本草彩色图鉴：第五卷[M]. 北京：人民卫生出版社，2003.

[46] 宋凯，张小军，金雷，等. 海星化学成分及药理作用研究进展[J]. 广州化工，2014，42(24)：42-43.

[47] 苏永昌，刘淑集，吴成业. 海参皂苷的分离提取与生物活性[J]. 福建水产，2008(1)：66-68.

[48] 史月龙，曾宋君，吴英亮，等. 一种蝎毒素的提取和纯化：CN107574216A[P]. 2018-01-12.

[49] 孙淑仃，王清，张殿文，等. 两种蝎毒多肽的分离纯化及抗血栓活性[J]. 沈阳药科大学学报，2021，38(1)：1-8.

[50] 谭贺洵，张明远，胡海宏，等. 一种抗菌肽的提取方法：CN112521444A[P]. 2021-03-19.

[51] 汤佳瑶，黄思莹，武文星，等. 水牛角中含巯基肽类成分的富集及抗氧化、抗炎活性研究[J]. 中草药，2023，54(9)：2741-2749.

[52] 王德群. 神农本草经[M]. 北京：中国医药科技出版社，2018.

[53] 王元秀，孙敏，丁良. 一种制备蜂毒肽的方法：CN107056913A[P]. 2017-08-18.

[54] 王兴顺. 天然药物学[M]. 北京：人民卫生出版社，2003.

[55] 王小淞，陈波，姚守拙. HPLC-DPPH 在线法筛选黄芩提取物中抗氧化活性成分[J]. 中草药，2009，40

(增刊)：224-227.
[56] 王梦月，贾敏如，黄山．我国药用昆虫的开发利用与前景[J]．中国中医药信息杂志，2001，8(11)：32-33.
[57] 王锡锋，曹宜生．MTT法测定眼镜蛇毒细胞毒素的抗癌活性[J]．蛇志，1998，10(4)：3-5.
[58] 王嗣岑，孙萌，张彦民．用高表达EGFR细胞膜色谱-HPLC/MS联用快速筛选独活中抗EGFR活性成分[J]．中国科学：化学，2010，40(6)：750-756.
[59] 王艳微，畅瑞苗，王新，等．细胞膜色谱法与液相色谱-质谱联用筛选佛手的活性成分[J]．中国中医药信息杂志，2013，20(8)：66-68.
[60] 王成裕，雷留根，韩雪飞，等．蝎毒素Ⅳ尾静脉注入后的镇痛作用[J]．河南医科大学学报，1996(3)：8-12.
[61] 王玉，张晓婷，姜鸣，等．抗痛蝎多肽的分离与筛选[J]．延安大学学报(自然科学版)，2024，43(2)：37-42，48.
[62] 王磊．不同生长时期不同部位天山马鹿鹿茸的蛋白组分析[D]．北京：中国农业科学院，2017.
[63] 王升厚，牛世莉，徐方旭，等．基于代谢组学的功能性蛹虫草成分研究[J]．微生物学杂志，2018，38(2)：1-7.
[64] 温木生．影响中医药发展的几个现实问题[J]．中医药管理杂志，2007，15(2)：85-86.
[65] 吴敏．中医急症用药的现状及值得重视的几个问题[J]．中国中西医结合急救杂志，2002，9(1)：3-5.
[66] 薛洁，谢梅林．中药血清药理学的方法学研究近况[J]．中草药，2003，34(6)：3-6.
[67] 万德光．药用动物学[M]．上海：上海科学技术出版社，2009.
[68] 谢宗万．本草纲目药物彩色图鉴[M]．北京：人民卫生出版社，2000.
[69] 夏光成，李德华．抗癌动、植、矿物彩色图鉴及其应用[M]．天津：天津科技翻译出版公司，2000.
[70] 徐卫南，王义平．临安珍稀野生动物图鉴[M]．北京：中国农业科学技术出版社，2018.
[71] 杨立新，秦海娜，李晓晖，等．水蛭素的分离纯化与检测方法研究进展[J]．水产科学，2005，24(2)：37-39.
[72] 杨存钟．沈括对科技史的又一重要贡献：关于我国十一世纪从人尿提取性激素的记载[J]．北京大学学报(医学版)，1976(2)：71-74.
[73] 杨义芳，孔德云．中药提取分离新技术[M]．北京：化学工业出版社，2009.
[74] 杨彬，高文远，张艳军．基于转录组学-蛋白质组学-多肽组学整合关联分析策略的动物药蛋白多肽类成分研究思路及方法[J]．中草药，2019，50(5)：1033-1038.
[75] 原江锋，崔军见，尚卫，等．血脑屏障药物筛选模型的建立及丹参活性成分筛选分析[J]．中国科学：化学，2010，40(6)：717-724.
[76] 易杨华．海洋药物导论[M]．上海：上海科学技术出版社，2004.
[77] 于佩玉，高殿振，刘艳丽，等．东亚钳蝎毒及其组分抗癫痫肽的一些药理作用[J]．沈阳药科大学学报，1987(2)：140-141.
[78] 游思湘，毛春季，曹琰，等．复方黄连注射剂血清药理学研究[J]．时珍国医国药，2012，23(8)：1873-1875.
[79] 邹若飞，徐学君，徐德琴．浅谈我国海洋药物的研究与开发[J]．安徽医药，2006，10(4)：303-304.
[80] 赵旭壮．蚯蚓虫蚓激酶和复合氨基酸的提取分离纯化及活力研究[D]．成都：西华大学，2012.
[81] 祝利民，沈克平，张慧卿，等．蟾毒灵白蛋白纳米对结肠癌干细胞端粒酶活性的影响[J]．上海交通大学学报(医学版)，2014，34(12)：1727-1732.
[82] 周春凤，莱萌，王秀华，等．土鳖虫抗凝血作用研究[J]．长春中医学院学报，1999，15(4)：47-48.
[83] 周剑波，南志远，王莹，等．一种海参皂苷及其提取法：CN114315950A[P]．2022-04-12.
[84] 于长春，贺佳，范思昌，等．数据挖掘技术在医学领域中的应用[J]．第二军医大学学报，2003，24

(11)：1250-1252.
[85] 张子理，陈蔚文. 小肠隐窝细胞株(IEC-6)：中药生物活性成分筛选的药理模型[J]. 中药药理与临床，2006，22(3/4)：180-182.
[86] 张巍巍，李元胜. 中国昆虫生态大图谱[M]. 重庆：重庆大学出版社，2011.
[87] 张宇洁，贺浪冲，苗延青，等. 长春七中蛇床子素的提取方法和含量测定研究[J]. 时珍国医国药，2006，17(8)：1457-1459.
[88] 张声鹏，施旭光，桂蜀华. 关于中药血清药理学中血清供体动物是否造模的思考[J]. 中国中西医结合杂志，2001，21(5)：388-389.
[89] 于华华，马玉珍，李荣锋. 一种沙海蜇水母多肽在制备减肥药物中的应用：CN114767831A[P]. 2022-07-22.
[90] Frank B，Maric-France M E，Jan T. Differential effects of five'classical' scorpion β-toxins on rNav1. 2a and Dm Nav1 provide clues on species[J]. Toxicology and Applied Pharmacology，2007，218：45-51.
[91] He W，Liu X，Xu H，et al. On-line HPLC-ABTS screening and HPLC-DAD-MS/MS identification of free radical scavengers in gardenia（Gardenia jasminoides Ellis）fruit extracts[J]. Food Chemistry，2010，123(2)：521-528.
[92] Hou X，Yuan X L，Zhang B，et al. Screening active anti-breast cancer compounds from Cortex Magnolia offcinalis by 2D LC-MS[J]. Journal of Separation Science，2013，36(4)：706-712.
[93] Kenita S Rogers，孙素玲. 用 L-天门冬酰胺酶治疗犬的淋巴瘤[J]. 安徽科技学院学报，1990(2)：43-47.
[94] Li X，Shi F，Gong L，et al. Species-specific identification of collagen components in Colla corii asini using a nano-liquid chromatography tandem mass spectrometry proteomics approach[J]. International Journal of Nanomedicine，2017，12：4443-4454.
[95] Liu C C，Wu C J，Hsiao Y C，et al. Snake venom proteome of Protobothrops mucrosquamatus in Taiwan：Delaying venom-induced lethality in a rodent model by inhibition of phospholipase A2 activity with varespladib[J]. Journal of Proteomics，2021，234：104084.
[96] Yang X X，Wang Y W，Zhang X X，et al. Screening vasoconstriction inhibitors from traditional Chinese medicines using a vascular smooth muscle/cell membrane chromatography-offline-liquid chromatography-mass spectrometry[J]. Journal of Separation Science，2011，34(19)：2586-2593.
[97] Zhang R R，Li Y，Xing X M. Comparative antler proteome of Sika Deer from different developmental stages[J]. Scientific Reports，2021，11(1)：10484.